Grundlagen empirischer Forschung

Martin Eisend · Alfred Kuß

Grundlagen empirischer Forschung

Zur Methodologie in der Betriebswirtschaftslehre

2., überarbeitete und erweitere Auflage

Martin Eisend
Europa-Universität Viadrina
Frankfurt/Oder, Deutschland

Alfred Kuß
Freie Universität Berlin
Berlin, Deutschland

ISBN 978-3-658-32889-4 ISBN 978-3-658-32890-0 (eBook)
https://doi.org/10.1007/978-3-658-32890-0

Die Deutsche Nationalbibliothek verzeichnet diese Publikation in der Deutschen Nationalbibliografie; detaillierte bibliografische Daten sind im Internet über http://dnb.d-nb.de abrufbar.

Lektorat: Barbara Roscher
Springer Gabler ist ein Imprint der eingetragenen Gesellschaft Springer Fachmedien Wiesbaden GmbH und ist ein Teil von Springer Nature.
Die Anschrift der Gesellschaft ist: Abraham-Lincoln-Str. 46, 65189 Wiesbaden, Germany

Vorwort zur 2. Auflage

In Lauf der Zeit haben Umfang und Relevanz empirischer Forschung in der Betriebswirtschaftslehre mit ihren verschiedenen Teilgebieten deutlich zugenommen. Bei aller Heterogenität der Forschungsthemen gibt es dafür ein bestimmtes „Arsenal" empirischer Forschungsmethoden (z. B. Skalenentwicklung, experimentelles Design, statistische Tests), die bei unterschiedlichsten Problemstellungen angewandt werden. Dazu existiert umfassende Literatur in Form von Lehr- und Handbüchern und entsprechende Lehrveranstaltungen gehören zu den Curricula der meisten Hochschulen. Das vorliegende Lehrbuch verfolgt eine andere Zielsetzung. Wie der Titel „Grundlagen empirischer Forschung" schon andeutet, geht es hier nicht um die technischen Details einzelner Methoden und ihrer Anwendungen. Vielmehr stehen die wissenschaftlichen Grundlagen und Schlussweisen bei der Anwendung empirischer Methoden zum Theorie-Entwurf und zur Theorie-Entwicklung im Mittelpunkt. Insofern geht es um Aspekte der Methodologie in der Betriebswirtschaftslehre. In empirisch ausgerichteten Dissertationen, Masterarbeiten, Papers etc. bemüht man sich ja meist darum, die Bewährung von Theorien (oder Teilen davon) zu prüfen bzw. zu belegen und / oder Beiträge zur (Weiter-) Entwicklung von Theorien zu leisten. Im Hinblick auf diese Zielsetzung werden im vorliegenden Buch entsprechende wissenschaftstheoretische Grundlagen in Verbindung mit den zentralen Ideen der gängigen Methoden dargestellt und diskutiert.

Vor diesem Hintergrund ist das Buch auf fortgeschrittene Studierende ausgerichtet, also Studierende in betriebswirtschaftlichen Masterprogrammen und Promovierende, die am Beginn eines empirisch ausgerichteten Dissertationsprojekts stehen. Auch für Forschende, die sich erst in einer späteren Phase ihrer Laufbahn verstärkt der empirischen Forschung in ihrem Fachgebiet zuwenden, soll das Buch nützlich sein.

Für die Beschäftigung mit den Inhalten dieses Buches ist es sicher hilfreich, wenn schon einige Grundkenntnisse empirischer Methoden vorhanden sind. Es handelt sich hier in diesem Sinne um „Grundlagen für etwas Fortgeschrittene". Angesichts der manchmal etwas abstrakten Materie haben sich die Autoren um eine möglichst einfache und klare Darstellungsweise bemüht. Ein gewisses Maß an Redundanz der Darstellung wurde deshalb bewusst in Kauf genommen. Außerdem sind zahlreiche Verweise und Bezüge zur umfangreichen und breit gestreuten Spezialliteratur zu finden, damit der Zugang zu vertiefender Information erleichtert wird.

Die beiden Autoren haben dieses Buch in enger, vertrauensvoller Kooperation und im regen Gedankenaustausch geschrieben. Weil es sich in diesem Sinne um ein gemeinsam verfasstes Buch handelt, werden die Autoren in alphabetischer Reihenfolge genannt. In einzelnen Kapiteln wird Material aus früheren Veröffentlichungen der Autoren verwendet, das durchgehend überarbeitet wurde.

Für die zweite Auflage wurde das gesamte Manuskript überprüft, aktualisiert und an vielen Stellen erweitert. Die wichtigste Veränderung besteht darin, dass jetzt nicht mehr die einzelne empirische Untersuchung im Mittelpunkt steht. Die Perspektive wird vielmehr mit der Betrachtung des Prozesses der Theorie-Entwicklung (mit Tests, Modifikationen und Überlegungen zur Generalisierbarkeit und Präzisierungen) deutlich ausgeweitet (siehe dazu Abschn. 1.4 und Kap. 9).

An dieser Stelle sei auch die – wie immer – motivierende und hilfreiche Zusammenarbeit mit Barbara Roscher und Birgit Borstelmann vom Verlag Springer Gabler dankbar gewürdigt. Für verbliebene Mängel des Buchs liegt die Verantwortung natürlich allein bei den Autoren.

Martin Eisend
Europa-Universität Viadrina, Frankfurt/Oder, Deutschland
Alfred Kuß
Freie Universität Berlin Berlin, Deutschland

Inhaltsverzeichnis

Einführung 1

Zusammenfassung

Im vorliegenden Kapitel soll zunächst – eher allgemein – eine kurze Kennzeichnung von Wissenschaft vorgenommen werden. Diese Kennzeichnung wird anschließend durch Überlegungen zur Abgrenzung von Wissenschaft und „Nicht-Wissenschaft" weiter verdeutlicht. Damit werden schon einige Maßstäbe für die Anwendung empirischer Forschungsmethoden bei wissenschaftlichen Fragestellungen umrissen. Eine etwas differenziertere Darstellung von Aspekten des wissenschaftlichen Erkenntnisprozesses (mit besonderer Beachtung empirischer Forschung) folgt dann im Abschn. 1.2. Im anschließenden Abschn. 1.3 wird ein kurzer Blick auf die Entwicklung empirischer Forschung in der Betriebswirtschaftslehre geworfen. Am Ende des Kapitels steht im Abschn. 1.4 eine knappe Übersicht zu den weiteren Inhalten des vorliegenden Buchs. Dabei werden auch Konzeption und Vorgehensweise dieses Lehrbuchs erläutert.

1.1 Kennzeichnung und Abgrenzung von Wissenschaft

1.1.1 Wesentliche Merkmale

Offenkundig ist mit dem Begriff der **Wissenschaft** eine erhebliche Attraktivität und Autorität verbunden. So ist der technische und materielle Fortschritt in vielen westlich geprägten Gesellschaften zum großen Teil auf wissenschaftliche Entwicklungen in den vergangenen Jahrhunderten und Jahrzehnten zurückzuführen, womit nicht gesagt ist, dass *jede* Nutzung wissenschaftlicher Erkenntnisse als Fortschritt betrachtet werden muss. In diesem Sinne ist der Bereich der Wissenschaft über lange Zeit äußerst erfolgreich und hat dadurch eben hohes Ansehen gewonnen. So gaben laut „Wissenschafts-

M. Eisend und A. Kuß, *Grundlagen empirischer Forschung*,
https://doi.org/10.1007/978-3-658-32890-0_1

barometer" in einer repräsentativen Befragung in Deutschland im Jahre 2018 54 % der Befragten an, dass sie der Wissenschaft vertrauen und nur 7 %, dass sie der Wissenschaft nicht vertrauen (restliche 39 % „weiß nicht" oder „unentschieden"; Quelle: www.wissenschaft-im-dialog.de). Bei manchen Weltanschauungen (z. B. beim Marxismus oder aktuell in den USA beim Kreationismus) ist das Bemühen deutlich erkennbar, der jeweiligen Sichtweise dadurch Autorität zu verleihen, dass sie als wissenschaftlich begründet und damit als „wahr" oder „objektiv" etabliert wird. Auch im Bereich der Politik oder des Managements findet man gelegentlich die Praxis, Streitfragen durch wissenschaftliche Untersuchungen zu klären, die eben ein „richtiges" Ergebnis bringen sollen. Nicht selten werden solche Untersuchungen allerdings so angelegt, dass dabei das vorher gewünschte Ergebnis herauskommt.

Was *kennzeichnet* nun Wissenschaft? Das ist eine Streitfrage, die (nicht nur) Philosophen seit langer Zeit beschäftigt.

Definition Hier eine *Definition* für die Begriffe „Wissenschaft" bzw. „wissenschaftlich" von Ernest Nagel (1961, S. 2) zum Einstieg: „Diese Worte sind Bezeichnungen entweder für bestimmte fortlaufende Untersuchungen oder für deren gedankliche Ergebnisse; diese Begriffe werden oft verwendet, um Eigenschaften zu kennzeichnen, die diese Ergebnisse von anderen Aussagen unterscheiden."

Eine weitere Annäherung erlauben die folgenden Gesichtspunkte auf der Basis einer wissenschaftshistorischen Analyse von David Lindberg (1992, S. 1 f.; siehe dazu auch Bishop 2007, S. 9 ff.). In Anlehnung an Lindberg sind hier einige *Merkmale* zusammengestellt, die vielfach als charakteristisch für „Wissenschaft" angesehen werden:

- *Zur Wissenschaft gehört Theorie-Orientierung:* Wissenschaft basiert auf theoretischem Wissen, also einer geordneten Menge von Konzepten, Fakten und ihren Beziehungen. Lindberg grenzt davon *Technologien* ab, bei denen es um die Anwendung theoretischen Wissens zur Lösung praktischer Probleme geht.
- *Wissenschaft dient der Suche nach allgemeinen Gesetzmäßigkeiten:* Wissenschaft versucht, möglichst allgemeine Gesetzmäßigkeiten zu entdecken. Diese können für die Erklärung realer Phänomene verwendet werden (siehe Abschn. 2.3).
- *Wissenschaft verwendet spezifische Methoden zur Erkenntnisgewinnung:* Wissenschaftliche Aussagen werden auf eine spezifische Weise entwickelt und begründet, die typischerweise durch Logik, kritische Reflexion und empirische Überprüfungen bestimmt ist.
- *Wissenschaft ist auf bestimmte Themen gerichtet:* Wissenschaft bezieht sich auf bestimmte Fachgebiete (→ Objektbereiche, s. u.), z. B. die Betriebswirtschaftslehre – nicht ganz überraschend – auf das „Wirtschaften im Betrieb" (Wöhe et al. 2016, S. 33).

- *Wissenschaft erstrebt stringente Aussagen:* Wissenschaftliche Aussagen sollen ein relativ hohes Maß an Präzision, Strenge und Objektivität haben.
- *Wissenschaft ist eine Tätigkeit:* Wissenschaft wird hier als Aktivität von Menschen angesehen, die dazu geführt hat, dass zunehmend Verständnis und Kontrolle bezüglich der Umwelt (im weiteren Sinne) erlangt wurde.

Hintergrundinformation
Einen zentralen Aspekt wissenschaftlicher Arbeit fasst Bertrand Russell (1961, S. 514) prägnant zusammen: „Typisch für Wissenschaftler*innen ist nicht, *was* er*sie glaubt, sondern *wie* und *warum* er*sie das glaubt. Seine*ihre Aussagen sind vorläufig und nicht dogmatisch; sie sind durch Beweise begründet, nicht durch Autorität oder Intuition."

Mit den vorstehenden Gesichtspunkten deutet sich schon an, dass man das komplexe Phänomen „Wissenschaft" wohl kaum mit einem einzigen kurzen Satz charakterisieren bzw. definieren kann. Hans Poser (2001, S. 21 f.) knüpft bei der Formulierung von drei wesentlichen Merkmalen der Wissenschaft an eine Formulierung von Immanuel Kant (1724–1804) an („Eine jede Lehre, wenn sie ein System, d. i. ein nach Prinzipien geordnetes Ganzes der Erkenntnis sein soll, heißt Wissenschaft."):

1. In der Wissenschaft geht es an erster Stelle um Erkenntnis (siehe Abschn. 1.2).
2. Aussagen einer Wissenschaft müssen begründet sein.
3. Aussagen einer Wissenschaft müssen ein System mit einer argumentativen Struktur bilden.

Dem sei hier noch ein weiteres Zitat von Poser (2001, S. 11) hinzugefügt, das ebenfalls ein wesentliches Merkmal der Wissenschaft bzw. eine wichtige Forderung an die Wissenschaft formuliert:

> Wissenschaft verwaltet .... das bestgesicherte Wissen einer Zeit.

Diese Formulierung bringt auch zum Ausdruck, dass wissenschaftliche Erkenntnis auch in gewissem Maße zeitbezogen ist. In der Folge wird noch des Öfteren zur Sprache kommen, dass Wissen mit Fehlern oder Irrtümern behaftet ist (→ „Fallibilismus", siehe Abschn. 1.2) und später durch „besseres" Wissen ersetzt werden kann. So ist beispielsweise der vor Jahrhunderten gegebene Erkenntnisstand, die Erde sei der Mittelpunkt des Universums, inzwischen durch besseres Wissen ersetzt worden.

Beispiel

Alan Chalmers (2013, S. XX) vermittelt einen anschaulichen Eindruck vom Wesen der Wissenschaft durch folgendes Beispiel: Danach besteht verbreitet der Eindruck, dass es „spezifisch für die Wissenschaft ist, dass sie auf Fakten beruht und nicht auf persönlichen Meinungen. Das beinhaltet vielleicht die Idee, dass die persönlichen

Meinungen über die Qualität der Erzählungen von Charles Dickens und D.H. Lawrence unterschiedlich sein können, dass aber kein Spielraum für solche unterschiedlichen Meinungen bezüglich der Bedeutung von Galileos und Einsteins Theorien besteht. Es sind die Fakten, die es erlauben, die Überlegenheit von Einsteins Innovationen im Vergleich zu älteren Sichtweisen der Relativität zu bestimmen, und jeder, der das nicht anerkennt, hat einfach Unrecht.“ ◀

Eine recht pragmatische Charakterisierung von Wissenschaft stammt von Shelby Hunt (2010, S. 19 f.) und umfasst die folgenden drei Merkmale:

- Eine Wissenschaft muss **auf einen bestimmten Gegenstand bzw. Gegenstandsbereich** (auch: Objektbereich) **gerichtet** sein, gewissermaßen ein spezifisches gemeinsames (Ober-)Thema haben. In der Betriebswirtschaftslehre kann das also das „Wirtschaften im Betrieb“ (Wöhe et al. 2016, S. 33) sein.
- Voraussetzung für (sinnvolle) Anwendung von Wissenschaft ist die Annahme von **Gemeinsamkeiten und Regelmäßigkeiten** hinsichtlich der Phänomene, die den Gegenstand der betreffenden Wissenschaft ausmachen. Das gilt in der Betriebswirtschaftslehre für Wirkungen von Maßnahmen (z. B. Preis-Absatz-Funktionen) und Reaktionen von „Stakeholdern“ (z. B. Lieferant*innen, Mitarbeiter*innen). Wenn man solche Regelmäßigkeiten nicht voraussetzen würde, wäre ja entsprechende Forschung weitgehend sinnlos, weil sich deren Ergebnisse nicht auf vergleichbare Situationen/Phänomene anwenden ließen.
- Auf der Basis derartiger Regelmäßigkeiten versucht eine Wissenschaft, entsprechende **Gesetzmäßigkeiten** (siehe Abschn. 2.3.1) zu formulieren und **Theorien** (siehe Kap. 2) zu entwickeln, um die interessierenden Phänomene erklären und prognostizieren zu können. So will man in der Betriebswirtschaftslehre eben verstehen, wie man effiziente Logistiksysteme aufbauen kann, wie Werbung wirkt oder wie sich verschiedene Entlohnungssysteme auf die Motivation von Beschäftigten auswirken. Davon ausgehend kann man dann Maßnahmen planen und realisieren, die zu den angestrebten Wirkungen führen.

Im Zusammenhang einer allgemeinen Kennzeichnung von Wissenschaft sind auch bestimmte Prinzipien relevant, die auf den amerikanischen Soziologen Robert K. Merton zurückgehen (Merton 1973, S. 267 ff.). Auch der Titel der bereits früher (1942) erschienenen Original-Publikation von Merton ist hier beachtenswert: „Science and Technology in a Democratic Order“. Das Prinzip der **Universalität** beinhaltet den Anspruch, dass alle qualifizierten *Wissenschaftler und Wissenschaftlerinnen ohne* ethnische, nationale, religiöse oder andere *Diskriminierung* zum wissenschaftlichen Fortschritt beitragen können und sollen. Die – auch für die Wissenschaft – äußerst schmerzlichen Folgen einer Diskriminierung hat man in Deutschland erfahren nachdem in den Jahren von 1933 bis 1945 zahlreiche Wissenschaftler*innen wegen ihrer jüdischen Herkunft verjagt oder ermordet worden waren. Unabhängig von diesem extremen Beispiel sollte sich die Ablehnung derartiger Diskriminierung auch auf die (hierarchische) Stellung von Forschenden im Wissenschaftssystem (z. B. wissenschaftliche Mitarbeiter*innen, Professor*innen) beziehen. Weiterhin gilt der Grundsatz, dass wissenschaftliche **Erkenntnisse der Allgemeinheit zur Verfügung stehen** sollen. Merton (1973, S. 273) verwendet dafür den heute etwas missverständlichen Begriff „Communism" und meint damit den gemeinsamen Besitz (hier) an Erkenntnissen. „Geheimhaltung" relevanter Forschungsergebnisse würde den wissenschaftlichen Fortschritt und die (praktische) Nutzung der Wissenschaft wesentlich behindern. Dritter Gesichtspunkt ist die **Neutralität** von Wissenschaftler*innen. Persönliche Interessen (z. B. finanzieller Art) sollen deren wissenschaftlichen Urteile nicht beeinflussen. Hier kann es auch in der Betriebswirtschaftslehre im Zusammenhang mit Auftrags- bzw. Drittmittelforschung gelegentlich zu Problemen kommen. Letztlich gilt **organisierter Skeptizismus** als wesentliches Prinzip der Wissenschaft. Damit ist gemeint, dass wissenschaftliche Aussagen unabhängig von politischem, religiösem oder sozialem Einfluss nur nach den Maßstäben wissenschaftlicher Methodik und *kritischer* Reflexion beurteilt werden sollen.

Hintergrundinformation

Die Bedeutung des Skeptizismus für die Wissenschaft wird in einem Artikel von Andreas Sentker in einem Artikel in der Wochenzeitung DIE ZEIT (Nr. 14 vom 26.3.2020, S. 3), der während der Corona-Krise erschien, anschaulich gekennzeichnet:

„Weil auch Wissenschaftler gegen den Irrtum nicht gefeit sind, haben sie den Zweifel zum Prinzip erklärt. Erst dieser macht – so paradox das erscheinen mag – Wissenschaft zum *verlässlichsten System der Weltbeschreibung* (Hervorhebung von M.E. und A.K.). Erst er führt die Wissenschaften, die vielgestaltig und manchmal widersprüchlich sind, überhaupt zu einer wahrgenommenen Wissenschaft zusammen.

Versuch und Irrtum, fragen, hinsehen, noch einmal fragen, wieder hinsehen, dieses Prinzip ist besonders dann existenziell, wenn Wissenschaftler wenig wissen. Zum Beispiel, wenn ein neues Virus die Weltbühne betritt. Der aus den Zweifeln entstehende Streit – Ist die Methode angemessen? Sind die Daten verlässlich? Wie sind sie zu interpretieren? – ist dabei nicht Schwäche, sondern Stärke des Systems. Zweifel bedeutet nicht Unwissen. Er ist im Gegenteil das Gütesiegel für Erkenntnisse."

In der Abb. 1.1 werden einige wesentliche Gesichtspunkte der Charakterisierung von Wissenschaft zusammengefasst. Im Mittelpunkt stehen zentrale Merkmale von Wissenschaft. Die obere Zeile der Abb. 1.1 enthält gewissermaßen „Inputfaktoren" von Wissenschaft. Es sind dies einzelne Aussagen, die im wissenschaftlichen Bereich in der Regel begründet sein müssen, meist durch Bezugnahme auf vorhandene Erkenntnisse (wissenschaftliche Literatur), durch logische Ableitung oder durch empirische Belege. Weiterhin wird vorausgesetzt, dass der Prozess des Wissenserwerbs durch das Streben nach Neutralität und Objektivität geprägt ist. Letztlich ist der Anspruch der Universalität genannt, d. h. alle qualifizierten Wissenschaftler*innen können und sollen ohne persönliche, ethnische, religiöse etc. Diskriminierung zum Prozess der Erkenntnisgewinnung beitragen.

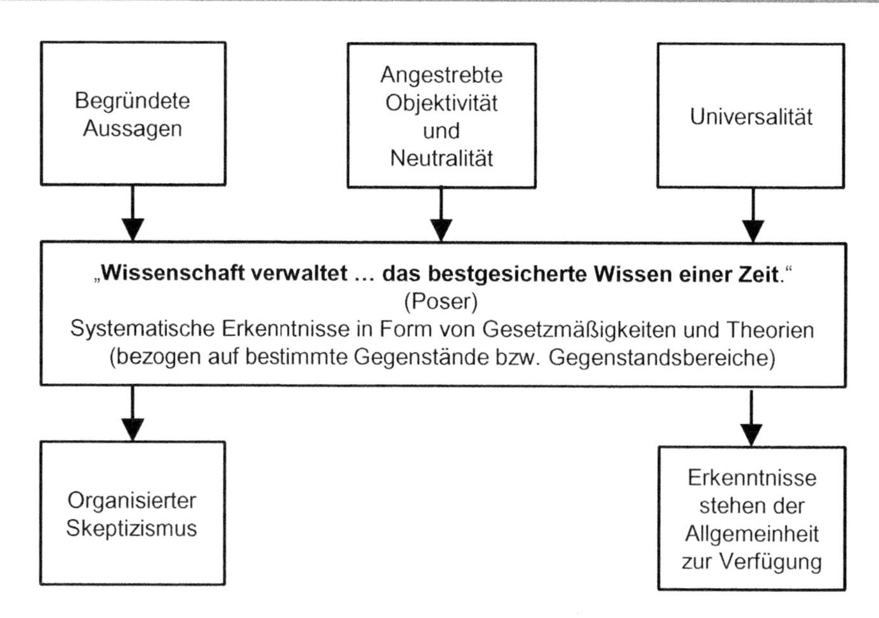

Abb. 1.1 Ansprüche an Wissenschaft

Auf der „Output-Seite" (untere Zeile) ist verzeichnet, dass wissenschaftliche Erkenntnisse offen zugänglich sein sollen; hier gibt es allerdings in der Praxis Ausnahmen, z. B. im militärischen Bereich oder in der pharmazeutischen Forschung. Mit dem Stichwort „organisierter Skeptizismus" ist gemeint, dass (fehlbare!) wissenschaftliche Erkenntnisse immer wieder Gegenstand kritischer Überprüfung sein sollen. Das beginnt mit dem Begutachtungsprozess für eine Veröffentlichung und endet mit dem Ersatz durch besseres Wissen auf Grundlage weiterer Forschung.

In der wissenschaftstheoretischen Literatur und in den verschiedenen Disziplinen wurde und wird immer wieder diskutiert, ob Wissenschaft wertneutral sein kann bzw. sein soll. Die Position, die in diesem Buch zur **Wertneutralität** von Wissenschaft vertreten wird, sei anhand einer Darstellung von Schurz (2014, S. 37 ff.) erläutert. Dabei wird an die Kennzeichnung wissenschaftstheoretischer Untersuchungsbereiche von Hans Reichenbach (1891–1953) angeknüpft, die sich auf die Unterscheidung von Entdeckungs-und Begründungszusammenhang bezieht.

- Der **Entdeckungszusammenhang** umfasst Fragen der Entstehung wissenschaftlicher Aussagen und Theorien. Derartige Fragestellungen sind Gegenstand des Kap. 4 des vorliegenden Buches. Allerdings gab und gibt es gewichtige Stimmen (vor allem Popper 2005, S. 7 f.), die das Verständnis der Entstehung von Theorien eher als ein psychologisches Problem ansehen und den Aufgabenbereich der Wissenschaftstheorie auf Aspekte der Begründung und Überprüfung wissenschaftlicher Aussagen konzentrieren. Dieser Sichtweise fasst Wiltsche (2013, S. 42) in einem Satz zusammen: „Wer sich allein für die objektive Gültigkeit von Hypothesen interessiert, kann die Genese der betreffenden Hypothese getrost außer Acht lassen und muss sich nicht mit den historischen, sozialen, kulturellen oder psychologischen Bedingungen der Wissensproduktion auseinandersetzen." Allerdings ist für die Forschungspraxis die Entstehung von Hypothesen und Theorien sehr wohl interessant, weil diese eben Wege zur Gewinnung neuer Erkenntnisse aufzeigt.

- Der **Begründungszusammenhang** (manchmal auch Rechtfertigungszusammenhang genannt) bezieht sich also – wie bereits angedeutet – auf die Überprüfung von Hypothesen und Theorien. Dabei werden „Hypothesen (Theorien) einer Prüfung unterzogen, indem durch geeignete Methoden gezeigt werden soll, ob der in der Hypothese behauptete Zusammenhang tatsächlich existiert" (Brühl 2015, S. 79).

Es sei auch darauf hingewiesen, dass diese Unterteilung – abgesehen von der oben angesprochenen Kritik von Popper – nicht unumstritten ist. Die Kritik bezieht sich u. a. darauf, dass das Instrumentarium zur wissenschaftlichen Entdeckung bisher wenig systematisch entwickelt ist und dass die Abgrenzung beider Bereiche oftmals zumindest unscharf ist (siehe z. B. Nickles 2008; Shapere 2000).

- Später ist in der Literatur den beiden genannten Kategorien noch der **Verwertungszusammenhang** (auch Verwendungszusammenhang genannt) hinzugefügt worden. Dieser bezieht sich auf die Verwertung hinreichend bewährter bzw. gesicherter wissenschaftlicher Erkenntnisse für technische, medizinische, ökonomische oder gesellschaftliche Anwendungen.

Man kann sich also eine Abfolge von der Entstehung wissenschaftlicher Fragestellungen und Hypothesen (Entdeckungszusammenhang) über die systematische Überprüfung der Hypothesen und Theorien (Begründungszusammenhang) bis zur praktischen Nutzung bewährter Erkenntnisse (Verwertungszusammenhang) vorstellen. Beispielsweise könnte man die Frage nach Faktoren, die die Arbeitsmotivation erhöhen, aufwerfen, entsprechende Hypothesen entwickeln und mit geeigneten Methoden systematisch testen und dann dieses gewonnene Wissen im Rahmen der Personalpolitik eines Unternehmens anwenden bzw. verwerten.

An einer solchen Abfolge macht Schurz (2014, S. 37 ff.) seine Charakterisierung der **Wertneutralität von Wissenschaft** fest. Der erste Schritt (Entdeckung) ist in vielen Fällen sowohl von wissenschaftsinternen Wertungen (z. B. „Wo gibt es noch nicht erklärte Phänomene oder theoretische Lücken?") als auch von externen Wertungen (z. B. „Für welche Forschungsthemen gibt es Drittmittel?") beeinflusst. Auch beim dritten Schritt (Verwertung) spielen beide Arten von Wertungen eine Rolle: Wissenschaftsintern fragt man vielleicht nach der Relevanz von Forschungsergebnissen für die weitere Theorie-Entwicklung oder für andere Fachgebiete; wissenschaftsextern geht es um die Zwecke, für die Ergebnisse genutzt werden (z. B. Gewinnung von Wettbewerbsvorteilen, Steigerung der Konsumentenwohlfahrt, militärische Nutzungen), was natürlich auch von der Zugänglichkeit (Geheimhaltung vs. Veröffentlichung) und von der Nutzungserlaubnis (→ Patente) abhängt. Der von Schurz (2014, S. 42) formulierte Anspruch der Wertneutralität bezieht sich *nur* auf den Begründungszusammenhang: „Ein bestimmter Bereich wissenschaftlicher Tätigkeiten, nämlich deren Begründungszusammenhang, soll von grundlegenden wissenschaftsexternen Wertungen frei sein." Hier liegen eben die zentralen Kompetenzen (und Aufgaben) der Wissenschaft, nämlich die theoretische Begründung von Aussagen und deren methodisch angemessene (empirische) Prüfung. Abb. 1.2 illustriert diesen Ansatz.

1.1.2 Wissenschaft und Pseudo-Wissenschaft

Nun zu der Frage, wie sich Wissenschaft von Nicht-Wissenschaft bzw. von **„Pseudo-Wissenschaft"** *abgrenzen* lässt **(Demarkationsproblem),** eine Frage, die seit Jahrzehnten in der wissenschaftstheoretischen Diskussion eine Rolle spielt.

▶ **Definition** James Ladyman (2002, S. 265) definiert das Demarkationsproblem als das „Problem, eine generelle Regel oder ein generelles Kriterium zur Verfügung zu stellen, um Wissenschaft von Nicht-Wissenschaft zu unterscheiden, insbesondere um echte Wissenschaft von Aktivitäten oder Theorien zu unterscheiden, die den Anspruch erheben, wissenschaftlich zu sein, es aber nicht sind."

Nun ist nicht jede „Nicht-Wissenschaft" (z. B. Religion, Kunst) auch eine Pseudo-Wissenschaft. Ausschlaggebend sind einerseits die klare Abgrenzung zu einer realen und seriösen Wissenschaft und andererseits der Versuch, den Anschein von Wissenschaftlichkeit zu erwecken. Monton (2014, S. 469) bringt das auf den Punkt: „Pseudo-Wissenschaft ist keine Wissenschaft, obwohl sie versucht, sich als Wissenschaft zu maskieren."

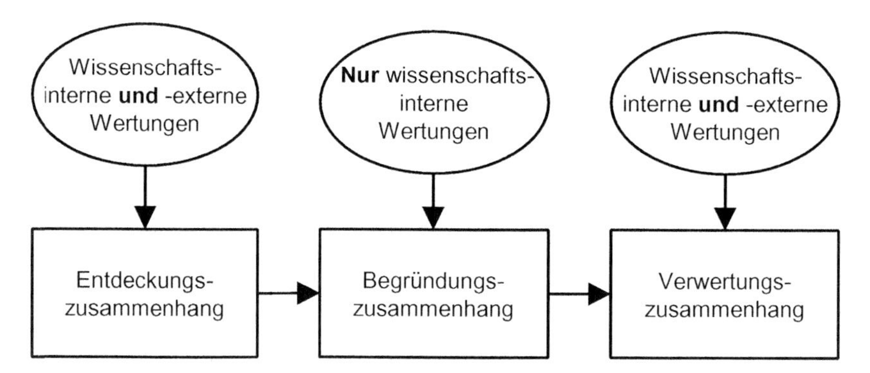

Abb. 1.2 Schematische Darstellung der Anforderung der Wertneutralität von Wissenschaft. (Nach Schurz 2014, S. 43)

Definition Hansson (2016, S. 496) definiert *Pseudo-Wissenschaft* im Hinblick auf deren Ähnlichkeit bzw. Unähnlichkeit zu Wissenschaft:

1. „Sie ist nicht wissenschaftlich. (Unähnlichkeits-Bedingung)“
2. „Ihre führenden Vertreter*innen versuchen, den Eindruck zu erwecken, dass sie wissenschaftlich ist. (Ähnlichkeits-Bedingung)“

Eingangs des Abschn. 1.1.1 ist ja schon angedeutet worden, dass die besondere Autorität der Wissenschaft gelegentlich dazu führen kann, dass bestimmte Interessenten sich dieser zu bedienen versuchen. Oben sind auch schon ideologisch geprägte Gruppen genannt worden, die ihre Sichtweisen als „wissenschaftlich“ fundiert darstellen wollen. Auch ökonomische Interessen können im Hintergrund stehen. Man denke beispielsweise an die Kosmetik-Industrie, wo man gelegentlich versucht, die Wirksamkeit von neuen Produkten mehr oder weniger wissenschaftlich zu „beweisen“. Ein weiteres Beispiel bietet die amerikanische Finanzbranche im Vorfeld der Finanzkrise von 2008. Hier gab es Versuche, die Ergebnisse entsprechender Forschung (und daraus folgender Publikationen) im Sinne einer möglichst weitgehenden Deregulierung von Finanzmärkten zu beeinflussen (siehe z. B. Brockhoff 2014, S. 30).

Beispiel

Eine Vielzahl von Anwendungsbereichen wissenschaftlicher Forschung zeigt, welch zentrale Relevanz die Abgrenzung von Wissenschaft und Pseudo-Wissenschaft haben kann. Dazu einige **Beispiele** (vgl. Hansson 2014):

Medizin: Für Anbieter*innen medizinischer Dienstleistungen und Produkte, Aufsichtsbehörden, Versicherungen und vor allem für Patient*innen ist es wichtig zu wissen, welche Therapien wissenschaftlich fundiert und bewährt sind und welche nicht, z. B. weil sie von irgendwelchen Scharlatanen, Wunderheilern etc. stammen.

Rechtsprechung: Bei zahlreichen Gerichtsentscheidungen werden wissenschaftliche Gutachten und Expert*innen-Anhörungen herangezogen. Nur wenn hier das am besten gesicherte und aktuelle Wissen (→ Merkmal der Wissenschaft) herangezogen wird, können Entscheidungen dem Anspruch genügen, dass wirklich „Recht gesprochen“ wird und auf dieser Basis Akzeptanz entsteht (siehe z. B. Jacoby 2013).

Politik/Gesellschaft: Die Ergebnisse der PISA-Studien gelten als wichtiger und allgemein akzeptierter Maßstab für den Erfolg pädagogischer Konzepte und bildungspolitischer Maßnahmen. Wie wäre es um die Akzeptanz dieser Ergebnisse und darauf aufbauender Maßnahmen bestellt, wenn die Ergebnisse nicht auf wissenschaftlich wohlbegründete und nachvollziehbare Weise zustande gekommen wären?

Steuerpolitik: Die für wirtschaftliches Wachstum, soziale Gerechtigkeit und die Finanzierung öffentlicher Aufgaben wesentliche Steuerpolitik benötigt Informationen zur tatsächlichen steuerlichen Belastung verschiedener Gruppen bzw. zum Belastungsvergleich, die von der betriebswirtschaftlichen Steuerlehre neutral und fundiert bereitgestellt werden (siehe z. B. Hundsdoerfer et al. 2008). Interessengeleitete mehr oder weniger subjektive Schätzungen können dafür kein Ersatz sein. ◀

Mit den Beispielen ist illustriert worden, welche Relevanz die Kennzeichnung und Abgrenzung von Wissenschaft gegenüber anderen Wegen der Urteilsbildung im Hinblick auf verschiedene Anwendungsbereiche hat. Aber auch innerhalb der Wissenschaft ist es natürlich bedeutsam, einschätzen zu können, ob Aussagen, auf denen man weitere wissenschaftliche Arbeit aufbauen will, den Anforderungen der Wissenschaftlichkeit genügen. Wenn dem nicht so wäre, stünde ja eine darauf aufbauende wissenschaftliche Argumentation auf tönernen Füßen.

Besonders einflussreich waren die Bemühungen von Karl Popper, eine Lösung für das Demarkationsproblem zu finden. Den Hintergrund dafür bildete die Auseinandersetzung Poppers mit der marxistischen Geschichtslehre und der Freud'schen Psychoanalyse, bei denen es damals so schien, als würden sich dafür immer nur empirische Bestätigungen finden, weil praktisch jedes auftretende Phänomen von den Anhängern dieser Lehren (im Nachhinein) irgendwie erklärt werden konnte (Popper 1963, S. 33 ff.). Derartige Erfahrungen führten Popper bei der Suche nach einem Kriterium für die Abgrenzung von Wissenschaft und Nicht-Wissenschaft zu seinem **Falsifikationsansatz** (zu einigen Aspekten dieses Ansatzes siehe Abschn. 3.2). Popper (2005, S. 17) fasst die zentrale Idee kurz zusammen: „Wir fordern zwar nicht, dass das System auf empirisch-methodischem Wege endgültig positiv ausgezeichnet werden kann, aber wir fordern, dass es die logische Form des Systems ermöglicht, dieses auf dem Wege der methodischen Nachprüfung negativ auszuzeichnen: *Ein empirisch-wissenschaftliches System muss an der Erfahrung scheitern können.*" Im Mittelpunkt steht also die *Falsifizierbarkeit* von Aussagen durch empirische Überprüfungen, nicht deren Verifizierung. Wohlgemerkt: Mit „Falsifizierbarkeit" ist die *Möglichkeit* gemeint, dass eine Aussage falsifiziert werden kann. Nun ist es so, dass auch Voraussagen z. B. auf astrologischer Basis (z. B. „Im kommenden Monat haben Sie Glück in der Liebe."), denen man wohl kaum Wissenschaftlichkeit attestieren wird (siehe z. B. Thagard 1998), leicht falsifiziert werden können. Insofern wäre Falsifizierbarkeit nur eine notwendige, nicht aber hinreichende Bedingung für Wissenschaftlichkeit. Weiterhin wird von einzelnen Autor*innen argumentiert, dass im Hinblick auf die Abgrenzung von Wissenschaft nicht nur die Falsifizierbarkeit gefordert wird, sondern dass auch *tatsächlich* ernsthafte Falsifizierungs*versuche* unternommen werden und dass negative Ergebnisse dann auch Einfluss auf den jeweiligen Theoriestatus (Akzeptanz oder Ablehnung der Theorie) haben (Hansson 2014). Ein Verhalten, das die weitere Akzeptanz oder Ablehnung einer Theorie vom Ergebnis damit konformer oder nicht konformer Beobachtungen abhängig macht, würde eine*n Wissenschaftler*in von Ideologen, religiösen Fanatikern etc. unterscheiden, die sich in ihren Auffassungen nicht von Fakten beeinflussen lassen. Abb. 1.3 illustriert diese Kriterien.

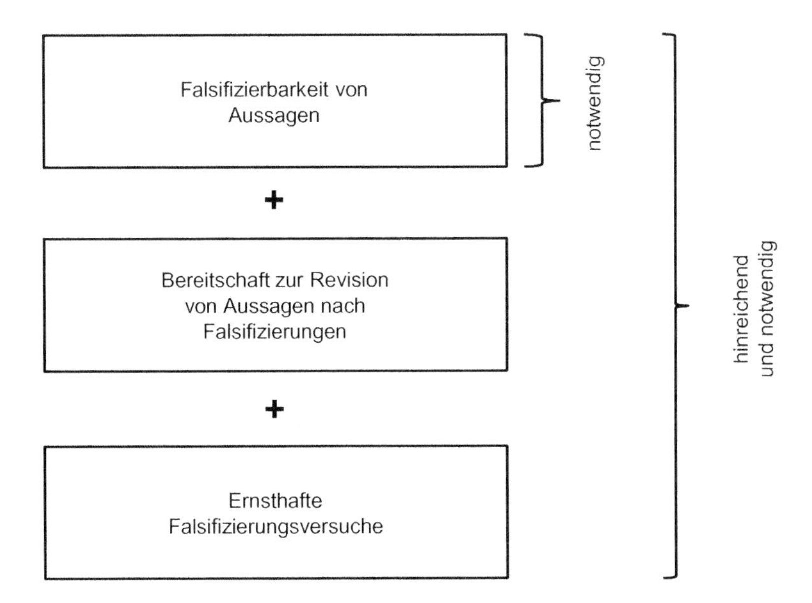

Abb. 1.3 Hinreichende und notwendige Bedingungen zur Abgrenzung von Wissenschaft gegenüber Nicht-Wissenschaft nach Hansson (2014)

Sven Ove Hansson (2017, S. 11) präsentiert in seinem Beitrag „Science and Pseudo-Science“ in der „Stanford Encyclopedia of Philosophy“ eine Liste von Kriterien, die für Pseudo-Wissenschaft sprechen. Diese sei hier auszugsweise wiedergegeben:

1. „Glaube an Autoritäten: Es wird behauptet, dass bestimmte Personen eine besondere Fähigkeit haben zu bestimmen, was wahr oder falsch ist. Andere haben deren Urteile zu akzeptieren.
2. Nicht reproduzierbare Experimente: Es wird experimentellen Ergebnissen vertraut, die nicht von anderen Forscher*innen reproduziert werden können.
3. Handverlesene Beispiele: Handverlesene Beispiele werden verwendet, obwohl sie für den Bereich, auf den sich die Untersuchung bezieht, nicht repräsentativ sind.
4. Ablehnung von Tests: Eine Theorie wird nicht getestet, obwohl sie getestet werden könnte.
5. Ignorierung widerlegender Informationen: Beobachtungen oder Experimente, die mit der Theorie im Konflikt stehen, werden ignoriert.
6. Eingebaute Täuschung: Der Test einer Theorie wird so angelegt, dass die Theorie durch dessen Ergebnis nur bestätigt und niemals abgelehnt werden kann.“

Die Abgrenzung von Wissenschaft und Pseudo-Wissenschaft hat erhebliche Relevanz, weil wissenschaftliche Aussagen besondere Glaubwürdigkeit und Akzeptanz genießen.

„Der Wissensbestand von Wissenschaften ist erkenntnistheoretisch besser gerechtfertigt als der Wissensbestand von Nicht-Wissenschaften" (Hunt 2010, S. 260). Vor diesem Hintergrund werden im folgenden Abschnitt einige Aspekte zur Erkenntnistheorie skizziert, also zur Frage nach Entstehung und Wesen wissenschaftlicher Erkenntnis.

1.2 Zur Erkenntnistheorie heutiger Wissenschaft

In den folgenden Kapiteln werden ja wissenschaftstheoretische Fragen und deren Relevanz für empirische Forschung ausführlich dargestellt und diskutiert. Insbesondere im Kap. 3 wird die Position des wissenschaftlichen Realismus, die diesem Buch zugrunde liegt, relativ umfassend dargestellt. Vorab sollen hier schon wesentliche erkenntnistheoretische Annahmen aktueller Realwissenschaft (alle Wissenschaften außer den Formalwissenschaften, Schurz 2014, S. 29) überblicksartig dargestellt werden, um den Leser*innen einen ersten Eindruck von der Rolle der Empirie in der Wissenschaft zu vermitteln.

▶ **Definition** Unter **Erkenntnis** wird hier mit Jürgen Mittelstraß (1995a, S. 575) „das *begründete Wissen* eines Sachverhaltes" verstanden.

Bei der Darstellung der fünf zentralen Annahmen wird im Wesentlichen Gerhard Schurz (2014, S. 22 ff.) gefolgt. Dabei werden hier wörtliche Zitate, die sich auf diese Quelle beziehen, nur durch die Angabe der entsprechenden Seitenzahl gekennzeichnet. An zahlreichen Stellen finden sich Hinweise auf andere Teile des vorliegenden Buches, in denen die jeweils angesprochenen Gesichtspunkte ausführlicher bzw. gründlicher behandelt werden. Die Darstellung von Schurz ist mit dem wissenschaftlichen Realismus (siehe Kap. 3) kompatibel, aber nicht identisch.

▶ **Definition** Die **Erkenntnistheorie** ist eine „philosophische Grunddisziplin, deren Gegenstand die Beantwortung der Frage nach den Bedingungen begründeten Wissens ist. Im klassischen Sinne schloss dies die Fragen nach der *Entstehung*, dem *Wesen* und den *Grenzen* der Erkenntnis ein" (Mittelstraß 1995b, S. 576).

Schurz formuliert zunächst ein höchstes Erkenntnisziel und fünf erkenntnistheoretische Annahmen, die (aktuell) für realwissenschaftliche Disziplinen gelten. Zu beachten ist die Beschränkung auf Realwissenschaften, wie Physik, Chemie, Psychologie, Betriebswirtschaftslehre. In eher formal ausgerichteten Wissenschaften wie der Mathematik und der Logik haben Bezugnahmen auf eine bestimmte Realität und Forderungen nach empirischer Überprüfung natürlich wenig Relevanz.

Hier das allgemeine **Erkenntnisziel** (S. 19): „Das oberste Erkenntnisziel der Wissenschaft (…) besteht darin, wahre und gehaltvolle Aussagen, Gesetze und Theorien zu finden, die sich auf einen bestimmten Gegenstandsbereich beziehen." Dieses Ziel knüpft eng an die Überlegungen zur Charakterisierung von Wissenschaft im Abschn. 1.1 an. Gerade die Verbindung von Wahrheit und (Informations-)Gehalt spielt hier eine wesentliche Rolle. Es ist relativ leicht, wahre Aussagen mit äußerst geringem Gehalt (z. B. „Der Umsatz von Unternehmen kann steigen oder sinken.") oder gehaltvolle Aussagen von zumindest äußerst zweifelhafter Wahrheit (z. B. „Je größer die Beschäftigtenzahl, desto größer ist der Markterfolg.") zu formulieren. Dagegen erfordert es eine besondere Kompetenz von Wissenschaftler*innen, zu Aussagen zu kommen, die *gleichzeitig wahr und gehaltvoll* sind. Theorien spielen hier eine zentrale Rolle, weil diese die wohl bedeutsamste Art der Zusammenfassung und Darstellung wissenschaftlicher Erkenntnis sind (siehe Kap. 2).

Schurz' erste Annahme mag etwas überraschen, wenn man die wissenschaftstheoretischen Diskussionen der letzten Jahrzehnte nicht kennt. Er spricht von einem **„minimalen Realismus"** (S. 22) und meint damit, dass es eine Realität gibt, die unabhängig von Wahrnehmungen und Interpretationen von Betrachtenden existiert. Viele Menschen halten das für eine Selbstverständlichkeit. Es wird aber hier besonders hervorgehoben, weil es die Gegenposition zu relativistischen und konstruktivistischen Ansätzen (siehe Abschn. 3.2) ist, die im letzten Drittel des 20. Jahrhunderts vor allem in den Sozialwissenschaften eine gewisse Rolle gespielt haben und davon ausgingen, dass wissenschaftliche Theorien keineswegs eine (unabhängige) Realität widerspiegeln, sondern stark kontextabhängig sind. Dem oben genannten obersten Erkenntnisziel entsprechend sollen (nicht nur nach Schurz) möglichst wahre und gehaltvolle Aussagen gemacht werden, wobei unter „Wahrheit" hier die Übereinstimmung dieser Aussagen mit dem betrachteten Teil der Realität verstanden wird („Korrespondenztheorie der Wahrheit", siehe Abschn. 2.2).

Vor dem Hintergrund entsprechender wissenschaftshistorischer Erfahrungen wird als zweite Annahme **„Fallibilismus und kritische Haltung"** (S. 23) genannt. Das bezeichnet die Fehlbarkeit wissenschaftlicher Aussagen, auch wenn diese zu einer bestimmten Zeit als überzeugend und empirisch (scheinbar) bewährt erschienen. Eine (absolute) Sicherheit hinsichtlich der Wahrheit wissenschaftlicher Aussagen gibt es demzufolge nicht. Daraus resultiert die angesprochene „kritische Haltung" der Infragestellung bisherigen Wissens und der Suche nach „besseren" Aussagen und Theorien (siehe dazu Abschn. 3.2).

Dem Bild, das sich der weit überwiegende Teil der (Fach-)Öffentlichkeit von Wissenschaft macht, entspricht die Annahme der **„Objektivität** und **Intersubjektivität"** (S. 23). Das wird der schon angesprochenen Idee (→ Erkenntnisziel) gerecht, dass eine von der Wahrnehmung von Beobachtenden unabhängige Realität existiert und dass (im Idealfall) *wahre* Aussagen darüber gemacht werden sollen, d. h. wissenschaftliche Aussagen sollen möglichst frei von persönlichen und gesellschaftlichen Interessen, Wahrnehmungen oder Zielen sein. Nun gibt es beachtliche Einwände gegen die Möglichkeit, zu (uneingeschränkt) objektiven Aussagen zu kommen. Darauf wird im Kap. 3 noch zurückzukommen sein. Wenn man aber den *Anspruch* der Objektivität und Intersubjektivität aufgäbe, würde man dem Ziel, sich mit wissenschaftlichen Aussagen an Wahrheit *anzunähern,* nicht entsprechen können.

▶ **Definition** Julian Reiss und Jan Sprenger (2014, S. 1) kennzeichnen **wissenschaftliche Objektivität** auf folgende Weise:

„Wissenschaftliche Objektivität ist ein Merkmal wissenschaftlicher Aussagen, Methoden und Ergebnisse. Damit ist die Idee gemeint, dass die Aussagen, Methoden und Ergebnisse von Wissenschaft nicht von speziellen Sichtweisen, bestimmten Wertungen, gesellschaftlichen Einflüssen oder persönlichen Interessen – um nur einige Einflussfaktoren zu nennen – beeinflusst sind bzw. sein sollen. Objektivität wird oft als ein Ideal für wissenschaftliche Forschung, als Grund für die Wertschätzung wissenschaftlicher Erkenntnisse und als die Grundlage für die Autorität der Wissenschaft in der Gesellschaft angesehen. (…).

Das Ideal der Objektivität ist in der Wissenschaftstheorie immer wieder kritisiert worden und sowohl sein Sinn als auch seine Realisierbarkeit sind in Frage gestellt worden."

Mit der Annahme des **„minimalen Empirismus"** (S. 23) kommt zum Ausdruck, dass empirische Forschung unverzichtbarer Bestandteil so verstandener (Real-)Wissenschaft ist. Der Titel des vorliegenden Buches deutet ja schon an, dass dieser Aspekt zentrale Bedeutung für die folgenden Kapitel hat. Was ist mit dem Begriff **„empirisch"** gemeint? Ganz allgemein versteht man darunter die Bezugnahme wissenschaftlicher Erkenntnis auf Erfahrungen / Beobachtungen in der Realität. In erster Linie – so auch im vorliegenden Buch – geht es um die Prüfung theoretischer Aussagen im Hinblick auf das Ausmaß ihrer Übereinstimmung mit der Realität. In der empirischen betriebswirtschaftlichen Forschung vollzieht sich das meist so, dass man theoretisch begründete Hypothesen bildet, daraus Prognosen für Beobachtungen in der Realität (unter der Voraussetzung der Gültigkeit der Theorie) ableitet und dann feststellt, ob sich die Theorie auf diese Weise bewährt oder nicht (siehe dazu auch Abschn. 5.2 und Abschn. 9.3). Ein anderer zunehmend praktizierter Weg der Theorieprüfung besteht darin, eine Theorie oder Teile davon in einem Modell abzubilden und anhand von realen Daten/Beobachtungen festzustellen, inwieweit das jeweilige Modell mit den (realen) Daten übereinstimmt (siehe dazu Kap. 7). „Auf Dauer werden wissenschaftliche Aussagen (…) nur in dem Maße akzeptiert, in dem diese Gegenstand strenger und systematischer empirischer Tests waren und – auch mit Replikationen – gezeigt wurde, dass sie sich bestätigt haben und ihr Nutzen für das Verständnis von Realität belegt wurde" (Jacoby 2013, S. 187).

Als fünfte Annahme nennt Schurz **„Logik im weiten Sinn"** (S. 24). Damit ist in erster Linie gemeint, dass in Theorien Begriffe genau definiert und Aussagen präzise formuliert sein müssen, damit der entsprechende Bedeutungsinhalt exakt festliegt. Anderenfalls (bei unscharfen Begriffen und Aussagen) wäre es einerseits nicht möglich, den Wahrheitsgehalt einer Theorie zu bestimmen, andererseits könnte man keine hinreichend genauen Hypothesen formulieren. Wie sollte man beispielsweise eine Hypothese zum Zusammenhang zwischen Informationsstand und Entscheidungsqualität begründen und überprüfen, wenn man nicht genau festgelegt hat, was man mit

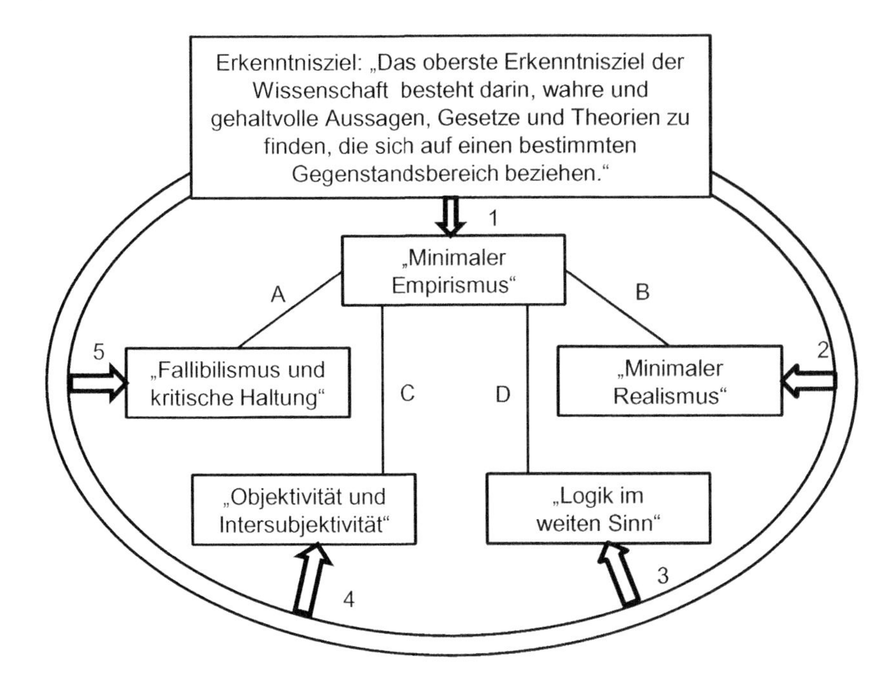

Abb. 1.4 Erkenntnisziel und epistemologische Annahmen. (Nach Schurz 2014, S. 22 ff.) (Die wörtlichen Zitate sind der genannten Quelle entnommen.)

„Entscheidungsqualität" eigentlich meint (z. B. Akzeptanz oder Schnelligkeit oder finanzielle Auswirkungen)?

Die Abb. 1.4 und die daran anschließenden kurzen Erläuterungen sollen wesentliche Aspekte und Zusammenhänge der fünf von Schurz (2014, S. 22 ff.) formulierten epistemologischen Annahmen zusammenfassen und illustrieren. Vor dem Hintergrund des zentralen Themas dieses Buches werden die Beziehungen des „minimalen Empirismus" zu anderen Annahmen etwas intensiver beleuchtet.

Hier also die kurzen Erläuterungen zu den verschiedenen Beziehungen in der Abb. 1.4. Zunächst zu den Beziehungen des obersten Erkenntnisziels (insbesondere zum Aspekt der angestrebten Wahrheit von Aussagen, Gesetzen und Theorien) zu den fünf erkenntnistheoretischen Annahmen:

1. In Realwissenschaften, also in Wissenschaften, die Aussagen über bestimmte Teile der Realität (z. B. Betriebe, Pflanzen, Stoffe) machen, können solche Aussagen durch empirische Methoden gewonnen und überprüft werden. „Empirische Beobachtungen sind der entscheidende *Schiedsrichter* in der wissenschaftlichen Wahrheitssuche" (Schurz 2014, S. 23 f.). (Hervorhebung von M.E. und A.K.)
2. Es existiert eine Realität, die unabhängig von den Wahrnehmungen und Interpretationen von Beobachtern ist (siehe dazu u. a. auch Psillos 2006). Die Wahrheit wissenschaftlicher Aussagen bestimmt sich durch das Ausmaß der Übereinstimmung

zwischen einer (theoretischen) Aussage und dem entsprechenden Ausschnitt der Realität. Ohne Realismus wäre „Wahrheit" in diesem Sinne nicht möglich.
3. Nur präzise Definitionen, Aussagen und Argumente ermöglichen genaue Vergleiche zwischen theoretischem Bereich und Realität und damit Einschätzungen zur Wahrheitsnähe von Aussagen, Gesetzen und Theorien.
4. „Die Wahrheit einer Aussage muss objektiv gelten, d. h. unabhängig von den Überzeugungen, Werten und Einstellungen des Erkenntnissubjekts, weil gemäß (obiger) Annahme die Realität unabhängig vom Erkenntnissubjekt existiert und Wahrheit als Übereinstimmung zwischen Aussage und Realität angesehen wird" (Schurz 2014, S. 23).
5. Logik und wissenschaftshistorische Erfahrungen lehren, dass man sich der Wahrheit von Aussagen nie sicher sein kann. Man kann aber versuchen, zu Aussagen zu kommen, die approximativ wahr (siehe Abschn. 3.2) sind. Eine kritische Haltung dient dazu, den Wahrheitsgehalt von Aussagen immer wieder infrage zu stellen und durch entsprechende Forschung weiter zu erhöhen.

Bezogen auf empirische Forschung spielen die folgenden Beziehungen zu anderen Annahmen eine Rolle:

A. Empirische Forschung ist das zentrale Hilfsmittel, um die Wahrheitsnähe bisherigen Wissens zu überprüfen und festzustellen, ob alternative/neue Ansätze zu größerer Wahrheitsnähe führen.
B. Empirische Forschung stellt die Methoden zur Verfügung, die es in vielen Fällen erst ermöglichen, Beobachtungen in der Realität vorzunehmen, diese zu analysieren und damit den Grad der Übereinstimmung von Theorie und Realität zu ermitteln.
C. Empirische Ergebnisse zur Wahrheitsnähe von Aussagen können nur überzeugend sein, wenn sie nicht wesentlich durch Messfehler und Subjektivität beeinflusst sind. Deswegen wird die Validität von Untersuchungsergebnissen (siehe Kap. 6) durch sorgfältige Anwendung adäquater Methoden möglichst weitgehend gesichert und in Publikationen durch entsprechende Dokumentation nachprüfbar gemacht.
D. „Logik im weiten Sinn" bezieht sich auf die Präzision der Aussagen. Ohne eine solche Präzision ist es nicht möglich, adäquate Messverfahren (→ Validität) zu entwickeln und das Ausmaß der Übereinstimmung von theoretischen Vermutungen und realen Beobachtungen zu bestimmen. Wie sollte man beispielsweise die Eignung einer Messskala für „Motivation" beurteilen, wenn nicht präzise definiert ist, was unter „Motivation" verstanden wird?

Im Mittelpunkt dieses Buches steht ja die empirische Forschung. Welche Beiträge liefert diese nun in erkenntnistheoretischer Hinsicht? Bisher war der Blick hauptsächlich auf die Anwendung empirischer Methoden in der Grundlagenforschung zum Test von – vorhandenen oder neu entwickelten – Theorien mit der Bildung von Hypothesen und

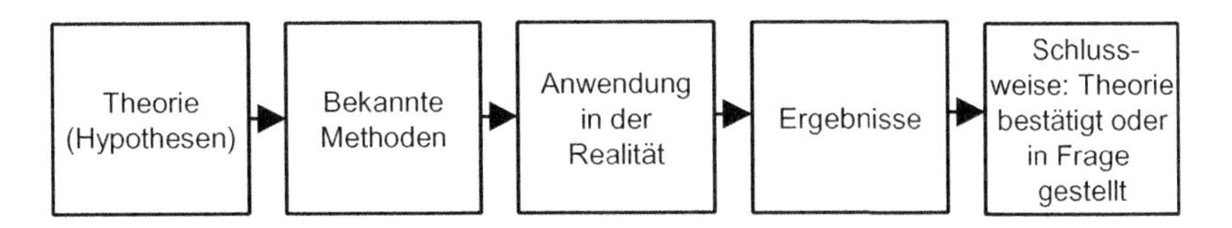

Abb. 1.5 Schematische Darstellung empirischer Untersuchungen zur Theorieprüfung

deren empirischer Überprüfung gerichtet. Diese Vorgehensweise sei durch die Abb. 1.5 illustriert. Darüber hinaus werden im Folgenden noch („klassische") Anwendungen der empirischen Forschung zum *Theorie-Entwurf* (siehe Kap. 4) skizziert. Eine besondere Rolle spielt die am Ende dieses Abschnitts anzusprechende Forschung zur empirischen Methodik. Diese Methoden sind in weiten Teilen betriebswirtschaftlicher Forschung bedeutsam, weil ein großer Teil der interessierenden Phänomene eben nicht durch bloßen Augenschein oder durch allgemein zugängliche Informationen untersucht werden kann. So bedarf es zur Messung der Risikowahrnehmung von Anleger*innen oder der Wettbewerbsintensität in einer Branche eben besonderer Methoden, die nicht selten speziell entwickelt werden müssen.

Die Abb. 1.5 gibt wesentliche Schritte bei der empirischen Überprüfung von Theorien wieder. Am Anfang steht (natürlich) die zu überprüfende Theorie, aus der Hypothesen, also Erwartungen hinsichtlich bestimmter Ausprägungen oder Zusammenhänge von Merkmalen in der Realität, abgeleitet werden. Für entsprechende Messungen bedarf es geeigneter Methoden, die in der entsprechenden Fachdisziplin oft schon bekannt und verfügbar sind (z. B. Experimente, Befragungen). Die Anwendung dieser Methoden in der Realität führt zu Ergebnissen, die Schlüsse hinsichtlich der Bewährung der geprüften Theorie erlauben.

In Abb. 1.6 werden zwei weitere große Bereiche der Anwendung empirischer Forschung dargestellt, der Theorie-*Entwurf* (siehe dazu Kap. 4) und die Interpretation anwendungsorientierter Untersuchungen.

Der in Abb. 1.6 dargestellte Ablauf kann also zwei unterschiedliche Anwendungen symbolisieren. Zum einen ist an Schritte beim *Theorie-Entwurf* zu denken. Wenn hinsichtlich eines Problems noch keine (befriedigende) Theorie vorliegt (z. B. Bildung von Glaubwürdigkeitsurteilen hinsichtlich im Internet angebotener Produkt-Informationen),

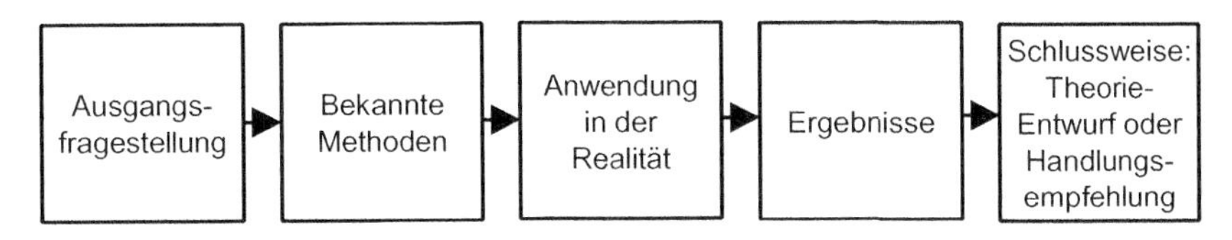

Abb. 1.6 Schematische Darstellung empirischer Untersuchungen zum Theorie-Entwurf und zu anwendungsorientierten Fragestellungen

dann ist es verbreitete (aber keineswegs ausschließliche) Praxis, zu dieser Fragestellung mit gängigen Methoden Beobachtungen, explorative Befragungen etc. in der Realität durchzuführen und auf Basis dieser Ergebnisse zu einem Theorie-Entwurf zu gelangen (siehe dazu die Ausführungen zur Grounded Theory in Abschn. 4.3.3). Zum anderen findet man eine entsprechende Vorgehensweise oft bei *anwendungsorientierten Fragestellungen* (z. B. Definition von Marktsegmenten, Messung der Zufriedenheit von Arbeitnehmer*innen). Hier interessiert ja in der Regel keine entsprechende Theorie. Man ist in diesen Fällen oft an deskriptiven Daten (z. B. „Wie zufrieden ist die Belegschaft?") interessiert und interpretiert Zusammenhänge zwischen bestimmten Merkmalen (z. B. „In welchen Unternehmensbereichen ist die Arbeitszufriedenheit am höchsten?") erst *nach* Durchführung der Untersuchung. In vielen Fällen werden daraus dann Handlungsempfehlungen (z. B. „Motivation der Mitarbeiter*innen im Unternehmensbereich XY verstärken!") abgeleitet.

Ein ganz anderer Untersuchungstyp ist in Abb. 1.7 grafisch dargestellt. Hier geht es nicht um substanzielle Fragen (Theorieprüfung oder -entwurf, praktische Anwendung der Ergebnisse), sondern um die Entwicklung neuer Methoden in der Datenerhebung und -analyse.

In der Grundlagenforschung und in der angewandten Forschung stellt sich regelmäßig das Problem, dass man neuartige Phänomene untersuchen (messen) will oder dass man leistungsfähigere (Analyse-)Methoden benötigt. Beispiele sind die aktuellen Entwicklungen bei Untersuchungen zur Internet-Nutzung. Im Bereich sozialwissenschaftlicher Untersuchungen kommt das Problem hinzu, dass Messinstrumente (z. B. bestimmte Befragungstechniken) sehr fehlerempfindlich sind und dass deshalb ein spezieller Prozess zur Entwicklung valider Messinstrumente erforderlich ist (siehe z. B. Ebert und Raithel 2009). Im Hinblick auf ein neues methodisches Problem wird hier also ein entsprechender Vorschlag entwickelt und in der Realität angewandt. Auf der Grundlage der Ergebnisse kann die Bewährung der neuen Methode dann eingeschätzt werden. Besonders gut etabliert ist ein solches Vorgehen im Bereich der Entwicklung von Messinstrumenten, wo oftmals eine weitgehend standardisierte Vorgehensweise angewandt wird (siehe z. B. Churchill 1979; Rossiter 2002 sowie Kap. 6 dieses Buches). So dokumentieren z. B. Loix et al. (2005) den Prozess der Entwicklung und Überprüfung einer Skala zur Messung der Ausrichtung von Individuen auf finanzielle Angelegenheiten und nehmen damit gewissermaßen eine „Eichung" dieses Messinstruments vor.

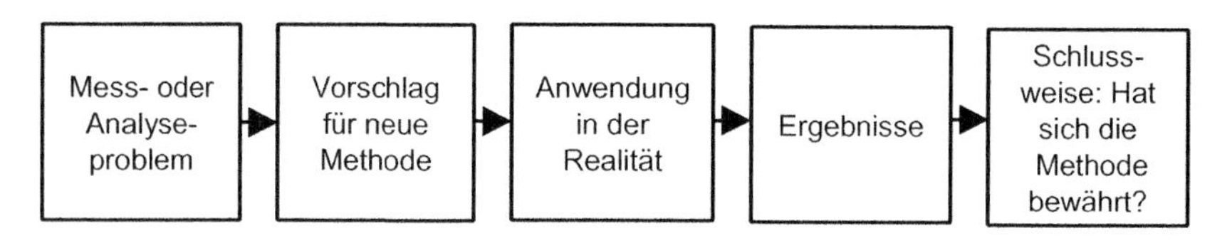

Abb. 1.7 Schematische Darstellung empirischer Untersuchungen zur Methodenentwicklung

1.3 Empirische Forschung in der Betriebswirtschaftslehre – Ein kurzer Überblick

Die Betriebswirtschaftslehre wird im *System der Wissenschaften* meist dem Bereich der Sozialwissenschaften zugeordnet und befindet sich damit einerseits in der „Nachbarschaft" von Soziologie, Volkswirtschaftslehre, Sozialpsychologie etc. und ist andererseits abgegrenzt von Naturwissenschaften, Technikwissenschaften, Formalwissenschaften (z. B. Mathematik) etc. (siehe z. B. Schurz 2014, S. 27 ff.). In der amtlichen Statistik (www.destatis.de) und in der Hochschulpolitik wird die BWL oft mit anderen Disziplinen in einer Fächergruppe „Rechts-, Wirtschafts- und Sozialwissenschaften" zusammengefasst. Insofern verwundert es nicht, dass sich empirische Forschungsmethoden der Betriebswirtschaftslehre mit den in anderen Sozialwissenschaften gängigen Methoden recht weitgehend überschneiden.

Hintergrundinformation

Günther Schanz (1988, S. 15) erläutert die sozialwissenschaftliche Ausrichtung der Betriebswirtschaftslehre:

„… zeichnet sich ab, dass die Betriebswirtschaftslehre zweckmäßigerweise als angewandte Sozialwissenschaft aufzufassen und entsprechend zu konzipieren ist. Das betriebswirtschaftliche Interesse richtet sich dabei primär auf handelnde bzw. sich verhaltende Menschen, die man einerseits als Produzenten (und das heißt auch: Arbeitnehmer), andererseits als Konsumenten bezeichnen wird. Damit gerät gleichzeitig die institutionelle Problematik – also (Wirtschafts-) Organisationen und Märkte – ins Blickfeld. Sie bilden den Rahmen für das Verhalten der erwähnten Personengruppen."

Im Hinblick auf die Unterscheidung von *Forschungsmethoden* in der BWL soll hier dem Vorschlag von Homburg (2007) gefolgt werden, bei dem die folgenden Methoden unterschieden werden (siehe auch Abb. 1.8):

„Reine Theorie": Logische Ableitung eines Systems von Aussagen auf der Basis von definierten Annahmen. Wichtige Beispiele dafür sind die neoklassische mikroökonomische Theorie sowie die Theorien, die dem institutionenökonomischen Ansatz zugerechnet werden (Transaktionskostentheorie, Principal-Agent-Theorie etc.), und deren Anwendungen in diversen Teilgebieten der Betriebswirtschaftslehre (zum Überblick vgl. z. B. Schwaiger und Meyer 2009; Schauenberg 1998).

„Modeling Zur Darstellung und Lösung von Problemen bedient man sich hier meist mathematisch formulierter Modelle, die die Anwendung eines entsprechenden Instrumentariums erlauben. Der Fokus liegt bei OR-Anwendungen, häufig mit dem Ziel von Optimierungen.

„Morphologie Hier steht die Klassifizierung von interessierenden Phänomenen (z. B. Geschäftstypen, Arten von Entscheidungsprozessen) im Zentrum. Auf dieser Basis werden die relevanten Phänomene zu relativ homogenen Gruppen zusammengefasst und darauf bezogene Forschung (z. B. im Hinblick auf so genannte „Normstrategien") wird erleichtert.

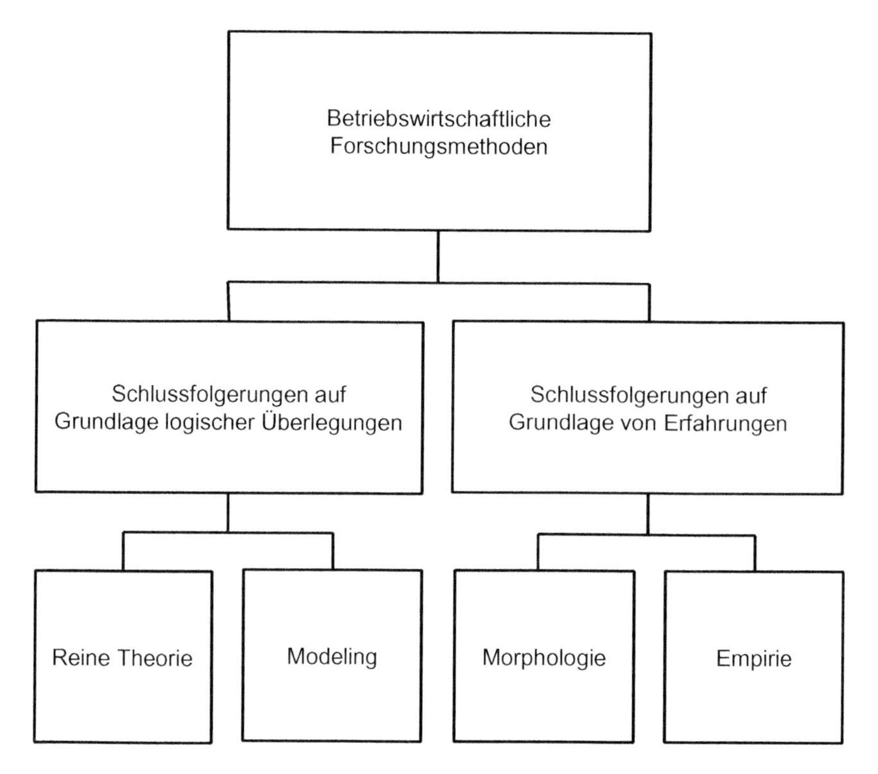

Abb. 1.8 Betriebswirtschaftliche Forschungsmethoden im Überblick. (Nach Homburg 2007, S. 29)

„**Empirie** Wie im vorliegenden Kapitel bereits angesprochen geht es hier in erster Linie um die Entsprechung von Theorie und Realität, also um die Überprüfung von theoretischen Aussagen am Maßstab realer Beobachtungen bzw. die Entwicklung von Theorien auf der Basis von Erfahrungen.

Die vorstehende Kennzeichnung unterschiedlicher Forschungsrichtungen sollte keinesfalls zu dem Missverständnis führen, dass „Theorie" und „Empirie" gewissermaßen getrennte Welten sind. Im Gegenteil: Eine wesentliche, eher die wesentlichste, Funktion der Empirie ist ja gerade die Prüfung von Theorien (siehe dazu auch Köhler 2012). Dieser Aspekt wird im vorliegenden Buch immer wieder eine zentrale Rolle spielen.

Für (nicht nur) betriebswirtschaftliche Forschung ist es kennzeichnend, dass Beobachtungen, Befragungen, Experimente etc. durchgeführt werden, um Daten zu sammeln, die es nach Anwendung entsprechender (insbesondere statistischer) Methoden erlauben, theoretische Aussagen zu überprüfen, zu generieren oder zu modifizieren (siehe Kap. 9). Daraus und aus den Überlegungen in den vorstehenden Abschnitten lässt sich schon ableiten, dass in der Wissenschaft Empirie immer in enger Verbindung zur Theorie steht. Gleichzeitig führt empirische Forschung dazu, dass bisheriges Wissen infrage gestellt und gegebenenfalls verworfen oder modifiziert wird (→ Fallibilismus; Empirie als „Schiedsrichter" (Schurz 2014, S. 24)). Homburg (2007, S. 28) fügt noch den (nicht nur für empirische Forschung) charakteristischen Aspekt hinzu, dass die Entstehung von Forschungsergebnissen transparent, nachvollziehbar und damit überprüfbar sein muss (siehe auch Schreyögg 2007, S. 154). Dem entsprechend ist es bei empirischen Arbeiten zum Standard geworden, die methodische Vorgehensweise relativ umfassend und sorgfältig zu dokumentieren. In einem grundlegenden Aufsatz „Betriebswirtschaftslehre als Wissenschaft" kennzeichnet Horst Albach (1993) u. a. die Wiederholbarkeit empirischer Ergebnisse und die Falsifizierbarkeit von Aussagen (siehe Abschn. 3.1) als Kriterien für die Wissenschaftlichkeit einer Disziplin und bekräftigt auf diese Weise die Notwendigkeit empirischer Forschung für die Betriebswirtschaftslehre.

Hintergrundinformation
Manfred Schwaiger (2007, S. 340) erläutert die Relevanz empirischer betriebswirtschaftlicher Forschung aus zwei verschiedenen Perspektiven:

- „Verfolgt ein Wissenschaftler primär *Erkenntnisziele,* so ist das Zustandekommen der Erkenntnis intersubjektiv am besten nachvollziehbar, wenn er die Prüfung nach naturwissenschaftlichem Vorbild an Fakten aus der (in diesem Fall betriebswirtschaftlichen) Realität vornimmt. Diese Vorgehensweise bietet zudem den Vorteil, dass jeder zweifelnde Rezipient der Erkenntnis die Möglichkeit hat, die in Frage stehenden Aussagen anhand neu gesammelter Fakten zu überprüfen.
- Steht dagegen ein in der BWL häufig zu beobachtendes Gestaltungsinteresse im Vordergrund und will der Forscher in erster Linie Handlungsanweisungen für die Wirtschaftspraxis generieren, so wird die Akzeptanz seiner Gestaltungsratschläge zunehmen, wenn er sich nicht nur auf theoretische Erwägungen stützt, sondern die Gültigkeit seiner Aussagen in der Realität nachweisen kann (…)."

Hinsichtlich der Entwicklung und Ausbreitung empirischer Forschung innerhalb der deutschsprachigen Betriebswirtschaftslehre unterscheidet Homburg (2007, S. 30) drei Phasen:

1. *„Phase der sporadischen empirischen Forschung"* (bis in die 1960er Jahre). Während dieser Zeit wurde die Relevanz empirischer Forschung vielfach schon anerkannt, entsprechende Publikationen waren aber eher eine Ausnahme. Der methodische Standard der in der BWL angewandten Empirie war zu dieser Zeit noch relativ wenig entwickelt.
2. *„Phase der programmatischen empirischen Forschung und interdisziplinäre Öffnung"* (1960er bis 1980er Jahre). Während dieser Zeit wuchs die Anzahl publizierter empirischer Arbeiten stark an. Beeinflusst wurde dieses Wachstum einerseits durch ein – wohl auch durch die wissenschaftstheoretische Diskussion angeregtes – gewachsenes Interesse an Empirie. Andererseits führte auch die Öffnung der Betriebswirtschaftslehre gegenüber den schon lange empirisch geprägten Verhaltenswissenschaften zu einem entsprechenden Impuls. Seit der Mitte der 1970er Jahre konnte man ein starkes Wachstum empirisch ausgerichteter Publikationen in

der deutschsprachigen Betriebswirtschaftslehre beobachten (Martin 1989, S. 149). Eberhard Witte (Universität München) und seine Forschungsgruppe haben während dieser Phase für die deutschsprachige Betriebswirtschaftslehre sicher Pionierarbeit geleistet (siehe z. B. Witte 1981; zum Überblick auch Köhler 1977; zu wesentlichen Ergebnissen Hauschildt und Grün 1993). Die Realisierung empirischer Studien wurde während dieser Phase sicher auch durch die rasante Ausbreitung der Computer-Technologie und (damit verbunden) von Statistik-Software erleichtert.

3. *„Phase der internationalen und methodischen Öffnung“* (seit Ende der 1980er Jahre). Inzwischen ist die Rezeption der internationalen Literatur – konzentriert auf die englischsprachige Literatur – zur Selbstverständlichkeit geworden. Daneben publizieren deutschsprachige Betriebswirt*innen inzwischen verstärkt in internationalen Journals, nicht zuletzt, weil derartige Publikationserfolge weiter wachsende Bedeutung für eine wissenschaftliche Karriere erlangt haben. Wegen der schon länger stark empirisch ausgerichteten internationalen Forschung in verschiedenen Teilgebieten der Betriebswirtschaftslehre „färbt“ das gewissermaßen auf die deutschsprachige Betriebswirtschaftslehre ab.

Nun hat sich die Ausbreitung empirischer Forschung in den Teilgebieten der Betriebswirtschaftslehre nicht parallel und auch nicht gleichmäßig vollzogen. Verschiedene Autoren (Hauschildt 2003; Homburg 2007; Krafft et al. 2003; Martin 1989) haben einige Entwicklungslinien – teilweise empirisch – analysiert und interpretiert. Diese Untersuchungen sind schon einige Jahre alt, dürften aber weitgehend noch Bestand haben. Zunächst zu Einschätzungen hinsichtlich einiger wichtiger Gebiete der Betriebswirtschaftslehre, in denen die empirische Forschung eine relativ große Rolle spielt.

Management (einschl. Organisation, Führung und Personal In diesem Gebiet entstand vor allem durch die Arbeiten von Eberhard Witte und seiner Forschergruppe seit Ende den 1960er Jahren (zunächst an der Universität Mannheim, ab 1970 an der LMU München) ein starker Impuls für die empirische Forschung in der deutschsprachigen Betriebswirtschaftslehre. „Pioniercharakter hat in vielfacher Hinsicht das von Witte geleitete Projekt, das Entscheidungsprozesse bei der Erstbeschaffung von EDV-Anlagen zum Gegenstand hatte“ (Martin 1989, S. 137). Es hat sich daraus eine empirische betriebswirtschaftliche Forschung entwickelt, die ein sehr breites Spektrum von Fachgebieten und Themen umfasst (siehe dazu Hauschildt und Grün 1993). Für damalige Verhältnisse war es keineswegs selbstverständlich, dass diese Forschung auch international Interesse fand (Witte und Zimmermann 1986). In etwas jüngerer Zeit hat sich strategisches Management (mit dem „Strategic Management Journal“ als wichtigstem Publikationsorgan) zu einem Gebiet mit einem hohen Anteil empirischer Forschung entwickelt.

Der hohe Stellenwert der Empirie (Publikationsanteil nach Hauschildt 2003 bei 21 %) im Gebiet Organisation/Personal ist wohl auch durch die enge Verbindung zu den Verhaltenswissenschaften zu erklären. Bei Krafft et al. (2003, S. 91) liegt die Einschätzung des Anteils des Fachgebiets Personal eher unter 20 %.

Marketing: Im Fachgebiet Marketing hat die empirische Forschung eine lange Tradition und bis heute einen besonders hohen Stellenwert. Das liegt wohl einerseits daran, dass sich schon seit den 1970er Jahren eine starke verhaltenswissenschaftliche Ausrichtung mit empirischer Orientierung entwickelte, was bei Forschungsgebieten wie „Werbewirkung" oder „Konsument*innenverhalten" nicht sonderlich überrascht. Andererseits ist die Marktforschung, die das methodische Instrumentarium zur empirischen Forschung bereitstellt, seit den 1950er Jahren in den Lehrbüchern und Curricula des Fachs Marketing (früher: Absatzwirtschaft) fest etabliert (Köhler 2002). Ausgeprägter Bedarf an empirischer Forschung in Verbindung mit einer verbreiteten Methoden-Ausbildung von Marketingforscher*innen erklärt also diese frühzeitige und starke empirische Ausrichtung in der Marketingforschung.

Finanz- und Kapitalmarktforschung: In diesem Gebiet hat empirische Forschung, die sich zunächst auf die Analyse von Kapitalmärkten mithilfe ökonometrischer Methoden konzentrierte, ebenfalls eine relativ lange Geschichte. In neuerer Zeit ist Forschung bezogen auf das Verhalten von Kapitalmarktteilnehmern mit den gängigen Methoden der empirischen Sozialforschung hinzugekommen. Als Beispiel für diese aktuelle Entwicklung sei das seit dem Jahre 2000 erscheinende „Journal of Behavioral Finance" genannt. Hauschildt (2003, S. 10) rechnet etwa 25 % der publizierten (deutschsprachigen) betriebswirtschaftlichen Forschung dem Gebiet Finanz- und Kapitalmarktforschung zu, bei Krafft et al. (2003, S. 91) sind es um die 20 %.

Wirtschaftsinformatik: In der Wirtschaftsinformatik wird zwischen zwei wesentlich verschiedenen Forschungsrichtungen unterschieden: Einerseits „behavioral science research" (BSR) und andererseits „design science research" (DSR), im deutschsprachigen Raum auch als „gestaltungsorientierte Wirtschaftsinformatik" (Österle et al. 2010) bezeichnet. Letzterer Ansatz (also DSR) ist hauptsächlich auf „Handlungsanleitungen (normative, praktisch verwendbare Ziel-Mittel-Aussagen) zur Konstruktion und zum Betrieb von Informationssystemen sowie Innovationen in den Informationssystemen (Instanzen) selbst" (Österle et al. 2010, S. 3) ausgerichtet. Schwerpunkt empirischer Untersuchungen ist die BSR-Forschung, wo es wesentlich um die Nutzung von Informationssystemen und die Verhaltensweisen von Nutzer*innen geht. Hier findet man in führenden Zeitschriften (z. B. Information Systems Research, Management Information Systems Quarterly) Anwendungen des üblichen methodischen Spektrums sozialwissenschaftlicher empirischer Forschung. Darüber hinaus bietet der Anwendungsbereich der Wirtschaftsinformatik besonders günstige Bedingungen für die Erfassung realen (Nutzungs-)Verhaltens, auch auf längere Zeiträume bezogen. Derartige Möglichkeiten entwickeln sich durch „Big Data" inzwischen auch für andere Forschungsgebiete.

Rechnungswesen und Controlling und verwandte Gebiete: Noch in den 1980er Jahren wurde für diesen Bereich ein deutliches Defizit an empirischer Forschung beklagt (Kaplan 1986). Inzwischen wandelt sich das Bild. Bereits zu Beginn der 2000er Jahre stellte Hauschildt (2003, S. 10) schon einen Anteil von 12 % an den empirisch ausgerichteten betriebswirtschaftlichen Publikationen fest; auch Binder und Schäffer (2005) ermittelten innerhalb der Controlling-Forschung einen leichten Anstieg empirisch ausgerichteter Arbeiten. Für einen Überblick zu empirischen Ergebnissen im Bereich Rechnungswesen/Controlling sei hier auf Gassen (2007), Weber et al. (2010) und auf das Sonderheft 1/2008 der „Zeitschrift für Controlling & Management" verwiesen. Brühl et al. (2008) fassen Ergebnisse einschlägiger qualitativer Studien zusammen. Im Fachgebiet **Wirtschaftsprüfung** ist inzwischen eine deutliche und kontinuierliche Ausweitung der Empirie erkennbar (Ruhnke und Schmitz 2013). Beispielsweise existiert auf der internationalen Ebene seit 1989 eine von der American Accounting Association herausgegebene spezielle Zeitschrift „Behavioral Research in Accounting", die vor allem entsprechender (auch über den Bereich der Wirtschaftsprüfung hinausgehender) empirischer Forschung gewidmet ist. In der betriebswirtschaftlichen **Steuerlehre** ist der Anteil empirischer Forschung immer noch relativ gering, es sind aber Tendenzen erkennbar, diesen Anteil zu steigern (Hundsdoerfer et al. 2008).

Wie ist nun das unterschiedliche Gewicht der Empirie in den verschiedenen betriebswirtschaftlichen Teilgebieten zu erklären? Hauschildt (2003 S. 10 f.) stellt dazu einige Überlegungen an und nennt u. a. die folgenden Gesichtspunkte, die in seiner – auf umfassender Erfahrung und Literaturauswertung gründenden – Sicht eine Ausweitung empirischer Forschung eher befördern:

- Interesse der betriebswirtschaftlichen Praxis an empirisch bewährten und präzisierten Ergebnissen
- Einflüsse empirischer Forschung in den jeweiligen Nachbargebieten (z. B. Psychologie, Soziologie) und Grad verhaltenswissenschaftlicher Ausrichtung des Fachgebiets
- Verfügbarkeit bereits vorhandener Daten, insbesondere aus Datenbanken (z. B. Finanzdatenbanken, amtliche Statistik, Sozioökonomisches Panel SOEP)
- Bedarf an Einschätzungen zur Verhaltenswirkung von Gesetzesänderungen (z. B. im Zusammenhang mit der Rechnungslegung oder Besteuerung)
- Empirische Forschung und ihre Ergebnisse als „Schiedsrichter" (Schurz 2014, S. 24) bei kontroversen theoretischen Standpunkten (z. B. zum Ausmaß der Abhängigkeit des Unternehmenserfolgs von der Branchenzugehörigkeit; vgl. Hunt 2000, S. 153 ff.).

1.4 Inhalt und Struktur dieses Buches

In diesem Abschnitt soll ein kurzer Überblick über die Inhalte der auf diese „Einführung" folgenden Kapitel und deren Strukturierung gegeben werden. Dabei ist auch der Untertitel des vorliegenden Buches „Zur Methodologie in der Betriebswirtschaftslehre" zu beachten. Es geht hier also um *Methodologie*, nicht um *Methoden* mit all ihren Einzelheiten. Worin besteht der Unterschied? Brian Haig (2018, S. 8) charakterisiert beide Begriffe und verdeutlicht damit den Unterschied:

Definition „Im Bereich der Wissenschaft bestimmen *Methoden* das effiziente und systematische Vorgehen bei einer Untersuchung. Wissenschaftliche Methoden legen eine Folge von Aktivitäten fest, die eine Strategie zur Erreichung eines oder mehrerer Forschungsziele bilden. Im Zusammenhang damit bezeichnet wissenschaftliche *Methodologie* das allgemeine Studienobjekt wissenschaftlicher Methoden und bildet die Basis für ein angemessenes Verständnis dieser Methoden" (Haig 2018, S. 8).

Eine halbwegs angemessene Darstellung empirischer Forschungsmethoden in der Betriebswirtschaftslehre mit all ihren technischen Details würde den Umfang dieses Buches deutlich sprengen. Hier geht es also um die entsprechende Methodologie, d. h. um die Grundideen von Methoden, um ihre Aussagekraft und die Interpretation ihrer Ergebnisse sowie um die wissenschaftstheoretische Fundierung bzw. kritische Reflexion empirischer Forschung.

Zentrale Bedeutung für wissenschaftliche Erkenntnisgewinnung hat die Entwicklung und Überprüfung von Theorien, wobei empirische Forschung eine wesentliche Rolle spielt. Schanz (1988, S. VII) kennzeichnet dem entsprechend Theorien als *„Hauptinformationsträger der wissenschaftlichen Erkenntnis"*.

Hintergrundinformation

Fred Kerlinger und Howard Lee (2000, S. 11) erläutern die Rolle von Theorien für die Wissenschaft auf folgende Weise:

„Das grundlegende Ziel der Wissenschaft ist die Theorie. Vielleicht weniger geheimnisvoll ausgedrückt heißt das: Das grundlegende Ziel der Wissenschaft besteht darin, natürliche Phänomene zu erklären."

Vor diesem Hintergrund werden „Wesen und Relevanz von Theorien" gleich im 2. Kapitel relativ umfangreich dargestellt und diskutiert. Empirische Forschung, die ja den Hauptgegenstand dieses Buches bildet, spielt eine entscheidende Rolle bei der Überprüfung von Theorien, aber auch schon im Prozess des Theorie-Entwurfs. Im Buch wird so vorgegangen, dass Theorie-Entwurf und -prüfung erst nach der Kennzeichnung von Theorien behandelt werden, um das Verständnis zu erleichtern (siehe Abb. 1.9). Derartige Fragestellungen werden von unterschiedlichen wissenschaftstheoretischen Positionen wesentlich beeinflusst. Seit der Mitte des 20. Jahrhunderts haben vor allem der durch Karl Popper geprägte kritische Rationalismus, der Relativismus und Konstruktivismus und in etwas neuerer Zeit der wissenschaftliche Realismus starke Beachtung gefunden. Diese Positionen sind in der einschlägigen Literatur umfassend und teilweise heftig diskutiert worden. Solche Diskussionen sollen im vorliegenden Buch nicht nachvollzogen werden. Es wird vielmehr die **Position des wissenschaftlichen Realismus** eingenommen und im 3. Kapitel begründet. Nur zur Abgrenzung werden dabei auch die anderen genannten wissenschaftstheoretischen Standpunkte kurz angesprochen. Die wissenschaftstheoretischen Überlegungen in den Kap. 2 und

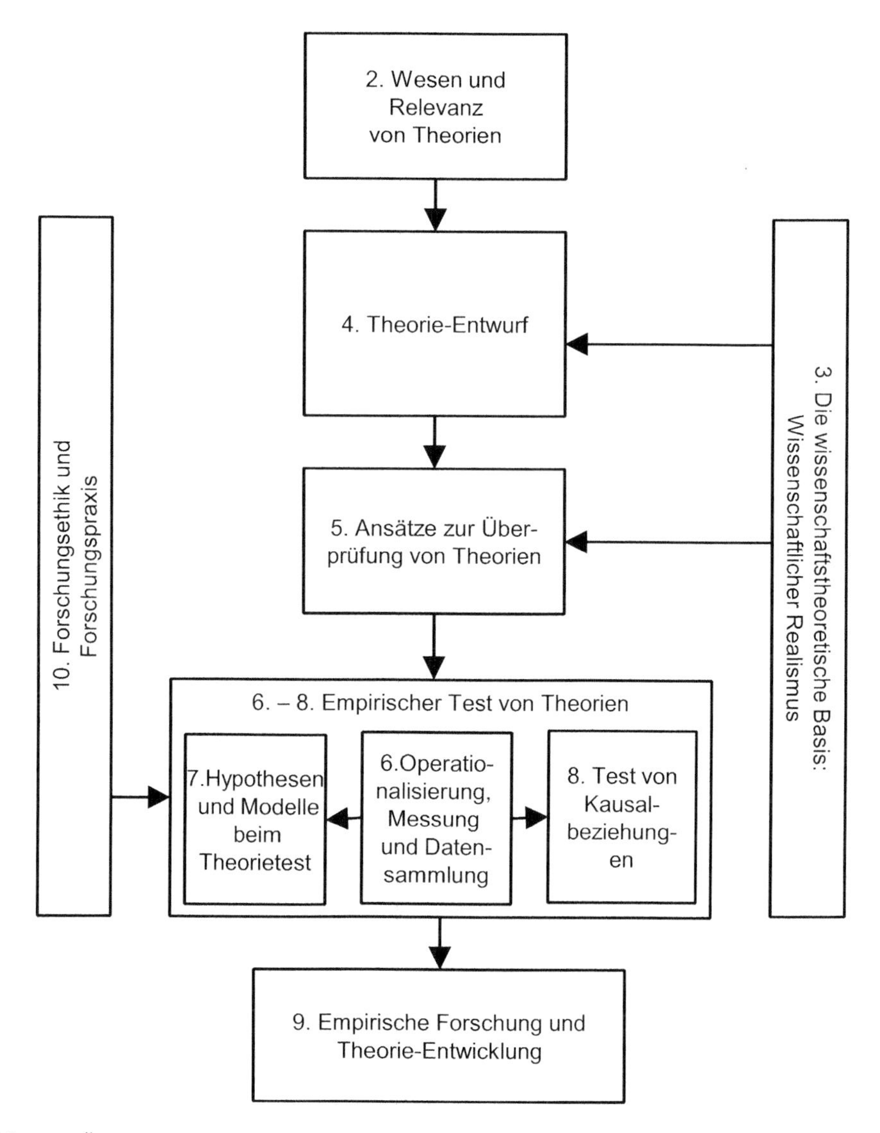

Abb. 1.9 Übersicht zu Inhalt und Struktur des vorliegenden Buches

Kap. 3 stehen vor den weiteren Ausführungen zu Theorie-Entwurf, -prüfung und Theorie-Entwicklung (Kap. 9), weil diese eben dadurch wesentlich geprägt werden.

Im Rahmen der Überlegungen im Kap. 5 wird die Rolle der empirischen Forschung als „Schiedsrichter" (Schurz 2014, S. 24) hinsichtlich der Eignung von Theorien zur Beschreibung und zum Verständnis von Realität dargestellt und konkretisiert.

In den folgenden Kap. (6 bis 8) geht es dann um methodologische Aspekte des empirischen Tests von Theorien. Zunächst (im Kap. 6) werden Grundfragen der

Gewinnung von Daten (d. h. Messung, Operationalisierung und Datensammlung) für diesen Zweck diskutiert. Anschließend (Kap. 7) geht es um die Schlussweisen bei statistischen Tests und bei der Modellierung (Datenanalyse). Der für Theorie und Praxis bedeutsame Fall der Prüfung von Kausalhypothesen ist Gegenstand des Kap. 8. In diesen Kapiteln wird es nicht um methodische Einzelheiten gehen, wozu ja umfangreiche und vielfältige Literatur vorliegt. Es geht vielmehr um übergeordnete wissenschaftliche Überlegungen zur Anwendung dieser Methoden. So ist auch der Untertitel dieses Buches „Zur Methodologie in der Betriebswirtschaftslehre" zu verstehen (siehe dazu auch Schanz 1988, S. 2 ff.). Die Kap. 6 bis 8 sind vor allem auf die Anlage und Interpretation *einzelner Untersuchungen* zum Theorietest bzw. zur Prüfung einzelner oder weniger Hypothesen ausgerichtet.

Nun ist dieser traditionelle Weg der empirischen Forschung zur Prüfung von Theorien in den letzten Jahren in Zweifel gezogen und deutlich kritisiert worden. Ursächlich dafür waren hauptsächlich methodologische Überlegungen, problematische Forschungspraktiken, systematisch verzerrte Wiedergabe des jeweiligen Erkenntnisstandes durch das Publikationssystem sowie enttäuschende Erfahrungen hinsichtlich der Robustheit empirischer Ergebnisse („Reproduzierbarkeits- bzw. Replikationskrise"):

- Zweifel an der Eignung und Aussagekraft von Signifikanztests, die bisher die statistische Analyse in empirischen Untersuchungen dominieren (siehe Abschn. 7.2).
- Für eine (hochrangige) Publikation ist es oft notwendig, klare Ergebnisse zur Bestätigung der aufgestellten Hypothesen zu erzielen, wobei die Versuchung besteht, dieses durch mancherlei kleinere oder auch größere Manipulationen von Daten zu befördern (siehe Abschn. 10.2).
- Bei der Publikation in wissenschaftlichen Zeitschriften bzw. bei der Präsentation auf wichtigen Tagungen werden in erster Linie innovative, bedeutsame und klare Ergebnisse erwartet; Ergebnisse, die nicht eindeutig sind, oder Replikationsstudien haben deutlich geringere Publikationschancen. Deswegen ist das Bild, das sich aus der publizierten Literatur ergibt, häufig systematisch verzerrt (siehe Abschn. 9.1 und Abschn. 9.2).
- Entsprechende Projekte (Open Science Collaboration 2015) in den letzten Jahren haben gezeigt, dass sich ein erheblicher Teil sozialwissenschaftlicher Forschungsergebnisse nicht replizieren ließ (siehe auch Fidler und Wilcox 2018).

Vor diesem Hintergrund haben viele Forscher*innen gefordert und auch selbst realisiert, dass eine alternative Forschungsstrategie eher zu stabilen Ergebnissen mit größerem Wahrheitsgehalt führt. Im Kap. 9 geht es um diesen relativ neuen Ansatz. Einen zentralen Aspekt dabei hat Cumming (2014, S. 23) mit folgendem (hier etwas frei übersetzten) Satz gekennzeichnet: „Jede Studie leistet eher einen *Beitrag* zur Erkenntnisgewinnung als dass sie den Erkenntnisstand *allein* bestimmt." Das ist einerseits eine Relativierung der Bedeutung *einzelner* Studien (mit deren Beeinflussung durch situative Faktoren, kulturelle Rahmenbedingungen, Messfehler etc.). Andererseits wird eine

Zusammenfassung der (unterschiedlichen!) Ergebnisse einer *Mehrzahl* von Studien, bei denen unterschiedliche Methoden unter verschiedenen Bedingungen angewandt wurden, als wesentlich aussagekräftiger angesehen.

Gegenstand des 9. Kapitels ist also die Analyse einer (größeren) Menge von Untersuchungsergebnissen im Hinblick auf deren Übereinstimmung mit einer entsprechenden Theorie und deren Gestaltung. Außerdem wird der Blick auf den gesamten **Prozess der Theorie-Entwicklung** ausgeweitet. In den Kapiteln zuvor geht es hauptsächlich um Theorie-Entwurf und -prüfung; im 9. Kapitel werden auch Fragen der *Konsequenzen* von Theorietests für die weitere *Theorie-Entwicklung* erörtert:

- Kann eine Theorie als (vorläufig und approximativ) **wahr** angesehen werden? (→Abschn. 9.3.1)
- Wie weit reicht der Geltungsbereich der jeweiligen Theorie? (→ **Generalisierbarkeit,** Abschn. 9.3.2)
- Lässt sich die jeweilige Theorie „verbessern" durch Hinzufügung, Elimination oder Veränderung (z. B. durch veränderte Definition) von Konzepten (siehe Abschn. 2.1) oder deren Beziehungen? (→ **Modifikation einer Theorie,** Abschn. 9.3.3)
- Lässt sich die Genauigkeit von Aussagen der Theorie hinsichtlich der Art der Beziehungen zwischen Konzepten (z. B. linear/nicht linear; Effektstärken) steigern? (→ **Informationsgehalt einer Theorie,** Abschn. 9.3.4)

In der Abb. 1.10 erkennt man jetzt den umfassenderen Prozess der Theorie-Entwicklung. Der Begriff **„Theorie-Entwicklung"** ist hier also nicht so zu verstehen, dass eine Theorie *neu entwickelt* wird. Dieser Begriff bezeichnet vielmehr den *gesamten Prozess* vom ersten Entwurf über diverse Tests und Phasen der Veränderung der Theorie. Am Beginn steht (natürlich) ein Theorie-Entwurf (siehe Kap. 4). Dessen Eignung zeigt sich vor allem in empirischen Tests (siehe Kap. 5). Dazu bedarf es geeigneter Methoden, deren grundlegende Ideen in den Kap. 6 bis 8 erörtert werden. Diese Tests führen zu

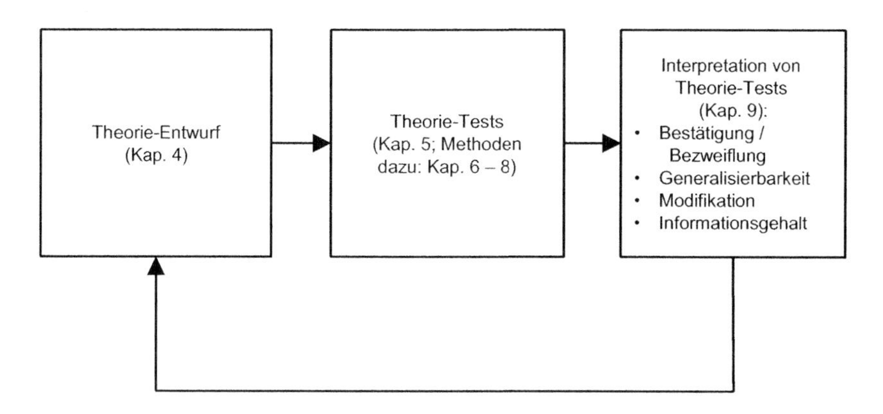

Abb. 1.10 Prozess der Theorie-Entwicklung

Ergebnissen, deren Interpretation sich auf die Einschätzung der Wahrheit bzw. Stärkung oder Schwächung der Theorie, das Ausmaß ihrer Generalisierbarkeit und auf Ansatzpunkte zur Modifikation und/oder Vergrößerung des Informationsgehalts der Theorie bezieht (siehe Kap. 9). Ergebnis dieses Prozesses der Theorie-Entwicklung wäre ein gegebenenfalls veränderter Theorie-Entwurf, der wieder Gegenstand weiterer Überprüfungen sein kann bzw. soll. In diesem Sinne wäre ein einzelner Theorie-Test im Sinne von Cumming (2014, s. o.) also (nur) ein *Beitrag* zur Entwicklung einer bewährten und approximativ wahren (siehe Kap. 3) Theorie.

Am Ende des Buches (aber: „last, but not least!") stehen Überlegungen zu „Forschungsethik und Forschungspraxis" (Kap. 10), die durch einige Wissenschaftsskandale in jüngerer Zeit besondere Aktualität erhalten haben. Inzwischen setzt man im Wissenschaftssystem bessere Regelungen zur Verhinderung unethischen Verhaltens um. Die Aspekte der Forschungsethik, die im 10. Kapitel behandelt werden, beziehen sich größtenteils auf die methodologischen Fragen der Kap. 6 bis Kap. 8.

Literatur

Albach, H. (1993). Betriebswirtschaftslehre als Wissenschaft. *Zeitschrift für Betriebswirtschaft Ergänzungsheft, 3*(93), 7–26.

Binder, C., & Schäffer, U. (2005). Die Entwicklung des Controllings von 1970 bis 2003 im Spiegel von Publikationen in deutschsprachigen Zeitschriften. *Die Betriebswirtschaft DBW, 65,* 603–626.

Bishop, R. (2007). *The philosophy of the social sciences*. London: Continuum.

Brockhoff, K. (2014). *Betriebswirtschaftslehre in Wissenschaft und Geschichte* (4. Aufl.). Wiesbaden: Springer Gabler.

Brühl, R. (2015). *Wie Wissenschaft Wissen schafft*. Konstanz: UVK.

Brühl, R., Horch, N., & Orth, M. (2008). Grounded Theory und ihre bisherige Anwendung in der empirischen Controlling- und Rechnungswesenforschung. *Zeitschrift für Planung & Unternehmenssteuerung, 19,* 299–323.

Chalmers, A. (2013). *What is this thing called science?* (4. Aufl.). Indianapolis: Hackett.

Churchill, G. (1979). A paradigm for developing better measures of marketing constructs. *Journal of Marketing Research, 16,* 64–73.

Cumming, G. (2014). The new statistics: Why and how. *Psychological Science, 25,* 7–29.

Ebert, T., & Raithel, S. (2009). Leitfaden zur Messung von Konstrukten. In M. Schwaiger & A. Meyer (Hrsg.), *Theorien und Methoden der Betriebswirtschaft* (S. 511–540). München: Vahlen.

Fidler, F., & Wilcox, J. (2018). Reproducibility of scientific results. In E. Zalta (Hrsg.), *The stanford encyclopedia of philosophy*. https://plato.stanford.edu. Zugegriffen: 29. Apr. 2020.

Gassen, J. (2007). Empirische Rechnungslegungsforschung. In R. Köhler, H.-U. Küpper, & A. Pfingsten (Hrsg.), *Handwörterbuch der Betriebswirtschaftslehre* (6. Aufl., S. 358–366). Stuttgart: Schäffer-Poeschel.

Haig, B. (2018). *The philosophy of quantitative methods*. Oxford: Oxford University Press.

Hansson, S. (2017). Science and pseudo-science. In E. Zalta (Hrsg.), *The stanford encyclopedia of philosophy*. https://plato.stanford.edu. Zugegriffen: 17. März 2020.

Hansson, S. (2016). Science and non-science. In P. Humphreys (Hrsg.), *The oxford handbook of philosophy of science* (S. 485–505). New York: Oxford University Press.

Hauschildt, J. (2003). Zum Stellenwert der empirischen betriebswirtschaftlichen Forschung. In M. Schwaiger & D. Harhoff (Hrsg.), *Empirie und Betriebswirtschaft* (S. 3–24). Stuttgart: Schäffer-Poeschel.

Hauschildt, J., & Grün, O. (Hrsg.). (1993). *Ergebnisse empirischer betriebswirtschaftlicher Forschung – Zu einer Realtheorie der Unternehmung*. Stuttgart: Schäffer-Poeschel.

Homburg, C. (2007). Betriebswirtschaftslehre als empirische Wissenschaft – Bestandsaufnahme und Empfehlungen. In E. Gerum & G. Schreyögg (Hrsg.), *Zukunft der Betriebswirtschaftslehre, ZfbF-Sonderheft 56/07* (S. 27–60).

Hundsdoerfer, J., Kiesewetter, D., & Sureth, C. (2008). Forschungsergebnisse in der betriebswirtschaftlichen Steuerlehre – eine Bestandsaufnahme. *Zeitschrift für Betriebswirtschaft, 78,* 61–139.

Hunt, S. (2000). *A general theory of competition – Resources, competences, productivity, economic growth*. Thousand Oaks: Sage Publications.

Hunt, S. (2010). *Marketing theory – Foundations, controversy, strategy, resource-advantage theory*. Armonk: Sharpe.

Jacoby, J. (2013). *Trademark surveys – Designing, implementing, and evaluating surveys* (Bd. 1). Chicago: American Bar Association.

Kaplan, R. (1986). The role for empirical research in management accounting. *Accounting, Organizations and Society, 11,* 429–452.

Kerlinger, F., & Lee, H. (2000). *Foundations of behavioral research* (4. Aufl.). Wadsworth.

Köhler, R. (Hrsg.). (1977). *Empirische und handlungstheoretische Forschungskonzeptionen in der Betriebswirtschaftslehre*. Stuttgart: Poeschel.

Köhler, R. (2002). Marketing – Von der Reklame zur Konzeption einer marktorientierten Unternehmensführung. In E. Gaugler & R. Köhler (Hrsg.), *Entwicklungen der Betriebswirtschaftslehre* (S. 355–384). Stuttgart: Schäffer-Poeschel.

Köhler, R. (2012). Grundorientierungen der BWL. In W. Burr & A. Wagenhofer (Hrsg.), *Der Verband der Hochschullehrer für Betriebswirtschaft* (S. 162–178). Wiesbaden: Gabler.

Krafft, M., Haase, K., & Siegel, A. (2003). Statistisch-ökonometrische BWL-Forschung: Entwicklung, Status Quo und Perspektiven. In M. Schwaiger & D. Harhoff (Hrsg.), *Empirie und Betriebswirtschaft* (S. 83–104). Stuttgart: Schäffer-Poeschel.

Ladyman, J. (2002). *Understanding philosophy of science*. London: Routledge.

Lindberg, D. (1992). *The beginnings of western science*. Chicago: University of Chicago Press.

Loix, E., Pepermans, R., Mentens, C., Goedee, M., & Jegers, M. (2005). Orientation toward finances: Development of a measurement scale. *Journal of Behavioral Finance, 6,* 192–201.

Martin, A. (1989). *Die empirische Forschung in der Betriebswirtschaftslehre*. Stuttgart: Poeschel.

Merton, R. (1973). *The sociology of science – Theoretical and empirical investigations*. Chicago: University of Chicago Press.

Mittelstraß, J. (1995a). Erkenntnis. In J. Mittelstraß (Hrsg.), *Enzyklopädie Philosophie und Wissenschaftstheorie, Bd. 1* (S. 575). Stuttgart: Metzler.

Mittelstraß, J. (1995). Erkenntnistheorie. In J. Mittelstraß (Hrsg.), *Enzyklopädie Philosophie und Wissenschaftstheorie* (Bd. 1, S. 576–578). Stuttgart: Metzler.

Monton, B. (2014). Pseudoscience. In M. Curd & S. Psillos (Hrsg.), *The routledge companion to philosophy of science* (2. Aufl., S. 469–478). London: Routledge.

Nagel, E. (1961). *The structure of science*. New York: Harcourt Brace Jovanovich.

Nickles, T. (2008). Scientific discovery. In S. Psillos & M. Curd (Hrsg.), *The routledge companion to philosophy of science* (S. 442–451). London: Routledge.

Open Science Collaboration (OSC). (2015). Estimating the reproducibility of psychological science. *Science, 349*(6251), 943–951.

Österle, H., Becker, J., Frank, U., Hess, T., Karagiannis, D., Krcmar, H., et al. (2010). Memorandum zur gestaltungsorientierten Wirtschaftsinformatik. *Zeitschrift für betriebswirtschaftliche Forschung, 6*(62), 664–672.

Popper, K. (1963). *Conjectures and refutations*. London: Routledge & Kegan Paul.
Popper, K. (2005). *Logik der Forschung* (11. Aufl.). Tübingen: Mohr Siebeck.
Poser, H. (2001). *Wissenschaftstheorie – Eine philosophische Einführung*. Stuttgart: Reclam.
Psillos, S. (2006). Scientific realism. In D. Borchert (Hrsg.), *Encyclopedia of philosophy* (2. Aufl., Bd. 8, S. 688–694). Detroit: Macmillan.
Reiss, J., & Sprenger, J. (2014). Scientific objectivity. In E. Zalta (Hrsg.), *The stanford encyclopedia of philosophy*. https://plato.stanford.edu. Zugegriffen: 21. Nov. 2019.
Rossiter, J. (2002). The C-Oar-Se procedure for scale development in marketing. *International Journal of Research in Marketing, 19,* 305–335.
Ruhnke, K., & Schmitz, S. (2013). Prüfungsforschung im deutschen Sprachraum – Bestandsaufnahme, Entwicklungstendenzen und Herausforderungen. *Journal für Betriebswirtschaft, 63,* 243–267.
Russell, B. (1961). *A history of western philosophy* (2. Aufl.). London: George Allen & Unwin.
Schanz, G. (1988). *Methodologie für Betriebswirte* (2. Aufl.). Stuttgart: Poeschel.
Schauenberg, B. (1998). Gegenstand und Methoden der Betriebswirtschaftslehre. In M. Bitz, K. Dellmann, M. Domsch, & F. Wagner (Hrsg.), *Kompendium der Betriebswirtschaftslehre,* (Bd. 1, 4. Aufl., S. 1–56). München: Vahlen.
Schreyögg, G. (2007). Betriebswirtschaftslehre nur noch als Etikett? Betriebswirtschaftslehre zwischen Übernahme und Zersplitterung. In E. Gerum & G. Schreyögg (Hrsg.), *Zukunft der Betriebswirtschaftslehre, ZfbF-Sonderheft 56/07* (S. 140–160).
Schurz, G. (2014). *Philosophy of science – A unified approach*. New York: Routledge.
Schwaiger, M. (2007). Empirische Forschung in der BWL. In Köhler, R., Küpper, H.-U. & Pfingsten, A. (Hrsg.), *Handwörterbuch der Betriebswirtschaftslehre*, (6. Aufl., S. 337–345). Stuttgart: Schäffer-Poeschel.
Schwaiger, M., & Meyer, A. (Hrsg.). (2009). *Theorien und Methoden der Betriebswirtschaft*. München: Vahlen.
Shapere, D. (2000). Scientific Change. In W. Newton-Smith (Hrsg.), *A companion to the philosophy of science* (S. 413–422). Malden: Blackwell.
Thagard, P. (1998). Why astrology is a pseudoscience. In P. Asquith & I. Hacking (Hrsg.), *Proceedings of the Philosophy of Science Association, Vol. 1* (S. 223–234). East Lansing (Mich.); zitiert nach M. Curd & J. Cover (Hrsg.), *Philosophy of science – The central issues* (S. 27–37). New York: Norton.
Weber, J., Goretzki, L., & Zubler, S. (2010). Welche Erkenntnisse kann die empirische Controllingforschung zum Erfolg des Controllings beitragen? *Controlling – Zeitschrift für erfolgsorientierte Unternehmenssteuerung, 22,* 322–329.
Wiltsche, H. (2013). *Einführung in die Wissenschaftstheorie*. Göttingen: Vandenhoeck & Ruprecht.
Witte, E. (1981). Nutzungsanspruch und Nutzungsvielfalt. In E. Witte (Hrsg.), *Der praktische Nutzen empirischer Forschung* (S. 13–40). Tübingen: Mohr Siebeck.
Witte, E., & Zimmermann, H.-J. (Hrsg.). (1986). *Empirical research on organizational decision-making*. Amsterdam: North-Holland.
Wöhe, G., Döring, U., & Brösel, G. (2016). *Einführung in die Allgemeine Betriebswirtschaftslehre* (26. Aufl.). München: Vahlen.

Weiterführende Literatur

Brühl, R. (2017). *Wie Wissenschaft Wissen schafft* (2. Aufl.). Konstanz: UVK.
Schurz, G. (2014). *Philosophy of science – A unified approach*. New York: Routledge.
Wiltsche, H. (2013). *Einführung in die Wissenschaftstheorie*. Göttingen: Vandenhoeck & Ruprecht.

2 Wesen und Relevanz von Theorien

Zusammenfassung

Wissenschaftliche Erkenntnisse werden hauptsächlich in Theorien systematisiert und zusammengefasst. Theorien sind somit die Basis für unzählige praktische Anwendungen und dienen der Bewahrung und Kommunikation von Wissen sowie der Entwicklung von Verständnis. Vor diesem Hintergrund ist ihre zentrale Bedeutung für alle wissenschaftlichen Disziplinen zu verstehen. Im ersten Abschnitt wird gekennzeichnet, was man unter einer Theorie versteht. Diese Kennzeichnung wird dann durch das Beispiel des in der Konsument*innen- und Kommunikationsforschung sehr bekannten Elaboration-Likelihood-Modells illustriert. Typischerweise dienen Theorien dazu, bestimmte Aspekte bzw. Ausschnitte der Realität zu verstehen. Deswegen wird anschließend (Abschn. 2.2) die Beziehung von Theorie und Realität erörtert. Wesentliche Anwendungen von Theorien (→ „Relevanz von Theorien") beziehen sich auf Erklärungen realer Phänomene und die Feststellung entsprechender Gesetzmäßigkeiten (siehe Abschn. 2.3), die Prognose realer Ereignisse und Entwicklungen und die Nutzung solcher Erkenntnisse für (praktische) Anwendungen in der Realität („Gestaltung"), z. B. bei der Entwicklung von Strategien und bei Entscheidungen (siehe Abschn. 2.4). Am Ende dieses Kapitels (Abschn. 2.5) werden noch einige typische wissenschaftliche Schlussweisen (Induktion, Deduktion und Abduktion) dargestellt. Bei all diesen Überlegungen sind Theorien, wie sie in unterschiedlichen Bereichen der Betriebswirtschaftslehre verwendet werden, im Fokus.

M. Eisend und A. Kuß, *Grundlagen empirischer Forschung*,
https://doi.org/10.1007/978-3-658-32890-0_2

2.1 Grundbegriffe

Theorie und Empirie stehen in engster Verbindung. Die Empirie spielt einerseits eine zentrale Rolle im Hinblick auf die Bewährung existierender Theorien: Positive Ergebnisse empirischer Überprüfungen führen zu gesteigerter Akzeptanz von Theorien, negative Ergebnisse tragen eher zur Ablehnung oder Modifikation von Theorien bei. Andererseits dienen bestimmte empirische Methoden auch zum Entwurf von Theorien (siehe Abschn. 4.3). Deswegen wird es nicht verwundern, dass die Kennzeichnung und Diskussion von Theorien in einem Lehrbuch zu Grundlagen empirischer Forschung eine wesentliche Rolle spielen muss. Im vorliegenden Kapitel geht es um wesentliche Merkmale von Theorien und deren Relevanz. In den Kap. 4 und 5 werden dann Aspekte des Theorie-Entwurfs und Maßstäbe für die Überprüfung und Beurteilung von Theorien behandelt.

Was meint man nun mit dem *Begriff* „Theorie"? Dazu gibt Karl Popper (2005, S. 36) eine anschauliche Kennzeichnung, die auch einen ersten Blick auf die Arbeit an und mit Theorien erlaubt: „Die Theorie ist das Netz, das wir auswerfen, um ‚die Welt' einzufangen, – sie zu rationalisieren, zu erklären und zu beherrschen. Wir arbeiten daran, die Maschen des Netzes immer enger zu machen."

Im Wesentlichen sind Theorien sprachliche Gebilde (oft auch – teilweise – in der Sprache der Mathematik formuliert und/oder grafisch illustriert), mit denen Behauptungen formuliert werden, die sich bei einer (späteren) Überprüfung als richtig oder falsch zeigen können. Wie so oft in der Wissenschaft sind die Auffassungen zum Wesen von Theorien nicht ganz einheitlich. Es lassen sich aber zentrale Merkmale identifizieren (was hier versucht wird), über die in der Betriebswirtschaftslehre recht weitgehend Einvernehmen herrscht.

Definition Hier zunächst drei *Definitionen* für den Begriff der **„Theorie"**, durch die schon wesentliche Elemente deutlich werden:

- „Eine Theorie ist eine Menge von Aussagen über die Beziehung(en) zwischen zwei oder mehr Konzepten bzw. Konstrukten" (Jaccard und Jacoby 2020, S. 28).
- „Eine Theorie ist eine Menge miteinander verbundener Konstrukte (Konzepte), Definitionen und Lehrsätze, die einen systematischen Überblick über Phänomene vermitteln, indem sie die Beziehungen zwischen Variablen zu dem Zweck spezifizieren, Phänomene zu erklären und vorherzusagen" (Kerlinger und Lee 2000, S. 11).
- „Aus realwissenschaftlicher Perspektive ist eine Theorie ein System von allgemeinen Hypothesen über Zustände der Realität. Im Unterschied zu den rein formalen Theorien, die ihren Ursprung in wenigen Axiomen haben und aus ihnen deduziert werden, beziehen sich Realtheorien also direkt auf Zustände der Realität und verdichten und systematisieren empirische Regelmäßigkeiten" (Franke 2002, S. 179).

Nun zur Interpretation dieser verschiedenen Definitionen (zu den Begriffen „Konzept/Konstrukt" s. u.): In der zweiten und dritten Formulierung wird schon erkennbar, dass es sich – zumindest im Bereich der Sozialwissenschaften (einschließlich der Betriebswirtschaftslehre) – um gedankliche Gebilde handelt, die geeignet sind, eine Vielzahl entsprechender *Phänomene der Realität* weitgehend zu beschreiben, zu erklären und zu prognostizieren. Es geht hier um die Identifizierung *allgemeinerer* (also über Einzelfälle hinaus gültiger) *Gesetzmäßigkeiten* (siehe dazu Abschn. 2.3.1). Die zitierten Autoren betonen auch den Aspekt der *Systematik,* also der geordneten Zusammenfassung von einzelnen Konzepten, Aussagen etc. zu einer geschlossenen und angemessen umfassenden Darstellung eines Ausschnitts der Realität. Damit ist schon impliziert, dass es bei einer Theorie um eine *Menge von Aussagen* geht. Eine Einzelaussage (z. B. „Bei zunehmender Risiko-Wahrnehmung steigt die Informationsnachfrage.") würde kaum jemand als Theorie bezeichnen. Vielmehr ist die Darstellung einer größeren Zahl von Beziehungen zwischen relevanten Phänomenen (u. a. Ursache-Wirkungs-Beziehungen) für eine Theorie charakteristisch. Entwurf und (Weiter-) Entwicklung von Theorien bewegen sich dabei typischerweise im Spannungsfeld zwischen einer möglichst genauen (und damit oft komplexen) Wiedergabe realer Phänomene auf der einen Seite und dem Streben nach Einfachheit und Verständlichkeit auf der anderen Seite (Hunt 2015). Überprüfungen („Tests") von Theorien können sich aber sehr wohl auf einzelne Teil-Aspekte der Theorie und Hypothesen (siehe Abschn. 5.2) beschränken.

In Anlehnung an einen Vorschlag von David Whetten (1989) kann man die wesentlichen *Elemente einer Theorie* folgendermaßen zusammenfassen:

- *Konzepte* mit den entsprechenden Definitionen *(Was?)*
- *Aussagen über Beziehungen* zwischen den Konzepten *(Wie?)*
- *Argumente,* die die Aussagen begründen *(Warum?)*

Der dritte Gesichtspunkt (Argumente, die Aussagen begründen) spielt natürlich für die Akzeptanz eine Theorie (z. B. bei entsprechenden Publikationen) eine zentrale Rolle. Darauf wird im Zusammenhang mit einem Modell der Theoriebildung im Abschn. 4.3.2 noch eingegangen.

In den Definitionen von Jaccard und Jacoby (2020) und von Kerlinger und Lee (2000) werden die Begriffe „Konstrukte/Konzepte" gebraucht, die dort ebenso wie im vorliegenden Buch synonym verwendet werden. **Konzepte** (und in der hier vertretenen Sichtweise eben auch Konstrukte) sind Abstraktionen (und damit Verallgemeinerungen) einzelner Erscheinungen in der Realität, die für die jeweilige Betrachtungsweise zweckmäßig sind. Kaum ein Mensch befasst sich z. B. mit der ungeheuren Vielfalt im Körper normalerweise ablaufender physiologischer Prozesse, sondern spricht – wenn es keine wesentlichen Probleme dabei gibt – *abstrahierend und zusammenfassend* von „Gesundheit".

Beispiel

Ein zweites Beispiel aus dem täglichen Leben: In der Regel setzt man sich auch nicht mit den Unterschiedlichkeiten der vielen Gegenstände mit vier Rädern und einem Motor auseinander, sondern verwendet – wenn es z. B. um die Analyse von Verkehrsströmen oder entsprechender Märkte geht – das (von technischen Einzelheiten und Unterschieden *abstrahierende*) Konzept „Auto". ◄

Konzepte dienen dazu, eine Vielzahl von Objekten oder Ereignissen im Hinblick auf gemeinsame Charakteristika und unter Zurückstellung sonstiger Unterschiede zusammenzufassen. Sie ermöglichen also eine Vereinfachung des Bildes der Realität und werden auf diese Weise zu unverzichtbaren *„Bausteinen des Denkens"* (Jaccard und Jacoby 2020, S. 12). Auf den *Prozess* der Entstehung bzw. Bildung von Konzepten, die sogenannte **Konzeptualisierung,** wird im Abschn. 4.1 zurückzukommen sein.

Konzepte im vorstehend umrissenen Sinne haben für wissenschaftliche Arbeit (einschließlich Theoriebildung) so grundlegende Bedeutung, dass ihre Charakteristika von Jaccard und Jacoby (2020, S. 11 ff.) ausführlicher erläutert werden:

- *„Konzepte sind generalisierende Abstraktionen."* Ein Konzept steht für eine allgemeine Idee, unter der eine Vielzahl von (im Detail unterschiedlichen) Ausprägungen in der jeweils relevanten Perspektive gleichartiger Phänomene zusammengefasst wird. So gibt es Millionen unterschiedlicher Autos, aber mit dem Konzept „Auto" werden wesentliche gemeinsame Merkmale von Autos bezeichnet und zusammengefasst. Insofern wird von bestimmten Einzelheiten (z. B. Farbe, Marke, Preis) abstrahiert. Die Abgrenzung solcher Konzepte ist oftmals nicht ganz einfach bzw. eindeutig. So ist es in der Betriebswirtschaftslehre nicht trivial, Konzepte wie „wirtschaftlicher Erfolg" oder „Wachstum" eindeutig zu bestimmen.
- *„Konzepte umfassen eine große Vielzahl unterschiedlicher Ausprägungen."* Anknüpfend an den vorstehenden Gesichtspunkt kann man also sagen, dass unter Konzepten ein Spektrum in manchen Einzelheiten unterschiedlicher Gegenstände und Phänomene subsumiert wird. So umfasst das Konzept „Auto" eben Gegenstände mit vier Rädern, Motor etc., die sich aber im Hinblick auf diverse Merkmale (z. B. Größe, äußere Form, Höchstgeschwindigkeit) deutlich voneinander unterscheiden können. Wenn man das Konzept „Manager*in" verwendet, dann fasst man darunter unterschiedlichste Menschen in unterschiedlichsten Branchen, Unternehmen und Funktionsbereichen zusammen, die eine bestimmte Art von Aufgaben wahrnehmen.
- *„Konzepte sind gedankliche Gebilde."* Diese Eigenschaft ist ganz offenkundig, wenn man an Konzepte wie „Glück" oder „Solidarität" denkt. Aber auch beim Beispiel von Autos zeigt der Abstraktionsprozess der Konzeptualisierung, dass es eben nicht mehr um einzelne konkrete Objekte (z. B. den weißen FIAT 500 des Nachbarn) geht, sondern um eine zusammenfassende und damit abstrahierende Sichtweise.

- *„Konzepte sind erlernt.“* Im Sozialisationsprozess erlernt man, welche Konzepte für welche Gegenstände, Situationen etc. existieren. So bedarf es beispielsweise solcher Lernprozesse, um Begriffe wie „kompakt“ oder „gemütlich“ verstehen zu können. Im Studium der Betriebswirtschaftslehre lernt man Konzepte wie „Kosten“ oder „relativer Marktanteil“ kennen.
- *„Konzepte werden in Gruppen und Gesellschaften geteilt.“* So versteht man im deutschsprachigen Raum ziemlich einheitlich, was mit dem Konzept (bzw. Begriff, s. u.) Auto gemeint ist. In der Gruppe der Jugendlichen hat man (nach dem Eindruck des außenstehenden Beobachters) ein einigermaßen einheitliches Verständnis vom Konzept „cool“.
- *„Konzepte sind auf die Realität bezogen.“* Konzepte haben eine Funktion für Interpretation und Verständnis der Realität. Ohne ein entsprechendes Verständnis z. B. des Phänomens „Einstellung“ kann man bestimmtes Wissen (z. B. „Einstellungen beeinflussen Verhalten“) nicht nutzen.
- *„Konzepte sind selektiv.“* Konzepte sind abhängig von der jeweilig interessierenden Perspektive. Beispielsweise kann man denselben Menschen – je nach Untersuchungsperspektive – den Konzepten (Kategorien) Frau, Akademikerin, Joggerin, Opern-Liebhaberin etc. zuordnen. Insofern können Konzepte auch „theoriebeladen“ sein, weil vorhandene theoretische Vorstellungen und Interessen die Wahrnehmung der Realität beeinflussen bzw. prägen können (siehe dazu auch Abschn. 3.3).

Beispiel

Kotler und Keller (2012, S. 30) geben mit dem Konzept „Markt“ ein Beispiel dafür, dass ein bestimmtes Konzept in verschiedenen Gruppen durchaus unterschiedliche Bedeutungen haben kann bzw. dass derselbe Begriff für unterschiedliche Inhalte stehen kann. Das weist schon darauf hin, dass präzise Definitionen von Konzepten für Theorie und Empirie äußerst wichtig sind.

„Traditionell war ein ‚Markt‘ ein physischer Ort, an dem sich Käufer*in und Verkäufer*in trafen, um Güter zu kaufen und verkaufen. Volkswirt*innen bezeichnen als *Markt* die Menge aller Käufer*innen und Verkäufer*innen, die mit einem bestimmten Produkt oder einer Produktgruppe (wie beim Immobilienmarkt oder Getreidemarkt) handeln. (….) Marketing-Leute benutzen den Begriff Markt, um verschiedene Gruppen von Kund*innen zu bezeichnen. Sie sehen die Gesamtheit der Verkäufer*innen als Branche an und die Gesamtheit der Käufer*innen als Markt.“ ◀

Durch die Verwendung von (gedanklichen) Konzepten wird theoretisches Verständnis der ungeheuren Vielfalt realer „Objekte“ (z. B. Organisationen, Menschen, Eigenschaften) und ihrer Beziehungen erst möglich. Das sollte in den vorstehenden Ausführungen deutlich geworden sein. Für die Kommunikation wissenschaftlicher Aussagen (vor allem in der Fachliteratur) ist die Bezeichnung der verwendeten Konzepte durch entsprechende

Begriffe notwendig. Diese Zuordnung ist – auch in der Betriebswirtschaftslehre – nicht immer ganz einfach bzw. eindeutig. Hier spielen präzise Definitionen (siehe Abschn. 4.1) eine zentrale Rolle. Der Unterschied zwischen Begriffen und Konzepten besteht darin, dass Begriffe in der Regel an eine bestimmte Sprache gebunden sind. So wird mit den Begriffen „Marke" und „Brand" dasselbe reale Phänomen bezeichnet; es geht also um ein identisches Konzept, dem in verschiedenen Sprachen verschiedene Begriffe zugeordnet sind.

Hintergrundinformation

Den Zusammenhang von Konzepten, Begriffen und Objekten erläutert Bagozzi (1980, S. 114 f.):

„Ein Konzept kann als elementare Einheit des Denkens definiert werden (…). Es repräsentiert ein gedankliches Konstrukt oder Bild von einem Objekt, einer Sache, einer Idee oder einem Phänomen. Eher formal ausgedrückt erhalten Konzepte ihre Bedeutung durch ihre Beziehungen zu Begriffen und Objekten (wobei Objekte so breit gesehen werden, dass sie physische Gegenstände, Ereignisse, Abläufe etc. umfassen). Wie in der Abbildung gezeigt ist es möglich, diese Beziehungen zwischen den verschiedenen Welten von Bedeutungen darzustellen. Die Verbindung zwischen einem Konzept und einem Begriff ist eine zwischen der Welt des Denkens und der Welt der Sprache."

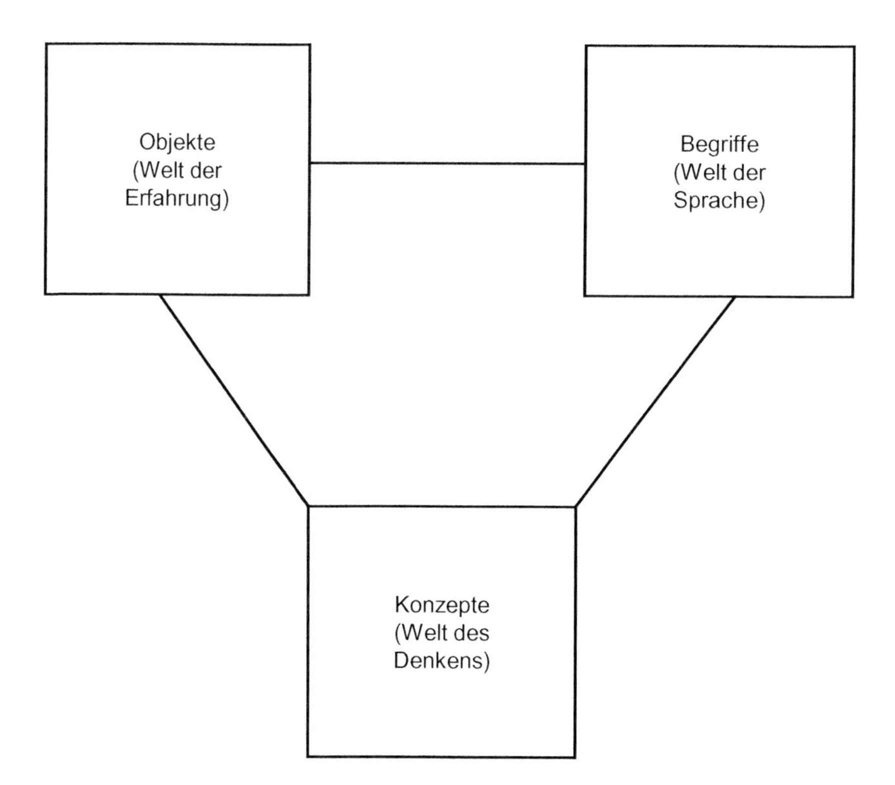

Weiterhin ist in der Theorie-Definition von Franke (2002) von **Hypothesen** die Rede. Was ist damit gemeint? Hypothesen sind begründete Vermutungen über Tatsachen oder Zusammenhänge, die noch nicht empirisch bewährt sind. Vielfach beziehen sich Hypothesen auf relativ konkrete Zusammenhänge, die im Hinblick auf die Prüfung der Gültigkeit einer generelleren Theorie getestet werden sollen (Jaccard und Jacoby 2020, S. 96 f.). Man bezeichnet dieses Vorgehen, bei dem aus einer Theorie Hypothesen abgeleitet („deduziert") und empirisch getestet werden, als hypothetisch-deduktive Methode (siehe dazu Abschn. 5.2). In der Definition von Franke (2002, S. 179; s. o.) kommt zum Ausdruck, dass die Theoriebildung typischerweise erfolgt, ohne dass alle Elemente der Theorie schon getestet sind. Die entsprechenden Überprüfungen sind in den Sozialwissenschaften dann Gegenstand (vor allem empirischer) Forschung, wie sie in den folgenden Kapiteln noch erörtert wird. In dieser Sichtweise kann man eine Hypothese auch als theoretisch begründete Prognose für ein bestimmtes empirisches Ergebnis (z. B. einen positiven linearen Zusammenhang zwischen den Variablen X und Y) betrachten. Entsprechende Untersuchungen können dann zeigen, ob die Prognose eintrifft und sich das erwartete Ergebnis tatsächlich zeigt bzw. die Hypothese bestätigt wird. Dieser Aspekt wird im Zusammenhang mit dem induktiv-realistischen Modell noch eine wesentliche Rolle spielen (siehe Abschn. 9.3.1). Die Relevanz der empirischen Überprüfung von Theorien ist in der Betriebswirtschaftslehre inzwischen breit akzeptiert.

Definition Richard Rudner (1966, S. 10) bezieht die Forderung nach empirischer Überprüfbarkeit in seine Definition sozialwissenschaftlicher Theorien ein:

„Eine Theorie ist eine Menge von Aussagen, die systematisch in Beziehung zueinander stehen – einschließlich einiger allgemeiner Gesetzmäßigkeiten – und die empirisch überprüft werden können."

Durch das Erfordernis einer empirischen Überprüfbarkeit wird dem Anspruch entsprochen, (zumindest approximativ) „wahre" Aussagen über die Realität machen zu können (siehe dazu Kap. 3). Rudner (1966, S. 10) verdeutlicht das, indem er seine Sichtweise von Theorien gegenüber in diesem Sinne *falschen* Sichtweisen abgrenzt, die man gelegentlich in den folgenden oder ähnlichen Formulierungen hört bzw. liest:

„Das ist in der Theorie richtig, wird aber in der Praxis nicht funktionieren."

„Das ist bloß eine Theorie und keine Tatsache."

Hunt (2010, S. 175 ff.) schließt sich Rudners Sichtweise an und hebt die folgenden zentralen Merkmale einer Theorie in dieser Perspektive hervor:

- **Systematische Beziehungen** zwischen den in einer Theorie enthaltenen Aussagen. Die Systematik soll mit Widerspruchsfreiheit der Aussagen verbunden sein und ein *Verständnis* ermöglichen, das bei einer unsystematischen Ansammlung von (Einzel-) Aussagen nicht möglich wäre.
- **Gesetzesartige Aussagen,** also Aussagen über begründete Regelmäßigkeiten (Wenn-Dann-Beziehungen), die orts- und zeitunabhängig gelten. Diese ermöglichen Erklärungen und Prognosen (siehe Abschn. 2.4) von Phänomenen. So *erklären* beispielsweise Gesetze der Statik, warum eine Brücke eine bestimmte Belastung

aushält und lassen auch eine *Prognose* ihrer Belastungsfähigkeit zu, wenn bestimmte Konstruktionsmerkmale bekannt sind.
- **Empirische Überprüfbarkeit,** weil Überprüfungen hinsichtlich der Übereinstimmung von Theorie und Realität eben zeigen sollen (zumindest in der Sichtweise des wissenschaftlichen Realismus, siehe Kap. 3), ob eine Theorie mehr oder weniger *wahr* ist, unabhängig von den Sichtweisen, Wünschen oder Ideologien des jeweiligen Betrachters.

Hintergrundinformation
Richard Rudner (1966, S. 11) zur Systematik von Aussagen einer Theorie:

> „Uns allen ist die Sichtweise vertraut, dass es nicht die Aufgabe der Wissenschaft ist, bloß unzusammenhängende, willkürlich ausgewählte und unverbundene Einzelinformationen zu sammeln; es ist vielmehr das Ziel der Wissenschaft, einen geordneten Bericht über die Realität zu geben – die Aussagen, die das gewonnene Wissen enthalten, zu verbinden und in Beziehung zueinander zu setzen. Solch eine Ordnung ist eine notwendige Bedingung für die Erreichung von zwei der wichtigsten Aufgaben der Wissenschaft, Erklärung und Prognose."

Für die empirische Überprüfung von Theorien spielen die oben genannten gesetzesartigen Aussagen eine wesentliche Rolle, worauf in den folgenden Kapiteln insbesondere im Zusammenhang mit der hypothetisch-deduktiven Methode noch eingegangen wird. Dabei werden aus Gesetzen Aussagen abgeleitet, deren Übereinstimmung mit realen Beobachtungen das entscheidende Kriterium für die empirische Bewährung der jeweiligen Theorie ist. Schurz (2014, S. 28) fasst den Zusammenhang zwischen Theorien, Gesetzen und Beobachtungen in einer Darstellung zusammen, die in Abb. 2.1 wiedergegeben ist.

Beispielsweise könnte man aus einer allgemeineren Theorie der Informationsverarbeitung eine **Hypothese** ableiten, die besagt, dass bei einem gewissen Grad der Informationsüberlastung die Verarbeitung angebotener Informationen nachlässt und eher „periphere Reize" zur Einstellungsbildung verwendet werden (siehe dazu das folgende Beispiel zum Elaboration-Likelihood-Modell). Wenn man den Weg von der Theorie über die Gesetzmäßigkeit zu Beobachtungen geht, dann kann das einerseits dazu dienen, eine reale Beobachtung durch eine entsprechende Gesetzmäßigkeit und die dahinter stehende Theorie zu *erklären.* Auf diesem Wege kann man hinsichtlich noch nicht erfolgter Beobachtungen auch zu deren *Vorhersage* kommen (unter der Voraussetzung, dass die Theorie zumindest annähernd wahr ist). Andererseits kann man auch an den Theorietest denken, indem Beobachtungen mit den entsprechenden Erwartungen aufgrund von Theorien bzw. Gesetzen verglichen werden; je nach Ergebnissen kommt es zur *Bestätigung* oder *Schwächung* der betreffenden Theorie bzw. Gesetzeshypothese (beim „induktiv-realistischen Modell" im Kap. 9 wird in diesen Fällen von „Erfolgen" bzw. „Misserfolgen" gesprochen).

Es ist wohl deutlich geworden, dass Gesetzmäßigkeiten wesentlicher Bestandteil von Theorien sind und auch für deren Anwendungen zur Erklärung und Vorhersage

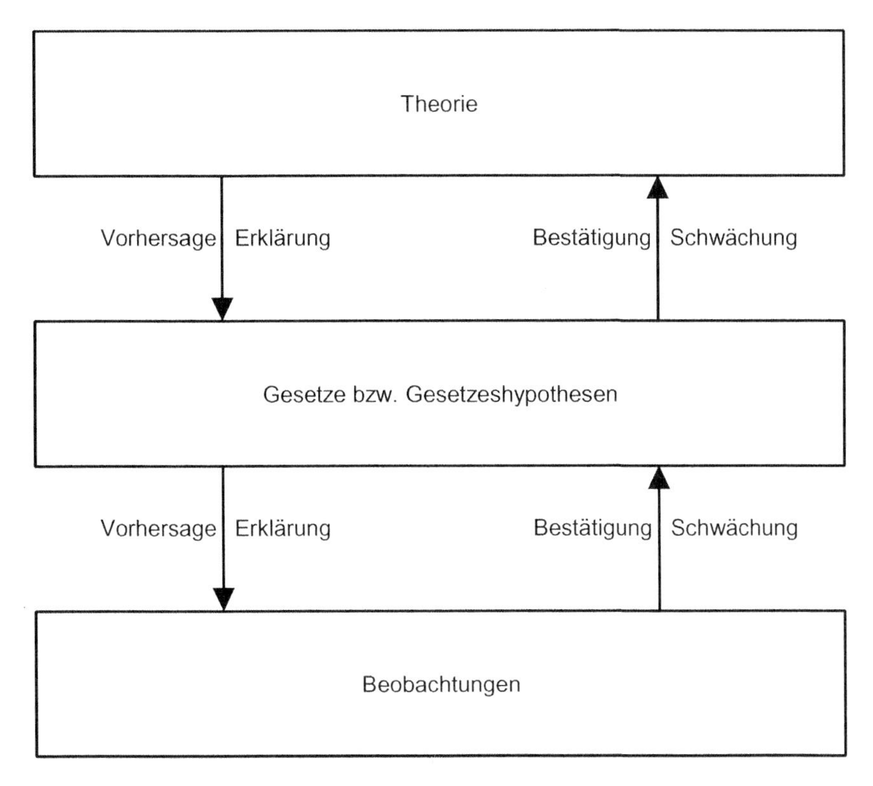

Abb. 2.1 Zusammenhang von Theorien, Gesetzen und Beobachtungen. (Nach Schurz 2014, S. 28)

realer Phänomene eine zentrale Funktion haben. Entsprechendes gilt für den Test von Theorien durch empirische Überprüfung. Deswegen findet man zahlreiche empirische Untersuchungen, die sich nicht (relativ breit) auf ganze Theorien beziehen, sondern sich auf die Überprüfung einzelner Zusammenhänge beschränken. Solche Untersuchungen sollen ausdrücklich eingeschlossen sein, wenn in diesem Buch von „Theorietest" oder „Theorieprüfung" die Rede ist.

Beispiel

Als illustrierendes Beispiel (siehe auch Kuß 2013, S. 52 ff.) für eine im Marketing und in der Kommunikationsforschung stark beachtete Theorie sei hier das Elaboration-Likelihood-Modell (ELM) skizziert. Dieses Modell geht auf Richard Petty und John Cacioppo (vgl. z. B. Petty et al. 1983) zurück und wurde von diesen und anderen Autor*innen in zahlreichen Untersuchungen überprüft und bestätigt.

Ein zentrales Merkmal des Modells ist die Unterscheidung in einen „zentralen" und einen „peripheren" Weg der Informationsverarbeitung, die beide zu Einstellungsänderungen führen können. Auf dem zentralen Weg findet eine intensive

Informationsverarbeitung durch Bewertung von Eigenschaften, Vergleich von Alternativen, Vergleich mit bereits vorhandenen Informationen etc. statt. Ergebnis eines solchen Prozesses kann eine relativ stabile Einstellungsänderung sein, die maßgeblich durch Inhalt und Relevanz der in der Botschaft enthaltenen Informationen (Argumente) bestimmt ist. Dieser zentrale Weg, der mit hohem Verarbeitungsaufwand verbunden ist, wird aber nur beschritten, wenn die betreffende Person entsprechend motiviert und befähigt ist. Nur sehr wenige Konsument*innen sind eben bereit, vor dem Kauf von eher unwichtigen Produkten (Papiertaschentücher, Batterien etc.) umfassendes Informationsmaterial (Werbebroschüren, Testberichte etc.) zu studieren. Vielfach fehlen auch die Fähigkeiten zu Verständnis und Verarbeitung der Informationen, z. B. wegen intellektueller Begrenzungen oder mangelnder Expertise beim jeweiligen Gegenstand.

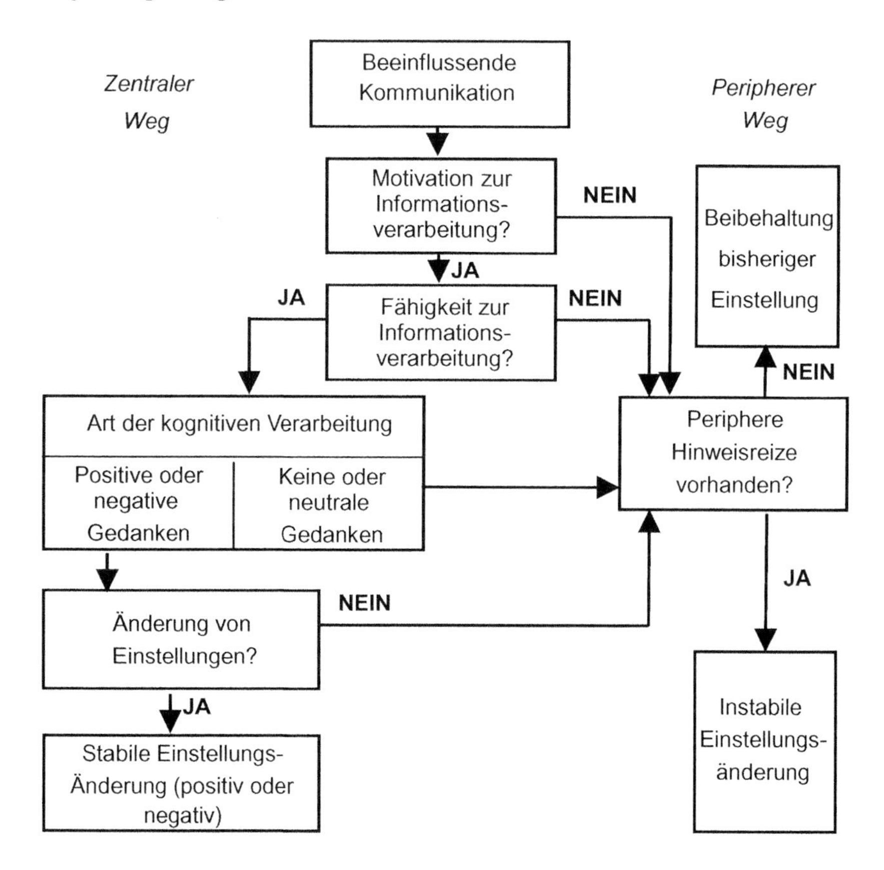

Der periphere Weg der Verarbeitung einer Botschaft wird beschritten, wenn die Motivation und/oder die Fähigkeit zur umfassenden Verarbeitung der Botschaft fehlen. Der erste Schritt dabei führt über das Vorhandensein so genannter „peripherer Hinweisreize". Das sind leicht zu verarbeitende Merkmale der Botschaft, die mit deren Inhalt (z. B. dem beworbenen Produkt) wenig zu tun haben, beispielsweise die ästhetische Gestaltung einer Anzeige oder die Attraktivität von Personen, die in der Botschaft auftreten. Wenn solche Reize gegeben sind, dann können sie eine (relativ schwache) und weniger stabile Einstellungsänderung zur Folge haben. Die obige Abbildung gibt einen entsprechenden Überblick.

An diesem Beispiel lassen sich also die Merkmale einer Theorie im oben skizzierten Sinne veranschaulichen:

Die *Systematik der Beziehungen* von Aussagen ist schon aus der Abbildung klar erkennbar. Man sieht deutlich, welche Aspekte miteinander in welcher Weise in Verbindung stehen.

Die (natürlich nicht unbeschränkte) *Allgemeinheit der Gesetzmäßigkeiten* ist schon aus den im ELM verwendeten Formulierungen erkennbar. Es geht eben allgemein um „beeinflussende Kommunikation", nicht nur um Werbung oder um Kommunikation unter ganz spezifischen Bedingungen. Auch die anderen verwendeten Begriffe (z. B. „Motivation bzw. Fähigkeit zur Informationsverarbeitung") haben einen recht großen Allgemeinheitsgrad. Dagegen würde eine ganz spezifische Aussage (z. B. „Die Einstellung von XY zur Marke ‚Ford' wird von einer Anzeige stärker beeinflusst, wenn XY die Anzeige beim Frühstück sieht und nicht in der U-Bahn") nicht den Ansprüchen an den Allgemeinheitsgrad einer Theorie entsprechen.

Die *empirische Überprüfbarkeit der Aussagen* ist durchgehend gegeben. Die entsprechenden Hypothesen können direkt aus dem Modell abgeleitet werden und – z. B. experimentell – getestet werden. Das ist in einer Fülle von Untersuchungen auch schon geschehen. ◀

Schon während der ersten Semester eines Studiums bemerkt man, dass in allen Wissenschaften Theorien eine zentrale Rolle spielen. Die Sammlung von Erkenntnissen und der wissenschaftliche Fortschritt sind weitestgehend auf die Entwicklung und Modifizierung von Theorien gerichtet. In Theorien wird der Erkenntnisstand eines Fachgebiets zusammengefasst und in Form von Theorien wird dieser Erkenntnisstand einer breiteren Öffentlichkeit zur Verfügung gestellt, nicht zuletzt den Anwendern dieses Wissens in der Praxis. Diese Übermittlung erfolgt u. a. durch Lehrbücher und andere Publikationen sowie durch Lehrveranstaltungen an Hochschulen. Ein Zitat von Günther Schanz (1988, S. VII) mag die **Relevanz von Theorien** illustrieren: „Theorien sind die Hauptinformationsträger der wissenschaftlichen Erkenntnis, gleichgültig, ob es sich dabei um reines oder angewandtes Wissen handelt. Eine Wissenschaftslehre, die sich in den Dienst der Fortschrittsidee stellt, wird demnach die mit der Theoriebildung zusammenhängenden Fragestellungen vorrangig behandeln."

Hintergrundinformation

Frederick Suppe (1977, S. 223) fasst die Funktion von Theorien knapp und prägnant zusammen:

„Wissenschaftliche Theorien haben eine Menge von Phänomenen zum Gegenstand, die der *angestrebte Aussagebereich* einer Theorie sind. Die Aufgabe einer Theorie besteht darin, eine verallgemeinerte Beschreibung der Phänomene aus diesem Aussagebereich zu geben, die es ermöglicht, eine Vielzahl von Fragen zu diesen Phänomenen und den ihnen zugrundeliegenden Mechanismen zu beantworten. Diese Fragen betreffen typischerweise Prognosen, Erklärungen und Darstellungen dieser Phänomene. Die Theorie versucht nicht, alle Aspekte des angestrebten Aussagebereichs zu beschreiben; es geht eher darum, bestimmte Aspekte der Phänomene zu abstrahieren und die Phänomene mit Hilfe der Begriffe für diese abstrahierten Aspekte zu beschreiben."

Warum haben Theorien für die Wissenschaft einen so hohen Stellenwert? Warum sind auch die Wirtschaftswissenschaften auf Theorien ausgerichtet, obwohl ja bei manchen „Kund*innen" der Wissenschaft – Praktiker*innen und Studierenden – das Interesse an Theorien nicht immer deutlich erkennbar ist? Welche *Relevanz* haben also Theorien? Dazu die folgenden Überlegungen und Erfahrungen.

- Die Bedeutung von **Ordnung und Strukturierung** kann man leicht nachvollziehen, wenn man sich vorstellt, dass z. B. in einem Studium nur eine Fülle von nicht zusammenhängenden Einzelinformationen vermittelt würde. Schon die bloße Speicherung im Gedächtnis und der Zugriff dazu wären sehr erschwert; ein Verständnis, für das ja Zusammenhänge (z. B. Ursache-Wirkungs-Beziehungen) wesentlich sind, bliebe völlig unmöglich. Auch für die Anwendung einer Theorie zur Erklärung und Prognose von Phänomenen (siehe Abschn. 2.4) ist es natürlich unabdingbar, die entsprechenden *Zusammenhänge* zu kennen.
- Eine „gute" Theorie liefert allgemeine Erkenntnisse, aus denen speziellere Informationen über **konkrete Einzelfälle** abgeleitet werden können. Mit einer „guten" Theorie ist in der hier zugrunde gelegten Sichtweise eine empirisch weitgehend bewährte Theorie gemeint. Beim wissenschaftlichen Realismus (siehe Kap. 3) geht man davon aus, dass nach häufiger bzw. dauerhafter Bewährung von Theorien vieles dafür spricht, dass deren Aussagen weitgehend richtig sind. Musterbeispiele für Anwendungen theoretischer Erkenntnisse auf praktische Probleme bieten die Ingenieurwissenschaften und die Medizin, bei denen allgemeinere naturwissenschaftliche Erkenntnisse genutzt werden, um konkrete Probleme (z. B. Auswahl eines Werkstoffs mit bestimmten Eigenschaften, Behandlung der Fehlfunktion eines Organs) zu lösen. Entsprechende Anwendungen im wirtschaftswissenschaftlichen Bereich sind ganz naheliegend. Wenn man beispielsweise aus der Theorie den Erfahrungskurveneffekt kennt, dann ist der Schritt zu einer Anwendung auf Fragen der strategischen Planung nicht groß. Hier sei auch schon auf den Zusammenhang zur „Gestaltung" (Abschn. 2.4) hingewiesen.
- Weiterhin lassen sich aus Theorien **Anregungen und Anleitungen für weitere Forschung** ableiten. Zunächst ist dabei an die empirische Prüfung der in einer Theorie enthaltenen Aussagen zu denken. Daneben ist natürlich die Art der in einer Theorie dargestellten Beziehungen Gegenstand theoretischer und empirischer Untersuchungen. Wie ist beispielsweise der Zusammenhang zwischen Erhöhung der produzierten Menge und der Entwicklung der Stückkosten zu beschreiben

(linear; nicht linear)? Daneben können auch Messmethoden eine Rolle spielen. Mit welchen Methoden sind z. B. betriebswirtschaftliche Größen wie „relative Produktqualität“ oder „Erfolg“ zu messen?

- Letztlich geht es – über die jeweilige fachliche Nützlichkeit hinaus – bei der Entwicklung und Überprüfung von Theorien um das Grundbedürfnis vieler (denkender) Menschen, die sie umgebende **Realität zu verstehen.** So kann man seit Jahrhunderten beobachten, dass Menschen versuchen zu verstehen, wie und warum Sterne am Himmel ihre Bahnen ziehen. Das geschah schon sehr lange bevor an eine Nutzung dieses Wissens, z. B. für Zwecke der Raumfahrt, überhaupt zu denken war. Theorien mit ihrer Eigenschaft, Wissen zu organisieren, entsprechen offenkundig auch einem menschlichen Bedürfnis nach *Verständnis der (Um-)Welt.* Wenn Theoriebildung bzw. wissenschaftliche Arbeit generell mit einer solchen Perspektive betrieben wird, dann spricht man in der deutschsprachigen Literatur von **Realtheorie** (Franke 2002, S. 11 ff.) bzw. von **Realwissenschaft** (Schanz 1979, S. 122). „Mit dem Begriff Realwissenschaft werden alle wissenschaftlichen Disziplinen zusammengefasst, die einen Teil der realen Welt als Gegenstandsbereich haben; Realwissenschaften umfassen also alle Wissenschaften außer den Formalwissenschaften“ (Schurz 2014, S. 29).

Im Zusammenhang mit dem oben dargestellten Beispiel des Elaboration-Likelihood-Modells (ELM) ist schon (implizit) angeklungen, dass es offenbar deutliche Überschneidungen von Theorie- und Modell-Begriff gibt. Gerade in verschiedenen Bereichen der Wirtschaftswissenschaften wird ja häufig mit Modellen gearbeitet. Was versteht man nun unter einem **„Modell“?** Als Modell bezeichnet man ganz allgemein vereinfachte Darstellungen relevanter Teile der Realität. So sind im ELM die für Kommunikationswirkungen besonders relevanten Einflussfaktoren und ihr Zusammenwirken dargestellt. Damit ist hier natürlich eine deutliche Vereinfachung verbunden, da ja die entsprechenden realen psychischen Prozesse mit einer Vielzahl weiterer Einflussfaktoren, Rückkopplungen etc. wesentlich komplexer sind. Mithilfe solcher vereinfachter Darstellungen kann man die wesentlichen Elemente eines (komplexeren) Problembereichs beschreiben, analysieren und entsprechende Lösungen finden.

In der Wissenschaft und auch im Alltag hat man es mit ganz unterschiedlichen *Arten von Modellen* zu tun:

- Grafische Modelle (z. B. Flussdiagramme, Landkarten)
- Gegenständliche Modelle (z. B. Holzmodell eines Gebäudes für einen Architektur-Wettbewerb)
- Verbale Modelle (z. B. verbale Beschreibungen von Zusammenhängen)
- Mathematische Modelle (z. B. ein Regressionsmodell)

Gegenständliche Modelle dürften im Bereich der Wirtschaftswissenschaften kaum eine Rolle spielen, die anderen Formen sind sehr gängig. So sind für die Darstellung des ELM (s. o.) sowohl grafische als auch verbale Darstellungsformen verwendet worden.

Im Kap. 7 wird auf Aspekte der Modellierung in der empirischen betriebswirtschaftlichen Forschung noch vertiefend eingegangen.

Hintergrundinformation

Demetris Portides (2008, S. 385) veranschaulicht einige zentrale Merkmale von Modellen:

„Trotz der Unterschiedlichkeiten der Bedeutungsinhalte beim Gebrauch des Begriffs ‚Modell' kann man erkennen, dass die meisten – wenn nicht alle – aussagen, dass ‚Modell' für ‚Repräsentation' steht, d. h. ein Modell soll etwas anderes repräsentieren, entweder tatsächliche Gegebenheiten oder einen Idealzustand, entweder ein physisches oder ein gedankliches System. Beispielsweise repräsentiert ein Modell ein tatsächliches (oder realisierbares) Gebäude."

Nun ist durch die Diskussion von Theorien in diesem Kapitel (hoffentlich) schon deutlich geworden, dass es sich dabei – zumindest in der Sichtweise des diesem Buch zugrunde liegenden wissenschaftlichen Realismus (siehe Kap. 3) – auch um Abbildungen realer Phänomene handelt. Insofern sind Theorien eine Teilmenge von Modellen. Gilt das auch umgekehrt, ist also auch jedes Modell eine Theorie? Diese Frage lässt sich schnell verneinen, weil eben viele Modelle den im vorliegenden Abschnitt formulierten Merkmalen von Theorien nicht entsprechen. Sofort deutlich wird das bei den verwendeten einfachen Beispielen einer Landkarte oder eines Holzmodells (s. o.). Auch in der Betriebswirtschaftslehre gibt es z. B. reine „Messmodelle", die nur dazu dienen, bestimmte Konstrukte (z. B. Einstellungen, Motivation) zu messen, die aber niemand als Theorie im hier umrissenen Sinne ansehen würde. Offenbar sind Theorien eine spezielle Form (also eine bestimmte Teilmenge) von Modellen, aber zahlreiche Modelle entsprechen nicht den Merkmalen einer Theorie (siehe auch Hunt 2010, S. 78).

2.2 Theorie und Realität

Im vorigen Abschnitt ist schon angesprochen worden, dass Theorien in der Betriebswirtschaftslehre (auch) die Funktion haben, das Verständnis von Realität zu ermöglichen bzw. zu erleichtern (obwohl das nicht bei allen Theorien gleichermaßen deutlich wird). Der Begriff **Realität** steht für die Wirklichkeit, also z. B. für die tatsächlichen Wirkungen eines Prämiensystems auf die Motivation von Beschäftigten, die tatsächlichen Konsequenzen steuerrechtlicher Regelungen auf das Investitionsverhalten, die unzähligen Kaufentscheidungsprozesse von Konsument*innen in der Wirklichkeit usw., usw.

Definition Der Philosoph Jürgen Mittelstraß (1995, S. 508) kennzeichnet „Realität" in folgender Weise:

„... in alltags- und bildungssprachlicher Verwendung Bezeichnung für die Welt der Gegenstände, Zustände und Ereignisse, auch der durch den Menschen hergestellten Dinge und in Gang gesetzten Entwicklungen, im Unterschied zu den ‚im Denken' oder ‚in der

Einbildung' vorgestellten (,virtuellen') Gegenständen, Zuständen und Ereignissen. Als Realität gilt, was unabhängig von Vorstellungen und Wünschen bzw. den Bedingungen der Wahrnehmung, der Erfahrung und des Denkens besteht bzw. wirklich ist."

Die wissenschaftstheoretische Position des so genannten „wissenschaftlichen **Realismus**" (siehe Kap. 3) beinhaltet, dass die *Realität* unabhängig von der Perspektive und Wahrnehmung des*der Forscher*in existiert (Godfrey-Smith 2003, S. 173 ff.; siehe auch die obige Definition von Mittelstraß). Jaccard und Jacoby (2020, S. 8) kennzeichnen diese Position auf folgende Weise: „Es gibt eine reale Welt, die aus Objekten besteht, die wiederum einer Unzahl von natürlichen Gegebenheiten und Gesetzmäßigkeiten unterworfen sind. Es ist unsere Aufgabe, diese Fakten und Gesetzmäßigkeiten zu *entdecken*. In dieser Perspektive hat sich die Wissenschaft zu einem Ansatz für die Sammlung von Wissen entwickelt, das die vermuteten Tatsachen der realen Welt widerspiegelt."

Wenn man von dieser Position ausgeht, dass eine von der individuellen Wahrnehmung unabhängige Realität existiert, dann lassen sich bestimmte Eigenschaften der Realität feststellen, die für entsprechende – nicht zuletzt empirische – Forschung wichtig sind. Realität ist nach Jaccard und Jacoby (2020, S. 10 f.):

- komplex,
- dynamisch,
- (teilweise) verdeckt und
- einzigartig.

Beispiel

Diese Gesichtspunkte seien anhand eines sehr einfachen Beispiels erläutert. Man stelle sich dazu einen Supermarkt vor:

Komplexität: Der Versuch einer vollständigen Beschreibung dieses Supermarkts muss schnell scheitern. Eine Erfassung aller Details (Anordnung der Regale, Beleuchtung, Lagerbestände, Standorte des Personals, Laufwege der Kund*innen, Art und Platzierung der Produkte etc.) zu einer bestimmten Zeit überfordert jeden auch extrem geduldigen Forschenden, vor allem aber die kognitiven Fähigkeiten von Menschen.

Dynamik: Selbst wenn es gelänge, alle Einzelheiten des Supermarkts weitgehend zu beschreiben, wäre damit wenig gewonnen, weil die Realität sich laufend verändert: Neue Kund*innen betreten das Geschäft, Regale werden nachgefüllt, es wird dunkler etc. Eine Beschreibung der Realität zu einem bestimmten Zeitpunkt wäre schon kurze Zeit später obsolet.

Verdecktheit: Zahlreiche – auch ganz wesentliche – Aspekte der Realität sind nicht direkt beobachtbar. Beispielsweise ist es für die Situation in dem Supermarkt ziemlich wichtig, welche Bedürfnisse die verschiedenen Kund*innen haben, wie qualifiziert und motiviert das Verkaufspersonal ist, wie profitabel der Supermarkt ist etc., – alles Aspekte, die nur mit speziellen Messmethoden ermittelt werden können, nicht durch direkte Beobachtung.

Einzigartigkeit: Da eine bestimmte Situation in dem Supermarkt mit identischen Kund*innen mit gleich gebliebenen Wünschen und Absichten, identischem Regalbestand, identischen äußeren Bedingungen etc. sich so nie wiederholt, wäre eine vollständige Beschreibung oder Erklärung auch nutzlos, weil sich eben keine Situation so genau wiederholt, dass man derartig detailliertes Wissen anwenden könnte. ◀

Vor diesem Hintergrund wird sofort klar, dass es aussichtslos ist, durch Forschung und Theoriebildung Realität *vollständig oder annähernd vollständig* wiedergeben zu wollen. Vielmehr betrachtet und analysiert man in der (empirischen) Forschung *nur* – mehr oder weniger – *gezielt ausgewählte* Aspekte einer überwältigend komplexen Realität. Das hat natürlich auch entscheidende Konsequenzen für die Forschungsmethodik, auf die in den Kapiteln 6 bis 9 noch näher eingegangen wird.

Das entscheidende gedankliche Hilfsmittel für eine die Realität vereinfachende und gleichzeitig abstrahierende Betrachtung sind die im vorigen Abschnitt dargestellten *Konzepte*. Mit deren Verwendung löst man sich ja von der Komplexität einer ganz bestimmten Situation und konzentriert sich auf relativ wenige abstraktere Aspekte, die (weitgehend situations*unabhängig*) für das interessierende Problem relevant sind (siehe auch Abschn. 4.1).

Beispiel

Die vereinfachende und abstrahierende Nutzung von Konzepten und darauf aufbauenden Theorien sei hier in Fortsetzung des vorstehenden Supermarkt-Beispiels illustriert:

Man stelle sich vor, dass eine (ziemlich schlichte) Theorie gebildet wurde: „Hohe Attraktivität der Ladengestaltung" führt zu „relativ großer Kund*innenzahl" und diese wiederum zu „relativ großem wirtschaftlichen Erfolg". Was ist hier (gedanklich) geschehen? Man hat von den vielen Einzelheiten der Ladengestaltung (Größe, Grundriss, Beleuchtung, verwendete Materialien, Dekoration usw., usw.) abstrahiert und verwendet stattdessen nur ein *einziges Konzept* „Attraktivität" und vereinfacht damit diesen Einflussfaktor des wirtschaftlichen Erfolgs, indem man situationsspezifische Details nicht weiter betrachtet. Allerdings stellt sich das Problem, ein eher abstraktes Konzept wie Attraktivität zu definieren und zu messen. Einige der folgenden Kapitel werden zu einem nicht geringen Teil diesem Problem gewidmet sein.

Wie wirkt sich der Gebrauch von Konzepten bzw. Theorien hinsichtlich der oben angesprochenen Probleme aus?

Komplexität: Die typischerweise starke Komplexitätsreduktion ist oben schon erläutert worden.

Dynamik: Dadurch, dass man von den sich im Zeitablauf ändernden Einzelheiten abstrahiert, kommt man zu Aussagen, die von Veränderungen im Zeitablauf zum großen Teil unabhängig sind.

Verdecktheit: Da man sich nicht mehr um eine (zu) große Vielzahl von Facetten der Realität kümmern muss, kann man sich auf die Messung einer sehr begrenzten Zahl zentraler Merkmale konzentrieren (z. B. eben „Attraktivität der Ladengestaltung") und dabei entsprechend anspruchsvolle und aufwendige Methoden einsetzen, die man aber bei Standardisierung auch in anderen Situationen anwenden kann.

Einzigartigkeit: Durch die Abstraktion von den Spezifika einer bestimmten Situation kommt man eben zu allgemeineren Erkenntnissen, die in vielen ähnlichen (aber eben nicht vollständig identischen) Situationen brauchbar sind. ◀

In Theorien werden Konzepte systematisch miteinander verknüpft, d. h. es werden Beziehungen zwischen Konzepten hergestellt. In diesem Sinne verallgemeinert also eine Theorie gleich*artige*, aber hinsichtlich diverser Details eben *nicht identische* Zusammenhänge zwischen Phänomenen der Realität (z. B. „Attraktivität" → „Kund*innenzahl"). Dabei stellt sich die Frage, inwieweit die in einer Theorie verwendeten Konzepte und deren Beziehungen untereinander der Realität hinreichend gut entsprechen. Ebenso wie bei einer Zeugenaussage vor Gericht, die einen tatsächlichen Ablauf korrekt wiedergibt, oder bei einer Reportage, in der über ein politisches Ereignis präzise und unvoreingenommen berichtet wird, spricht man auch bei einer Theorie, die die entsprechende Realität gut wiedergibt, davon, dass diese (wenigstens annähernd) *wahr* ist. Shelby Hunt (2010, S. 287) fasst diese plausible Grundidee klar und prägnant zusammen:

„Wenn man mit irgendeiner Theorie konfrontiert wird, dann stelle man die grundlegende Frage: Ist die Theorie wahr? Weniger knapp gesagt: In welchem Maße ist die Theorie übereinstimmend mit der Realität? Ist die reale Welt tatsächlich so aufgebaut, wie es die Theorie unterstellt, oder nicht?"

Im Abschn. 9.3.1 wird dieses Kriterium für die Beurteilung einer Theorie in Form des „induktiv-realistischen Modells der Theorieprüfung" noch detaillierter und differenzierter dargestellt. Besonders beachtenswert ist der Satz *„In welchem Maße* ist die Theorie übereinstimmend mit der Realität?". Damit wird deutlich, dass eine vollständige Übereinstimmung sicher nicht möglich ist, weil ja jede Theorie vereinfachend und abstrahierend ist und auch sein muss. Es wird auch erkennbar, dass es in der Perspektive des wissenschaftlichen Realismus um **„approximative Wahrheit"** geht, auf die im Abschn. 3.2 noch eingegangen wird.

Die Kennzeichnung der Wahrheit einer Theorie nach Hunt (s. o.) entspricht klar der sogenannten **Korrespondenztheorie der Wahrheit.** Diese Bezeichnung ist leicht nachvollziehbar, weil sich ja Hunts Kennzeichnung auf eine angemessene Übereinstimmung *(„Korrespondenz")* von Theorie und Realität bezieht. So kann man „Wahrheit" klar kennzeichnen, erhält aber noch keine Hinweise „in welchem Maße" Theorie und Realität im jeweiligen Fall übereinstimmen (Schurz 2014, S. 24). Dies ist eine Aufgabe der empirischen Forschung, um die es im vorliegenden Buch hauptsächlich geht.

2.3 Gesetzmäßigkeiten und Erklärungen

2.3.1 Wissenschaftliche Gesetzmäßigkeiten

Im Abschn. 2.1 ist schon hervorgehoben worden, dass Aussagen über Gesetzmäßigkeiten wesentlicher Bestandteil von Theorien sind. Dieser Aspekt soll im vorliegenden Abschnitt etwas vertieft werden. Dabei wird von der Sichtweise ausgegangen, dass auch in den Sozialwissenschaften zumindest statistische Gesetzmäßigkeiten für menschliches Verhalten gelten können (siehe Abschn. 3.1), was durchaus umstritten ist. Bei den im danach folgenden Abschn. 2.3.2 diskutierten wissenschaftlichen Erklärungen werden dann Theorien und die darin enthaltenen Aussagen über Gesetzmäßigkeiten genutzt, um Beobachtungen aus der Realität zu verstehen und zu begründen.

Der Begriff „Gesetz" wird in der Umgangssprache häufig benutzt. Er bezieht sich einerseits auf staatliche Regelungen, die allgemein bindend sind und deren Nicht-Einhaltung in der Regel zu Sanktionen führt. Dieser Aspekt ist im Zusammenhang des vorliegenden Buches natürlich weniger interessant. Andererseits beschreiben **Gesetze** bzw. Gesetzmäßigkeiten (zumindest kurzfristig) unveränderliche Zusammenhänge zwischen bestimmten Erscheinungen in der Realität (einschließlich psychischer und sozialer Phänomene) nach dem Muster „Immer wenn x, dann y" (Schauenberg 1988, S. 49). Gesetzmäßigkeiten sind in der Natur *gegeben* und werden früher oder später (vielleicht auch nie) *entdeckt.* So dürfte den meisten Leser*innen aus der Schulzeit das „Ohm'sche Gesetz" bekannt sein, nach dem die Stromstärke in einem Leiter bei konstanter Temperatur proportional zur Spannung ist, das eben von Georg Simon Ohm (1789–1854) *entdeckt* wurde. „Zu beachten ist, dass ein Gesetz unentdeckt sein kann (obwohl ich ihnen kein Beispiel dafür angeben kann!) und dass es, nach seiner Entdeckung nicht offiziell als ‚Gesetz' bezeichnet werden muss (wie z. B. die Axiome der Quantenmechanik, das Bernoulli Prinzip oder die Maxwellschen Gleichungen)" (Lange 2008, S. 203).

Man spricht von einer Gesetzmäßigkeit, wenn eine bestimmte beobachtete Regelmäßigkeit *beobachtet und begründet* bzw. in einen Theoriezusammenhang eingeordnet werden kann. Diese hebt sich also von anderen Zusammenhängen ab, einerseits von logisch zwingenden Aussagen (z. B.: Dreiecke haben drei Seiten, ein volles Glas kann nicht gleichzeitig leer sein) und andererseits von eher zufälligen Koinzidenzen (z. B. alle Bäume in der Bismarckstraße in Berlin-Charlottenburg sind Kastanien). Gesetzmäßigkeiten beruhen somit auf einer gewissen *Notwendigkeit* von Zusammenhängen (Lange 2008, S. 204). Vor diesem Hintergrund bestimmen Gesetzmäßigkeiten nicht nur das *jeweilige* Geschehen, sondern auch *entsprechende* Abläufe zu anderen Zeiten oder in anderen Situationen.

Hintergrundinformation

Hans Poser (2001, S. 69 f.) kennzeichnet Gesetze in folgender Weise:„... lässt sich im Sprachgebrauch sicher folgende Abgrenzung beobachten: Jahrhunderte, vielleicht Jahrtausende war die Regularität der Planetenbewegungen geläufig, ohne dass mehr als Regeln darüber formuliert worden wären, und schon gar nicht Gesetze. Dies lässt sich inhaltlich darauf beziehen, dass es jeder theoretischen Vorstellung darüber ermangelte, warum diese Regularität in der Natur besteht und wie sie mit anderen Regularitäten zusammenhängt. Erst in dem Augenblick, in dem auch nach Gründen für die Regelmäßigkeit selbst gefragt wird, erfolgt eine solche Einbettung in einen Theoriezusammenhang, und von nun an lässt sich von Gesetzen oder von Gesetzeshypothesen sprechen ..."

In der Betriebswirtschaftslehre hat man es kaum mit deterministischen Zusammenhängen zu tun (wie z. B. beim Ohm'schen Gesetz), die immer und uneingeschränkt gelten, sondern eher mit Wahrscheinlichkeitsaussagen, die eine auf den Einzelfall bezogene sichere Aussage nicht zulassen. Ausschlaggebend dafür ist, dass für die betriebswirtschaftliche (empirische) Forschung komplexe Zusammenhänge einer Vielzahl von ökonomischen, verhaltenswissenschaftlichen, rechtlichen etc. Einflussfaktoren und Rahmenbedingungen typisch sind, bei denen es zumindest praktisch unmöglich ist, *alle* relevanten Einflussgrößen und deren Zusammenwirken zu erfassen. Das ist ganz typisch für viele sozialwissenschaftliche Probleme, aber nicht nur dafür. So kann man beispielsweise auch bei einem naturwissenschaftlichen Phänomen wie der Entstehung des Wetters und entsprechenden Prognosen erkennen, dass hier die große Komplexität des Zusammenwirkens verschiedener physikalischer Prozesse eine exakte und sichere Analyse und (insbesondere längerfristige) Prognose erschwert. Deswegen findet man hier auch häufig entsprechende Wahrscheinlichkeitsaussagen (z. B. zur Wahrscheinlichkeit für Regenfälle in einer Region in einem bestimmten Zeitraum). Ähnliches gilt für die Medizin mit ihren häufig auftretenden Problemen einer exakten Diagnose und Prognose des Therapie-Erfolgs. In solchen Fällen spricht man auch von der **„Gesetzesartigkeit statistischer Generalisierungen"** (Schurz 2014, S. 125) und meint damit, dass sich der gesetzesartige Zusammenhang zwischen Merkmalen (z. B. Bierkonsum und Übergewicht) eben *nicht* (in deterministischer Weise) in allen entsprechenden Fällen beobachten lässt, sondern nur bei einem feststellbaren Anteil von Fällen. Einige Überlegungen zu „statistischen Erklärungen" finden sich im folgenden Abschn. 2.3.2.

Vor dem Hintergrund solcher komplexen Zusammenhänge findet man in den Wirtschaftswissenschaften häufig den Verweis auf eine **Ceteris-paribus-Klausel** („unter sonst gleichen Bedingungen"), die dazu dient, bei der Analyse des Zusammenhanges weniger Variabler deutlich zu machen, dass von einer Konstanthaltung der weiteren möglichen Einflussfaktoren ausgegangen wird. Allerdings führt eine solche Klausel letztlich zum Konflikt mit dem Erfordernis der Falsifizierbarkeit wissenschaftlicher Aussagen, weil eine Konstanthaltung *aller* möglicherweise relevanten Bedingungen in der Realität (Empirie) kaum möglich sein dürfte und damit die Einhaltung dieser Bedingung kaum realisierbar ist (Kincaid 2008).

Hintergrundinformation
„Beispielsweise gilt ceteris paribus, dass bei einer Nachfrage, die das Angebot für ein Produkt übersteigt, der Preis steigt. Hier ist es offenkundig, dass die Ceteris-paribus-Klausel dazu da ist, die Möglichkeit von Ausnahmen zu begründen: Die Gesetzmäßigkeit gilt so lange wie alle anderen Einflussfaktoren (z. B. die Existenz eines alternativen Produkts) unverändert bleiben. … Jedoch gilt für manche Leute eine Wissenschaft, die Ceteris-paribus-Gesetzmäßigkeiten verwendet, als noch nicht reif." (Psillos 2007, S. 38 f.).

Mit der obigen ersten Kennzeichnung von wissenschaftlichen Gesetzmäßigkeiten ist schon implizit angesprochen, dass es hier um Zusammenhänge geht, die – wenn bestimmte Bedingungen gegeben sind – *allgemein* gelten. Dieses Streben nach Allgemeingültigkeit von Aussagen (in gewissen Grenzen) im Unterschied zur Lösung konkreter und damit speziellerer Probleme in der Praxis gilt als ein Charakteristikum der Wissenschaft.

Hintergrundinformation
Ein Zitat von Shelby Hunt (1976, S. 26) mag den Anspruch der Wissenschaft nach Allgemeingültigkeit von Aussagen belegen bzw. illustrieren:

> „Jede Wissenschaft geht von der Existenz ihrem Gegenstand zu Grunde liegender Gemeinsamkeiten oder Regelmäßigkeiten aus. Die Entdeckung dieser grundlegenden Gemeinsamkeiten führt zu empirischen Zusammenhängen und … zu Gesetzmäßigkeiten. Gemeinsamkeiten und Regelmäßigkeiten sind auch Bausteine für die Theorie-Entwicklung, weil Theorien systematisch zusammenhängende Aussagen sind, die einige Gesetzmäßigkeiten enthalten, die empirisch überprüfbar sind."

Welche *Bedeutung* haben nun Gesetzmäßigkeiten für die Betriebswirtschaftslehre?

- Sie sind notwendig für die *Erklärung* betriebswirtschaftlicher Phänomene. Wenn man beispielsweise allgemein die Zusammenhänge zwischen dem Provisionsanteil bei der Außendienst-Entlohnung und den Verkaufsanstrengungen kennt, dann kann dieses Wissen dazu dienen, aufgetretene Veränderungen des Umsatzes *zu erklären* (zum Wesen von wissenschaftlichen Erklärungen: siehe Abschn. 2.3.2).
- Weiterhin ist die Kenntnis von Gesetzmäßigkeiten eine Voraussetzung für die Abgabe von *Wirkungsprognosen*. Wenn man den Zusammenhang zwischen zwei Variablen kennt, dann kann man eben angeben, wie eine Variable auf die Veränderung der anderen Variablen voraussichtlich reagieren wird. So ist beispielsweise nach einer Zinssenkung eine Zunahme von Aktienkursen zu erwarten (zum Zusammenhang von Erklärungen und Prognosen: siehe Abschn. 2.4).
- Letztlich ist die Kenntnis entsprechender Gesetzmäßigkeiten oft eine Voraussetzung für die *Beeinflussung betriebswirtschaftlicher Erfolgsgrößen,* was ja die typische Aufgabe des Managements ist. Wenn man z. B. die Einflussfaktoren des Erfolges einer Produktinnovation und ihre Wirkungen kennt, dann kann man diese Faktoren so *gestalten* (siehe Abschn. 2.4), dass das gewünschte Ergebnis erzielt wird. Dazu gehört also die *Kenntnis* der relevanten Gesetzmäßigkeiten in Verbindung mit dem *Willen* und der *Fähigkeit* zur Beeinflussung der Erfolgsfaktoren. Allerdings gibt es auch zahlreiche Beispiele dafür, dass Manager*innen ohne die Kenntnis expliziter

Gesetzmäßigkeiten höchst erfolgreich Entscheidungen treffen und sich dabei z. B. auf Erfahrung und Intuition stützen.

Angesichts dieser Relevanz von Gesetzmäßigkeiten wundert es nicht, dass allein deren Entdeckung und Untersuchung einen Teil der empirischen Forschung ausmacht, ohne dass immer umfassendere Theorien im Fokus stehen. Ein verbreitetes Hilfsmittel zur Ermittlung von Gesetzmäßigkeiten in der Betriebswirtschaftslehre (z. B. zum Zusammenhang von Werbeausgaben und Markterfolg) sind empirische Generalisierungen, auf die im Abschn. 4.3.4 eingegangen wird.

Im letzten Teil dieses Abschnitts sollen nun wissenschaftliche Gesetzmäßigkeiten etwas genauer charakterisiert werden. Nach Hunt (1991, 2010) gibt es vier kennzeichnende Merkmale von Gesetzmäßigkeiten (siehe Abb. 2.2), wobei auch hier die Fokussierung auf die Betriebswirtschaftslehre gilt; in anderen Disziplinen mag es andere Sichtweisen geben. Zunächst (1.) muss es sich um *allgemeingültige Konditional-*

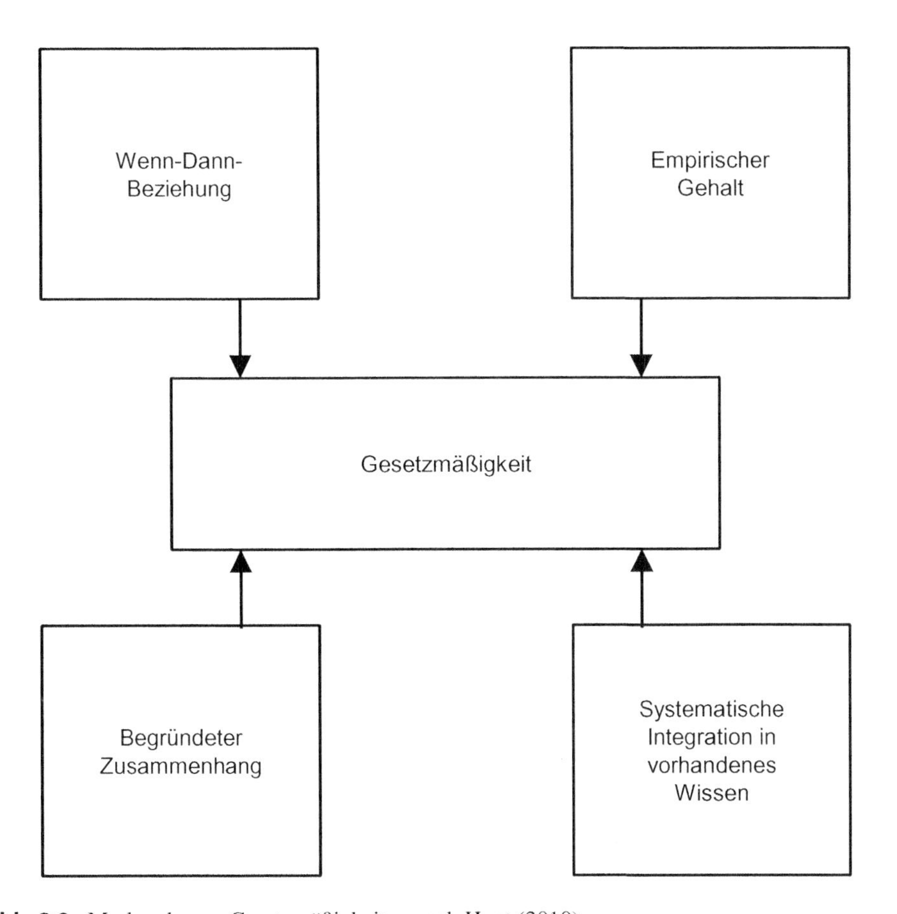

Abb. 2.2 Merkmale von Gesetzmäßigkeiten nach Hunt (2010)

beziehungen handeln, also um **Wenn-Dann-Beziehungen** im Sinne von: „Wenn A auftritt, dann tritt auch B auf". Wenn man an das Beispiel des Elaboration-Likelihood-Modells zurückdenkt (siehe Abschn. 2.1), dann könnte ein entsprechendes Beispiel lauten: „Wenn das Involvement hoch ist und die Fähigkeit zur Informationsverarbeitung gegeben ist, dann findet eher eine umfassende Informationsverarbeitung (zentraler Weg) statt." Weiterhin (2.) fordert Hunt (2010, S. 134 ff.) *empirischen Gehalt* der Aussagen über Gesetzmäßigkeiten. Das Ausmaß bisheriger empirischer Überprüfungen mit positiven Ergebnissen kann sehr unterschiedlich sein und wird natürlich das Vertrauen in Erklärungen und Prognosen auf der Basis der jeweiligen Gesetzmäßigkeit wesentlich beeinflussen. Dazu sei hier auf das induktiv-realistische Modell (Abschn. 9.3.1) und auf empirische Generalisierungen (Abschn. 4.3.4) verwiesen. Das dritte Kennzeichen einer Gesetzmäßigkeit besteht nach Hunt (2010, S. 136 ff.) darin, dass (3.) ein *begründeter Zusammenhang* bestehen muss. Damit erfolgt die Abgrenzung gegenüber situativ oder zufällig zustande gekommenen Aussagen. In dieser Weise begründete Gesetzmäßigkeiten haben Aussagekraft über einen aktuellen Einzelfall hinaus, was ja zumindest für wissenschaftliche Aussagen zentrale Bedeutung hat.

Die 4. Anforderung von Hunt (2010, S. 138 ff.) bezieht sich auf die *systematische Integration* von Aussagen. Aussagen über Gesetzmäßigkeiten sollen also in ein größeres System von Aussagen (→ Theorie) integriert sein, in dem Sinne, dass sie kompatibel mit weiterem einschlägigem Wissen und in diesem Sinne widerspruchsfrei sind. Allerdings führt diese Anforderung zu einer Behinderung der Gewinnung ganz neuer und überraschender Erkenntnisse, die (noch) nicht mit dem bestehenden Wissen vereinbar sind.

Beispiel

Hier ein Beispiel in Anlehnung an Psillos (2002, S. 8) für einen Zusammenhang, bei dem die ersten beiden oben genannten Merkmale (Konditionalbeziehung, empirischer Gehalt) erfüllt sind, der aber nicht begründet ist:

Im Augenblick des Schreibens dieser Passage hat einer der Autoren dieses Buches in seine Geldbörse geschaut und festgestellt, dass alle Münzen darin einen Wert von weniger als € 2 haben. Es gilt in diesem Fall eine Konditionalbeziehung: „Wenn eine Münze am 1.9.2020 in der Geldbörse von A. K. ist, dann hat sie einen Wert < € 2." Die Aussage ist durch einen Blick in diese Geldbörse auch leicht empirisch überprüfbar. Aber würde man dabei von einer Gesetzmäßigkeit sprechen? Wohl kaum. Es handelt sich offenkundig um ein situativ bestimmtes Zufallsergebnis. ◄

2.3.2 Wissenschaftliche Erklärungen

In den vorstehenden Abschritten ist schon mehrfach das Stichwort **„Erklärung"** genannt worden. Dessen Relevanz sei zunächst mithilfe zweier Zitate kurz beleuchtet:

„Ohne Erklärungen gibt es keine Wissenschaft.“ (Hunt 2010, S. 77).

„Das typische Ziel der Wissenschaft besteht darin, systematische und seriös begründete Erklärungen zu geben.“ (Nagel 1961, S. 15).

Die von diesen Autoren betonte Bedeutung von Erklärungen ist leicht nachvollziehbar: Was würde man von der Astronomie halten, wenn diese nicht in der Lage wäre, eine Sonnenfinsternis zu *erklären?* Was hielte man von einem*r Botaniker*in, der*die nicht *erklären* kann, warum in Alaska keine Ananas gedeiht? Welche Akzeptanz würde eine Betriebswirtschaftslehre erfahren, die keine *Erklärungen* für den Wert eines Unternehmens anzubieten hätte?

Hintergrundinformation

Ernest Nagel (1961, S. 4) kennzeichnet die Bedeutung von Erklärungen für eine Wissenschaft:

> „Es ist der Wunsch nach Erklärungen, die gleichzeitig systematisch sind und von der Übereinstimmung mit realen Beobachtungen bestimmt werden, der die Wissenschaft antreibt und es ist das spezifische Ziel der Wissenschaften, Wissen auf der Basis von Erklärungsprinzipien zu organisieren und zu klassifizieren. Genauer gesagt, die Wissenschaften versuchen, in allgemeiner Form die Bedingungen, unter denen die unterschiedlichsten Erscheinungen auftreten, zu entdecken und zu formulieren; die Darstellungen solcher Bedingungen sind die Erklärungen für die entsprechenden Ereignisse.“

Damit ist nicht gemeint, dass eine wissenschaftliche Disziplin *alle* einschlägigen Phänomene erklären kann. Dann wäre ja weitere Forschung überflüssig. Es bedeutet auch nicht, dass alle Erklärungen völlig zweifelsfrei und dauerhaft gültig sind. Vielmehr lehrt die Wissenschaftsgeschichte, dass bestimmte – zu ihrer Zeit dem Stand der Wissenschaft entsprechende – Erkenntnisse (z. B. über die Erde als Mittelpunkt des Universums) durch neue und typischerweise bessere Erkenntnisse ersetzt werden. Nagel (s. o.) spricht ja auch nur von „systematischen und seriös begründeten Erklärungen“, nicht von bewiesenen oder mit Sicherheit wahren Erklärungen. Fehlbarkeit wissenschaftlicher Erkenntnis wird also durchaus eingeräumt (→ „Fallibilismus“, siehe auch Abschn. 1.2).

Die Fokussierung auf Erklärungen ist nicht unumstritten; in den Geisteswissenschaften ist man häufig stärker auf **Verständnis** ausgerichtet. Schurz (2014, S. 14) formuliert in zugespitzter Weise: „In den Naturwissenschaften *erklären* wir, aber in den Geisteswissenschaften *verstehen* wir.“ Dahinter steht die Ausrichtung der Naturwissenschaften auf die Entdeckung und Analyse von Gesetzmäßigkeiten, während geistige Phänomene keinen exakten Gesetzmäßigkeiten unterliegen. Verstehen entspricht in diesem Sinne eher der Komplexität des menschlichen Geistes. Erklärungen können natürlich ein wesentlicher Bestandteil umfassenderen Verständnisses sein. Hunt (2002, S. 119) fasst diese Sichtweise in einem Satz zusammen: „Zum wissenschaftlichen Verständnis eines Phänomens gehört es zumindest, dass wir das Phänomen wissenschaftlich erklären können.“ Wenn man die Position des wissenschaftlichen Realismus vertritt (siehe Kap. 3), dann könnte man sich einer solchen Aussage wohl anschließen. Bei ganz anderen wissenschaftstheoretischen Ansätzen muss das aber nicht der Fall sein.

Hintergrundinformation
Wesley Salmon (1992, S. 8) gibt eine knappe und anschauliche Charakterisierung wissenschaftlicher Erklärungen:

„So wie wir das Konzept *wissenschaftliche* Erklärung verstehen, ist solch eine Erklärung ein Versuch, ein bestimmtes Ereignis (z. B. die Atom-Katastrophe in Tschernobyl 1986) oder eine allgemeinere Tatsache (z. B. die Kupfer-Farbe des Mondes während einer totalen Finsternis) durch Bezugnahme auf allgemeinere Fakten aus einer oder mehreren empirischen Wissenschaften verständlich zu machen."

Was ist nun eigentlich eine *Erklärung?* Es ist im wissenschaftlichen Zusammenhang die Beantwortung der Frage „Warum...?" bzw. die „Rückführung des Eintretens eines Ereignisses auf seine Gründe oder Ursachen" (Schwemmer 1995, S. 579). Diese Kennzeichnung von Oswald Schwemmer lässt schon erkennen, dass Erklärungen und **Kausalität** (siehe auch Kap. 8) viel miteinander zu tun haben. Hier einige Beispiele für solche Warum-Fragen:

- Warum führt eine höhere kumulierte Produktionsmenge zu sinkenden Stückkosten?
- Warum hat die Höhe der Transaktionskosten Auswirkungen auf die „make or buy"-Entscheidung?
- Warum ist der persönliche Verkauf im Business-to-Business-Bereich besonders wichtig?

Wenn man solche Fragen beantworten will, dann sucht man also nach den *Gründen* (Kausalität) für sinkende Stückkosten, für eine „make-or-buy"-Entscheidung oder die Wichtigkeit des persönlichen Verkaufs etc. „Erklärungen erfolgen durch die Darlegung von Gründen." (Psillos 2002, S. 2). Eine etwas umfassendere Diskussion von Kausalität mit einer Ausrichtung auf Methoden zur Feststellung/Überprüfung von Kausalität (Experimente) erfolgt im 8. Kapitel. An dieser Stelle mag eine kurze Zusammenstellung von Merkmalen von Kausalität auf der Basis von Psillos (2002, S. 6) genügen:

- Kausalität führt zu *Unterschieden,* d. h. ein Phänomen oder eine Situation wären anders, wenn die Ursachen für bestimmte Wirkungen nicht vorhanden wären.
- Kausalbeziehungen sind *„Rezepte",* um bestimmte Wirkungen hervorzurufen bzw. zu verhindern.
- Kausalbeziehungen dienen der *Erklärung* der Zusammenhänge zwischen Ursachen und Wirkungen.
- Kausalbeziehungen können *Prognosen* ermöglichen: Wenn ein bestimmter Grund gegeben ist, dann ist die entsprechende Wirkung zu erwarten.

Für die Erklärung realer Phänomene macht man sich das in Theorien, einschließlich enthaltener Gesetzmäßigkeiten, systematisierte Wissen zunutze. Sehr wohl gibt es aber beobachtbare Phänomene, die damit nicht erklärt werden können, weil das vorhandene Wissen eben nicht ausreicht.

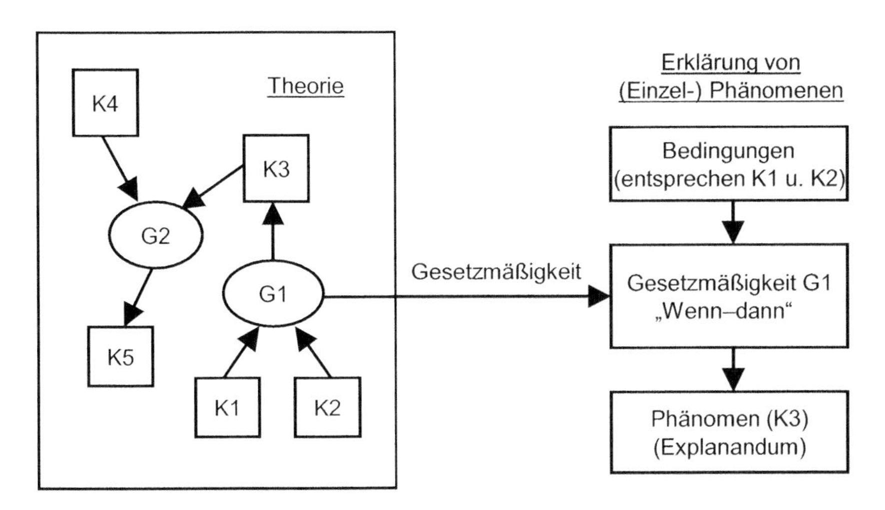

Abb. 2.3 Gesetzmäßigkeiten und Erklärungen. (Quelle: Kuß 2013, S. 91)

Wissenschaftliche Erklärungen bestehen aus *drei Komponenten:* Einer (deterministischen oder statistischen) *Gesetzmäßigkeit,* den in der jeweiligen Situation *gegebenen Randbedingungen* und dem *zu erklärenden Sachverhalt.* Wenn beispielsweise eine Gesetzmäßigkeit existiert, dass Ablenkungen der Zielperson bei der Übermittlung einer Werbebotschaft die Wirkung der Botschaft verstärken, weil die kognitive (und kritische) Verarbeitung der Botschaft eingeschränkt wird, dann kann diese Gesetzmäßigkeit in Verbindung mit einer gegebenen Randbedingung (z. B. dass eine Person beim Lesen einer Botschaft durch Musik abgelenkt war) *erklären,* dass in diesem Fall die Wirkung der Botschaft besonders hoch war. Es geht also bei Erklärungen um Anwendungen (allgemeiner) Gesetzmäßigkeiten auf bestimmte Fälle. Die Randbedingungen geben an, ob die Voraussetzungen für die Wirkung der jeweiligen Gesetzmäßigkeit gegeben sind, und es ergibt sich dann eine Aussage über den zu erklärenden Sachverhalt. Damit deutet sich auch schon an, dass Erklärungen (natürlich im Gegensatz zu Prognosen) typischerweise auf bereits aufgetretene Phänomene gerichtet sind. Abb. 2.3 illustriert diese gedanklichen Schritte. Hier wird davon ausgegangen, dass die zur Erklärung herangezogene Theorie bzw. Gesetzmäßigkeit Gültigkeit hat. Kriterien dafür werden in Kap. 5 erörtert.

Wissenschaftliche Erklärungen im sozialwissenschaftlichen Bereich sollen nach Hunt (2010, S. 78 f.) u. a. den folgenden Anforderungen entsprechen:

- Das zu erklärende Phänomen soll unter den jeweiligen Bedingungen *zu erwarten* sein. Hier knüpft man an die vorstehend erläuterten Gesetzmäßigkeiten an: Wenn man erklären will, warum Phänomen K3 unter bestimmten Bedingungen (K1 und K2) aufgetreten ist, dann muss eine Gesetzmäßigkeit existieren, die unter K1 und K2 tatsächlich K3 erwarten lässt. Wenn man beispielsweise erklären will, warum eine Brücke maximal eine Belastung von 50 t aushält, dann müssen Gesetze der Statik existieren, die bei den verwendeten Materialien, dem vorhandenen Untergrund etc. eine solche Tragfähigkeit erwarten lassen.

- Die Erklärung muss *intersubjektiv überprüfbar* sein, d. h. sie muss logisch nachvollziehbar und möglichst weitgehend frei von Vorurteilen, Ideologien etc. sein. Meist geht man davon aus, dass in der Wissenschaft Objektivität in diesem Sinne zumindest angestrebt wird. Hunt (2010, S. 77) zitiert dazu eine Aussage des Wissenschaftstheoretikers Mario Bunge: „Die Wissenschaft hat nicht das Monopol für Wahrheit, sondern nur das Monopol auf die Hilfsmittel, um zu prüfen, ob etwas wahr ist, und um entsprechende Fortschritte zu erreichen."
- Die Erklärung muss *empirischen Gehalt* haben. Dadurch soll sichergestellt werden, dass Erklärungen sich auf reale Phänomene beziehen. Gleichzeitig sind scheinbare „Erklärungen", die nur auf Definitionen beruhen, ausgeschlossen (z. B. Definition: „Ein Junggeselle ist unverheiratet." → scheinbare „Erklärung": „Weil jemand unverheiratet ist, ist er Junggeselle.").

Beispiel

Schauenberg (1988, S. 50) schildert ein einfaches Beispiel für wissenschaftliche Erklärungen:

> „Wir beobachten, dass die Börsenkurse steigen (Explanandum). Ein Kapitalmarkttheoretiker, den wir befragen, sagt uns, dass die Börsenkurse immer dann steigen, wenn die Ertragserwartungen der Unternehmen steigen (Gesetz). Wir schlagen in der Zeitung nach und stellen fest, dass die Regierung vor einigen Tagen die Ertragssteuern gesenkt hat (Randbedingung). Damit hätten wir auch schon eine Erklärung: Die Börsenkurse sind gestiegen, weil das erwähnte Gesetz gilt und die Ertragserwartungen wegen der Steuersenkung gestiegen sind." ◀

Nun zu einigen typischen Arten von Erklärungen. Diese Darstellung stützt sich hauptsächlich auf die entsprechende Übersicht bei Hempel (1965, S. 249 ff. und 1962). Es werden hier folgende Begriffe und Symbole gebraucht:

ES	Explanans (Menge der Bedingungen und Gesetzmäßigkeiten, die zusammen das betreffende Phänomen erklären)
ED	Explanandum (Zu erklärendes Phänomen)
B	Bedingungen (Bedingungen, die die Basis der Erklärung sind)
G	Gesetzmäßigkeiten (Universelle, deterministische Gesetze, die also in jedem Fall gelten)
SG	Statistische Gesetzmäßigkeiten (Wahrscheinlichkeitsaussagen, „Wenn X.., dann Y mit p = ...")

Deduktiv-nomologische Erklärungen („Ableiten aus Gesetzen")
Die Grundstruktur deduktiv-nomologischer Erklärungen (D-N-Erklärungen) ist in der Abb. 2.4 dargestellt. Ein klassisches *Beispiel* für eine solche Erklärung stammt von Archimedes (285–212 v. Chr.): Wenn das spezifische Gewicht eines Körpers geringer ist als das spezifische Gewicht einer Flüssigkeit, dann kann dieser Körper in der Flüssigkeit schwimmen (Gesetzmäßigkeit). Wenn also die Bedingung gegeben ist, dass das spezifische Gewicht des Körpers geringer (bzw. größer) ist, dann kann man erklären, warum ein Körper schwimmt (bzw. nicht schwimmt). Dem entsprechend sind also auch die Erwartungen, z. B. wenn man einen Gegenstand ins Wasser wirft. Die verwendete Gesetzmäßigkeit wirkt in jedem Fall und gilt immer, ist also deterministisch. Wenn bei einer DN-Erklärung das Explanans so gegeben ist, dann *muss* das entsprechende Explanandum auftreten, sofern die Erklärung korrekt ist.

Erklärungen dienen ja dazu, Vorgänge und Zusammenhänge zu verstehen. Dazu bedarf es dann nicht nur der bloßen Angabe eines Grundes, sondern auch der Bezugnahme auf Gesetzmäßigkeiten, die gewissermaßen die Verbindung zwischen Explanans und Explanandum herstellen (Psillos 2002, S. 218 f.). Hier wird auch ein Weg erkennbar, um die Geltung einer Gesetzmäßigkeit (bzw. einer Theorie) zu prüfen. Die D-N-Erklärung besteht ja in der Aussage, dass dann, wenn bestimmte Bedingungen (B) gegeben sind und bestimmte Gesetzmäßigkeiten (G) gelten, wenn also das Explanans (ES_i) bestimmte Eigenschaften hat, die daraus folgende Ausprägung des Explanandums (ED_i) auftritt. Wenn aber dieses Explanans ES_i gegeben ist und nicht das entsprechende Explanandum ED_i beobachtet wird, dann ist das offenkundig ein Widerspruch zu dem unterstellten Zusammenhang. Sofern bei einer solchen Untersuchung weder logische noch methodische Fehler gemacht wurden, wäre dann diese Erklärung falsch. Allerdings wird sich noch zeigen, dass gerade der Anspruch, dass eine Untersuchung frei von wesentlichen methodischen Fehlern sein soll, erhebliche theoretische und forschungspraktische Probleme bereitet (siehe dazu Abschn. 3.3 und Kap. 6).

Deduktiv-nomologische Erklärungen spielen in der Betriebswirtschaftslehre am ehesten eine Rolle, wenn man es mit naturwissenschaftlich-technischen Gesetzmäßigkeiten zu tun hat. So lässt sich vielleicht in der Stahlproduktion der Anteil der Energiekosten pro Tonne in Abhängigkeit von der Ausbringungsmenge ziemlich eindeutig erklären. Auch im Bereich der Logistik kann man vermutlich recht genau erklären, wie sich technische Eigenschaften (z. B. Geschwindigkeiten oder Kapazitäten) auf Zugriffs- oder Lieferzeiten auswirken. Für solche Aussagen braucht

Abb. 2.4 Struktur deduktiv-nomologischer Erklärungen

$$\left.\begin{array}{c} B_1, B_2, \ldots\ldots, B_k \\ G_1, G_2, \ldots\ldots, G_l \end{array}\right\} \text{ES (Explanans)}$$
$$\overline{\text{ED (Explanandum)}}$$

man kaum empirische Forschung, das lässt sich besser analytisch bestimmen. Die Domäne empirischer Forschung liegt eher bei den Wirkungen und beim Zusammenwirken sozialer (einschl. ökonomischer) Einflussfaktoren (z. B. Motivation → Arbeitsleistung; Kompetenz und Information → Entscheidungsqualität). In diesen Bereichen hat man es aber kaum einmal mit deterministischen Beziehungen (z. B. „Hoher Marktanteil führt *immer* zu hoher Profitabilität.") zu tun, weil hier Gesetzmäßigkeiten allenfalls in Ausnahmefällen unabhängig von situativen Faktoren und zahlreichen Nebenbedingungen gelten. Man könnte versuchen, einige dieser Faktoren bei der Festlegung der Bedingungen zu berücksichtigen, müsste aber dann eine große Komplexität des Explanans hinnehmen und es bliebe dennoch in der Regel Unsicherheit hinsichtlich des Eintretens des Explanandums.

Vor diesem Hintergrund hat in großen Teilen der Betriebswirtschaftslehre eine andere Art von Erklärungen eine größere Bedeutung, die so genannten **statistischen Erklärungen.** Diese enthalten zumindest eine Gesetzmäßigkeit der Form

$$P(L|K) = w$$

d. h. die Wahrscheinlichkeit für L unter der Bedingung, dass K gegeben ist, ist gleich dem Wert w. Statistische Erklärungen sind typisch für die Sozialwissenschaften (einschließlich der Betriebswirtschaftslehre). Man hat es hier oft mit einer sehr großen Zahl komplexer Interaktionen zu tun, wenn man z. B. bestimmte Verhaltensweisen von Manager*innen oder Kund*innen erklären will. Deswegen muss man sich auf relativ wenige Einflussvariable beschränken, die dann eben das Explanandum nicht (annähernd) vollständig erklären können, sondern nur Wahrscheinlichkeitsaussagen zulassen. Gängiger ist aber die Interpretation von Wahrscheinlichkeiten im Hinblick auf daraus resultierende relative Häufigkeiten. Damit kann man beispielsweise bezogen auf eine *größere Zahl von Fällen* relativ exakte Aussagen hinsichtlich bestimmter Anteilswerte (z. B. „die Zahlungsausfälle bei Kreditnehmer*innen liegen bei ca. 5 %") machen. „Ein natürlicher Einwand besteht darin, dass statistische Gesetzmäßigkeiten Eigenschaften von großen Stichproben erklären können, aber über einen Einzelfall nichts aussagen" (Psillos 2002, S. 244). Nicht zuletzt bei praktischen Anwendungen im betriebswirtschaftlichen Bereich sind Aussagen über Anteilswerte bei einer größeren Fallzahl aber oftmals völlig ausreichend.

Hintergrundinformation

May Brodbeck (1958, S. 13 f.) erläutert Aussagemöglichkeiten und Grenzen statistischer Erklärungen:

> „... Der Sozialwissenschaftler ... ist auf weniger als Perfektion ausgerichtet. Vollständigkeit der Erklärung ist weit außerhalb seiner Möglichkeiten; deshalb gibt er dieses Ziel auf. ... Dem entsprechend ... richtet der Sozialwissenschaftler sein Interesse nicht auf die Prognose einzelner Ereignisse oder Verhaltensweisen, sondern auf eine Zufallsvariable, d. h. auf die Vorhersage der Häufigkeit, mit der ein bestimmtes Verhalten in einer großen Gruppe von Individuen, die bestimmte Merkmale haben, auftritt. Das ist der zu zahlende Preis. Die Belohnung dafür besteht natürlich darin, dass er nicht hilflos über die unendliche

Komplexität von Mensch und Gesellschaft staunt. Vielmehr hat er eher unvollständiges als perfektes Wissen, das aber dennoch nicht zu verachten ist, über eine Wahrscheinlichkeitsverteilung und nicht über einzelne Ereignisse. Wir mögen es zwar bevorzugen, wenn wir die Bedingungen kennen, unter denen sich bei einer bestimmten Person Krebs entwickelt, es ist aber alles andere als wertlos, die Einflussfaktoren zu kennen, die statistisch korreliert sind mit der Häufigkeit des Auftretens von Krebs."

Von den so genannten statistischen Erklärungen sollen hier die „induktiv-statistische Erklärung" (I-S-Erklärung) und die „Erklärung auf Basis statistischer Relevanz" (S-R-Erklärung) etwas beleuchtet werden.

Induktiv-statistische Erklärungen (I-S-Erklärungen)

I-S-Erklärungen können formal wie in Abb. 2.5 dargestellt werden Die Grundidee besteht darin, dass bei einer bestimmten Konstellation des Explanans (bestimmte Bedingungen und entsprechende statistische Gesetzmäßigkeiten) mit großer Wahrscheinlichkeit eine bestimmte Ausprägung des Explanandums zu erwarten ist. Insofern handelt es sich also um eine induktive Schlussweise. Auch bei I-S-Erklärungen liegt offenkundig eine Erwartung (→ „induktiv") hinsichtlich des Explanandums ED_i bei einem bestimmten Explanans ES_i vor. Entsprechende Beispiele findet man in der Betriebswirtschaftslehre wohl eher selten. Man könnte daran denken, dass für ein Unternehmen eine gewisse Wahrscheinlichkeit existiert, in Konkurrenz mit Wettbewerbern einen Auftrag zu erhalten. Wenn es eine große Zahl verschiedener Aufträge in einer Periode geht, dann wäre die Wahrscheinlichkeit, mindestens einen dieser Aufträge zu bekommen, sehr groß. Allerdings ist eine derartige Erklärung sicher von eher begrenzter betriebswirtschaftlicher Relevanz.

Wie ist es nun um die *Überprüfung* von I-S-Erklärungen bestellt? Hier sind die entsprechenden Schlussweisen ein wenig komplizierter als bei der DN-Erklärung (s. o.). Wenn beim Explanans ES_i tatsächlich Explanandum ED_i eingetreten ist, sieht man die Erklärung als bestätigt an. Wenn es aber zu einem Widerspruch zwischen einer Erklärung („Wenn ES_i, dann ED_i") und einer Beobachtung („ES_i gegeben, aber ED_i tritt nicht auf, sondern ED_j") kommt, sind weitere Überlegungen erforderlich. Es folgt zunächst der Schritt der Überprüfung der Messungen im Hinblick auf systematische Fehler (→ Validität, siehe Kap. 6). Wenn eine solche Überprüfung keine Hinweise auf entsprechende Fehler gegeben haben, ist immer noch nicht ganz klar, woran der Widerspruch zwischen ES_i und ED_j liegt: Daran, dass die Erklärung falsch ist oder

Abb. 2.5 Struktur induktiv-statistischer Erklärungen (I-S-Erklärungen)

$B_1, B_2, \ldots\ldots, B_k$
$SG_1, SG_2, .., SG_l$ } ES (Explanans)

ED (Explanandum) (es ist sehr wahrscheinlich)

Abb. 2.6 Struktur von Erklärungen auf Basis statistischer Relevanz (S-R-Erklärungen)

$$\left.\begin{array}{l} B_1, B_2, \ldots\ldots, B_k \\ SG_1, SG_2, \ldots, SG_l \end{array}\right\} \text{ ES (Explanans)}$$
$$\overline{\text{ED (Explanandum)}} \quad \text{Wahrscheinlichkeit} >> 0$$

daran, dass die Erklärung zwar richtig ist, aber per Zufall (es handelt sich ja „nur" um eine statistische Erklärung) ein widersprechendes Ergebnis zustande gekommen ist. Man spricht in einem solchen Fall lediglich davon, dass die Erklärung nicht bestätigt wurde. I-S-Erklärungen können im strengen Sinne also nicht falsifiziert werden; die Abweichung zwischen Explanans und entsprechendem Explanandum kann ja immer durch Zufall zustande gekommen sein. Wohl aber gibt es dabei „schwache" Falsifizierungen, etwa in folgender Art: „Die Wahrscheinlichkeit, dass die Erklärung falsch ist, ist sehr groß." Eine entsprechende Schlussweise liegt auch statistischen Tests zugrunde (siehe Kap. 7), bei denen man sich für die Annahme oder Ablehnung einer Hypothese entscheidet, wenn die Wahrscheinlichkeit für ein zufälliges – eben nicht durch einen systematischen Zusammenhang begründetes – Zustandekommen eines entsprechenden Untersuchungsergebnisses klein bzw. groß ist.

Erklärungen auf Basis statistischer Relevanz (S-R-Erklärungen)
Bei S-R-Erklärungen werden im Vergleich zu I-S-Erklärungen geringere Anforderungen bezüglich der Wahrscheinlichkeit für das Eintreten eines bestimmten Ergebnisses gestellt. Man geht hier *nicht* mehr davon aus, dass dieses mit großer Wahrscheinlichkeit als Ergebnis einer bestimmten Konstellation beim Explanans auftritt, sondern nur davon, dass die entsprechenden Bedingungen und Gesetzmäßigkeiten einen erkennbaren bzw. deutlichen Einfluss auf das Explanandum haben. S-R-Erklärungen haben in diesem Sinne geringeren Informationsgehalt als I-S-Erklärungen, spielen aber für die empirische Forschungspraxis eine weitaus größere Rolle. Die formale Darstellung des S-R-Modells findet sich in Abb. 2.6.

In anderer Form kennzeichnet Psillos (2002, S. 253) die zentrale Idee statistischer Relevanz auf folgende Weise: Ein Einflussfaktor C leistet einen Erklärungsbeitrag für das Auftreten eines Ereignisses E, wenn gilt:

$P(E \mid C) > P(E)$.

mit $P(E|C)$ = Wahrscheinlichkeit für E unter der Bedingung, dass C gegeben ist.

Beispiel

Ein Beispiel für S-R-Erklärungen bezieht sich auf den Kauf von ökologischen Produkten. Hier kann man feststellen, dass die Wahrscheinlichkeit für den Kauf solcher Produkte bei umweltbewussten Konsument*innen größer ist als bei anderen Konsument*innen. Gleichwohl ist es keineswegs so, dass Umweltbewusstsein das

Verhalten der genannten Konsument*innengruppe ausschließlich oder entscheidend bestimmt (Balderjahn 2013), Umweltbewusstsein ist vielmehr nur *ein* Einflussfaktor des Kaufverhaltens unter mehreren (z. B. Verfügbarkeit finanzieller Mittel, geschmackliche Präferenzen). In diesem Sinne ist Umweltbewusstsein eben *relevant*, aber nicht dominierend oder ausschlaggebend. Dessen Wirkung lässt sich am ehesten bei einer größeren Zahl von Fällen (oder in Form entsprechender Wahrscheinlichkeiten) erkennen; deswegen spricht man hier von *statistischer* Relevanz. ◄

Man erkennt, dass S-R-Erklärungen eigentlich keine Erklärungen in dem Sinne sind, dass das Auftreten des Explanandums (mit hoher Wahrscheinlichkeit) *zu erwarten* wäre. Hunt (2010, S. 91) verweist hier – vielleicht etwas makaber – auf das Beispiel des Zusammenhangs des Rauchens mit dem Auftreten von Lungenkrebs. Nun gibt es sehr viele Raucher*innen, die nicht an Lungenkrebs sterben, und auch Nichtraucher*innen, die dennoch an Lungenkrebs sterben. Gleichwohl hat offenbar das Rauchen Einfluss auf die Wahrscheinlichkeit, an Lungenkrebs zu erkranken, ist also in diesem Sinne *relevant*, obwohl (glücklicherweise) nicht bei jedem*r Raucher*in Lungenkrebs zu erwarten ist. In diesem Sinne geht es bei S-R-Erklärungen eher um die Identifizierung von mehr oder weniger stark wirkenden *Einflussfaktoren* im Hinblick auf das Explanandum. Nun können solche Einflussfaktoren unterschiedliche Bedeutung für das jeweilige Explanandum haben bzw. dieses mehr oder weniger gut erklären. Auf diesen Aspekt wird weiter unten unter dem Stichwort „erklärte Varianz" eingegangen.

Bei der empirischen Überprüfung von S-R-Erklärungen geht es hauptsächlich um die Frage, ob die Wirkung (gemessen z. B. in Form einer Korrelation) der unabhängigen Variablen auf das zu erklärende Phänomen hinreichend deutlich (*„statistisch signifikant"*, siehe Kap. 7) von Null verschieden ist. Auch hier stellt sich die Frage, ob es bei der Untersuchung zu Messfehlern gekommen ist. Eine (erwartungswidrig) geringe Korrelation könnte ja auch auf unzureichende (stark fehlerbehaftete) Messungen zurückzuführen sein. Auch die substanzwissenschaftliche Bedeutung statistischer Signifikanz sollte nicht überschätzt werden. Bei sehr großen Stichproben sind viele – auch eher schwache – Zusammenhänge zwischen zwei Merkmalen „statistisch signifikant", obwohl deren Relevanz gering sein kann (siehe Abschn. 7.2). „Die Aussage, dass sich eine signifikante Korrelation zwischen zwei Merkmalen A und B ergeben hat, ist … eine sehr schwache Aussage, solange wir keine Information über die Stichprobengröße haben" (Schurz 2014, S. 196).

Beispiel

Ein Beispiel zum Unterschied von *statistischer* Signifikanz und *substanzwissenschaftlicher* Signifikanz erläutern Jaccard und Becker (2002, S. 216):

„Die Armutsgrenze für eine vierköpfige Familie in den USA wurde 1991 mit einem Jahreseinkommen von $ 14.120 definiert. Angenommen ein*e Forscher*in interessiert sich dafür, ob sich das Durchschnittseinkommen einer bestimmten ethnischen Gruppe im Jahre 1991 von der offiziellen Armutsgrenze unterschied. Der*die Forscher*in überprüft diese Frage und nutzt dabei Daten einer großen landesweiten Umfrage bei 500.000 Personen aus der interessierenden ethnischen Gruppe. Angenommen der festgestellte Stichproben-Mittelwert für diese ethnische Gruppe liegt bei $ 14.300,30. Wenn die Standardabweichung der Grundgesamtheit ebenfalls bekannt ist, kann ein Ein-Stichproben z-Test angewendet werden. Angenommen die Anwendung dieses Tests führt zur Ablehnung der Null-Hypothese. Dann schließt der*die Forscher*in daraus, dass das Durchschnittseinkommen bei dieser ethnischen Gruppe ‚statistisch signifikant über der offiziellen Armutsgrenze liegt'. Solch ein Ergebnis sagt nichts darüber aus, um wieviel das Durchschnittseinkommen über der Armutsgrenze liegt, und auch nichts über die praktische Relevanz dieses Unterschiedes." ◀

S-R-Erklärungen sind in der Betriebswirtschaftslehre (und in den Sozialwissenschaften generell) stark verbreitet, weil man es hier typischerweise mit komplexen Wirkungszusammenhängen einer Vielzahl von Variablen zu tun hat. In der Regel kann man nur eine kleine Zahl (besonders) relevanter Variabler betrachten und deren komplexe Interaktionen nicht vollständig erfassen. Deswegen beschränkt man sich in der empirischen Forschung hinsichtlich der Erklärung eines Phänomens (z. B. des Wachstums eines Marktanteils oder einer Veränderung des Wahlverhaltens) oft auf Aussagen zur Identifizierung der wichtigsten Einflussfaktoren, zu Gewichtungen der relevanten Einflussfaktoren (z. B. in Form von Regressionskoeffizienten) und zur Art der Zusammenhänge (z. B. positiv/negativ; linear/nicht-linear). Es wird dabei erkennbar, dass hier nicht *Gründe* für einen Zusammenhang zwischen Variablen (wie die Bedingungen und Gesetzmäßigkeiten bei D-N-Erklärungen) explizit analysiert werden, sondern dass entsprechende substanzwissenschaftliche Überlegungen den statistischen Analysen *vorausgehen* sollen/müssen (siehe Salmon 1992 sowie Abschn. 7.4).

Wenn verschiedene Einflussfaktoren ein interessierendes Phänomen *nicht vollständig* erklären, dann stellen sich für Wissenschaft und Praxis zumindest zwei wichtige Fragen:

1. Wenn unterschiedliche Möglichkeiten zur Erklärung vorliegen (mit verschiedenen Einflussfaktoren), welche dieser konkurrierenden Alternativen ist dann am besten geeignet?
2. Wenn ein Phänomen *nur teilweise* erklärt wird, lässt sich dann abschätzen, wie groß dieser Anteil (etwa) ist?

Derartige Fragen zum **Erklärungsvermögen** („explanatory power") sind naheliegend und deshalb nicht ganz neu. Schon Karl Popper hat in seiner „Logik der Forschung" (erstmals erschienen 1935) dieses Problem angesprochen. Eine Vorstufe zur Messung von Erklärungsvermögen ist die Identifizierung entsprechender Dimensionen. Ylikoski und Kuorikoski (2010) schlagen dazu vor:

- *Unempfindlichkeit* gegenüber Veränderungen der Bedingungen für eine Erklärung. Je robuster eine Erklärung in dieser Hinsicht ist, desto umfassender ist offenbar ihre Relevanz.

- *Präzision* der Angaben zum Explanandum (z. B. „Umsatzwachstum" vs. „Umsatzwachstum um 2,0 bis 3,0 %")
- *Korrektheit* der in der Erklärung verwendeten Informationen
- Ausmaß der *Integration* einer Erklärung in bestehendes Wissen
- *Gedankliche Nachvollziehbarkeit* einer Erklärung

In der Forschungspraxis sind zwei Arten von statistischen Maßzahlen zur Kennzeichnung von Erklärungsvermögen sehr gängig, Anteile erklärter Varianz und Effektstärken.

Anteil erklärter Varianz und Effektstärken

In der empirischen Forschungspraxis betrachtet man häufig wissenschaftliche Erklärungen in einer anderen Perspektive. Dazu bedient man sich statistischer Methoden, die den Anteil der durch eine oder mehrere *unabhängige* Variablen erklärten Varianz einer *abhängigen* Variablen erkennen lassen. Wie kommt es nun, dass man „erklärte Varianz" betrachtet, wenn man eigentlich das Zustandekommen von z. B. Gewinnen, Marktanteilen, Wachstum, Einkommen (usw., usw.) erklären will? Die Grundidee ist recht einfach: Wissenschaftlich interessant ist ja typischerweise die *Unterschiedlichkeit* der interessierenden Größen bei verschiedenen Unternehmen, Personen etc. und man fragt sich, wie es kommt, dass z. B. verschiedene Unternehmen unterschiedlich innovativ sind oder verschiedene Konsumenten und Konsumentinnen unterschiedliche Teile ihres Einkommens sparen. Die Varianz ist eben eine Maßzahl zur Beschreibung solcher Unterschiedlichkeiten. Wenn es nun gelingt, Einflussfaktoren (bzw. unabhängige Variable) zu identifizieren, die die Unterschiedlichkeit der interessierenden (abhängigen) Variablen beeinflussen, dann hat man offenbar damit Gründe bzw. Erklärungen für diese Unterschiedlichkeit gefunden. Wenn man beispielsweise nach theoretischen Überlegungen in einer statistischen Analyse feststellt, dass die Einflussfaktoren Ausbildungsniveau, Berufserfahrung und Dauer der Zugehörigkeit zum Unternehmen die Einkommensunterschiede bei Beschäftigten zu 50 % bestimmen, dann hat man eben diese Einkommensunterschiede schon zu einem erheblichen Teil, aber bei weitem nicht vollständig erklärt. Man erkennt an diesem Beispiel auch die Analogien von abhängiger Variabler und Explanandum sowie von unabhängigen Variablen und Explanans. Das Beispiel deutet weiterhin an, dass in den Sozialwissenschaften die Anteile erklärter Varianz typischerweise deutlich unter 100 % liegen, weil angesichts der Komplexität (Anzahl relevanter Einflussfaktoren und Arten von deren Zusammenwirken) von Zusammenhängen in der Regel nicht alle relevanten Faktoren einbezogen werden können und außerdem noch diverse Messfehler eine Rolle spielen können. Vor diesem Hintergrund sind in den Sozialwissenschaften also „**partielle Erklärungen**" (Northcott 2012, 2013) der Normalfall.

Beispiel

Shelby Hunt (2000, S. 153 ff.) erläutert kurz ein Beispiel, in dem die Anteile erklärter Varianz als Kriterien für die Entscheidung bezüglich unterschiedlicher Theorien im strategischen Management verwendet werden. Es geht dabei um die Frage, ob eher die Branchenzugehörigkeit (mit Wettbewerbssituation, Marktentwicklung etc.) oder Merkmale der Unternehmen und seiner strategischen Geschäftseinheiten selbst den Erfolg von Unternehmen bestimmen.

„Ursprünglich haben die Vertreter*innen branchen-bezogener Strategie (...) Schmalensee (1985) zitiert, um ihre Ausrichtung auf die Branchenwahl als die wichtigste strategische Entscheidung zu rechtfertigen. Nachdem Rumelt's (1991) Replikation und Erweiterung der Studie von Schmalensee zeigte, dass Unternehmensmerkmale sechsmal so viel Varianz erklärten (46 % vs. 8 %) wie Branchenmerkmale, verschob sich die Debatte zu der Frage, ob die Branchenzugehörigkeit überhaupt eine Rolle spielt. Deswegen wurde die Studie von McGahan und Porter (1997), die zeigte, dass Firmeneffekte die Brancheneffekte *nur* im Verhältnis von 36 % zu 19 % dominieren, von ihren Autoren so interpretiert, dass sie gegen die Position von Rumelt und anderen spricht, dass die Branchenzugehörigkeit nicht nur weniger wichtig sei, sondern keine Bedeutung habe" (Hunt 2000, S. 155 f.). ◀

Maßzahlen wie der Anteil erklärter Varianz oder (allgemeiner) **Effektstärken** (siehe Abschn. 7.2) werden als Indikatoren für die Aussagekraft von Erklärungen interpretiert. Darüber hinaus werden in Untersuchungen festgestellte Effektstärken auch als Maßstab für den Erkenntnisstand verschiedener Forschungsgebiete verwendet (siehe z. B. Aguinis et al. 2010; Eisend 2015). Wenn man in einem Gebiet bestimmte Phänomene zu einem großen Teil erklären kann, dann ist dieses Gebiet wohl weiter entwickelt als andere Forschungsgebiete mit geringeren Anteilen der Varianzaufklärung. Deswegen sind Zusammenhänge mit großen Effektstärken auch für praktische Anwendungen aufschlussreicher als andere.

Hintergrundinformation

James Combs (2010, S. 11) charakterisiert kurz die Relevanz von Effektstärken für Wissenschaft und Praxis:

„Eine Theorie kann bestätigt werden, aber ihre Erklärungskraft – d. h. die beobachteten Effektstärken – kann so gering sein, dass sich weitere Anstrengungen zur Entwicklung der Theorie nicht lohnen. Schwache Effekte werfen auch Fragen bezüglich der praktischen Relevanz auf. ... Wenn Manager*innen auf der Basis von Theorien handeln, die nur mit geringen Effektstärken bestätigt wurden, dann werden sie wohl keine positiven Ergebnisse erzielen, selbst wenn diese Effekte auftreten."

2.4 Erklärungen, Prognosen und Gestaltung

Erklärungen, Prognosen und Gestaltung stehen in einem engen Zusammenhang. **Prognosen** bestehen ja – nicht ganz überraschend – darin, zukünftige Zustände oder Entwicklungen vorauszusagen. Hier wird die gedankliche Entsprechung zu den im vorigen Abschn. 2.3 diskutierten **Erklärungen** sofort deutlich. Bei diesen bestand die zentrale Idee darin, dass aus einer bestimmten Konstellation von Bedingungen und Gesetzmäßigkeiten (Explanans) das Auftreten eines bestimmten Phänomens

(Explanandum) folgt. Also kann man – bei Gültigkeit der Erklärung – folgern, dass beim Auftreten dieser Konstellation der entsprechende Zustand zu erwarten ist (→ Prognose). Insofern wäre jede Erklärung eine potenzielle Prognose. Es ist leicht erkennbar, dass Erklärungen gewissermaßen „rückwärts gerichtet“ sind, indem bisher beobachtete Phänomene eben *nachträglich* erklärt werden, während **Prognosen** (natürlich) in die Zukunft gerichtet sind. In Wissenschaft und Praxis gilt die erfolgreiche – also den zukünftigen tatsächlichen Zustand relativ exakt beschreibende – Prognose als besonders starke Bewährung einer Erklärung (Lipton 2005). Ein berühmtes Beispiel dafür aus der Wissenschaftsgeschichte ist Einsteins Vorhersage einer Lichtablenkung, die sich bei einer Sonnenfinsternis im Jahre 1919 bestätigte und zu einem eindrucksvollen Beleg für die Richtigkeit seiner Relativitätstheorie wurde (Neffe 2006).

Eher auf praktische Anwendungen bezogen ist der Aspekt der **Gestaltung.** „Während bei der Prognose zwar ein praktisches Ziel verfolgt wird, ohne aktiv in soziale Prozesse einzugreifen, setzt das Gestalten explizit an der Veränderung von sozialen Prozessen an“ (Brühl 2015, S. 273). Hier wird das Wissen um Zusammenhänge zwischen Explanans und Explanandum in der Weise genutzt, dass man bei Gültigkeit entsprechender Gesetzmäßigkeiten Bedingungen so gestalten kann, dass eine angestrebte Folge erreicht wird. Wenn man beispielsweise weiß, dass frühe Marktführerschaft oft zu dauerhaft überlegener Profitabilität führt, dann kann man eben daraus folgern, dass man sich um frühe Marktführerschaft bemühen sollte, um dieses Ziel zu erreichen. „Die Unterschiede zwischen einer Erklärung, einer Prognose und einer Gestaltung liegen also darin, dass bei einer Erklärung ein Gesetz gesucht wird, bei einer Prognose ein zukünftiger Tatbestand vorhergesagt wird und bei einer Gestaltung die Wenn-Komponente des Gesetzes manipuliert wird“ (Schauenberg 1998, S. 50).

Hintergrundinformation

Die Zusammenhänge von Erklärung, Prognose und Gestaltung werden von Volker Gadenne (2008, S. 23) prägnant dargestellt:

„Erklärung, Vorhersage und Gestaltung haben eine gemeinsame logische Struktur. Dies liegt daran, dass man in allen drei Fällen ein Wissen über gesetzmäßige Zusammenhänge benötigt, ein Wissen, wie es durch G der Form ‚A führt immer zu B‘ ausgedrückt wird. Wenn ich G kenne, dann kann ich B durch A erklären. Weiterhin kann ich B aufgrund von A vorhersagen, und schließlich kann ich B durch Herstellung von A herbeiführen. Bei ähnlicher logischer Struktur unterscheiden sich die drei Problemstellungen natürlich in praktischen Aspekten: Das zu erklärende Ereignis ist bereits geschehen, das vorherzusagende oder herbeizuführende liegt in der Zukunft.“

Eine in der empirischen Forschung sehr gängige Anwendung von Prognosen ist die Prüfung von Hypothesen. Die Grundidee hierzu besteht ja darin, dass man in Form einer Hypothese *prognostiziert,* welches Ergebnis – typischerweise hinsichtlich eines Zusammenhangs von Variablen – sich zeigen müsste, wenn die Theorie gilt, aus der die Hypothese abgeleitet ist. Dabei ist daran zu erinnern, dass Prognosen (einschl. der Prüfung von Hypothesen) in den Sozialwissenschaften bei weitem nicht den in den Naturwissenschaften üblichen Genauigkeitsgrad erreichen. Während man z. B. in der

Astronomie genau prognostizieren kann, an welchem Tage und zu welcher Uhrzeit in den nächsten 50 Jahren an einem bestimmten Ort eine Sonnenfinsternis sichtbar sein wird, ist man im sozialwissenschaftlichen Disziplinen typischerweise darauf beschränkt, dass man bestimmte Veränderungen einer Variablen (positiv, negativ o.ä.) erwartet. Entspricht also ein empirisches Ergebnis nicht der jeweiligen Hypothese (bzw. Prognose), so gilt die Theorie als nicht bestätigt (vorausgesetzt Messfehler oder Zufallsfehler sind nicht die Gründe für dieses Ergebnis). Auf diese Grundidee wird im Abschn. 5.2 („hypothetisch-deduktive Methode") und im Zusammenhang mit dem induktiv-realistischen Modell des Theorietests (Abschn. 9.3.1) noch ausführlicher eingegangen.

Gleichwohl gibt es auch *Einwände* hinsichtlich einer Entsprechung von Erklärung und Prognose. So kennt man in der Praxis genügend Beispiele für die Fähigkeit zur Prognose ohne entsprechende Erklärungen und umgekehrt Erklärungen ohne hinreichende prognostische Kraft. Beispielsweise gibt es Personalverantwortliche, die auf Basis ihrer Erfahrungen oder ihrer Intuition ziemlich gut einschätzen können (→ Prognose), ob ein*e Bewerber*in für einen bestimmten Arbeitsplatz geeignet ist, die aber kaum *genau* erklären könnten, welche Konstellation von Merkmalen sie zu dieser Prognose geführt hat. Andererseits zeigt die tägliche Börsen-Berichterstattung in den Medien, dass die (nachträgliche) Erklärung von Kursentwicklungen gut möglich ist, dass aber eine Prognose dieser Entwicklungen deutlich seltener erfolgreich ist. Offenbar gibt es in der (Forschungs-)Praxis schon Unterschiede zwischen den Fähigkeiten zur Erklärung und zur Prognose (siehe z. B. Psillos 2002, S. 235 f.).

Beispiel

Jaccard und Jacoby (2020, S. 16 f.) skizzieren anschauliche Beispiele aus dem Alltag dafür, dass Erklärung und Prognose in der Praxis nicht immer miteinander verbunden sind:

> „Obwohl sie oft Hand in Hand gehen, sind Prognose und Erklärung tatsächlich getrennte Aspekte von Verständnis. Die Frau, die zum Automechaniker sagt ‚Immer wenn ich auf das Gaspedal trete, höre ich ein Klappern im Motor. Lassen Sie mich drauftreten und Sie werden hören, was ich meine', ist wohl in der Lage zu prognostizieren, ohne zu erklären. Dem entsprechend – wie ein kurzes Nachdenken über Wetterprognosen zeigt – bedeutet die Fähigkeit, die Entstehung des heutigen Wetters zu erklären, noch nicht, dass man in der Lage ist, genau zu prognostizieren, an welchem Tag und zu welcher Zeit diese Wetterkonstellation wieder auftritt." ◀

Für Wissenschaft und Praxis ist die Unterscheidung beachtenswert, ob sich eine *Prognose* auf Einzelfälle oder auf Anteilswerte in Gruppen bezieht. Im ersten Fall müsste die Basis dafür eine D-N-Erklärung (bzw. eine I-S-Erklärung, siehe Psillos 2002, S. 244) sein, aus der sich (ziemlich) eindeutig ableiten lässt, welcher Zustand (Explanandum) bei einem bestimmten Explanans zu erwarten ist (siehe dazu das Beispiel des schwimmenden Körpers von Archimedes, s. o.). Solche Arten von Prognosen kommen in der Betriebswirtschaftslehre nicht häufig vor. Sehr gängig sind dagegen Prognosen von Anteilswerten auf Basis statistischer Erklärungen, z. B. „Unter den Bedingungen x, y und z werden mit großer Wahrscheinlichkeit mindestens 50 % der Aktionäre einer Kapitalerhöhung zustimmen."

Hintergrundinformation
May Brodbeck (1968, S. 10) erläutert beide Arten von Prognosen: „Es ergibt keinen Unterschied, ob die Prognosen statistisch oder deterministisch sind, wie nicht-statistische Generalisierungen genannt werden. Wenn sie deterministisch sind, können wir ein einzelnes Ereignis prognostizieren; wenn sie statistisch sind, können nur Angaben zu Gruppen von Ereignissen erklärt oder prognostiziert werden."

Abschließend noch einige Bemerkungen zur *Gestaltung* und damit verbundenen Aspekten der Beziehungen von Theorie und Praxis. Eingangs dieses Abschnitts ist ja schon verdeutlicht worden, dass es bei der Gestaltung um die Nutzung von Wissen über Theorien und Gesetzmäßigkeiten für praktische Fragestellungen geht. Allerdings sind derartige Nutzungsmöglichkeiten typischerweise durch folgende Faktoren begrenzt (Brühl 2015, S. 297):

- Praktische Tätigkeiten und Entscheidungen sind auf ganz spezifische Situationen bezogen, die in theoretischen Erkenntnissen nicht (annähernd) vollständig abgebildet sein können. Der im Abschn. 2.1 erläuterte Aspekt der Abstraktion bei der Theoriebildung führt ja zu einem gewissen Maß an Generalisierbarkeit der Aussagen, muss aber mit Einschränkungen hinsichtlich konkreter Bezüge zur jeweiligen Situation gewissermaßen „erkauft" werden.
- Alle Prognosen und in die Zukunft gerichteten Maßnahmen sind natürlich mit Unsicherheit hinsichtlich erwarteter Ereignisse bzw. Wirkungen verbunden.
- Dynamik durch menschliche Tätigkeit kann dazu führen, dass die aufgrund bisheriger Erfahrung geltenden Gesetzmäßigkeiten in Zukunft nicht mehr in diesem Maße gelten. Beispielsweise könnte man sich vorstellen, dass die Wirkung der Marktführerschaft auf die Kostenposition eines Unternehmens dadurch verringert wird, dass mehrere Unternehmen gleichzeitig dieser Strategie folgen.

Vor diesem Hintergrund wird auch die nicht nur in der Betriebswirtschaftslehre übliche Unterscheidung in Grundlagenforschung und angewandte Forschung verständlich. **Grundlagenforschung** ist nicht auf die Lösung anstehender (mehr oder weniger) praktischer Fragestellungen gerichtet, sie beschäftigt sich eher mit relativ allgemeinen Konzepten und führt hauptsächlich zu Erkenntnissen, die dem allgemeinen Verständnis des jeweils interessierenden Untersuchungsgegenstandes dienen. Dagegen ist **angewandte Forschung** auf ein aktuelles (mehr oder weniger) konkretes Problem in einer bestimmten Situation ausgerichtet, verwendet eher eng darauf fokussierte Konzepte und führt zu Ergebnissen, die nicht primär einem allgemeinen Wissenszuwachs zuzurechnen sind (Jaccard und Jacoby 2020, S. 31 f.).

Theorie und Praxis werden oft als zwei verschiedene Welten angesehen. Praktiker*innen sehen vielfach Theorien als zu abstrakt oder zu „weltfremd“ an, um für die Lösung praktischer Probleme hilfreich zu sein. Die unterschiedliche Zielsetzung von Theorie (→ möglichst weitgehend gültige Aussagen) und Praxis (→ Lösung spezieller und konkreter Probleme für eine bestimmte Situation) scheint für diese Auffassung zu sprechen. Weiterhin neigen auch viele Theoretiker*innen (hier: akademische Betriebswirt*innen) dazu, manche Probleme der Praxis weniger zu beachten und sich auf Fragen zu konzentrieren, die im jeweiligen Fachgebiet wissenschaftlich diskutiert werden. Dabei spielt es sicher eine Rolle, dass für Erfolg und Karriere innerhalb des akademischen Bereichs die Akzeptanz der Ergebnisse wissenschaftlicher Arbeit durch Reviewer, Mitglieder von Berufungskommissionen etc. oftmals wichtiger ist als die Relevanz dieser Arbeit hinsichtlich der Lösung praktischer Probleme.

Das zuletzt angesprochene Problem hat zu einer Diskussion zum Thema **„Relevance** versus **Rigor** geführt (Varadarajan 2003). „Relevance“ bezieht sich also auf die praktische Anwendbarkeit von Forschungsergebnissen, was bisweilen so operationalisiert wird, dass in einer Untersuchung Variable, die Entscheidungstatbeständen von Manager*innen entsprechen, als unabhängige Variable verwendet werden und auf der anderen Seite darauf geachtet wird, in welchem Maße die abhängigen Variablen für Praktiker*innen interessant bzw. wichtig sind. Der Aspekt „Rigor“ ist dagegen auf

- gründliche und umfassende Kenntnis der einschlägigen Literatur und Verständnis entsprechender Probleme in der „realen Welt“,
- klare Konzeptualisierung und wohlbegründeten Theorie-Entwurf,
- kompetente methodische Anlage und Realisierung von Untersuchungen mit anspruchsvoller Datenanalyse und
- präzise, klare (!), wohlfundierte und abwägende Darstellung der Untersuchung mit ihrem theoretischen Hintergrund, ihrer Methodik und ihren Ergebnissen in einer wissenschaftlichen Publikation gerichtet (Houston 2019).

Oft wird hier ein Konflikt zwischen Theorie-Orientierung mit anspruchsvoller (und damit oft schwierig zu realisierender und zu verstehender) Methodik (→ Rigor) auf der einen Seite und auf relativ konkrete Praxis-Probleme mit robuster Methodik (→ Relevance) ausgerichteter Forschung auf der anderen Seite gesehen. Unabhängig von Überlegungen zur Praxisrelevanz wissenschaftlicher Forschung stellt die im Abschn. 1.2 schon angesprochene Forderung der empirischen Bewährung von Theorien (siehe auch Kap. 5) eine wesentliche und enge Verbindung zu realen Vorgängen und Problemen her. Theorien, die nicht hinreichend geeignet sind, reale und damit (möglichst oft, aber nicht immer) für die Praxis relevante betriebswirtschaftliche Phänomene zu erklären und zu prognostizieren, werden den Ansprüchen an eine „gute“ Theorie nicht gerecht und sollen nach Möglichkeit durch eine bessere Theorie ersetzt werden.

Hintergrundinformation
Den Zusammenhang zwischen Theorie und Praxis illustriert Hunt (2002, S. 195) in der Sicht des wissenschaftlichen Realismus durch die Gegenüberstellung von zwei Formulierungen, die eine nach seiner Auffassung „richtige" bzw. „falsche" Auffassung zeigen:

Falsch: „Es stimmt in der Theorie, aber nicht in der Praxis."

Richtig: „Wenn etwas in der Praxis nicht stimmt, dann kann es auch in der Theorie nicht richtig sein."

(Siehe dazu auch die Zitate aus Rudner (1966) im Abschn. 2.1).

Die vorstehend umrissene Sichtweise schlägt sich auch in dem bekannten Satz „Nichts ist so praktisch wie eine gute Theorie" (Kurt Lewin 1945, S. 129) nieder. Damit ist ja gemeint, dass eine „gute" Theorie (siehe dazu Abschn. 5.1) zur Lösung einer Vielzahl unterschiedlicher praktischer Probleme beitragen kann. Dafür ist allerdings die Fokussierung auf „gute" Theorien Voraussetzung, also auf Theorien, bei denen u. a. die angemessene Übereinstimmung mit der Realität schon bei empirischen Überprüfungen deutlich geworden ist.

2.5 Wissenschaftliche Schlussweisen: Induktion, Deduktion und Abduktion

Offenkundig gehören der Entwurf und die kritische Prüfung von Theorien zu den wissenschaftlichen Kernaufgaben, nicht zuletzt wegen der bereits umrissenen Relevanz von Theorien. Bevor im 4. Kapitel Aspekte des Theorie-Entwurfs ausführlicher behandelt werden, sollen hier drei in der Wissenschaftstheorie – teilweise heftig – diskutierte Vorgehensweisen bei der Generierung wissenschaftlicher Aussagen näher vorgestellt werden, zunächst die *Induktion* und die *Deduktion*. Dabei sei schon hier angemerkt, dass die Deduktion auch eine zentrale Rolle bei der empirischen Überprüfung von Theorien und entsprechenden Hypothesen spielt (siehe dazu Kap. 5). Am Ende dieses Abschnitts wird dann die *Abduktion* skizziert, eine Schlussweise, die erst in den letzten Jahrzehnten wieder stärkere Beachtung gefunden hat.

Unter **Induktion** versteht man die Generalisierung von beobachteten Regelmäßigkeiten in der Realität. Wenn man beispielsweise bei einer größeren Zahl von Unternehmen beobachtet, dass eine Ausweitung des Weiterbildungsangebots zu höherer Arbeitszufriedenheit führt, dann wird man vielleicht vermuten, dass *generell* ein Zusammenhang zwischen Weiterbildung und Arbeitszufriedenheit besteht und entsprechende theoretische Vorstellungen entwickeln. Wenn eine entsprechende Theorie vorliegt, dann besteht ein üblicher Weg zu deren Überprüfung darin, entsprechende Aussagen (*Hypothesen,* siehe Abschn. 5.2) *abzuleiten* (**„Deduktion"** deren Zutreffen man dadurch überprüft, dass man die auf dieser theoretischen Basis *erwarteten bzw. prognostizierten* Ergebnisse mit *tatsächlich* gewonnenen entsprechenden Beobachtungen konfrontiert. Bei weitgehender Übereinstimmung spricht man von einer Bestätigung der Theorie, anderenfalls kommt man zur Ablehnung (Falsifikation) der jeweiligen Hypothese und stellt die der Hypothese zugrunde liegende Theorie infrage. Auf diese so genannte „hypothetisch-deduktive" Vorgehensweise wird im Abschn. 5.2 noch ausführlicher eingegangen. Die (andersartige) Anwendung der Deduktion bei der Theorie-*bildung* wird dagegen im Abschn. 4.2 angesprochen. In diesem Fall geht es darum, aus einer allgemeineren eine speziellere Theorie abzuleiten.

Drei Mindestanforderungen bei einer induktiven Schlussweise, bei denen auch einige damit verbundene Probleme deutlich werden, formuliert Chalmers (2013, S. 42 f.):

- Die *Anzahl der Beobachtungen,* von denen generalisiert wird, muss *groß* sein. Kaum jemand würde von der Beobachtung oder Befragung von ein oder zwei Manager*innen auf Verhalten von Manager*innen *generell* schließen. Aber was heißt hier „groß"? Wie viele Beobachtungen wären nötig; 10, 100 oder 1000? In der empirischen Forschungspraxis versucht man, dieses Problem durch Anwendung der Stichprobentheorie zu lösen (siehe Abschn. 7.1und 7.2). Diese erlaubt u. a. Aussagen, inwieweit Beobachtungen repräsentativ sind oder mit welcher Wahrscheinlichkeit Zusammenhänge zwischen Variablen eher systematisch oder zufällig zustande gekommen sind.
- Die Beobachtungen müssen *unter verschiedenen Bedingungen wiederholt* werden und zu gleichartigen Ergebnissen führen. Wenn man einen generellen Zusammenhang, z. B. zwischen Einstellung und Verhalten behauptet, dann muss dieser Zusammenhang unter verschiedensten Bedingungen – also *generell* – gelten, unter Zeitdruck, bei Wahlentscheidungen, bei Kaufentscheidungen, bei großem oder geringem Interesse an der jeweiligen Entscheidung etc. Wie viele und welche Bedingungen wären aber nötig, um zu einer allgemein gültigen Aussage zu kommen? In der empirischen Forschung beschäftigt man sich mit diesem Problem unter den Stichworten „externe Validität" und Generalisierbarkeit (siehe dazu Kap. 9).
- *Keine der Beobachtungen sollte im Widerspruch* zu der abgeleiteten allgemeinen Gesetzmäßigkeit stehen. Da man es in den Sozialwissenschaften (einschl. der Betriebswirtschaftslehre) kaum einmal mit deterministischen Zusammenhängen zu tun hat, gelten hier etwas schwächere Anforderungen. Zumindest muss aber die Zahl der widersprüchlichen Beobachtungen so gering (wie gering?) sein, dass die Wahrscheinlichkeit für die Geltung der abgeleiteten Aussage groß (wie groß?) ist. In der empirischen Forschung bedient man sich geeigneter statistischer Tests, um zu entscheiden, ob die vorliegenden Daten (Anzahl der Fälle, Effektstärken) eine Aussage mit hinreichender Sicherheit bestätigen (siehe Kap. 7).

Beispiel

Ein anschauliches Beispiel für die verbreitete Nutzung induktiver Schlussweisen, auch im Alltag, findet man bei Okasha (2002, S. 20):

> „Wenn Sie das Lenkrad Ihres Autos entgegen dem Uhrzeigersinn drehen, dann gehen Sie davon aus, dass das Auto nach links und nicht nach rechts fährt. Immer wenn Sie im Straßenverkehr fahren, hängt Ihr Leben von dieser Annahme ab. Aber was macht Sie so sicher, dass diese richtig ist? Wenn Sie irgendjemand bittet, Ihre Überzeugung zu begründen, was würden Sie sagen? Sofern Sie nicht selbst Automechaniker sind, würden Sie wahrscheinlich antworten: ‚Immer wenn ich in der Vergangenheit das Lenkrad entgegen dem Uhrzeigersinn gedreht habe, ist das Auto nach links gefahren. Deswegen wird das Gleiche passieren, wenn ich diesmal das Lenkrad entgegen dem Uhrzeigersinn drehe.' Das ist eine induktive Schlussweise, keine deduktive." ◀

Eine induktive Schlussweise ist also dadurch gekennzeichnet, dass man von bisherigen Beobachtungen auf zukünftige – noch nicht beobachtete – entsprechende Vorgänge schließt bzw. ausgehend von einer begrenzten Zahl von Beobachtungen zu *Generalisierungen* kommt. Wenn sich beispielsweise in der Vergangenheit über viele Male ein Zusammenhang zwischen zwei Variablen gezeigt hat, dann kann man zwar erwarten, dass dieser auch bei einer zukünftigen Beobachtung auftritt; aber wenn dieser Zusammenhang tatsächlich wieder aufgetreten ist, dann liegt eben diese letzte Beobachtung auch schon wieder in der Vergangenheit und eine *sichere* Aussage über weitere (zukünftige) entsprechende Beobachtungen kann man nur machen, wenn *sichergestellt* ist, dass die Zukunft der Vergangenheit gleichen wird, was natürlich unmöglich ist (Schurz 2014, S. 50).

Hintergrundinformation
Gerhard Schurz (2014, S. 50) fasst das vorstehend angesprochene Problem kurz zusammen:

> „Induktive Generalisierungen sind grundsätzlich unsicher. ... Das liegt daran, dass die Prämissen einer induktiven Generalisierung nur etwas über die bisher beobachteten Fälle aussagen, während sich die Generalisierung auf alle, insbesondere auf alle zukünftigen Fälle bezieht. Aus diesem Grund bezeichnet man induktive Schlüsse als gehaltserweiternd. Nur unter Bedingungen, die hinreichend regelhaft sind, bei denen also Zukunft und Vergangenheit hinreichend ähnlich sind, können wir verlässlich die Wahrheit eines induktiven Schlusses aus der Wahrheit der Prämissen folgern. Nichts kann logisch sicherstellen, dass der zukünftige Lauf der Ereignisse dem bisherigen Lauf der Ereignisse hinreichend ähnlich sein wird."

Schon David Hume (1711–1776) hat dieses logische Problem bei induktiven Schlussweisen mit dem Anspruch auf Sicherheit der Aussagen formuliert (Newton-Smith 2000). In jüngerer Zeit ist die Kritik von Karl Popper an der induktiven Schlussweise besonders prominent geworden. Popper (2005, S. 3 ff.) geht also auch davon aus, dass es keinen logisch zwingenden Weg gibt, die Wahrheit von Theorien auf induktivem Weg mit Sicherheit festzustellen. Im Ergebnis laufen seine Überlegungen darauf hinaus, dass wissenschaftliche Theorien immer – auch nach sehr vielen damit übereinstimmenden Beobachtungen – den Charakter von Vermutungen behalten, solange nicht eine Falsifikation der Theorie durch ihr widersprechende empirische Ergebnisse erfolgt. Allerdings ist zu beachten, dass es hier um die Gewinnung von Aussagen geht, die *mit Sicherheit wahr* sind. Beim Ansatz des wissenschaftlichen Realismus (siehe Kap. 3) wird sich zeigen, dass in dessen Sichtweise induktive Schlussweisen akzeptiert werden, allerdings unter Inkaufnahme einer gewissen Unsicherheit und Ungenauigkeit („approximative Wahrheit") der Aussagen. Darauf basiert auch das induktiv-realistische Modell der Theorieprüfung, das im 9. Kapitel eine wesentliche Rolle spielt.

Hintergrundinformation

Popper (2005, S. 3) erläutert seine Ablehnung einer induktiven Schlussweise folgendermaßen:

„Als induktiven Schluss oder Induktionsschluss pflegt man einen Schluss von *besonderen Sätzen,* die z. B. Beobachtungen, Experimente usw. beschreiben, auf *allgemeine Sätze,* auf Hypothesen oder Theorien zu bezeichnen.

Nun ist es aber alles anderer als selbstverständlich, dass wir logisch berechtigt sein sollen, von besonderen Sätzen, und seien es noch so viele, auf allgemeine Sätze zu schließen. Ein solcher Schluss kann sich ja immer als falsch erweisen: Bekanntlich berechtigen uns noch so viele Beobachtungen von weißen Schwänen nicht zu dem Satz, dass *alle* Schwäne weiß sind.

Die Frage, ob und wann induktive Schlüsse berechtigt sind, bezeichnet man als Induktionsproblem."

Neben dem umrissenen logischen Problem existieren auch eher forschungspraktische Begrenzungen einer Theoriebildung durch Induktion, auf die Sankey (2008, S. 249 f.) hinweist:

Zunächst stellt sich die Frage, ob die Beobachtungen, von denen aus generalisiert werden soll, wirklich unabhängig von einer schon existierenden theoretischen Vorstellung entstanden sind. Typisch ist es wohl eher, dass für die Sammlung solcher Beobachtungen bestimmte Vorinformationen notwendig sind, dass also diese Beobachtungen gezielt (im Hinblick auf eine entstehende Theorie?) vorgenommen werden. „Ein Wissenshintergrund, der auch theoretisches Wissen einschließen kann, muss schon existieren, bevor die Datensammlung überhaupt beginnen kann" (Sankey 2008, S. 250). Auf dieses Problem ist unter dem Stichwort „Theoriebeladenheit" in diesem Buch noch einzugehen (siehe Abschn. 3.3).

Ein zweites Problem besteht darin, dass sich Aussagen von Theorien häufig nicht auf (direkt) beobachtbare Phänomene beziehen, in der Betriebswirtschaftslehre beispielsweise auf die Qualifikation oder Motivation von Beschäftigten. Insofern können solche Teile von Theorien wohl nicht nur durch eine Generalisierung von Beobachtungen entstehen.

Andererseits würde eine Ablehnung induktiver Schlussweisen auch zu weitreichenden Begrenzungen der *praktischen Anwendung* wissenschaftlicher Erkenntnisse, z. B. in der Medizin, den Ingenieurwissenschaften und nicht zuletzt in den empirisch ausgerichteten Teilen der Betriebswirtschaftslehre führen. Wenn man von einer begrenzten Zahl bisheriger Beobachtungen (z. B. nach der Erprobung einer neuen medizinischen Therapie) nicht auf die zukünftige Gültigkeit entsprechender Zusammenhänge (induktiv) schließen darf, dann kann man eben auch nichts aussagen über zu erwartende Wirkungen von Medikamenten, die künftigen Leistungen einer Maschine oder die künftige Wirkung einer Zinssenkung. Nun besteht in der Betriebswirtschaftslehre kaum der Anspruch, ganz exakte und sichere Aussagen zu machen. Dort neigt man eher zur „epistemischen Bescheidenheit“ (Schurz 2008, S. 13). Schon die verwendete empirische Methodik (siehe Kap. 6, 7, 8, 9) setzt hier Grenzen. Typischerweise vorhandene Messfehler und die Wesensmerkmale der Inferenzstatistik führen eben regelmäßig zu Ungenauigkeiten und Unsicherheiten von Ergebnissen. Unstrittig ist aber, dass die Induktion zumindest bei der *Suche* nach Gesetzmäßigkeiten (deren Überprüfung dann mit einer anderen Methodik erfolgt, siehe Kap. 5) Anwendung finden kann.

Die **Deduktion** ist in gewisser Weise das Gegenstück zur Induktion. Man schließt dabei *nicht* von einer Vielzahl von Einzelfällen auf allgemeingültige Gesetzmäßigkeiten, sondern leitet mithilfe logischer Regeln aus allgemeingültigen Aussagen eben Aussagen, die sich auf speziellere Fälle beziehen, ab. Man kommt von einer allgemeineren Theorie zu einer spezielleren Theorie. Wenn es beispielsweise einen *allgemeinen* Zusammenhang von Motivation und Leistung gibt, dann könnte man daraus ableiten (anspruchsvoller ausgedrückt: *„deduzieren“*), dass dann auch im spezielleren Fall des Außendienstes ein Zusammenhang zwischen der Motivation und der Leistung von Außendienstmitarbeiter*innen existieren müsste. Bei einem deduktiven Schluss kann man also – bei Einhaltung der logischen Regeln – davon ausgehen, dass bei gegebenen Voraussetzungen auch der Schluss wahr ist. Das heißt aber auch, dass durch diese Schlussweise kein neues Wissen entsteht. Das Ergebnis des Schlusses ist bereits implizit in den gegebenen Prämissen enthalten (Psillos 2007, S. 58).

Beispiel

Rolf Brühl (2015, S. 323) fasst die zentrale Idee der Deduktion prägnant zusammen und nennt ein kleines Beispiel:

„Mittels einer Deduktion wird von einer allgemeinen Aussage (1. Prämisse: Alle Menschen sind sterblich) und einer beobachteten Tatsache (2. Prämisse: Sokrates ist ein Mensch) auf das Vorliegen der in der allgemeinen Aussage behaupteten Eigenschaft geschlossen (Konklusion: Sokrates ist sterblich). Deduktive Schlüsse haben die Eigenschaft, wahrheitserhaltend zu sein, d. h., wenn die Prämissen wahr sind, dann muss die Konklusion wahr sein.“ ◄

Diese deduktive Schlussweise lässt sich nicht nur zur Entwicklung, sondern auch zur Überprüfung von Theorien nutzen. Eine solche Überprüfung besteht in der Ableitung von Aussagen aus einer Theorie bzw. in Prognosen von Ergebnissen einer empirischen Untersuchung unter der Bedingung, dass die Theorie wahr ist, also sogenannten **Hypothesen,** die dann anhand der entsprechenden Daten auf ihre Übereinstimmung mit der Realität geprüft werden (siehe dazu Kap. 5).

Nun zum *Vergleich* von Induktion und Deduktion. Bei deren obiger Darstellung hatte sich bereits angedeutet, dass die beiden Schlussweisen bei der Theoriebildung und -prüfung unterschiedliche Rollen spielen. Kennzeichen der Induktion ist ja der (unsichere) Schluss von einer Vielzahl von Einzelfällen auf generalisierende Aussagen (Gesetzmäßigkeiten und Theorien); Schurz (2014, S. 50 f.) verwendet dafür den Begriff vom *„induktiven Aufstieg"*. Bei der Deduktion ist es umgekehrt: Aus allgemeinen werden speziellere Aussagen abgeleitet, was Schurz an gleicher Stelle mit dem Begriff des „*deduktiven* Abstiegs" kennzeichnet. Abb. 2.7 fasst diese beiden Aspekte zusammen. Daneben unterscheiden sich beide Schlussweisen auch im Hinblick auf ihre wissenserweiternden Möglichkeiten. Bei der Induktion entsteht neues (allerdings nicht sicheres) Wissen; bei der Deduktion wird dagegen bereits existierendes allgemeines Wissen (mit Sicherheit) auf entsprechende speziellere Fälle übertragen. In diesem Sinne ist die Induktion **gehaltserweiternd** und die Deduktion **wahrheitserhaltend.**

Ebenfalls gehaltserweiternd, aber von anderer Art als die Induktion, ist die **Abduktion.** Der im Deutschen kaum bekannte Begriff „Abduktion" ist aus dem lateinischen Wort „abductio" (= Wegführung) abgeleitet, was zum Verständnis der damit verbundenen Idee aber wenig beiträgt. Hier geht es um den Schluss von Beobachtungen auf deren vermutete Gründe. Beispielsweise schließt man im Alltag aus der Beobachtung einer Bremsspur auf einer Straße und einer demolierten Leitplanke an dieser Stelle, dass hier ein Unfall passiert ist. Obwohl die Beobachtungen auch andere

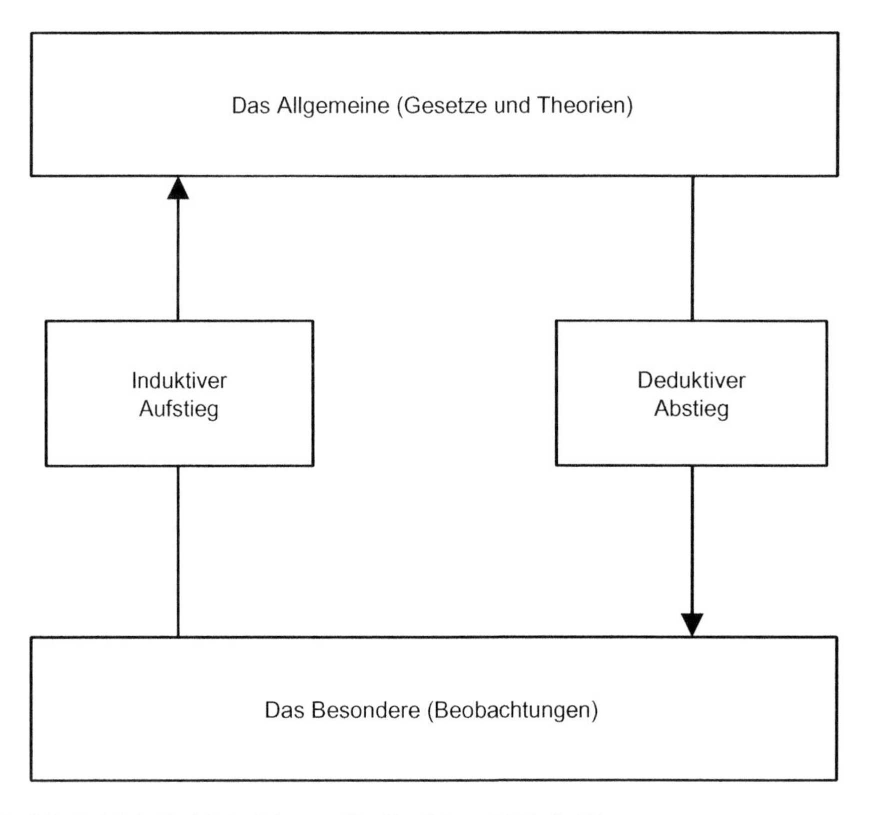

Abb. 2.7 Induktiv-Deduktiv-Schema. (Quelle: Schurz 2014, S. 51)

Gründe haben könnten (z. B. wäre es logisch ebenso möglich, dass die Bremsspur von einer Vollbremsung ohne Unfall stammt und ein LKW könnte unabhängig davon die Leitplanke bei einem Wendemanöver beschädigt haben), entscheidet man sich hinsichtlich der vermuteten Ursache für eine *plausible* Erklärung. Diese Entscheidung für eine bestimmte Erklärung ist natürlich ganz vorläufig und bedarf der Überprüfung. Ein für die Abduktion charakteristisches Schema lässt sich auf folgende Weise kennzeichnen (vgl. Schurz 2014, S. 56):

1. Ein Faktum F (z. B. ein Ereignis oder ein Zustand) soll erklärt werden.
2. Es ist ein bestimmtes Hintergrundwissen W gegeben, das eine bestimmte Erklärung E für das Faktum F plausibel erscheinen lässt.
3. „Abduktive *Vermutung*": E ist wahr.

Bei der abduktiven Vermutung handelt es sich also um eine plausible Hypothese, deren Wahrheit noch zu prüfen ist (siehe Abschn. 5.2). Unter „**Plausibilität**" wird hier mit Psillos (2007, S. 181) „eine Eigenschaft einer Hypothese, die sich darauf bezieht, dass die Hypothese als intuitiv akzeptabel erscheint bevor irgendwelche empirischen Belege vorliegen" verstanden.

Beispiel

Hier ein betriebswirtschaftliches Beispiel zur Abduktion:

1. *Faktum:* In einem Unternehmen ist in einem Jahr ein kontinuierlicher Rückgang der Verkaufszahlen zu beobachten.
2. *Hintergrundwissen:* Es ist bekannt, dass ein großer Teil der bisherigen Kund*innen großen Wert auf hohe Qualität legt. Andererseits hatte man in dem Unternehmen durch häufigen Personalwechsel und Unzuverlässigkeit von Zulieferern in der fraglichen Zeit Probleme bei der Sicherung der Produktqualität.
3. *Abduktive Vermutung:* Die Qualitätsprobleme sind die Ursache für den Rückgang der Verkaufszahlen. ◀

Die Abduktion steht in engster Beziehung zum „**Schluss auf die beste Erklärung**" (in der internationalen Literatur: „**Inference to the best explanation**"). Die in der Literatur vertretenen Meinungen zur Art dieser Beziehungen sind uneinheitlich und unübersichtlich. Hier wird der Auffassung von Brian Haig (2009) gefolgt, dessen theoretische Überlegungen relativ eng mit der empirischen Forschungspraxis verbunden sind. Haig (2009, S. 220) kennzeichnet die beiden Begriffe in folgender Weise:

- „Ich verstehe Abduktion so, dass damit der gedankliche Schritt von rätselhaften Fakten zu Theorien, die diese erklären können, gemeint ist. Somit ist Abduktion der Prozess der Generierung von Hypothesen oder Theorien, der gleichzeitig eine erste Prüfung der Plausibilität der vorgeschlagenen Hypothesen und Theorien umfasst."

- „'Inference to the best explanation' ist eine Schlussweise, bei der man beurteilt, welche der vorliegenden konkurrierenden Hypothesen und Theorien, die auf abduktiven Wegen generiert wurden, die besten sind."

Welches ist nun die „beste" Hypothese oder Theorie? Welches ist das Kriterium für die Güte einer Hypothese/Theorie? Peter Lipton (2008, S. 194) formuliert eine Antwort auf diese Frage: „Wir schließen, dass das, was die vorliegenden Fakten am besten erklärt, wahrscheinlich wahr ist; d. h. dass die beste potentielle Erklärung wahrscheinlich die tatsächliche Erklärung ist." In diesem Zusammenhang sei auf die im Abschn. 2.3.2 erläuterten Kriterien der Effektstärke und des Anteils erklärter Varianz verwiesen, die als Indikatoren für die Güte einer Erklärung interpretiert werden können.

Hintergrundinformation

Jaccard und Jacoby (2020, S. 288) illustrieren die Vorgehensweise bei abduktiven Schlüssen auf anschauliche Weise:

„Im Kern besteht Abduktion darin, sich mit ‚kreativem Brainstorming' zu beschäftigen, um vielversprechende Erklärungen für theoretisch schwierige Daten zu generieren und sich dann auf die Erklärung zu konzentrieren, die die einfachste und beste für die weitere Untersuchung der Daten ist. Deduktion und Induktion können bei der anfänglichen Auswahl einer Erklärung eine Rolle spielen, sie sind aber nicht notwendig. Im Wesentlichen fragt man sich: ‚Was wäre, wenn .... der Fall wäre? Würde das die Daten erklären?', und wenn die Antwort ‚ja' wäre, wird diese Erklärung weiterverfolgt. Bei der Abduktion verbindet man Einfälle im Untersuchungsprozess mit später folgender logischer Analyse."

Es ist offenkundig, dass abduktiv gezogene Schlüsse nicht (direkt) zu annähernd sicheren Aussagen führen können. Ähnlich wie bei der Induktion *vermutet* man eine gewisse Berechtigung dieser Schlüsse, aber ist natürlich vom Anspruch (einigermaßen) gesicherter Wahrheit (noch) weit entfernt. Dazu bedarf es in der Regel weiterer theoretischer Fundierung und erfolgreicher empirischer Überprüfung. In diesem Sinne wird durch Induktion und Abduktion *neues,* aber eben (noch) nicht gesichertes Wissen gewonnen. Bei der Deduktion ist es umgekehrt: Ergebnisse deduktiver Schlüsse sind zwar gesichert, weil sie aus gegebenen Prämissen logisch abgeleitet werden, führen aber deswegen letztlich nicht über den bisherigen Wissensstand hinaus. In der Literatur (Ladyman 2002, S. 47 f.) wird auch darauf hingewiesen, dass man induktive Schlussweisen als eine besondere Art der Abduktion ansehen kann, weil die Vermutung, dass eine Vielzahl beobachteter Regelmäßigkeiten *am besten* dadurch *erklärbar* ist, dass diese Regelmäßigkeiten durch eine entsprechende Gesetzmäßigkeit begründet sind.

Abduktive Schlussweisen sind vielen Menschen im Alltag, in der Berufspraxis und auch in der Wissenschaft schon zur Selbstverständlichkeit geworden. Schurz (2014, S. 55 f.) verweist zu Anwendungen in der Wissenschaft u. a. auf das Beispiel von Newton, der von der Bewegung von Planeten um die Sonne durch Abduktion auf die Existenz der Gravitationskraft geschlossen hat. Dieses Beispiel macht auch deutlich, welche Rolle die Abduktion für den Theorie-*Entwurf* spielt bzw. spielen kann. Die

Abduktion führt „neues Wissen in den Forschungsprozess ein. Sie ist daher die eigentliche *kreative* Phase einer Untersuchung" (Brühl 2015, S. 88). In diesem Sinne liegt der Schwerpunkt der Abduktion bei der Entwicklung neuer Ideen und Hypothesen.

Literatur

Aguinis, H., Dalton, D., Bosco, F., Pierce, C., & Dalton, C. (2010). Meta-analytic choices and judgment calls: Implications for theory building and testing, obtained effect sizes, and scholarly impact. *Journal of Management, 37,* 5–38.

Bagozzi, R. (1980). *Causal models in marketing.* New York: Wiley.

Balderjahn, I. (2013). *Nachhaltiges Management und Konsumentenverhalten.* Konstanz: UVK Lucius.

Brodbeck, M. (1958). Methodological individualisms: Definition and reduction. *Philosophy of Science, 25,* 1–22.

Brodbeck, M. (1968). General introduction. In M. Brodbeck (Hrsg.), *Readings in the philosophy of the social sciences* (S. 1–11). New York: Macmillan.

Brühl, R. (2015). *Wie Wissenschaft Wissen schafft.* Konstanz: UVK Lucius.

Chalmers, A. (2013). *What is this thing called science?* (4. Aufl.). Indianapolis: Hackett.

Combs, J. (2010). Big samples and small effects: Let's not trade relevance and rigor for power. *Academy of Management Journal, 53,* 9–13.

Eisend, M. (2015). Have we progressed marketing knowledge? A meta-meta-analysis of effect sizes in marketing research. *Journal of Marketing, 79,* 23–40.

Franke, N. (2002). *Realtheorie des Marketing.* Tübingen: Mohr Siebeck.

Gadenne, V. (2008). *Wissenschaftsphilosophie der Sozialwissenschaften.* Linz: Johannes Kepler Universität.

Godfrey-Smith, P. (2003). *Theory and reality – An introduction to the philosophy of science.* Chicago: University of Chicago Press.

Haig, B. (2009). Inference to the best explanation: A neglected approach to theory appraisal in psychology. *American Journal of Psychology, 122*(2), 219–234.

Hempel, C. (1962). Two models of scientific explanation. In R. Colodny (Hrsg.), *Frontiers of science and philosophy* (S. 9–19). Pittsburgh: University Press.

Hempel, C. (1965). *Aspects of scientific explanation.* New York: Free Press.

Houston, M. (2019). Four facets of rigor. *Journal of the Academy of Marketing Science, 47,* 570–573.

Hunt, S. (1976). The nature and scope of marketing. *Journal of Marketing, 40,* 17–28.

Hunt, S. (1991). *Modern marketing theory – Critical issues in the philosophy of marketing science.* Cincinnati: South-Western.

Hunt, S. (2000). *A General Theory of Competition. Thousand Oaks.* London: SAGE.

Hunt, S. (2002). *Foundations of marketing-theory.* Armonk: Sharpe.

Hunt, S. (2010). *Marketing theory – Foundations, controversy, strategy, resource-advantage theory.* Armonk: Sharpe.

Hunt, S. (2015). Explicating the inductive realist model of theory generation. *AMS Review, 5,* 20–27.

Jaccard, J., & Becker, M. (2002). *Statistics for the behavioral sciences* (4. Aufl.). Belmont: Wadsworth.

Jaccard, J., & Jacoby, J. (2020). *Theory construction and model-building skills – A practical guide for social scientists* (2. Aufl.). New York: Guilford.

Kerlinger, F., & Lee, H. (2000). *Foundations of behavioral research* (4. Aufl.). Melbourne: Wadsworth.
Kincaid, H. (2008). Social Sciences. In S. Psillos & M. Curd (Hrsg.), *The Routledge companion to philosophy of science* (S. 594–604). London: Routledge.
Kotler, P., & Keller, K. (2012). *Marketing-Management* (14. Aufl.). Pearson: Upper Saddle River.
Kuß, A. (2013). *Marketing-Theorie* (3. Aufl.). Wiesbaden: Springer Gabler.
Ladyman, J. (2002). *Understanding philosophy of science*. London: Routledge.
Lange, M. (2008). Laws of nature. In S. Psillos & M. Curd (Hrsg.), *The Routledge companion to philosophy of science* (S. 203–212). London: Routledge.
Lewin, K. (1945). The research center for group dynamics at Massachusetts Institute of Technology. *Sociometry, 8,* 126–135.
Lipton, P. (2005). Testing Hypotheses: Prediction and prejudice. *Science, 307*(14. Jan. 2005), 219–221.
Lipton, P. (2008). Inference to the best explanation. In S. Psillos & M. Curd (Hrsg.), *The Routledge companion to philosophy of science* (S. 193–202). London: Routledge.
McGahan, A., & Porter, M. (1997). How much does industry matter, really? *Strategic Management Journal, 18,* 15–30.
Mittelstraß, J. (1995). Realität. In J. Mittelstraß (Hrsg.), *Enzyklopädie Philosophie und Wissenschaftstheorie* (Bd. 3, S. 508–509). Stuttgart: Metzler.
Nagel, E. (1961). *The structure of science*. New York: Harcourt, Brace & World.
Neffe, J. (2006). *Einstein – Eine Biographie*. Reinbek: Rowohlt.
Newton-Smith, W. (2000). Hume. In W. Newton-Smith (Hrsg.), *A companion to the philosophy of science* (S. 165–168). Malden: Blackwell.
Northcott, R. (2012). Partial Explanations in Social Science. In H. Kincaid (Hrsg.), *The Oxford Handbook of Philosophy of Science* (S. 130–153). Oxford, New York: Oxford University Press.
Northcott, R. (2013). Degree of explanation. *Synthese, 190,* 3087–3105.
Okasha, S. (2002). *Philosophy of science – A very short introduction*. Oxford: Oxford University Press.
Petty, R., Cacioppo, J., & Schumann, D. (1983). Central and peripheral routes to advertising effectiveness: The moderating role of involvement. *Journal of Consumer Research, 10,* 135–146.
Popper, K. (2005). *Logik der Forschung* (11. Aufl.). Tübingen: Mohr Siebeck.
Portides, D. (2008). Models. In S. Psillos & M. Curd (Hrsg.), *The Routledge companion to philosophy of science* (S. 385–395). London: Routledge.
Poser, H. (2001). *Wissenschaftstheorie – Eine philosophische Einführung*. Stuttgart: Reclam.
Psillos, S. (2002). *Causation & explanation*. Durham: Acumen.
Psillos, S. (2007). *Philosophy of Science A-Z*. Edinburgh: Edinburgh University Press.
Rudner, R. (1966). *Philosophy of social science*. Englewood Cliffs: Prentice-Hall.
Rumelt, R. (1984). How much does industry matter? *Strategic Management Journal, 12,* 167–185.
Salmon, W., et al. (1992). Scientific Explanation. In M. Salmon (Hrsg.), *Philosophy of Science* (S. 7–41). Englewood Cliffs: Prentice-Hall.
Sankey, H. (2008). Scientific method. In S. Psillos & M. Curd (Hrsg.), *The Routledge companion to philosophy of science* (S. 248–258). London: Routledge.
Schanz, G. (1979). Die Betriebswirtschaftslehre und ihre sozialwissenschaftlichen Nachbardisziplinen: Das Integrationsproblem. In H. Raffée & B. Abel (Hrsg.), *Wissenschaftstheoretische Grundfragen der Wirtschaftswissenschaften* (S. 121–137). München: Vahlen.
Schanz, G. (1988). *Methodologie für Betriebswirte* (2. Aufl.). Stuttgart: Poeschel.

Schauenberg, B. (1998). Gegenstand und Methoden der Betriebswirtschaftslehre. In M. Bitz, et al. (Hrsg.), *Vahlens Kompendium der Betriebswirtschaftslehre: Bd. 1* (4. Aufl., S. 1–56). München: Vahlen.
Schmalensee, R. (1985). Do markets differ much? *American Economic Review, 75*, 341–350.
Schurz, G. (2008). *Einführung in die Wissenschaftstheorie* (2. Aufl.). Darmstadt: Wissenschaftliche Buchgesellschaft.
Schurz, G. (2014). *Philosophy of science – A unified approach*. New York: Routledge.
Schwemmer, O. (1995). Erklärung. In J. Mittelstraß (Hrsg.), *Enzyklopädie Philosophie und Wissenschaftstheorie* (Bd. 1, S. 578–584). Stuttgart: Metzler.
Suppe, F. (1977). *The structure of scientific theories*. Urbana: University of Illinois Press.
Varadarajan, P. (2003). Musings on relevance and rigor of scholarly research in marketing. *Journal of the Academy of Marketing Science, 31*, 368–376.
Whetten, D. (1989). What constitutes a theoretical contribution? *The Academy of Management Review, 14*, 490–495.
Ylikoski, P., & Kuorikoski, J. (2010). Dissecting eplanatory power. *Philosophical Studies, 148*, 201–219.

Weiterführende Literatur

Godfrey-Smith, P. (2003). *Theory and reality – An introduction to the philosophy of science*. Chicago: University of Chicago Press.
Hunt, S. (2010). *Marketing theory – Foundations, controversy, strategy, resource-advantage theory*. Armonk: Sharpe.
Psillos, S. (2002). *Causation & explanation*. Durham: Acumen.
Schurz, G. (2014). *Philosophy of science – A unified approach*. New York: Routledge.

Die wissenschaftstheoretische Grundlage: Wissenschaftlicher Realismus

3

Zusammenfassung

Einschätzungen von Forschungsmethoden und Empfehlungen für wissenschaftliche Arbeit sind entscheidend abhängig von Annahmen über Möglichkeiten und Grenzen wissenschaftlicher Erkenntnis sowie von Zielen und Bedingungen wissenschaftlicher Forschung. Im Lauf der Wissenschaftsgeschichte und auch der Entwicklung der Betriebswirtschaftslehre gab und gibt es dazu unterschiedlichste wissenschaftstheoretische Positionen, die natürlich hier nicht alle vorgestellt und diskutiert werden sollen und können. Die Autoren haben diesem Buch die Sichtweise des wissenschaftlichen Realismus zugrunde gelegt. In dieser Position sind wesentliche Erfahrungen aus der Wissenschaftsgeschichte berücksichtigt, sie entspricht gut aktueller Forschungspraxis und ist die heute wohl dominierende Position. Einige Bezüge zu früher in der Betriebswirtschaftslehre stärker beachteten Ansätzen (kritischer Rationalismus, Relativismus) werden hergestellt, auch um die spezifischen Merkmale des wissenschaftlichen Realismus zu verdeutlichen. Natürlich gehört dazu auch die kritische Reflexion einiger Aspekte (Unterbestimmtheit von Theorien, pessimistische Induktion, Kontext und Erkenntnis) im dritten Teil (Abschn. 3.3) dieses Kapitels. Diesen Überlegungen vorangestellt ist eine kurze Darstellung der Relevanz wissenschaftstheoretischer Überlegungen (Abschn. 3.1); am Ende (Abschn. 3.4) steht ein Fazit, in dem wesentliche Argumente – pro und contra – zur Ausrichtung auf den wissenschaftlichen Realismus zusammengefasst werden.

M. Eisend und A. Kuß, *Grundlagen empirischer Forschung*,
https://doi.org/10.1007/978-3-658-32890-0_3

3.1 Einleitung: Wozu Wissenschaftstheorie?

In den beiden vorstehenden Kapiteln hat sich schon angedeutet, dass unterschiedliche Sichtweisen und Ansprüche bzgl. wissenschaftlicher Aussagen die wissenschaftliche Arbeit maßgeblich prägen. So hat die in Abschn. 2.3.1 skizzierte Bedeutung wissenschaftlicher *Gesetzmäßigkeiten* eben zur Folge, dass deren Ermittlung und kritische Überprüfung einen erheblichen Teil betriebswirtschaftlicher Forschung ausmacht. Ein anderes Beispiel ist der in Abschn. 1.2 dargestellte Aspekt des *Fallibilismus* wissenschaftlicher Erkenntnisse: Würde man diesen nicht akzeptieren, so wäre einerseits der Anspruch an die Sicherheit von Ergebnissen wissenschaftlicher Forschung viel höher und andererseits die Motivation zur kritischen Haltung gegenüber Forschungsergebnissen deutlich weniger ausgeprägt.

Damit wird erkennbar, dass grundsätzlich verschiedene Konzeptionen von Wissenschaft wesentliche Konsequenzen für Anlage und Ergebnisse wissenschaftlicher Forschung sowie deren Akzeptanz haben. Mit der Analyse derartiger Fragen befasst sich vor allem die **Wissenschaftstheorie**, im anglo-amerikanischen Sprachraum meist „Philosophy of Science" genannt. Die Begriffe „Wissenschaftstheorie" und „Wissenschaftsphilosophie" werden im Folgenden als austauschbar betrachtet. Merrilee Salmon fasst Wesen und Relevanz von Wissenschaftstheorie bzw. Wissenschaftsphilosophie in einer Definition zusammen:

Definition „**Wissenschaftsphilosophie** ist der Name des Teils der Philosophie, der über Wissenschaft nachdenkt und diese kritisch analysiert. In dieser Disziplin versucht man, die Ziele und Methoden der Wissenschaft zu verstehen, gemeinsam mit deren Grundsätzen, Praktiken und Ergebnissen" (Salmon 1992a, S. 1).

Einige **Beispiele** für Fragestellungen der Wissenschaftstheorie mögen diese Definition illustrieren (siehe dazu M. Salmon 1992a; Schurz 2014):

- Wie werden wissenschaftliche Aussagen begründet?
- Was ist wissenschaftlicher Fortschritt?
- Was ist und wie begründet man Kausalität?
- Welche Arten von Erklärungen gibt es?
- Wie werden wissenschaftliche Aussagen von historischen oder kulturellen Rahmenbedingungen beeinflusst?
- Gibt es Methoden für wissenschaftliche Entdeckungen?
- Welche Rolle spielen Beobachtungen und Experimente für die Wissenschaft?
- Gibt es eine unabhängig von Beobachtungen existierende Realität?

Hintergrundinformation

Martin Carrier (2009, S. 1) kennzeichnet Wissenschaftstheorie etwas ausführlicher:

„Wissenschaftsphilosophie oder Wissenschaftstheorie ist auf die Analyse der Vorgehensweise, des Lehrgebäudes oder der Praxis der Wissenschaft gerichtet. Sie befasst sich mit der Untersuchung von wissenschaftlichen Inhalten und deren Erfahrungsgrundlage, ebenso mit den zugehörigen Beobachtungs- und Experimentierverfahren. Im Vordergrund stehen dabei die systematische Reflexion der wissenschaftlichen Methode, der begrifflichen Strukturen wissenschaftlicher Theorien und der breiteren Konsequenzen wissenschaftlicher Lehrinhalte. Insbesondere richtet sich Wissenschaftsphilosophie also etwa auf Theoriestrukturen und Theoriewandel, Erklärungsansprüche und Beurteilungskriterien, (…).“

Die Wissenschaftstheorie ist nicht immer ganz klar von verwandten Fachgebieten abgegrenzt. So nennt Poser (2001) daneben u. a. die Wissenschaftsgeschichte, Wissenschaftssoziologie und die Wissenschaftsethik. Die **Wissenschaftsgeschichte** befasst sich mit der Entwicklung (einschl. Erfolg und Misserfolg) von Theorien und Methoden im Lauf vergangener Zeit. Daraus lassen sich in einigen Fällen Schlüsse ziehen, die für die weitere Entwicklung der Wissenschaft relevant sind. Beispielsweise sei die so genannte „pessimistische Induktion“ erwähnt, auf die im Abschn. 3.3 eingegangen wird. Deren Grundidee besteht darin, dass aus dem längerfristigen Misserfolg diverser Theorien, die zur Zeit ihrer Entstehung als wohlbegründet und breit akzeptiert erschienen, Zweifel im Hinblick auf den dauerhaften Bestand *aktuell* erfolgreicher Theorien erwachsen können. Ein weiteres in der zweiten Hälfte des 20. Jahrhunderts stark beachtetes Beispiel für den Einfluss wissenschaftshistorischer Analysen auf die Entwicklung der Wissenschaftstheorie ist Kuhns (1970) Paradigmen-Ansatz, der im folgenden Abschn. 3.2 kurz angesprochen wird.

„Die **Wissenschaftssoziologie** fasst Wissenschaft als eine soziale Einrichtung auf, als ein gesellschaftliches Subsystem mit besonderen Regeln und spezifischen Ansprüchen, vergleichbar dem Recht oder dem Medizinbetrieb.“ (Carrier 2009, S. 16 f.) Man spricht auch von einem Wissenschaftssystem mit spezifischen Erfolgskriterien (z. B. Höhe eingeworbener Drittmittel, Anzahl und Rang von Publikationen), die wiederum das Verhalten von Wissenschaftler*innen beeinflussen. Andererseits ist auch das Wissenschaftssystem selbst gesellschaftlichen Einflüssen ausgesetzt, die z. B. durch Vergabe von finanziellen Mitteln oder durch sozialen Druck realisiert werden. Im Kap. 10 wird auf einzelne derartige Aspekte kurz eingegangen. Im selben Kapitel finden sich auch kurze Darstellungen gängiger Probleme der **Wissenschaftsethik**. „In ihr wird nach der moralischen Rechtfertigung wissenschaftlichen Handelns vom Experiment über die Theoriebildung bis hin zur Anwendung der Theorien gefragt“ (Poser 2001, S. 16). Diese Kennzeichnung umfasst ein breites Spektrum an Problemen, das von der Zulässigkeit bestimmter Forschungsthemen (z. B. Gen-Manipulation oder Entwicklung von Massenvernichtungswaffen) bis zu (scheinbar) technischen Einzelheiten der Datenaufbereitung und der statistischen Analyse reicht.

Im Rahmen des vorliegenden Buches ist eine genaue Abgrenzung der genannten Gebiete nicht erforderlich; wenn von Wissenschaftstheorie bzw. Wissenschaftsphilosophie gesprochen wird, sind relevante Teile dieser Gebiete gedanklich eingeschlossen. Bei vertiefenden Fragestellungen sei auf entsprechende Spezial-Literatur verwiesen.

Im Hinblick auf Aussagen der Wissenschaftstheorie stellt sich auch die Frage, ob diese *einheitlich* für alle Wissenschaften gelten oder ob sie für verschiedene Wissenschaften mehr oder weniger *differenziert* getroffen werden müssen. Nun sind entsprechende Unterschiede bei verschiedenen Wissenschaften leicht erkennbar. Dazu wenige Beispiele für solche Spezifika: In der Astronomie oder in der Geschichtswissenschaft sind experimentelle Untersuchungen kaum denkbar; in der Mathematik spielt die Empirie keine Rolle und in den Sozialwissenschaften sind deterministische (s. u.) Gesetzmäßigkeiten und entsprechende Erklärungen allenfalls im Ausnahmefall gegeben.

▶ **Definition** Wesley Salmon (1992, S. 30) kennzeichnet kurz den **Determinismus**:
„Determinismus ist die Lehrmeinung, die besagt, dass alles, was in unserem Universum geschieht, vollständig durch Vorbedingungen bestimmt ist. Wenn diese These richtig ist, dann ist jedes Ereignis in der Geschichte des Universums – früher, jetzt oder später – grundsätzlich deduktiv erklärbar."

Vor diesem Hintergrund werden in zahlreichen Handbüchern und Lehrtexten der Wissenschaftstheorie (siehe z. B. M. Salmon et al. 1992; Psillos und Curd 2008; Humphreys 2016) relevante Aspekte nach Disziplinen (z. B. Physik, Biologie, Sozialwissenschaften) getrennt dargestellt. Hinsichtlich der Betriebswirtschaftslehre (zumindest hinsichtlich der Teile der BWL, in denen empirische Forschung eine starke Rolle spielt) ist die Zuordnung zu den Sozialwissenschaften breit akzeptiert (siehe z. B. Schanz 1988, S. 15 f.; Schurz 2014, S. 28). Nun gibt es auch für die Sozialwissenschaften ein größeres Spektrum von Ansichten über deren Spezifika (zum Überblick: M. Salmon 1992; Guala 2016). Dieses reicht von der Betonung *grundlegender* Unterschiede zwischen Sozial- und Naturwissenschaften und entsprechenden Konsequenzen für Schlussweisen und Methoden (siehe z. B. Rosenberg 2000) bis zur Einschätzung, dass es zwischen Sozial- und Naturwissenschaften keine (grundlegenden) methodologischen Unterschiede gebe (siehe z. B. Papineau 1978).

Hintergrundinformation
Hans Albert (1972, S. 7), einer der führenden Vertreter des kritischen Rationalismus im deutschsprachigen Raum, vertritt eher die letztgenannte Position und stellt sie in folgender Weise dar:
„Nach Lage der Dinge besteht kein Grund, in bestimmten Bereichen, etwa dem der Sozialwissenschaften, von dem in den Naturwissenschaften bewährten Erkenntnisideal der Erklärung aller Erscheinungen auf der Basis für diesen Zweck geeigneter Theorien abzuweichen, etwa weil eine Ausnahmesituation dazu zwingen würde. Das Ziel, mit Hilfe erklärungskräftiger Theorien zu Erkenntnissen über die strukturelle Beschaffenheit der Realität, auch zum Beispiel der sozialen Wirklichkeit, zu gelangen, wurde bisher von keiner Seite als unerreichbar nachgewiesen. Auch der in dieser Zielsetzung enthaltene Realismus ist keineswegs obsolet geworden."

Im vorliegenden Buch wird ebenfalls von einer gewissen – aber sicher nicht ausschließlichen – methodologischen Entsprechung von Natur- und Sozialwissenschaften (einschl. der BWL) ausgegangen, allerdings etwas eingeschränkt auf *begrenzt gültige*

Gesetzmäßigkeiten. Die Begrenzung besteht darin, dass zwar gewisse (statistische) Gesetzmäßigkeiten beim menschlichen Verhalten feststellbar sind, aber nicht mit der umfassenden Gültigkeit und Genauigkeit wie in den Naturwissenschaften. „Gesetzmäßigkeiten in den Sozialwissenschaften zeigen uns eher, was *meist, typischerweise* oder *selten* passiert, als das, was *immer, ausnahmslos* oder *nie* passiert." (M. Salmon 1992b, S. 416) Das entspricht der in der Betriebswirtschaftslehre bisher dominierenden Art eher großzahliger („quantitativer") empirischer Forschung (z. B. Umfragen, Experimente) mit nicht vollständig erklärter Varianz (siehe Abschn. 2.3.2) und eher begrenzter Aussagekraft hinsichtlich *individuellen* Verhaltens. Auch *deterministische* Wenn-Dann-Aussagen sind in der Regel nicht möglich. Die angesprochene Haupt-Ausrichtung dieses Buchs auf großzahlige und standardisierte Untersuchungen bedeutet aber nicht, dass eher qualitative Forschung hier keine Rolle spielt; diese hat wesentliche Bedeutung bei explorativen Studien im Zusammenhang des Theorie-Entwurfs (siehe Abschn. 4.3.3).

Neben den Spezifika einzelner wissenschaftlicher Disziplinen (z. B. Psychologie) und größerer Fachgebiete (z. B. Sozialwissenschaften) steht eine „Allgemeine Wissenschaftstheorie" („General Philosophy of Science"; Psillos 2016). Diese hat nach Psillos (2016, S. 143) zwei wesentliche Funktionen:

- **Funktion der Erläuterung.** Hier geht es um die möglichst klare und präzise Darstellung von allgemein relevanten Konzepten der Wissenschaftstheorie, z. B. „Theorie", „Erklärung" (siehe Kap. 2); „Experiment" (siehe Kap. 8).
- **Funktion der Kritik.** Diese Funktion bezieht sich auf die kritische Reflexion von grundlegenden Ansätzen der Wissenschaftstheorie (z. B. kritischer Rationalismus, wissenschaftlicher Realismus) sowie von Zielen und Methoden wissenschaftlicher Forschung.

Die erstgenannte Funktion der *Erläuterung* spielt in diesem Buch fast durchgehend eine Rolle, wie die oben genannten Beispiele schon andeuten. Der Aspekt der *Kritik* hat für das vorliegende Kapitel die größere Bedeutung. Einerseits haben Auseinandersetzungen hinsichtlich grundlegend unterschiedlicher Sichtweisen in der Wissenschaftstheorie, die sich beispielsweise mit Namen wie Popper, Carnap, Hempel oder Kuhn verbinden, über viele Jahrzehnte die Fachdiskussion wesentlich geprägt (siehe z. B. Godfrey-Smith 2003; Carrier 2009; Brown 2012). Andererseits stellen solche Ansätze die *Maßstäbe* für die kritische Beurteilung der Ziele und Methoden empirischer Forschung bereit. So werden Vertreter*innen des Relativismus und des kritischen Rationalismus (siehe Abschn. 3.2) die Relevanz von Forschungshypothesen am Beginn eines Projekts höchst unterschiedlich beurteilen und diese Beurteilungen vor dem Hintergrund der von Ihnen jeweils vertretenen Ansätze begründen.

Im vorliegenden Kapitel geht es in erster Linie um die kritische Reflexion des wissenschaftlichen Realismus, auch im Vergleich zu anderen Ansätzen. Dazu wird der wissenschaftliche Realismus im Abschn. 3.2 zunächst knapp dargestellt und im Abschn. 3.3

werden einige kritische Punkte dazu diskutiert. Im – kurzen und zusammenfassenden – Abschn. 3.4 wird dann verdeutlicht, warum sich die Autoren beim vorliegenden Buch für diese Leitlinie entschieden haben. Damit ist dann auch der Maßstab für die Auswahl und Beurteilung der methodologischen Überlegungen in den später folgenden Kapiteln gegeben.

3.2 Kennzeichnung des wissenschaftlichen Realismus

Zunächst also zu einer relativ kurzen Darstellung des wissenschaftlichen Realismus. Ein Grund, diesen hier darzustellen, besteht darin, dass dessen Sichtweise für die Betriebswirtschaftslehre wohl explizit und implizit eine besonders bedeutsame Rolle spielt. So hebt Homburg (2007) in seinem Überblicks-Aufsatz zur empirischen Forschung in der Betriebswirtschaftslehre hervor, dass darin die Orientierung am **wissenschaftlichen Realismus** dominierend sei. Auch für andere wissenschaftliche Disziplinen scheint das zu gelten.

Hintergrundinformation

Unter anderem die folgenden Autoren heben hervor, dass dem wissenschaftlichen Realismus heute eine dominierende Stellung in der Wissenschaftstheorie zukommt:

Martin Carrier (2006, S. 148): „Im Verlauf des vergangenen Vierteljahrhunderts hat die ... Position des wissenschaftlichen Realismus stark an Boden gewonnen."

Bas van Fraassen (2019, S. 13): „Der wissenschaftliche Realismus entstand in den 1960ern als Konkurrent zum logischen Positivismus und wurde bald zur dominierenden Position in der Wissenschaftstheorie."

Brian Haig (2013, S. 8): „Wissenschaftlicher Realismus ist heute die dominierende Position in der Wissenschaftstheorie, obwohl er noch stark debattiert wird und von vielen anti-realistischen Positionen angegriffen wird. Er stellt auch die stillschweigend akzeptierte Position der meisten aktiven Forschenden dar. Diese Tatsache (...) macht den wissenschaftlichen Realismus zur Philosophie für die Wissenschaft, nicht nur zur Wissenschaftsphilosophie."

Der Ansatz des wissenschaftlichen Realismus (künftig **WR** abgekürzt) hat sich seit den 1960er Jahren in der Philosophie entwickelt. Man kann ihn als Alternative zu zwei anderen Positionen ansehen, die in der zweiten Hälfte des 20. Jahrhunderts jeweils eine bedeutsame Rolle spielten, den kritischen Rationalismus und den Relativismus. Diese beiden Positionen können und sollen hier natürlich nicht umfassend dargestellt werden. Dazu muss auf die entsprechende philosophische Literatur (z. B. Brown 2012; Carrier 2009; Chalmers 2013; Godfrey-Smith 2003; Schurz 2014; Wiltsche 2013) verwiesen werden, wo man auch die Bezüge zu den Originalquellen findet. Gleichwohl ist es für das Verständnis des WR nützlich, einige zentrale Ideen des kritischen Rationalismus und des Relativismus zu kennen, weil manche Aspekte des WR im Kontrast zu den anderen Ansätzen besonders deutlich werden. Deswegen sollen hier in Anlehnung an Kuß und Kreis (2013) kurz einige Schlaglichter auf den kritischen Rationalismus und den Relativismus geworfen werden. Stark vereinfacht kann man einige wesentliche Aspekte des WR als Fortführung bzw. Modifikation von Gedanken des kritischen Rationalismus ansehen, während er (der WR) weitgehend im Gegensatz zum Relativismus steht.

Kritischer Rationalismus

Zunächst zum kritischen Rationalismus. Dieser über Jahrzehnte die wissenschaftstheoretischen Überlegungen in der Betriebswirtschaftslehre bestimmende Ansatz ist durch Karl Popper (1902–1994) begründet und entscheidend geprägt worden. Im Zusammenhang des vorliegenden Kapitels sind vor allem die drei folgenden Aspekte bedeutsam:

- *Erkenntnisgewinnung durch Falsifikationsversuche und nicht durch induktive Schlussweisen*

Über Jahrhunderte hat in unterschiedlichen wissenschaftlichen Disziplinen die sogenannte Induktion (zu Einzelheiten siehe Abschn. 2.5) eine wesentliche Rolle gespielt. Es geht bei der Induktion um die Generalisierung von in der Realität beobachteten Regelmäßigkeiten. Dabei unterscheidet man (Sankey 2008, S. 249) gedanklich zwei Schritte:

1. Sammlung empirischer Daten über ein interessierendes Phänomen
2. Formulierung von Gesetzmäßigkeiten und im nächsten Schritt auch Theorien durch Generalisierung von beobachteten Regelmäßigkeiten und Zusammenhängen

So könnte man aus einer Vielzahl von Beobachtungen/Untersuchungen, bei denen man feststellte, dass nach einer Verstärkung der Werbung der Umsatz stieg, zu der Vermutung kommen, dass *generell* mehr Werbung zu einer Umsatzsteigerung führt. Ein Beispiel für einen solchen induktiven Ansatz ist die in verschiedenen Teilgebieten der Betriebswirtschaftslehre früher stark beachtete *PIMS-Studie* (Profit Impact of Market Strategies), bei der auf Basis einer Vielzahl analysierter Geschäftsfelder sogenannte Erfolgsfaktoren identifiziert wurden (Buzzell und Gale 1989), die *generell* relevant sein sollen.

Es besteht – unabhängig von verschiedenen wissenschaftstheoretischen Positionen – sehr weitgehendes Einvernehmen, dass man auf induktivem Wege nicht zu *sicheren* Erkenntnissen gelangen kann (siehe Abschn. 2.5). Gleichwohl ist induktives Vorgehen sowohl im Alltagsleben als auch in der Wissenschaft gängig (siehe z. B. Schurz 2014, S. 54 f.; Okasha 2002, S. 19 ff.), wenn auch unter Verzicht auf Sicherheit des Wissens. Popper (2005; Erstaufl. 1934) hat die Möglichkeit der Gewinnung wissenschaftlicher Erkenntnisse durch Induktion grundsätzlich abgelehnt und als Weg zur Prüfung wissenschaftlicher Theorien die empirische Forschung mit einer Ausrichtung auf *Falsifikationsversuche* aufgezeigt. Danach werden neue und schon länger existierende Theorien (bzw. daraus deduktiv abgeleitete Hypothesen) immer wieder (möglichst strengen) Falsifikationsversuchen ausgesetzt und – je nach Ergebnis – danach entweder *vorläufig* beibehalten oder verworfen.

Diese scharfe Ablehnung induktiver Schlussweisen und die Ausrichtung auf Falsifikationsversuche bei Hypothesen, die aus der zu testenden Theorie deduktiv abgeleitet sind, ist allerdings mit erheblichen wissenschaftstheoretischen und forschungspraktischen Problemen verbunden. Wenn eine Theorie in der angesprochenen Weise falsifiziert ist, was tritt dann an ihre Stelle? Kann es eine Theorie sein, die keineswegs „besser" (Kriterien ??) ist und deren „Überlebensdauer" gering ist? Welche Rolle spielt der Approximationsgrad einer Theorie? Offenbar ist mit dieser „negativen Methodologie" (Wiltsche 2013, S. 86) die langfristige Entwicklung der Wissenschaft mit ihren Erfolgen nicht recht erklärbar.

Hintergrundinformation

Harald Wiltsche (2013, S. 86) kennzeichnet prägnant die Begrenzung des Falsifikationsansatzes im Hinblick auf die Entwicklung von Theorien im Zeitablauf:

„Sprechen wir vom Vertrauen, das wir in Theorien setzen, dann scheinen wir doch offensichtlich von Erwartungen zu sprechen, die das *zukünftige* Abschneiden von Theorien betreffen. Wie aber sollen sich Erwartungen, die die Zukunft betreffen, mittels einer Methode rechtfertigen lassen, die lediglich aus Deduktion und Falsifikation besteht? Deduktive Schlüsse sind nicht gehaltserweiternd und Falsifikationen verraten uns nur, dass es sich in der Welt *nicht* so verhält, wie in der falsifizierten Hypothese behauptet wurde. Wie soll es also möglich sein, mit diesem ausschließlich negativen Instrumentarium positive Aussagen über das vermutete zukünftige Abschneiden von Theorien zu gewinnen?"

Und (S. 89): „Treffen die bisherigen Überlegungen zu, dann gelingt es im Rahmen der falsifikationistischen Methodenlehre weder, der Rationalität von Theoriebewertungen noch jener von praktischen Handlungsentscheidungen gerecht zu werden."

Die Forderung nach Falsifizierbarkeit wissenschaftlicher Aussagen ist zumindest hinsichtlich der Abgrenzung von Wissenschaft und Pseudo-Wissenschaft sicher plausibel (siehe Abschn. 1.1.2). Gleichwohl kann es sein, dass eine Falsifizierung in der Forschungspraxis besondere Schwierigkeiten bereitet. Dazu drei gängige Probleme, die nicht zuletzt in den Sozialwissenschaften einschließlich der Betriebswirtschaftslehre erhebliches Gewicht haben:

- Ergebnisse empirischer Untersuchungen zur Prüfung von Theorien sind prinzipiell fehlerbehaftet (siehe dazu das Problem der „Fehler-Unterbestimmtheit" in Abschn. 3.3). Wenn ein empirisches Ergebnis nicht mit den entsprechenden theoretischen Vermutungen übereinstimmt, weiß man eben nicht, ob das durch *fehlerbehaftete Messungen* oder durch eine *falsche Theorie* begründet ist (siehe z. B. Psillos 2007, S. 71 f.).
- Annahme oder Ablehnung von Hypothesen beruhen oft auf inferenzstatistischen Methoden, d. h. die entsprechenden Aussagen sind mit einer bestimmten Irrtumswahrscheinlichkeit verbunden (Grenze häufig bei $p = 0{,}05$) und eine Entscheidung kann nicht mit Sicherheit getroffen werden.
- Ein besonderes Problem besteht, wenn Aussagen unter **„Ceteris-Paribus-Bedingungen"** getroffen werden, d. h. unter sonst *gleichen* Bedingungen (siehe Abschn. 2.3.1). Derartige Aussagen sind streng genommen nicht falsifizierbar, da man eben für mehrere entsprechende Beobachtungen nie völlig identische Bedingungen vorfindet.

Unklar bleibt auch, welchen Charakter bzw. welches Ausmaß eine Falsifizierung annehmen soll, um eine Theorie abzulehnen (Schwaiger 2007). Genügt ein einziger Widerspruch zu *einer* Beziehung zwischen Variablen in der Theorie? Wie stark müsste die Abweichung zwischen theoretisch begründeter Vermutung und realen Beobachtungen sein? Genügt ein einziges (häufig fehlerbehaftetes) empirisches Ergebnis für die Entscheidung über die Ablehnung einer Theorie?

Eine weiteres Problem des *Falsifikationsansatzes* besteht darin, dass er nur wenig tatsächlich praktiziert wird bzw. werden kann: Falsifizierende Untersuchungsergebnisse werden zu wenig beachtet und Forscher sind typischerweise durch ihre persönliche Motivation und die Erfordernisse einer wissenschaftlichen Karriere *nicht* darauf ausgerichtet, Hypothesen und Theorien *zu falsifizieren,* sondern eher darauf, neue theoretische Lösungen zu finden und auch durch entsprechende Untersuchungen zu *bestätigen*. Beispielsweise zeigen die Begründungen für die Vergabe von Nobel-Preisen (www.nobelprize.org), dass dort weitestgehend oder ausschließlich Leistungen bei der Entwicklung und Anwendung neuer Erkenntnisse gewürdigt werden; Falsifizierungen spielen hier keine Rolle.

Hintergrundinformation

Bernd Schauenberg (1998, S. 51) beschreibt kurz eine gängige Vorgehensweise beim Umgang mit Falsifizierungen:

„Im Zentrum der Kritik (am Ansatz von Popper; Anm. d. Verf.) stand die Frage, ob die Theorie von *Popper* das Verhalten von erfolgreichen Wissenschaftlern zutreffend beschreibt. Beispiele dafür, dass eine falsifizierte Theorie von Wissenschaftlern aufgegeben wird, lassen sich nicht viele finden. Üblicherweise besteht die erste Reaktion von Wissenschaftlern auf einen kritischen Befund darin, dass man die relevante Theorie modifiziert, erneut testet, notfalls nochmals modifiziert, usw."

- *Provisorischer Charakter wissenschaftlicher Erkenntnisse*
  Der vorige Absatz hat schon angedeutet, dass in der Sicht des *kritischen* Rationalismus die fortwährende kritische (!) Infragestellung bisher akzeptierter Theorien und gegebenenfalls die Entwicklung besserer Theorien zentrale Aufgaben wissenschaftlicher Forschung sind. An die Stelle des früher in der Wissenschaft formulierten Ziels der Gewinnung sicherer und gleichzeitig wahrer Erkenntnisse („Fundamentalismus"; Schurz 2014, S. 3) tritt ein **fallibilistischer** Ansatz, „der einräumt, dass unser Verständnis der Realität grundsätzlich fehlbar ist und dass unsere wissenschaftliche Erkenntnis zwar mehr oder weniger gut bestätigt sein kann, aber niemals mit Sicherheit fehlerfrei ist" (Schurz 2014, S. 3). Diese fallibilistische Sichtweise ist auch Bestandteil des WR (s. u.).
- *Position des Realismus*
  Unter **„Realismus"** wird in der Wissenschaftstheorie eine Position verstanden, die durch die Annahme gekennzeichnet ist, dass eine Realität existiert, die unabhängig von der Wahrnehmung und Interpretation des*der jeweiligen Betrachter*in ist (z. B. Devitt 2008; Psillos 2006; Schurz 2014). Bei Popper (2005) wird diese Sichtweise teilweise implizit, teilweise ausdrücklich vertreten. Diese Position mag als

Selbstverständlichkeit gelten und wird auch vom WR vertreten, die folgenden Ausführungen zum Relativismus (s. u.) lassen aber erkennen, dass in der Literatur auch davon deutlich abweichende Ansichten vertreten wurden und werden.

Hintergrundinformation

Karl Popper hat in seinem Buch „Conjectures and Refutations" (2002, S. 157), dessen Titel (übersetzt: „Vermutungen und Widerlegungen") für seinen Ansatz charakteristisch ist, seine Position des Realismus folgendermaßen formuliert:

„Theorien sind unsere eigenen Erfindungen, unsere eigenen Ideen; sie werden uns nicht aufgezwungen, sind eher selbst gemachte Hilfsmittel des Denkens (...). Aber einige unserer Theorien können mit der Realität kollidieren. Wenn das geschieht, dann merken wir, dass eine Realität existiert, dass da etwas ist, das uns an die Tatsache erinnert, dass unsere Ideen falsch sein können. Und das ist der Grund dafür, dass der Realist im Recht ist."

Relativismus und Konstruktivismus.

Nach diesen Bemerkungen zum kritischen Rationalismus nun zu einer weiteren wissenschaftstheoretischen Grundposition, die in der zweiten Hälfte des 20. Jahrhunderts eine erhebliche Rolle spielte und noch heute vereinzelt vertreten wird, zum **„Relativismus"**. Mit diesem Begriff wird ein Spektrum hinsichtlich Begründung und Konsequenzen durchaus unterschiedlicher Positionen zusammengefasst (zu einer Übersicht: Swoyer 2003), die aber eine zentrale Idee gemein haben:

▶ **Definition** „Erkenntnistheoretischer Relativismus bezeichnet die Sichtweise, dass wissenschaftliche Aussagen durchgehend an bestimmte historische, kulturelle und geistige Rahmenbedingungen gebunden und nur in Beziehung zu den Bedingungen ihrer Entstehung wahr bzw. berechtigt sind" (Baghramian 2008, S. 236).

Daraus wird unmittelbar deutlich, dass hier die *Möglichkeit* objektiver Erkenntnisse über die Realität verneint wird. Zwei hier besonders bedeutsame Aspekte seien nachfolgend kurz erläutert:

- *Kontextabhängigkeit von Erkenntnissen*

Das für den Relativismus kennzeichnende Stichwort „Kontextabhängigkeit" bezeichnet den Einfluss von sozialen, politischen, ökonomischen, religiösen etc. Einflussfaktoren auf wissenschaftliche Forschung und Theoriebildung. Dieser Aspekt ist vor allem durch die wissenschaftshistorischen Analysen von Thomas Kuhn (1970; erste Aufl. 1962) stark beachtet worden. Kuhn beschäftigte sich anhand von historischen Beispielen mit dem Einfluss von (sozialen, politischen, geistigen etc.) Rahmenbedingungen auf den Erkenntnisprozess und prägte für die entsprechenden „Konstellationen von Annahmen, Werten, Methoden usw., die von den Mitgliedern einer Gemeinschaft geteilt werden" (Kuhn 1970, S. 175) den inzwischen berühmt (fast populär) gewordenen Begriff **Paradigma.** Für Einzelheiten zu diesem wichtigen Aspekt muss hier auf die Literatur (z. B. Carrier 2009, 2012; Hunt 2003; Psillos und Curd 2008; Rorty 2000) und natürlich auf das Werk von Thomas Kuhn selbst (1970 bzw. die Neuausgabe von 2012) verwiesen werden.

Hintergrundinformation

Hunt und Hansen (2010, S. 112 f.) geben ein kritisch zugespitztes Beispiel für die Sichtweise des Relativismus im Hinblick auf eine klassische wissenschaftliche Fragestellung:

„'Dreht sich die Sonne um die Erde oder dreht sich die Erde um die Sonne?' (...) Der Relativismus, beispielsweise Kuhn's (1962), impliziert die folgende Antwort: ‚Zuerst muss ich wissen, ob Sie sich dem Paradigma von Kopernikus oder von Ptolemäus anschließen, weil diese Paradigmen – wie alle Paradigmen – inkommensurabel sind und es deswegen keine *Wahrheit* in dieser Frage gibt, die unabhängig von dem Paradigma ist, das Sie vertreten.'"

Ein *Paradigmenwechsel* kann in diesem Sinne zu einer neuen Interpretation von Beobachtungen und somit zu einer neuen Theorie führen. Ein allseits bekanntes Beispiel aus der Wissenschaftsgeschichte für den Übergang von einem Paradigma auf ein anderes ist der Wechsel vom ptolemäischen Weltbild (Erde als Mittelpunkt des Universums) zum kopernikanischen Weltbild (Erde kreist um die Sonne). Die veränderte Weltsicht führte dann zu ganz neuartigen Theorien über Umlaufbahnen von Planeten etc. Bekanntlich war das „alte" Weltbild ganz massiv vom gesellschaftlichen Kontext beeinflusst, in diesem Fall von religiösen Einflüssen. Auch in den Wirtschaftswissenschaften ist erkennbar, dass die Orientierung bzw. Nicht-Orientierung an dem mit dem Begriff des „homo oeconomicus" verbundenen Paradigma zu grundlegend unterschiedlichen Theorien und Forschungsmethoden führt. Hier deutet sich ebenfalls an, dass unterschiedliche gesellschaftliche Positionen und Interessen den Grad der Akzeptanz bestimmter Theorien beeinflussen können. In diesem Sinne wären also wissenschaftliche Erkenntnisse kontextabhängig und es könnte nicht der Anspruch einer systematischen Annäherung an eine „objektive Wahrheit" erhoben werden. Relativist*innen gehen typischerweise davon aus, dass solche Kontextabhängigkeiten wissenschaftliche Erkenntnisse *maßgeblich bestimmen.* Aber auch wenn man keine relativistische Position vertritt, wird man kaum leugnen können, dass das Umfeld der Wissenschaft (z. B. politische oder ideologische Rahmenbedingungen, Macht von Geldgebern der Wissenschaft) deren Inhalte und Ergebnisse in *begrenztem Umfang* beeinflussen können. Auf diesen Gesichtspunkt wird im Zusammenhang mit der Darstellung des induktiv-realistischen Modells (siehe Abschn. 9.3.1) noch einmal eingegangen.

- *Bezug zur Realität*

Vielfach – nicht durchgehend – wird von Relativist*innen die Existenz einer vom Betrachter unabhängigen Realität (s. o.) infrage gestellt oder verneint (Godfrey-Smith 2003, S. 181 ff.). Dabei sind zwei Aspekte zu unterscheiden:

- Die Fähigkeit von Forschenden zur Beobachtung und Interpretation realer Phänomene und Prozesse ist häufig durch bestimmte Annahmen, bisher akzeptierte Theorien oder eben durch Paradigmen (s. o.) *beeinflusst.* Man kann sich ja kaum vorstellen, dass jemand ohne jegliche Vorkenntnisse und ohne Einfluss seines geistigen und sozialen Umfelds wissenschaftliche Beobachtungen vornimmt und Daten sammelt. Zumindest ist für jede Studie eine Auswahl der untersuchten Phänomene der Realität erforderlich. Dieses Problem der beeinflussten *Wahrnehmung* und *Interpretation* der Realität, das eben die Aussagekraft von Beobachtungen einschränkt, stellt sich unabhängig von den verschiedenen wissenschaftstheoretischen Positionen und wird im Abschn. 3.3 wieder aufgegriffen.

- Viel weitergehend ist die **(konstruktivistische)** Auffassung, dass nicht nur die *Wahrnehmung* und *Interpretation* von Realität dem Einfluss vorhandener Paradigmen und Theorien unterliegt, sondern dass die geistige und soziale *Realität selbst* durch die Prozesse der wissenschaftlichen Diskussion und der Theorie-Entwicklung geprägt wird. Diese Sicht war schon bei Kuhn (1970, S. 121) angedeutet: „Obwohl sich die Welt durch einen Paradigmenwechsel nicht verändert, arbeitet der/die Wissenschaftler*in danach in einer anderen Welt." Ihre extreme Ausprägung findet dieser Ansatz im so genannten *radikalen Konstruktivismus,* der aber heute zumindest in den Wirtschaftswissenschaften kaum noch vertreten wird. Dieser folgt der Grundidee, dass die menschliche Wahrnehmung der Wirklichkeit nicht gewissermaßen passiv („von selbst") erfolgt, sondern das Ergebnis („eine Konstruktion") kognitiver Prozesse ist. Richard Boyd (1984, S. 43) fasst diese – von ihm nicht vertretene – Position in einem Satz zusammen: „Forschungsmethoden sind so theorieabhängig, dass sie – bestenfalls – zur Konstruktion, nicht zur Entdeckung dienen." Daraus wird (fälschlich) gefolgert, dass auch die Realität selbst keine „gegebene denkunabhängige Struktur" (Psillos 2006, S. 688) hat, sondern dass die Realität konstruiert sei (vgl. dazu und zu den logischen Problemen des radikalen Konstruktivismus Schurz 2014, S. 61 ff.). Offenkundig gibt es eine (zumindest eine physische) Realität, die unabhängig vom menschlichen Denken ist. So verweist Thagard (2007, S. 29) darauf, dass die Erde seit mehreren Milliarden Jahren existiert, dass aber menschliches Leben und menschliches Denken weniger als eine Million Jahre vorhanden ist; über mehrere Milliarden Jahre hat also eine Realität völlig unabhängig vom menschlichen Denken bestanden.

Hintergrundinformation

Richard Boyd (1984, S. 52) – ein Vertreter des WR – fasst die zentralen Argumente des Konstruktivismus zusammen:

„Grob gesagt, argumentieren Konstruktivisten folgendermaßen: Die konkrete Methodik wissenschaftlicher Forschung ist hochgradig theorieabhängig. Was Wissenschaftler*innen als eine akzeptable Theorie ansehen, was sie als eine Beobachtung zählen, welche Experimente sie als richtig gestaltet einschätzen, welche Messverfahren sie als gerechtfertigt betrachten, welche Probleme sie zu lösen versuchen und welche Beweise sie verlangen, bevor sie eine Theorie akzeptieren – alles Aspekte der Forschungsmethodik – ist in der Praxis bestimmt durch die Theorie-Tradition innerhalb derer Wissenschaftler*innen arbeiten. Der*die Konstruktivist*in fragt, von welcher Art muss die Welt sein, damit diese theorieabhängige Methodik ein Hilfsmittel zur Wissensgewinnung ist? In konstruktivistischer Sicht besteht die Antwort darin, dass die Welt, die die Wissenschaftler*innen untersuchen, durch die ‚scientific community', in der die Wissenschaftler*innen arbeiten, definiert bzw. geprägt bzw. ‚konstruiert' wird. Wenn die Welt, in der die Wissenschaftler*innen arbeiten, nicht durch ihre Theorie-Tradition geprägt wäre, so lautet das Argument, dann gäbe es keine Möglichkeit zu erklären, warum die theorieabhängigen Methoden, die die Wissenschaftler*innen nutzen, geeignet sind, um die Wahrheit herauszufinden."

Auch wenn man eine relativistische oder konstruktivistische Position vertritt, wird man sich dem folgenden Argument von Ronald Giere (1999, S. 20) kaum verschließen können: Wenn man in relativistischer oder konstruktivistischer Weise davon ausgeht, dass wissenschaftliche Erkenntnis durch den Kontext dieser Erkenntnis und/oder die entsprechende Theorie-Tradition wesentlich bestimmt ist, dann gilt das sicher ebenfalls für diese Ansätze selbst. Wenn man also Relativismus und Konstruktivismus als *wissenschaftliche* Positionen akzeptiert, dann wären diese Sichtweisen ebenfalls durch Kontext oder Theorie-Tradition geprägt, was wiederum das Gewicht der entsprechenden Kritik an Ergebnissen wissenschaftlicher Forschung aus dieser Richtung deutlich einschränkt.

Hintergrundinformation

Relativistische und konstruktivistische Positionen beinhalten die Auffassung, dass wissenschaftliche Theorien durch die Kontexte ihrer Entstehung bestimmt sind bzw. nicht einer gegebenen (denk-unabhängigen) Realität entsprechen. Gegenüber einer solchen Sichtweise stellen sich einige grundlegende kritische Fragen:

1. Wenn Theorien (wie von Relativist*innen und Konstruktivist*innen angenommen) wenig über die Realität aussagen, wie wäre dann der über Jahrhunderte währende Erfolg der Wissenschaft in unzähligen <u>realen</u> Anwendungsbereichen (z. B. Medizin, Technologie, Astronomie) zu erklären?
2. Wenn die Vertreter*innen von Relativismus oder Konstruktivismus den Bezug wissenschaftlicher Aussagen zur Realität infrage stellen, verdeutlichen sie dann auch die entsprechenden Begrenzungen *ihrer eigenen* wissenschaftlichen Aussagen, wenn Sie diese in der Lehre, in Publikationen, in Gutachten etc. an die Öffentlichkeit bringen?
3. Wenn auch das „bestgesicherte Wissen einer Zeit" (Poser 2001, S. 11) in relativistischer oder konstruktivistischer Sicht *grundlegend* infrage gestellt wird, wie kann man sich dann gegen politische und gesellschaftliche Kräfte schützen, die wissenschaftliche Erkenntnisse als beliebig darstellen und ihre eigene Sicht auf „alternative Fakten" als gleichwertig durchsetzen wollen?

Wissenschaftlicher Realismus (WR)

Nun also zur Kennzeichnung des **wissenschaftlichen Realismus** (WR), der für wesentliche Teile dieses Buches die gedankliche Grundlage bildet. Der WR stimmt im Hinblick auf den Fallibilismus wissenschaftlicher Erkenntnis und den Realismus mit dem *kritischen Rationalismus* Karl Poppers überein, nimmt aber dazu eine *Gegenposition* hinsichtlich der Akzeptanz induktiver Schlussweisen ein. Hierzu geht man beim WR davon aus, dass die vielfache empirische Bewährung einer Theorie sehr wohl für deren (approximative, s. u.) Wahrheit spricht, was besonders deutlich im induktiv-realistischen Modell von Hunt (2010, 2011) formuliert wird (siehe Abschn. 9.3.1).

Wesentliche Bedeutung für die Begründung des WR hat der Aspekt des über Jahrhunderte *dauerhaften Erfolges* der Wissenschaft(en) und der damit verbundenen Implikationen. So kann man seit 400 bis 500 Jahren erkennen, dass zahlreiche wissenschaftliche Erkenntnisse – bei all ihrer Unvollkommenheit und Unbeständigkeit – sich vielfach, auch in der praktischen Anwendung, bewährt haben und somit Belege für ihre Annäherung an die Wahrheit geliefert haben. Als wichtiges Kriterium für den Erfolg von Theorien wird deren Eignung zur präzisen und verlässlichen *Prognose* entsprechender Phänomene angesehen (Psillos 1999; Wray 2018). Im sozialwissenschaftlichen Bereich (einschl. der BWL) erreicht man allerdings meist nicht die Präzision und Verlässlichkeit der Naturwissenschaften, weil hierfür das komplexe Zusammenwirken einer Vielzahl von Variablen psychologischer, ökonomischer oder soziologischer Art typisch ist. Man muss sich in sozialwissenschaftlichen Untersuchungen deshalb bei Prognosen bzw. beim Test von Hypothesen häufig auf relativ grobe Aussagen zur Veränderung abhängiger Variabler (z. B. Zuwachs ja oder nein) oder zu Unterschieden zwischen Versuchs- und Kontrollgruppen beschränken. Als weitere Kriterien dient der Erfolg der Theorien bei *Erklärungen* und bei Aufgaben der *Gestaltung* (siehe dazu auch Abschn. 2.4). Im Sinne des WR soll der Erfolg einer Theorie auch dadurch belegt sein, dass die Art und die Beziehungen der verwendeten Konzepte empirisch bestätigt sind. Ansonsten stünde die Erklärung für ein Phänomen, einen Effekt etc. ja auf wackligen Füßen.

Beispiel

Aus der gewaltigen Fülle von Beispielen für erfolgreiche Theorien seien nur wenige genannt:

- In der Medizin hat man hinsichtlich zahlreicher unterschiedlicher Infektionsmöglichkeiten gelernt, wie diese entstehen und wie sie zu verhindern sind. Dadurch sind zahlreiche gesundheitliche Gefahren dramatisch vermindert und manche Krankheiten (fast) ausgerottet worden.
- Bau-Ingenieur*innen und Architekt*innen haben so genaue und solide Kenntnisse über Statik, Eigenschaften von Werkstoffen etc., dass es auch bei (scheinbar) kühn konstruierten Bauwerken fast nie zu einem Einsturz kommt.
- In der Astronomie und Physik ist das Verständnis für die Anziehungskräfte von Himmelskörpern so umfassend und genau geworden, dass man im Jahre 2014 in der Lage war, die Raumsonde „Rosetta" nach zehnjährigem (!) Flug und mehreren Umkreisungen der Sonne auf einem nur vier Kilometer großen Kometen landen zu lassen.

Auch in der Betriebswirtschaftslehre hat man – trotz gewisser Defizite im Vergleich zu den (viel älteren) Naturwissenschaften – vielfach einen einigermaßen gesicherten Wissensbestand erreicht. Dazu ebenfalls Beispiele:

- Der begrenzte Einfluss der Entlohnung auf die Motivation von Mitarbeiter*innen zeigt, dass auch deren intrinsische Motivation Wirkungen erwarten lässt und nicht nur ökonomische Anreize (siehe z. B. Schreyögg und Koch 2020, S. 449 ff.).
- Prozesse der Werbewirkung sind so weit bekannt, dass mit beträchtlicher Erfolgswahrscheinlichkeit Werbekampagnen gestaltet und realisiert werden können.
- Bei angemessener Stichprobenziehung und -realisierung kann in der statistischen Qualitätskontrolle mit recht großer Sicherheit von einer kleinen Zahl geprüfter Produkte auf die Fertigungsqualität insgesamt geschlossen werden. ◀

Wären die genannten und unzählige weitere erfolgreiche Anwendungen wissenschaftlicher Erkenntnisse (nicht zuletzt in Medizin und Technik) *plausibel,* wenn man davon ausgehen müsste, dass Wissenschaft im Wesentlichen subjektiv bzw. durch soziale Rahmenbedingungen geprägt ist und eine systematische Annäherung an die Wahrheit nicht erwartet werden kann? Wohl kaum. Der über Jahrhunderte anhaltende Erfolg moderner Wissenschaft wäre ein *Wunder.* Wie sollte man in relativistischer Sicht erklären, dass Astronauten, die Millionen von Kilometern durch den Weltraum geflogen sind, tatsächlich zur Erde zurückkehren oder dass eine geringe Menge eines Impfstoffs tatsächlich verhindert, dass jemand Malaria bekommt? Das ist alles nur plausibel, wenn man (eben *nicht* relativistisch) unterstellt, dass durch wissenschaftliche Forschung eine Annäherung an ein der (letztlich natürlich *nicht vollständig* bekannten) Wahrheit entsprechendes Verständnis der Realität erfolgt. Man spricht bei dieser Argumentation deswegen vom **„Wunderargument".**Smart (1963, S. 39) argumentiert, dass der Erfolg der Wissenschaft (s. o.) über Jahrhunderte auf einer riesigen Zahl „kosmischer Koinzidenzen" beruhen müsste, wenn wissenschaftliche Aussagen keine Entsprechung in der Realität hätten. Diese Überlegung hat zentrale Bedeutung für die Begründung und Rechtfertigung des Realismus: „Die einzige vernünftige Erklärung für den Erfolg wissenschaftlicher Theorien, die mir bekannt ist, besteht darin, dass gut bestätigte Theorien korrekte Aussagen zusammenfassen und dass die Gegenstände, auf die sie sich beziehen, aller Wahrscheinlichkeit nach tatsächlich existieren" (Maxwell 1962, S. 18). Vor diesem Hintergrund kann man sagen, dass der Realismus die *beste Erklärung* (siehe Abschn. 2.5) für den Erfolg der Wissenschaft ist (dazu auch Lipton 2008).

Der WR steht damit in einer deutlichen Gegenposition zum **Relativismus** (Hunt 1990, 2010). Während wesentliche Aspekte des **kritischen Rationalismus** (z. B. Fallibilismus, Realismus) mit dem WR vereinbar sind, *widersprechen* die für Relativist*innen typischen Positionen einer im Wesentlichen durch den jeweiligen Kontext bestimmten Wissenschaft fundamental den zentralen Ideen des WR.

Hintergrundinformation

Carrier (2006, S. 148 f.) fasst die zentrale Idee des Wunderarguments in sprachlich schöner Form zusammen:

„... besondere Prominenz genießt das so genannte Wunderargument. Dieses sieht im Groben vor, dass ohne die Annahme, erfolgreiche Theorien erfassten die Wirklichkeit, der Erfolg der

Wissenschaft unerklärlich bliebe, eben ein bloßes Wunder. Aber Wunder gibt es eben doch nicht immer wieder, und deshalb ist nach einer tragfähigen Erklärungsgrundlage für den Erfolg der Wissenschaft zu suchen. Eine solche Grundlage wird durch die Annahme bereitgestellt, erfolgreiche Theorien gäben die tatsächliche Beschaffenheit der einschlägigen Phänomene wieder."

Das „Wunderargument" ist einerseits intuitiv leicht nachvollziehbar und überzeugend; es stellt andererseits gerade in Abgrenzung zum Relativismus eine wesentliche Basis für den WR dar. Gleichwohl gibt es auch einen beachtlichen *Einwand* gegen die Schlussweise von den Erfolgen von Wissenschaften über Jahrhunderte zu der Hypothese, der Realismus sei „die beste, vielleicht sogar die einzige Erklärung des (...) Erfolgs der Naturwissenschaften" (Wiltsche 2013, S. 197). Der Realismus mag in der Tat die (gegenwärtig) „beste Erklärung" für den Erfolg der Wissenschaft sein, es handelt sich aber nicht um eine logisch zwingende Schlussfolgerung (siehe auch Abschn. 2.5). Andere Erklärungen dafür kann man wohl nicht vollständig ausschließen, obwohl sie gegenwärtig nicht leicht vorstellbar sind. Wenn man den Erfolg der Wissenschaft daran bemisst, dass Theorien zu guten Prognosen und Erklärungen (mit Aussagen über Art und Zusammenwirken relevanter Einflussfaktoren) der Realität führen und wenn diese Theorien in längeren Forschungsprozessen immer wieder auf ihre Entsprechung zur Realität getestet und weiter angepasst werden, dann verwundert es letztendlich nicht, dass im Ergebnis die Theorien nach diesem Maßstab erfolgreich sind. Die Bedeutung von Prognosen als Erfolgskriterium für eine Theorie wird allerdings dadurch eingeschränkt, dass solche Prognosen (z. B. in Form quantitativer Größen auf Basis mathematisch formulierter Modelle) häufig eine relativ exakte Parametrisierung erfordern, die bei der Anwendung sozialwissenschaftlicher Theorien oft nicht erreicht werden kann ist.

Von Seiten der Kritiker*innen einer Position des Realismus („Anti-Realist*innen") hat es diverse Versuche gegeben, das (zentrale) Wunderargument in Frage zu stellen (siehe dazu auch der Überblick bei Hunt 2011). So vertritt Stanford (2000) die These, dass der Erfolg der Wissenschaft auch dadurch erklärbar sei, dass falsche Theorien, die dennoch erfolgreich sind, möglicherweise nur in ihren Prognosen einer wahren unbekannten Theorie ähneln. „Der Erfolg einer bestimmten falschen Theorie in einem Fachgebiet wird durch die Tatsache erklärt, dass ihre Vorhersagen (hinreichend) nah bei denen liegen, die auf Basis der wahren theoretischen Interpretation des relevanten Fachgebiets erfolgen." (Stanford 2000, S. 275; siehe dazu auch Psillos 2001).

Zwei wesentliche Annahmen des WR („approximative Wahrheit" und Bezugnahme auf „reife Wissenschaften") werden von Richard Boyd (1984, S. 41 f.) formuliert (Hervorhebungen durch die Autoren dieses Buches):

1. „Wissenschaftliche Theorien in realistischer Interpretation können und werden oft als *approximativ wahr* bestätigt auf der Basis normaler wissenschaftlicher Belege, die nach den üblichen wissenschaftlichen Standards interpretiert werden."
2. „Der Fortschritt in *reifen Wissenschaften* liegt zum großen Teil an den immer genaueren Approximationen an die Wahrheit über beobachtbare und nicht beobachtbare Phänomene."

Hier ist zunächst erläuterungsbedürftig, was unter **„reifen Wissenschaften“** zu verstehen ist. Umgangssprachlich verwendet man den Begriff der Reife meist, um einen hohen und gefestigten Entwicklungsstand zu charakterisieren. Im obigen Zusammenhang kennzeichnet dieser Begriff Wissenschaften, die über einen längeren Zeitraum einen umfassenden Bestand an Wissen, Gesetzmäßigkeiten und Theorien mit einem relativ hohen Bewährungsgrad entwickelt haben (z. B. Physik, Astronomie).

Auch das von Boyd angesprochene Konzept der **approximativen Wahrheit** spielt für den WR eine zentrale Rolle (siehe dazu auch Boyd 2002; Chakravartty 2011). Obwohl man in der Wissenschaftsgeschichte einzelne Ausnahmen identifizieren kann, wird beim WR davon ausgegangen, dass Theorien und Aussagen in reifen Wissenschaften approximativ wahr sind, dass also typischerweise die Abweichungen von einer (wohl nie erreichbaren) vollständig sicheren und präzisen Erkenntnis der Wahrheit gering sind (bzw. mit zunehmender Forschung geringer werden). Psillos (1999, S. 276) betont, dass eine vollständige (eben nicht approximative) Übereinstimmung von theoretischen Aussagen und entsprechender Realität kaum möglich sei, weil einerseits Theorien die Realität mehr oder weniger *vereinfacht* abbilden (sollen und müssen) und andererseits Beobachtungen bzw. Messungen realer Phänomene in der Regel *fehlerbehaftet* sind. Daneben entsteht hier das logische Problem, dass man den Grad der Annäherung an eine Wahrheit nur abschätzen kann, wenn man diese Wahrheit kennt, was natürlich in der Regel nicht der Fall ist. Wenn man eine solche Wahrheit kennt, müsste man sich ja nicht mit Approximationen begnügen. Ein ganz einfaches Beispiel (vgl. Psillos 2007, S. 12 f.) mag den Charakter *approximativer* Aussagen illustrieren: Die Aussage „Alfred ist 1,760 m groß“ ist falsch, wenn Alfred tatsächlich 1,761 m groß ist; aber die Aussage ist immerhin approximativ wahr. In den meisten Fällen ist in den Wirtschaftswissenschaften ein solcher Genauigkeitsgrad auch ausreichend. Wer muss schon ganz genau wissen, ob ein Marktanteil bei 20,0 % oder bei 20,1 % liegt oder ob das Wirtschaftswachstum bei 2,08 % oder bei 2,11 % liegt? Ein bekanntes entsprechendes Beispiel aus den Naturwissenschaften sind die Newton'schen Gravitationsgesetze, die zwar durch Einsteins Relativitätstheorie infrage gestellt wurden, aber dennoch weiter für entsprechende Berechnungen genutzt wurden, weil die Ergebnisunterschiede eben minimal sind. Weston (1992, S. 55) schlägt eine Formulierung vor, die gleichzeitig dem approximativen Charakter von Aussagen und dem für den WR typischen Fallibilismus entspricht: „Die vorliegenden Daten deuten darauf hin, dass die Theorie approximativ wahr ist.“

Dem entsprechend stellen sich dann einige der Begrenzungen von Aussagemöglichkeiten, wie sie im Zusammenhang mit der Induktion schon angesprochen worden sind, oder das Problem der „pessimistischen Induktion“ (siehe Abschn. 3.3) nicht mehr mit voller Schärfe. Der Begriff der approximativen Wahrheit ist immer wieder kritisch diskutiert und im Hinblick auf seine Konkretisierung infrage gestellt worden. Shelby Hunt (2011, S. 169) hat im Zusammenhang mit seinem „induktiv-realistischen“ Modell folgende Kennzeichnung entwickelt: „Es ist gerechtfertigt, eine Theorie (…) als approximativ wahr zu akzeptieren, wenn die empirischen Belege für diese Theorie ausreichend begründen, dass so etwas wie die spezifischen Gegenstände, deren Eigenschaften sowie die Beziehungen, Strukturen und Mechanismen, die von der Theorie postuliert werden, sehr wahrscheinlich in der Realität existieren (...)."

Zurück zu den zentralen *Charakteristika des WR:* Nach seiner – teilweise scharfen – Kritik am zeitweilig (im letzten Drittel des 20. Jahrhunderts) einflussreichen Relativismus vertrat Shelby Hunt (z. B. 1990, 2003, S. 170 ff.; 2010, S. 223 ff.; Hunt und Hansen 2010) auf der Basis der entsprechenden philosophischen Literatur (siehe z. B. die Übersichten bei Boyd 2002 und Hunt 2010) das Konzept des wissenschaftlichen Realismus als – in seiner Sicht – deutlich bessere Alternative und kennzeichnete diese Position durch vier Grundsätze, die hier jeweils kurz erläutert werden:

- **„Klassischer"** Realismus:

Es wird angenommen, dass eine Realität existiert, die unabhängig ist von der Wahrnehmung und Sichtweise des Betrachters. Psillos (2006, S. 688) spricht hier von der „metaphysischen These" (Metaphysik: „Titel für philosophische Untersuchungen, deren Erkenntnis- und Begründungsinteresse über die Natur hinausgeht"; Mittelstraß 1995, S. 870) des wissenschaftlichen Realismus in dem Sinne, dass die entsprechende Annahme („Die Welt hat eine gegebene denk-unabhängige Struktur.") jenseits des Erfahrungsbereichs liegt und nicht belegt oder gar bewiesen, sondern eher „geglaubt" werden kann – oder auch nicht.

Hintergrundinformation

Clark Glymour (1992, S. 106 f.) illustriert mit einem – natürlich erfundenen – Beispiel das Problem, warum die „metaphysische These" nicht belegt oder bewiesen werden kann:

„Hinsichtlich einer modernen Version des metaphysischen Skeptizismus bedenke man die Möglichkeit, dass man nur ein Gehirn in einem Behälter ist und dass alles, was man sieht, hört, schmeckt, riecht und fühlt, nicht real ist, sondern dass alle Gefühle dadurch entstehen, dass alle Stimulierungen der Sinne durch einen hochentwickelten Computer erzeugt werden. Unabhängig davon, was man im Lauf seines Lebens wahrnimmt, alle Wahrnehmungen werden sowohl mit der Hypothese, man sei nur ein Gehirn in einem Behälter, als auch mit der Hypothese, dass das nicht der Fall sei, übereinstimmen."

Im Hinblick auf die „metaphysische These" stimmt der WR mit dem kritischen Rationalismus überein und unterscheidet sich deutlich vom Relativismus/Konstruktivismus. Im Sinne des WR ist wissenschaftliche Forschung auf die Gewinnung von Erkenntnissen über eine denk-unabhängige Realität gerichtet. Damit wird es möglich, sich an das Ziel der Objektivität (siehe Abschn. 1.2) anzunähern und zu Erkenntnissen zu kommen, die im Sinne der Korrespondenztheorie der Wahrheit (siehe Abschn. 2.2) approximativ wahr sind.

Hintergrundinformation
Hier zwei Kennzeichnungen des philosophischen Inhalts des Realismus-Begriffs:

Rolf Brühl (2015, S. 68): „Realistische Positionen entsprechen unserer üblichen Alltagsintuition: Wir gehen davon aus, dass sich die Sachverhalte, die wir wahrnehmen, nicht in unserem Geist befinden, sondern dass sie tatsächlich existieren. Diese Grundannahme wird vom wissenschaftlichen Realisten geteilt, der jedoch darüber hinausgeht, indem er auch Entitäten, die wir nicht direkt wahrnehmen können, wie z. B. Atome, Moleküle oder die Unternehmenskultur, als real existierend annimmt."

Richard Boyd (1984, S. 42): „Die Realität, die von wissenschaftlichen Theorien beschrieben wird, ist weitgehend unabhängig von unserem Denken oder unseren theoretischen Ausrichtungen."

- **„Induktiver"** Realismus:

Wenn eine Theorie und die darin enthaltenen Aussagen sich *langfristig* und *oft* bei entsprechenden Tests und in praktischen Anwendungen bewähren, dann spricht offenbar vieles dafür, dass diese Aussagen mit relativ großer Wahrscheinlichkeit approximativ richtig sind, obwohl man natürlich keine Sicherheit erreichen kann. Hier wird auch erkennbar, dass eine möglichst große Zahl bestätigender empirischer Befunde das Vertrauen in eine wissenschaftliche Aussage stärkt (siehe Abschn. 2.5). Durch die Aufgabe des „fundamentalistischen Anspruchs" an die Sicherheit von Erkenntnissen wird der zentrale Einwand gegen induktive Schlussweisen hier unwirksam. Man nimmt also bei induktiven Schlussweisen eine gewisse Unsicherheit der Aussagen in Kauf, was sich auch im folgenden Gesichtspunkt der Fehlbarkeit niederschlägt. Der Grundsatz des induktiven Realismus ist der Ausgangspunkt für die Überlegungen, die zum induktiv-realistischen Modell von Shelby Hunt (siehe Abschn. 9.3.1) geführt haben. Aus diesem Grundsatz lassen sich auch direkt Konsequenzen für die Anlage und Durchführung empirischer Tests ableiten, beispielsweise hinsichtlich der Großzahligkeit von Untersuchungen und der Bedeutung von Replikationsstudien und Metaanalysen (Kuß und Kreis 2013). Letztlich ergibt sich daraus eine Forschungsstrategie, bei der man sich weniger auf einzelne Studien zur Überprüfung von Hypothesen ausrichtet, sondern eher auf einen *Prozess*, in dem durch eine größere Zahl von Untersuchungen (zu verschiedenen Zeitpunkten, unter verschiedenen Bedingungen, mit unterschiedlichen Methoden), aus deren zusammengefassten Ergebnissen mit einiger Sicherheit induktiv geschlossen werden kann (siehe dazu Cumming 2014 und auch Kap. 9).

Eine zentrale Idee des „induktiven Realismus" wird von Ernan McMullin (1984, S. 26) in einem Satz zusammengefasst: „Der grundlegende Anspruch, der vom wissenschaftlichen Realismus erhoben wird, besteht darin (…), dass der langfristige Erfolg einer wissenschaftlichen Theorie Grund für die Annahme gibt, dass etwas wie die von der Theorie unterstellten Gegenstände und Zusammenhänge tatsächlich existieren."

- **„Fehlbarer"** Realismus:

Vollständige Sicherheit, dass Wissen über die Realität zutrifft (etwa im Sinne einer logisch zwingenden Schlussweise), kann nicht erreicht werden. Auch hier geht der WR konform mit der Sichtweise des kritischen Rationalismus (s. o.), dass wissenschaftliche Aussagen typischerweise fehlbar sind (**„Fallibilismus"**) und sich in der Wissenschaftsgeschichte immer wieder auch (bei späteren Überprüfungen) als falsch gezeigt haben. Auch mit den Relativist*innen ergibt sich eine punktuelle Übereinstimmung, weil diese ja gerade die Unsicherheit von wissenschaftlichen Aussagen wegen deren unterstellter Kontextabhängigkeit betonen. Vertreter*innen des WR akzeptieren es durchaus, dass die Entstehung wissenschaftlicher Erkenntnisse durch politische, geistige, ökonomische etc. Rahmenbedingungen beeinflusst wird (siehe Abschn. 3.3), gehen aber *nicht* (wie Vertreter*innen des Relativismus) davon aus, dass wissenschaftliche Erkenntnis *umfassend* und *maßgeblich* durch den jeweiligen Kontext ihrer Entstehung bestimmt ist.

Hintergrundinformation

Der Kern des Fallibilismus wird von Gerhard Schurz (2014, S. 23) knapp charakterisiert:

„Der Annahme des Fallibilismus entsprechend ist jede wissenschaftliche Aussage mehr oder weniger fehlbar, so dass wir uns nie absolut sicher sein können, dass diese wahr ist, aber wir können deren Wahrheit als mehr oder weniger wahrscheinlich ansehen."

- **„Kritischer"** Realismus:

Eine der zentralen Aufgaben der Wissenschaft ist es, Aussagen über die Realität im Hinblick auf ihre Korrektheit infrage zu stellen, (empirisch) zu überprüfen und Wissen zu gewinnen, das der Realität möglichst gut entspricht. Aus dem oben (und im Abschn. 1.2) angesprochenen Fallibilismus und aus den Begrenzungen induktiver Schlussweisen (siehe Abschn. 2.5) ergibt sich eben die Aufgabe, „besseres" Wissen gegenüber dem bisherigen Stand durch fortlaufende kritische Infragestellung und neue Forschung zu gewinnen. Hier wird direkt an den kritischen Rationalismus angeknüpft, dessen Name ja schon diese Idee der laufenden *kritischen* Infragestellung beinhaltet. Gerhard Schurz (2014, S. 23) formuliert kurz und klar den entscheidenden Gedanken, dass „hinsichtlich der Wahrscheinlichkeit einer bestimmten Hypothese alles von der Durchführung empirischer Überprüfungen abhängt (…). Fallibilismus geht mit einer kritischen Einstellung Hand in Hand, der zufolge keine Aussage ein- für allemal von der Kritik ausgenommen werden darf."

In Abb. 3.1 sind die erläuterten vier Grundsätze des wissenschaftlichen Realismus und wesentliche Verbindungen zusammenfassend (natürlich vereinfachend) dargestellt. Es sei ausdrücklich betont, dass es bei dieser Darstellung nicht um Abläufe (z. B. einen Forschungsprozess) geht, sondern um gedankliche Verbindungen. Der WR ist also ausgerichtet auf die Einschätzung wissenschaftlicher Theorien. Der in der Abbildung dargestellte doppelseitige Pfeil zwischen der *unabhängig* von Wahrnehmung und Theorie existierenden Realität („klassischer Realismus") und entsprechenden Theorien soll andeuten, dass man in reifen Wissenschaften oft von einer approximativen Übereinstimmung ausgehen kann (→ approximative Wahrheit). Bei der Beurteilung einer Theorie stellt sich einerseits die Frage, in welchem Maße sich diese bei empirischen Überprüfungen und Anwendungen bewährt („induktiver Realismus"). Andererseits gilt der Grundsatz des Fallibilismus, dass sich eine bisher akzeptierte Theorie auch als falsch herausstellen kann („fehlbarer Realismus"). Beide Aspekte legen es nahe, eine Theorie – in der Regel auf empirischem Wege – wiederholt kritisch zu prüfen („kritischer Realis-

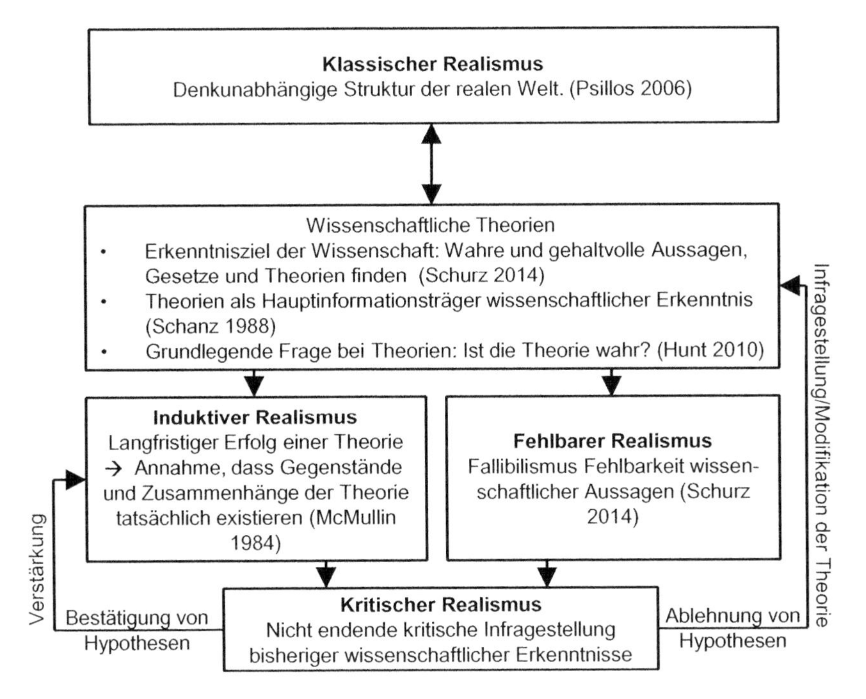

Abb. 3.1 Merkmale des wissenschaftlichen Realismus in schematischer Darstellung

mus“). Je nach Ergebnis solcher Prüfungen (Bestätigung oder Ablehnung entsprechender Hypothesen) kommt man zu einer Verstärkung der Akzeptanz der Theorie oder zur Infragestellung der Theorie bzw. zu deren Modifikation. Dieser Gesichtspunkt wird im Zusammenhang mit dem induktiv-realistischen Modell im Abschn. 9.3.1 wieder aufgegriffen.

Hintergrundinformation

Richard Boyd (2002, S. 1) fasst zentrale Ideen des WR kurz zusammen:

„Wissenschaftliche Realisten sind der Ansicht, dass Wissen über weitgehend theorieunabhängige Phänomene das typische Ergebnis erfolgreicher wissenschaftlicher Forschung ist und dass solches Wissen auch in den Fällen, in denen die relevanten Phänomene … nicht beobachtbar sind, möglich ist (und tatsächlich entsteht). Beispielsweise würde es der Sichtweise wissenschaftlicher Realisten entsprechen, dass man, wenn man ein gutes und aktuelles Chemie-Lehrbuch bekommt, guten Grund hat (weil die Wissenschaftler*innen, deren Arbeitsergebnisse in dem Buch zusammengefasst sind, gute wissenschaftliche Belege dafür hatten) anzunehmen, dass die darin enthaltenen Aussagen über Atome, Moleküle, Atomteile, Energie, Reaktionen etc. (approximativ) wahr sind. Darüber hinaus hat man guten Grund davon auszugehen, dass solche Phänomene die in dem Lehrbuch angegebenen Eigenschaften unabhängig von unseren theoretischen Ansätzen in der Chemie haben. Wissenschaftlicher Realismus ist deswegen eine Sichtweise des ‚gesunden Menschenverstandes‘ (…) in dem Sinne, dass unter Berücksichtigung der Tatsache, dass wissenschaftliche Methoden fehlbar sind und dass wissenschaftliche Erkenntnisse größtenteils approximativ sind, es gerechtfertigt ist, die am besten gesicherten Forschungsergebnisse zu akzeptieren.“

Für die Betriebswirtschaftslehre hat der WR Konsequenzen, die teilweise fast schon selbstverständlich geworden sind. So hat z. B. das über Jahrzehnte – in sozialwissenschaftlichen Untersuchungen und in der Praxis – erfolgreich angewendete Einstellungskonzept breite Akzeptanz gefunden. Der langfristige Erfolg der Einstellungstheorie spricht in diesem und in vielen anderen Beispielen für die Existenz der betreffenden Konzepte (→ „Einstellung") und Strukturen (z. B. Zusammenhang von Einstellung und Verhalten). Weiterhin entspricht die in der empirischen betriebswirtschaftlichen Forschung hauptsächlich angewendete *empirische Methodik* (siehe dazu die Kap. 6 bis 9) weitgehend den zentralen Ideen des WR (Homburg 2007, S. 34), weil ja Überprüfungen von Theorien auf Basis großer Fallzahlen wesentlich für die Entscheidung über Akzeptanz oder Ablehnung von Theorien sind. Letztlich ist zu beobachten, dass die Orientierung am WR zum *Vertrauen* in entsprechende Forschungsergebnisse beiträgt, weil in diesem Sinne relativ breit geteiltes Wissen entsteht und nicht nur mehr oder weniger subjektive („relativistische") Darstellungen von Wahrnehmungen und Einschätzungen der Realität. Dadurch entsteht Akzeptanz von Aussagen der Betriebswirtschaftslehre bei anderen Wissenschaftler*innen innerhalb und außerhalb der Disziplin, bei Studierenden und Praktiker*innen. Welche Verbindlichkeit und Relevanz sollten beispielsweise die akademische Lehre oder Gutachten in Promotionsverfahren haben, wenn man von einem weitgehend subjektiven Wissenschaftsverständnis ausginge? Zumindest im Begründungszusammenhang (siehe Abschn. 1.2) könnte man damit dem *Ziel* der Objektivität von Aussagen nicht gerecht werden.

3.3 Kritik am wissenschaftlichen Realismus

Bisher wurde der WR als Grundlage vieler der in diesem Buch wiedergegebenen Überlegungen nur durch seine zentralen Merkmale charakterisiert. In den folgenden Kapiteln wird darauf also Bezug genommen und einige weiterführende Gedanken und Anwendungen werden noch folgen. Es ist schon erkennbar geworden, dass sich der WR von anderen wissenschaftstheoretischen Ansätzen mehr oder weniger deutlich unterscheidet. Insofern überrascht es natürlich nicht, dass in der Wissenschaftstheorie eine entsprechend kritische Diskussion stattfand und stattfindet. Einige Ansatzpunkte für **Kritik** seien im vorliegenden Abschnitt kurz umrissen:

- Unterbestimmtheit von Theorien (mangelnde Eindeutigkeit der Beziehung zwischen Theorie und empirischen Ergebnissen)
- „Pessimistische Induktion" (Schluss von negativen Erfahrungen mit *früher* akzeptierten Theorien auf die Einschätzung *aktueller* Theorien)
- Nicht-Berücksichtigung von (noch) „nicht erdachten Alternativen" (Es könnte ja sein, dass Theorien denkbar wären, die der Wahrheit wesentlich näherkommen als die bisher existierenden Theorien, „an die wir bloß noch nicht gedacht haben" (Wiltsche 2013, S. 205)).
- Beeinflussung von Erkenntnissen durch sozialen bzw. historischen Kontext und „Theoriebeladenheit".

Unterbestimmtheit von Theorien
Diese Unterbestimmtheit bezieht sich auf das Problem, dass bestimmte Beobachtungen bzw. Konstellationen von Daten unterschiedliche theoretische Erklärungen erlauben und somit nicht die Wahrheit *einer bestimmten* (einzelnen) Theorie belegen können.

Definition James Ladyman (2002, S. 162) definiert *Unterbestimmtheit* kurz und prägnant:
„Eine Theorie ist durch Daten unterbestimmt, wenn die Daten nicht ausreichend sind, um festzulegen, welche von mehreren Theorien wahr ist."

Es kann ja durchaus sein, dass dieselben Ergebnisse von Beobachtungen mit mehreren Theorien verträglich sind. Wenn es aber so ist, dass mehrere alternative Theorien existieren, die bestimmte Beobachtungen/Daten auf unterschiedliche Weise erklären können, dann lässt sich so eben nicht mehr empirisch feststellen, welche dieser Theorien (approximativ) wahr ist (Psillos 1999, S. 162).

Man kann zwei Arten von Unterbestimmtheit unterscheiden (siehe dazu Stanford 2013), die hier (im Hinblick auf die Thematik dieses Buches) mit etwas enger fokussierten Begriffen bezeichnet werden als bei Stanford (2013, S. 2):

Definition

- **Alternativen-Unterbestimmtheit** bezeichnet die Fälle, in denen vorliegende Beobachtungen mit unterschiedlichen Theorien vereinbar sind, in denen die Beobachtungen also nicht eindeutig für *eine* bestimmte Theorie sprechen und die Wahrheit alternativer Theorien eben *nicht ausgeschlossen* werden kann.
- **Fehler-Unterbestimmtheit** kennzeichnet das Problem, dass die Bestätigung (bzw. Infragestellung) einer Theorie nach einer empirischen Untersuchung und Hypothesenprüfung nicht unbedingt durch die (gegebenenfalls mangelnde) Übereinstimmung der Theorie mit dem entsprechenden Ausschnitt der Realität bestimmt sein muss. Vielmehr kann es durchaus sein, dass ein solches Ergebnis durch (in der Regel nicht *vollständig* vermeidbare) *Fehler* bei den durchgeführten Beobachtungen (z. B. Messfehler, mangelnde Validität) zustande gekommen sein kann. Fehler-Unterbestimmtheit kann man auch als speziellen Fall der Alternativen-Unterbestimmtheit auffassen, wenn man die Erklärung eines Ergebnisses durch Untersuchungsfehler als eine Alternative zu der verwendeten Theorie ansieht.

Stanford (2013, S. 10) verdeutlicht den wesentlichen Unterschied zwischen beiden Arten der Unterbestimmtheit (bei Stanford: „contrastive" und „holist" underdetermination) durch folgende Gegenüberstellung: Typisch für *Alternativen-Unterbestimmtheit* ist eine Situation, in der Beobachtungen vorliegen, die nicht durch nur *eine* bestimmte Theorie erklärt werden können. Bei *Fehler-Unterbestimmtheit* ist der Ablauf anders: Nach der empirischen Überprüfung einer Theorie verbleibt immer noch Unsicherheit, ob die Ergebnisse hinreichend valide sind, um ausreichend sichere Aussagen hinsichtlich der Bewährung der Theorie zu machen.

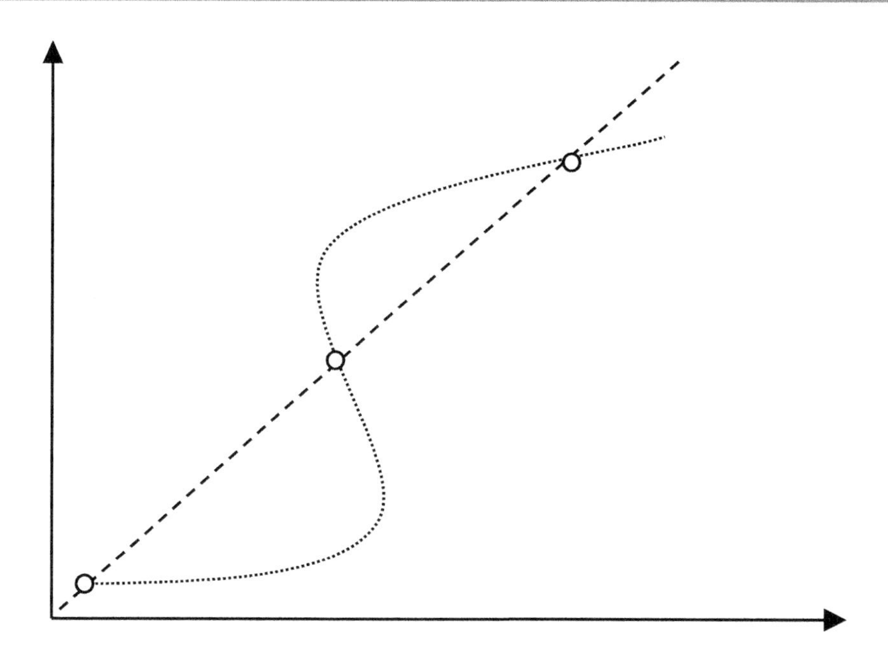

Abb. 3.2 Unterbestimmtheit von Theorien durch Daten. (Nach Phillips und Burbules 2000, S. 18)

Ein anschauliches Beispiel für *„Alternativen-Unterbestimmtheit“* ist das so genannte „curve fitting problem“, das durch die Abb. 3.2 illustriert wird (siehe dazu auch Phillips und Burbules 2000, S. 17 ff.; Newton-Smith 2000). Man erkennt darin deutlich, dass eine bestimmte Menge von Messwerten unterschiedliche Deutungen (→ Theorien) der Art eines vorliegenden Zusammenhanges zulässt, in diesem einfachen Beispiel eine lineare und eine (bzw. viele) nicht lineare. Generell gilt, dass keine endliche Datenmenge nur durch eine einzige Funktion beschrieben werden kann (Stanford 2013). In der Physik findet man ein historisches Beispiel mit Theorien zur Gravitation, bei der zahlreiche Beobachtungen sowohl im Sinne von Newton als auch im Sinne von Einstein erklärt werden können. Ein Beispiel aus der Betriebswirtschaftslehre wäre die Erklärung einer Kaufentscheidung durch neoklassische, kognitiv-psychologische oder neurowissenschaftliche Theorien.

Grundlage der Alternativen-Unterbestimmtheit ist das Problem der „empirischen Äquivalenz“, d. h. dass „alternative Theorien genau die gleichen empirischen Voraussagen machen und diese deswegen nicht durch eine mögliche Menge von Beobachtungen mehr oder weniger gestützt werden können“ (Stanford 2013, S. 11). Allerdings kann man sich die Frage stellen, ob einzelne Beispiele aus der Wissenschaftsgeschichte ausreichen, um *generell* von einem relevanten Problem empirischer Äquivalenz zu sprechen. Häufig ist das Problem *vorliegender* alternativer Theorien wohl eher hypothetisch, weil Forschende sich oft damit begnügen, dass sie *eine* plausible und aussichtsreche Theorie für einen Sachverhalt finden und weiterverfolgen. Auch wenn Alternativen existieren sollten, kann man wohl nicht davon ausgehen, dass diese gewissermaßen gleich relevant sind (Okasha

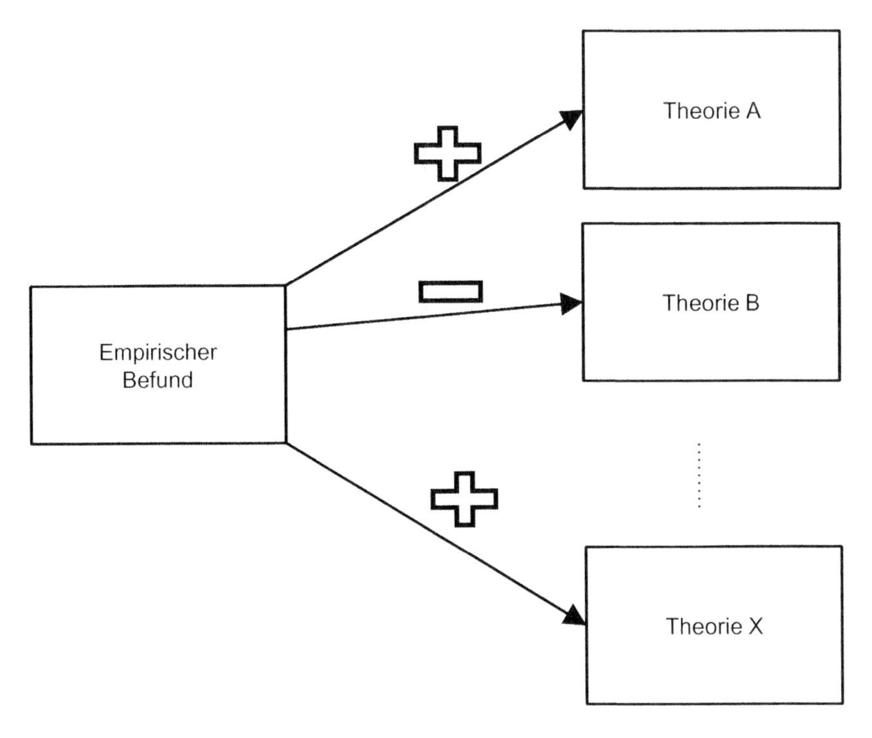

Abb. 3.3 Verträglichkeit eines empirischen Befundes mit alternativen Theorien (Alternativen-Unterbestimmtheit)

2002, S. 72 f.), weil ja empirische Bewährung sicher ein wichtiges, aber nicht das einzig relevante Beurteilungskriterium ist (siehe Abschn. 5.1). Abb. 3.3 illustriert das Problem der Alternativen-Unterbestimmtheit mit einem Beispiel, bei dem ein empirischer Befund zwei verschiedenen Theorien gleichzeitig entspricht.

Das Problem, dass empirische *Daten typischerweise fehlerbehaftet* (durch Messfehler, Stichprobenfehler etc.) sind, existiert natürlich auch in der Perspektive des WR. „*Fehler-Unterbestimmtheit*" bezieht sich also auf das Problem, dass die Ablehnung bzw. Annahme einer wissenschaftlichen Hypothese nicht unbedingt durch die Falschheit bzw. Richtigkeit der entsprechenden Theorie begründet sein muss. Es kann also durchaus sein, dass die Ablehnung (bzw. Bestätigung) einer Theorie „voreilig" wäre, weil der Grund der Nicht-Bestätigung (bzw. Bestätigung) einer daraus abgeleiteten Hypothese eher in den Mängeln der empirischen Untersuchung als in der Theorie zu sehen ist. Dieses Problem entspricht der sogenannten **Duhem-These** (Duhem 1954; erste Ausgabe von 1906), nach der Voraussagen einer Theorie (→ Hypothesen) immer an die Gültigkeit von begleitenden Annahmen, z. B. über die Messeigenschaften der verwendeten Untersuchungsmethoden, gebunden sind. „Wenn die Voraussage nicht eintrifft, dann können wir daraus logisch nur schließen, dass *entweder* die begleitenden Annahmen nicht zutreffen *oder* dass die Theorie falsch ist" (Psillos 2007, S. 71); siehe auch Abb. 3.4.

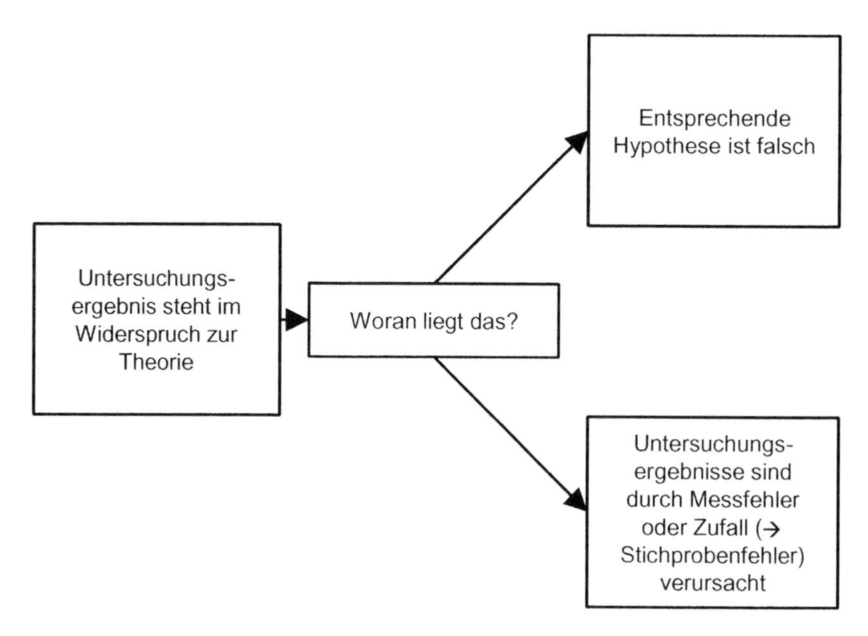

Abb. 3.4 Illustration zur Fehler-Unterbestimmtheit

Streng genommen würde die Möglichkeit, dass man nicht mit Sicherheit sagen kann, ob eine Hypothese *falsch* ist oder ob diese Hypothese *aufgrund von Messfehlern abgelehnt* wurde, dazu führen, dass eine Aussage letztlich nicht falsifizierbar ist.

Hintergrundinformation

Pierre Duhem (1954; zitiert nach Curd, Cover und Pincock 2013, S. 233) hat seine These knapp zusammengefasst:

„Zusammenfassend gesagt, kann der Physiker niemals eine isolierte Hypothese einem experimentellen Test unterwerfen, sondern nur eine ganze Gruppe von Hypothesen; wenn das Experiment nicht mit den Vorhersagen übereinstimmt, dann stellt man fest, dass mindestens eine der Hypothesen dieser Gruppe nicht akzeptabel ist und modifiziert werden sollte; aber das Experiment zeigt nicht, welche verändert werden sollte."

Der wichtigste Ansatz zur Reduktion dieses Problems ist – unabhängig von der wissenschaftstheoretischen Position – die Entwicklung und Anwendung geeigneter Methoden. **Reliabilität** und insbesondere **Validität** von Messungen (siehe dazu Kap. 6) spielen deshalb für die empirische betriebswirtschaftliche Forschung eine *zentrale Rolle.* Beim WR kommt ein Gesichtspunkt hinzu, der das Problem nicht löst, aber „entschärft". Dieser beruht auf der beim WR typischen induktiven Schlussweise, dass eine *Vielzahl* von empirischen Ergebnissen, die eine Theorie bestätigen, dafür spricht (aber nicht beweist!), dass diese Theorie (weitgehend) wahr ist („induktiver Realismus"). Wenn also eine größere Zahl entsprechender Untersuchungsergebnisse die Grundlage für die Akzeptanz von Theorien ist, dann kann man in vielen Fällen davon ausgehen, dass diese Ergebnisse nicht alle in der „gleichen Richtung" fehlerbehaftet sind, sondern dass sich Abweichungen durch Untersuchungsfehler in gewissem Maße neutralisieren. Das gilt insbesondere dann, wenn die verschiedenen Untersuchungen von verschiedenen Forscher*innen, in verschiedenen Kontexten (also unter verschiedenen sozialen, geistigen ökonomischen Rahmenbedingungen) und mit verschiedenen Methoden durchgeführt wurden. Dazu sei hier auf Kap. 9 verwiesen.

Welche *Probleme* resultieren nun aus den skizzierten beiden Facetten der Unterbestimmtheit für den WR? Zunächst wird die induktive Schlussweise des WR infrage gestellt: Wenn man empirische Bestätigungen für eine Theorie findet (bzw. zu finden glaubt), dann könnte es ja sein, dass diese Ergebnisse ebenso eine andere (vielleicht noch „nicht erdachte", s. u.) Theorie bestätigen (→ *Alternativen-Unterbestimmtheit*). Mit der *Fehler-Unterbestimmtheit* geht der Zweifel an der Aussagekraft empirischer Ergebnisse einher: Fehlerbehaftete empirische Untersuchungen schränken eben die Möglichkeiten ein, von deren Ergebnissen auf die Wahrheit der entsprechenden Theorie bzw. Hypothesen schließen zu können. Einerseits sind empirische Untersuchungen wohl immer mehr oder minder fehlerbehaftet. Andererseits ist ein großer Teil der Methodenforschung und auch der Anstrengungen von Forschern bei empirischen Untersuchungen darauf gerichtet, den Einfluss von Fehlern auf Untersuchungsergebnisse zu minimieren (z. B. durch experimentelle Designs (siehe Kap. 8) oder durch Reliabilitäts- und Validitätsprüfungen (siehe Kap. 6)). Weiterhin unterliegen Forschungsergebnisse typischerweise der kritischen Evaluierung in Reviewprozessen und durch den organisierten Skeptizismus des Wissenschaftssystems (siehe Abschn. 1.1.1).

Sollte eine der beiden Arten der Unterbestimmtheit (oder beide) wesentlichen Einfluss auf die Ergebnisse der Theorieprüfung haben, dann stünde natürlich der induktive Schluss auf eine approximative Wahrheit der untersuchten Theorie auf wackeligen Füßen.

Wenn die Bewährung einer Theorie durch empirische Ergebnisse nicht eindeutig bestimmt werden kann, dann stellt sich die Frage, welche anderen Faktoren die Akzeptanz einer Theorie beeinflussen könnten. Spielt vielleicht hier die von Relativist*innen (siehe Abschn. 3.2) vermutete Kontextabhängigkeit von Erkenntnissen die entscheidende Rolle? Das kann man aus einer Unterbestimmtheit sicher nicht folgern, weil damit nichts über andere Einflussfaktoren bei der Entscheidung über die Akzeptanz einer Theorie gesagt wird (Stanford 2013). Die These von der Unterbestimmtheit von Theorien lässt es eben völlig offen, ob z. B. gesellschaftliche oder ganz andere Einflüsse die Theorie-Wahl maßgeblich bestimmen. So könnte es sein, dass Theorien bevorzugt werden, deren Überprüfung mit den zur Verfügung stehenden Methoden und Instrumenten gut möglich ist. Beispielsweise könnten die Begrenzungen der gängigen empirischen Methoden bei der Untersuchung von Prozessen und Interaktionen zur Folge haben, dass entsprechende Theorien weniger beachtet werden. Vonseiten des WR ist auch einzuwenden, dass die Akzeptanz einer Theorie ja nicht von einer einzelnen empirischen Überprüfung abhängt, sondern eher von einer größeren Zahl „empirischer Erfolge" (siehe induktiv-realistisches Modell im Abschn. 9.3.1). Mit zunehmender Zahl von Untersuchungen sinkt tendenziell die Abhängigkeit von den fachlichen und weltanschaulichen Prägungen einzelner Forscher*innen.

„Pessimistische Induktion" (negative wissenschaftshistorische Erfahrungen)
Hier bezieht man sich auf die historische Erfahrung, dass sich immer wieder in der weiter zurückliegenden Vergangenheit akzeptierte und erfolgreiche Theorien später als falsch gezeigt haben (z. B. Devitt 2008, S. 232 f.). So hat Larry Laudan (1981) eine Liste von Theorien aus den Naturwissenschaften erstellt, die zeitweilig akzeptiert und gut bestätigt schienen, aber später verworfen werden mussten. „Trifft Laudans Analyse zu, dann gibt es unzählige Beispiele für Theorien, die zwar prognostisch und praktisch-technologisch erfolgreich waren, die aber gleichzeitig an zentraler Stelle von Termen Gebrauch machen, die nach heutigem Wissensstand auf nichts in der Welt referieren" (Wiltsche 2013, S. 199). In der Betriebswirtschaftslehre erinnert man sich vielleicht noch an die mikroökonomisch geprägte Preistheorie oder das AIDA-Modell der Werbewirkung, beides theoretische Ansätze, die heute weder Beachtung noch Akzeptanz finden.

Definition Das Argument der *„pessimistischen Induktion"* bezieht sich auf einen induktiven Schluss von (teilweise oder nur vereinzelt) negativen Erfahrungen mit früheren Theorien auf die Einschätzung heutiger Theorien: Wenn ein erheblicher Teil früher akzeptierter Theorien sich zunächst *nur scheinbar*, aber *nicht dauerhaft* bewährt haben, dann müsste man auch bei heute aktuellen (anscheinend oder nur scheinbar) gut bestätigten Theorien damit rechnen, dass diese keinen Bestand haben werden.

Nun wird von Vertreter*innen des WR ja keineswegs der Anspruch erhoben, dass bewährte Theorien *immer* (approximativ) der Wahrheit entsprechen; Fallibilismus wird ja ausdrücklich akzeptiert (s. u.). Es wird aber von dieser Seite davon ausgegangen, dass die (weitgehende) Übereinstimmung von Theorie und Realität sehr häufig oder deutlich überwiegend auftritt (Vickers 2018), aber keineswegs *ausschließlich* der Fall ist. Die Kritik am WR mit dem Argument der „pessimistischen Induktion" wäre also am ehesten berechtigt, wenn tatsächlich das Scheitern früher akzeptierter Theorien in der Wissenschaft eher den Regelfall als den Ausnahmefall darstellen würde (Psillos 1999, S. 105). Es sei daran erinnert (siehe Abschn. 2.5), dass ein Wesensmerkmal der Induktion darin besteht, dass man von einer *großen Zahl* von Beobachtungen ausgehend generalisiert. In der Literatur werden zwar diverse Negativ-Beispiele genannt (insbesondere von Laudan 1981), es gibt aber keine umfassende bzw. repräsentative Untersuchung dazu, auch wegen der damit verbundenen methodischen und forschungspraktischen Probleme (Dicken 2016, S. 100 ff.). Wenn man die Fülle und Vielfalt erfolgreich angewandter Theorien betrachtet, wie sie im Abschn. 3.2 im Zusammenhang mit dem Wunderargument angesprochen wurden, dann müsste man wohl eine erhebliche Anzahl von Negativ-Beispielen finden, um eine pessimistische Induktion von solchen Beispielen auf eine *generelle* Ablehnung des Realismus zu begründen.

Hintergrundinformation
Harald Wiltsche (2013, S. 200) spitzt die Argumentation der pessimistischen Induktion unter Bezugnahme auf das Wunderargument (siehe Abschn. 3.2) in folgender Weise zu:

„Die pessimistische Meta-Induktion verkehrt (…) die Pointe des *no miracles*-Arguments in sein Gegenteil: Nimmt man den wissenschaftsgeschichtlichen Verlauf zur Kenntnis, dann ist nicht Erfolg ohne Wahrheit ein unerklärliches Wunder. Was angesichts des historischen *track records* wirklich ein Wunder wäre, sind Theorien, denen *nicht* dasselbe Schicksal blüht, das den Theorien auf Laudans Liste beschieden war."

Michael Devitt (2011) hat mit anderem Schwerpunkt die Schlussweise der pessimistischen Induktion kritisiert und auf diese Weise den Ansatz des Realismus verteidigt. Zunächst hebt er hervor, dass aktuellere Theorien erfolgreicher als ältere Theorien seien und man deswegen nicht direkt von lange zurückliegenden Misserfolgen in der Wissenschaftsgeschichte auf die Gegenwart schließen könne. In diesem Zusammenhang sei in Erinnerung gerufen, dass sich der WR ja auf *reife* Wissenschaften bezieht (siehe Abschn. 3.2). Damit einher geht der Gesichtspunkt, dass sich wissenschaftliche Forschungsmethoden im Zeitablauf entwickelt und verbessert haben. Misserfolge aus vergangenen Jahrzehnten oder Jahrhunderten können vor diesem Hintergrund nicht unverändert die Erwartungen an den Erfolg aktueller Wissenschaft bestimmen.

Hintergrundinformation

Michael Devitt (2011, S. 290) fasst seine Position kurz zusammen:

„Verbesserungen in der Forschungsmethodik machen es viel schwerer, gegen den wissenschaftlichen Realismus zu argumentieren als es schien. Beim Verweis auf historische Beispiele müsste nicht nur gezeigt werden, dass wir fast immer mit unseren Vermutungen über nicht beobachtbare Phänomene falsch lagen, sondern auch, dass wir unabhängig von methodologischen Verbesserungen nicht zu wesentlich wahreren Aussagen gekommen sind. Es scheint mir äußerst unwahrscheinlich, dass dieses der Fall ist."

Das Problem der pessimistischen Induktion stellt sich ohnehin nur mit voller Schärfe vor dem Hintergrund eines früher in der Wissenschaft üblichen **„fundamentalistischen"** (Phillips und Burbules 2000, S. 5 ff.; Schurz 2014, S. 3) Anspruchs auf sichere Aussagen. „Bis zum Ende des 19. Jahrhunderts waren alle wichtigen philosophischen Theorien des Wissens (‚Epistemologien') fundamentalistisch. Es erschien als eindeutig, dass eine Sache mit Sicherheit etabliert sein musste, um als ‚Wissen' bezeichnet zu werden…" (Phillips und Burbules 2000, S. 5 f.). Nun mag dieser Anspruch für einige naturwissenschaftliche Disziplinen über lange Zeit gegolten haben, aber zumindest in der empirischen betriebswirtschaftlichen Forschung hat man sich daran weniger orientiert. Hier war schon durch die Schlussweisen der Inferenzstatistik und die immer mögliche Fehlerhaftigkeit von Messungen (z. B. bei Fragebögen) klar, dass Untersuchungsergebnisse und Theorien immer mit Unsicherheit und/oder Fehlern behaftet sind. Im Zusammenhang mit dem WR ist schon deutlich geworden, dass dabei generell ein „fundamentalistischer" Anspruch für die Wissenschaft nicht mehr erhoben wird, sondern vom Fallibilismus wissenschaftlicher Erkenntnis (siehe dazu die Abschn. 1.2 und 3.2) ausgegangen wird. Vor diesem Hintergrund kann eine begrenzte Zahl von in früheren Zeiten akzeptierten Theorien, die sich später als falsch herausstellten, den Ansatz des WR nicht grundsätzlich infrage stellen.

„Nicht erdachte Alternativen" und die Option des Instrumentalismus
Vorstehend sind die Einwände gegen den WR, die entweder auf dem Argument der Unterbestimmtheit oder dem der pessimistischen Induktion beruhen, eher skeptisch beurteilt worden, weil verschiedene Überlegungen und Erfahrungen es nahelegen, dass beide Einwände nur in einem geringen Anteil der Fälle zum Tragen kommen und deswegen weniger relevant wären. Vor diesem Hintergrund hat Kyle Stanford (2006) durch eine neuartige Sichtweise beide Argumente – Unterbestimmtheit und pessimistische Induktion – mit dem Problem der „unconceived alternatives" (von Harald Wiltsche (2013, S. 205) übersetzt als „nicht erdachte Alternativen") in Verbindung gebracht. Diese neue Sichtweise hat in der Wissenschaftsphilosophie einige Beachtung gefunden und Diskussionen ausgelöst (siehe z. B. Saatsi 2009; Psillos 2009; Stanford 2009).

Mit **„nicht erdachten Alternativen"** ist gemeint, dass im Forschungsprozess weitere – im Wortsinne – *denkbare* theoretische Alternativen oft nicht mehr „erdacht" werden, wenn schon ein vielversprechender Ansatz vorliegt, der dann allein weiterverfolgt wird. Ein kurzer Blick auf betriebswirtschaftliche Publikationen zeigt, dass eine umfassende und vergleichende (noch nicht einmal vollständige) Analyse einer Vielzahl von möglichen Erklärungen bzw. Theorien für einen bestimmten Untersuchungsgegenstand allenfalls eine seltene Ausnahme darstellt. Typisch sind eher Untersuchungen, bei denen ein einzelner Ansatz empirisch getestet wird oder sehr wenige Ansätze verglichen werden. Diese Fokussierung auf ein sehr enges Theorie-Spektrum dürfte auch durch Motivation von und Anreize für Forscher*innen begründet sein. Häufig sind Forscher*innen von einer bestimmten Idee oder Hypothese überzeugt und streben vor allem danach, *diese* auszuarbeiten und zu testen. Die Anreize (Karrierechancen, Reputation) im Wissenschaftssystem (siehe Abschn. 10.1) begünstigen auch eher eng fokussierte, innovative und tiefgehende Arbeiten, die in angesehenen Zeitschriften publiziert werden können, gegenüber breiter angelegten Studien, die diverse Theorie-Ansätze diskutieren. Letztlich spielen hier sicher auch die begrenzten Ressourcen (nicht zuletzt Zeit) eine Rolle. Im Ergebnis geht Stanford (2006) also davon aus (und präsentiert dafür auch einige naturwissenschaftliche Beispiele), dass ein erheblicher Teil *denkbarer* und möglicherweise erfolgreicher Theorien im Prozess der Theorie-Entwicklung keine Rolle spielt, weil sie eben gar nicht erst „erdacht" worden sind und ein entsprechender Theorie-Entwurf nicht entstanden ist.

Hintergrundinformation
Harald Wiltsche (2013, S. 5) fasst die zentrale Idee des Problems nicht erdachter Alternativen in zwei Sätzen zusammen:

„Weil sich aus wissenschaftsgeschichtlicher Perspektive zeigt, dass Wissenschaftler üblicherweise nur einen Bruchteil der theoretischen Möglichkeiten ausschöpfen, haben wir Grund zur Annahme, dass dies auch heute so ist. Trifft dieses Argument zu, dann gibt es zu unserer aktuellen Naturwissenschaft Alternativen, an die wir bloß noch nicht gedacht haben."

Was folgt aus dieser recht überzeugend begründeten, aber empirisch (bisher) eher schwach belegten These von Kyle Stanford? Danach müsste es typischerweise deutlich mehr denkbare (bzw. „erdenkbare") alternative Theorien zu einem Forschungsgegenstand geben als bisher verwendet wurden. Wenn man die Menge der *existierenden* Theorien mit ET bezeichnet und die (unbekannte) Menge *denkbarer* Theorien mit DT, dann kann man nicht wissen, ob die (möglicherweise noch nicht bekannte) Theorie, die der approximativen Wahrheit am besten entspricht, Element von ET oder von DT ist. Es kann also durchaus sein, dass Theorien aus DT, die vielleicht später einmal „erdacht" werden, sich als überlegen erweisen und die bis dahin verwendeten Theorien (aus ET) ersetzen. Das wäre ein Fall, der der *pessimistischen Induktion* entspricht. Daneben ist es möglich, dass Theorien aus DT zu gleichen empirischen Ergebnissen führen wie die schon bekannten Theorien aus ET; das wäre ein Fall, in dem *Unterbestimmtheit* gegeben ist.

Hintergrundinformation

Kyle Stanford (2006, S. 23) kennzeichnet das durch „nicht erdachte Alternativen" entstehende Problem:

„Das Problem nicht erdachter Alternativen führt zu der Sorge, dass es Theorien gibt, die wir als Konkurrenten für unsere besten Interpretationen der Realität ernst nehmen sollten und/oder würden, wenn wir von ihnen wüssten. Diese könnten sich offensichtlich positiv davon abheben, sind aber von der Konkurrenz ausgeschlossen, nur, weil wir sie nicht erdacht oder erwogen haben."

Vorstehend sind die Probleme der Unterbestimmtheit von Theorien und der pessimistischen Induktion vor dem Hintergrund wissenschaftshistorischer Erfahrungen betrachtet worden. Es zeigte sich, dass sich deren Relevanz wohl auf eine deutliche Minderheit von Fällen (bzw. Beispielen) beschränkte. Stanfords Ausrichtung auf „nicht erdachte Alternativen" führt aber zu einer wesentlich breiteren Perspektive. Diese durchaus plausible Betrachtungsweise könnte zur Folge haben, dass Unterbestimmtheit und pessimistische Induktion weitaus größere Bedeutung hätten, wenn man mehr über Menge und Relevanz bisher „nicht erdachter Alternativen" wüsste. Sollte der davon ausgehende Einfluss stark sein, dann wäre der Anspruch des WR, weitgehend approximativ wahre Aussagen über die Realität zu machen, ernsthaft infrage gestellt. Vor einer solchen wissenschaftstheoretischen Neu-Ausrichtung würde man wohl abwarten, ob sich Stanford's Sichtweise deutlicher bestätigt und Akzeptanz findet.

Für den Fall, dass dieser Anspruch des WR nicht mehr aufrechterhalten werden kann, verweist Stanford (2006, S. 188 ff.) auf einen „Ausweg", der in der Wissenschaftstheorie unter der Bezeichnung **„Instrumentalismus"** lange bekannt ist. Er bleibt damit bei der Ausrichtung, dass sich Wissenschaft (im Gegensatz zum Konstruktivismus, siehe Abschn. 3.1) an der Realität zu orientieren und auch Anwendungen wissenschaftlicher Erkenntnis zu ermöglichen habe; aber der Anspruch auf approximative *Wahrheit* wird dabei nicht erhoben. Die zentrale Idee des Instrumentalismus besteht darin, „dass sogar unsere besten wissenschaftlichen Theorien einfach Hilfsmittel bzw. Instrumente sind, um empirische Vorhersagen zu machen und um weiteren praktischen Zwecken zu dienen" (Stanford 2006, S. 189). In dieser Perspektive hebt auch Rowbottom (2018, S. 84) hervor, dass Theorien vor allem Hilfsmittel sind, und dass beobachtbare Phänomene die Basis für entsprechende Aussagen sind. Eine besonders knappe Formulierung verdanken wir Harold Kincaid (2008, S. 595): „Der Instrumentalismus behauptet, dass die Aufgabe von Theorien nicht darin besteht zu erklären, sondern vorherzusagen ... ". Einen Eindruck davon verschafft die (vor diesem Hintergrund wohlbegründete) Vorgehensweise in der betrieblichen Praxis, große Datenmengen (→ Big Data) zu nutzen, um (theorielos!) bestimmte Muster zu erkennen und Verhaltensweisen zu prognostizieren.

Hintergrundinformation

In den Wirtschaftswissenschaften hat eine entsprechende Sichtweise von Milton Friedman (1953, nachgedruckt 2008) schon früh eine gewisse Prominenz erlangt. Friedman äußert deutlich, dass es in seiner Sicht nicht darauf ankomme, dass eine Theorie weitgehend der jeweiligen Realität entsprechen bzw. (korrespondenztheoretisch) wahr sein solle, sondern dass die Theorie gut geeignet sein solle, um brauchbare Prognosen für interessierende Phänomene (z. B. Wachstum, Arbeitslosenquote) zu generieren. Friedman ist im Hinblick auf die Treffsicherheit ökonomischer Prognosen wohl recht optimistisch; angesichts der Erfahrungen im Zusammenhang mit der Finanzkrise 2008, mit der Einschätzung der Entwicklung von Arbeitslosigkeit bei der Einführung des Mindestlohns in Deutschland oder bei den jährlichen Wachstumsprognosen wird vielleicht nicht jeder bzw. jede diesen Optimismus teilen.

Hier zwei entsprechende Zitate von Milton Friedman:

„Volkswirtschaftslehre als Realwissenschaft umfasst eine Menge vorläufig akzeptierter Generalisierungen über ökonomische Phänomene, die genutzt werden können, um die Konsequenzen der Änderungen von Bedingungen *vorherzusagen.*" (S. 171)

„Eine Theorie kann nicht dadurch getestet werden, dass man ihre ‚Annahmen' direkt mit der ‚Realität' vergleicht. In der Tat gibt es keinen sinnvollen Weg, um das zu tun. Vollständiger ‚Realismus' ist natürlich nicht erreichbar und die Frage, ob eine Theorie ‚genug' realistisch ist, kann nur beantwortet werden, wenn man feststellt, ob sie zu *Vorhersagen* führt, die gut genug sind für den gegebenen Zweck oder dass die *Vorhersagen* besser sind als die anderer Theorien." (S. 172)

Die Hervorhebungen stammen von den Autoren des vorliegenden Buches.

Wenn man sich gegen den WR und für den Instrumentalismus entscheiden sollte, dann gibt man damit den Anspruch der Suche nach und Annäherung an Wahrheit zum großen Teil auf. Das mag man für notwendig halten, wenn man Stanfords (2006) Argumente hinsichtlich „nicht erdachter Alternativen" für überzeugend hält und daraus die Konsequenzen zieht. Allerdings kann man nicht davon ausgehen, dass der noch relativ junge Ansatz von Stanford (2006) bereits breit akzeptiert ist.

Beim Instrumentalismus müsste man auch einige gewichtige Einschränkungen der wissenschaftlichen Aussagemöglichkeiten in Kauf nehmen, die Harold Kincaid (2008, S. 595) folgendermaßen beschreibt:

„Es gibt einige ziemlich überzeugende Einwände gegen den Instrumentalismus und diese sind auch relevant für alle seine Anwendungen in den Sozialwissenschaften. Wir wünschen uns Theorien, die uns erklären, *warum* bestimmte Dinge passieren, und nicht nur aussagen, was geschehen wird. Wir wollen wissen, ob erfolgreiche Vorhersagen aus der Vergangenheit auch in der Zukunft gelten, und wir wollen Belege dafür, dass ein bestimmtes Modell sich wirklich auf die tatsächlichen Ursachen der beobachteten Phänomene bezieht."

Im Hinblick auf die entsprechende *Methodologie,* um die es in diesem Buch ja wesentlich geht, dürften die Unterschiede nicht sehr groß sein. Die Theorie-Orientierung der Forschung (siehe z. B. hypothetisch-deduktive Methode in Abschn. 5.2) würde wohl weniger Bedeutung haben, auf der anderen Seite würden empirische Generalisierungen (siehe Abschn. 4.3.4) vermutlich größeres Gewicht bekommen. Insgesamt bliebe der methodische Schwerpunkt empirischer betriebswirtschaftlicher Forschung auch bei einer wissenschaftstheoretischen Position des Instrumentalismus voraussichtlich bei großen Fallzahlen, standardisierten Messinstrumenten, statistischen Methoden etc.

Beeinflussung von Erkenntnissen im sozialen/historischen Kontext und Theoriebeladenheit

In der Wissenschaftsgeschichte findet man immer wieder Beispiele für wechselnde „Weltanschauungen" und daraus resultierende ganz unterschiedliche theoretische Bilder der jeweils interessierenden Teile der Realität. Darauf ist im vorigen Abschn. 3.2 im Zusammenhang mit dem Relativismus schon eingegangen worden. Verbreitet sind auch gesellschaftliche Einflussnahmen auf Wissenschaftler und Wissenschaftlerinnen und deren materielle Abhängigkeiten. Wegen der im Abschn. 1.1 schon angesprochenen besonderen Reputation und Glaubwürdigkeit von Wissenschaft kommt es immer wieder zu Versuchen, wissenschaftliche Erkenntnisse zu beeinflussen und bestimmten Interessen unterzuordnen (siehe dazu auch Abschn. 1.1.2).

Beispiel

Hier einige Beispiele für Versuche, wissenschaftliche Erkenntnis bestimmten Interessen unterzuordnen:

- Über Jahrhunderte konnte man Versuche religiöser Organisationen beobachten, Wissenschaft zu beeinflussen, ebenso wie sich heute in den USA sogenannte Kreationisten bemühen, die biblische Schöpfungsgeschichte in der schulischen Bildung an die Stelle der Evolutionstheorie nach Darwin treten zu lassen und damit erstere als wissenschaftlich begründet erscheinen zu lassen (siehe z. B. Bird 1998, S. 2 ff.).
- Ein – aus heutiger Sicht etwas bizarr wirkendes – Beispiel aus dem 20. Jahrhundert ist der gescheiterte Versuch des sowjetischen Biologen Trofim Lyssenko, im ideologischen Interesse der kommunistischen Partei genetische Theorien zu entwickeln, die die Vererbbarkeit von Eigenschaften, die Lebewesen während ihres Lebens erworben haben, wissenschaftlich begründen.
- Lobbyist*innen versuchen, ihren Auffassungen Gewicht zu verleihen, indem sie wissenschaftliche Analysen in Auftrag geben (und bezahlen), die zu „passenden" Ergebnissen führen (siehe z. B. www.lobbycontrol.de).
- Heute spielen im Wissenschaftssystem vielfach Drittmittel von privater oder staatlicher Seite eine erhebliche Rolle. Auch dabei ist natürlich ein Einfluss auf Schwerpunkte und Ergebnisse von Forschung nicht auszuschließen. ◀

Das Problem der externen Beeinflussung wissenschaftlicher Erkenntnisse (**Kontexteinflüsse**) besteht unabhängig von wissenschaftstheoretischen Positionen. Im Gegensatz zu Relativist*innen gehen Vertreter des WR aber *nicht* davon aus, dass wissenschaftliche Aussagen *generell und entscheidend* durch gesellschaftliche, politische, geistige und ökonomische Rahmenbedingungen bzw. durch Paradigmen maßgeblich *geprägt* werden. Solche – mehr oder weniger begrenzten – Einflüsse sind aber sicher nicht auszuschließen, insbesondere dann, wenn angewandte Forschung Interessen von gesellschaftlichen Gruppen berührt. Dieser Aspekt wird deshalb in der jüngsten Version des induktiv-realistischen Modells von Shelby Hunt (siehe Abschn. 9.3.1) explizit berücksichtigt.

Das Problem der **Theoriebeladenheit** bezieht sich darauf, dass Wahrnehmungen der Realität und deren Interpretationen typischerweise vom Vorwissen des Beobachters, seinen theoretischen Annahmen, Hypothesen etc. *beeinflusst* werden. Beispielsweise könnte ein Vergleich von Aussagen zu Kaufentscheidungen von Konsument*innen, die sich auf Beobachtungen von Verkäufer*innen bzw. von Marktforscher*innen der Hersteller bzw. von akademischen Konsumentenforscher*innen stützen, zeigen, dass diese in gewissem Maße von den unterschiedlichen (theoretisch oder durch die jeweiligen Erfahrungen vorgeprägten) Sichtweisen abhängig sind. Man erkennt darin, dass im Prozess der Entwicklung, Überprüfung und Veränderung von Theorien diese eben auch die Wahrnehmung realer Phänomene beeinflussen. Hier ist bewusst nur von *Beeinflussung* die Rede, nicht von einer entscheidenden Prägung, wie das Relativist*innen vielleicht unterstellen würden.

Man kann zwar im Hinblick auf die Auswahl von Forschungsfragen und in Verbindung damit die *Auswahl* zu erhebender Daten unterstellen können, dass diese entscheidend durch die theoretische Ausrichtung der Forscher*innen geprägt sind, aber „die Auswahl von Beobachtungen in theorieabhängiger Weise impliziert nicht, dass die Beobachtungen *selbst* theorieabhängig sind" Schurz 2014, S. 65). Eine etwas spezielle Situation ergibt sich in gewissem Maße bei experimentellen Untersuchungen (siehe Kap. 8), weil hier die Gestaltung der Untersuchungssituation („experimental design") weitgehend von der Forscherin bzw. vom Forscher festgelegt wird, die oder der gleichzeitig typischerweise das Ziel hat, ihre/seine Hypothesen zu bestätigen (siehe dazu auch Arabatzis 2008).

Hintergrundinformation

Zwei Zitate führender Autoren mögen das mit der Theoriebeladenheit von Beobachtungen verbundene Problem bei der Prüfung von Theorien zusätzlich verdeutlichen:

Gerhard Schurz (2014, S. 64): „Eine *vollständige* Theorieabhängigkeit von Beobachtungen in dem Sinne, dass alle Beobachtungen theorieabhängig sind, würde empirische Wissenschaft in eine zirkuläre Angelegenheit ohne jede Aussicht auf Objektivität verwandeln."

Peter Godfrey-Smith (2003, S. 155) stellt dar, dass die Debatte um Theoriebeladenheit „damit zu tun hat, ob Beobachtungen als eine unverzerrte bzw. neutrale Informationsquelle bei der Entscheidung über Theorien betrachtet werden können, oder ob Beobachtungen in einer Weise mit theoretischen Annahmen ‚verseucht' sind, dass sie keine entsprechende Rolle spielen können."

Hinsichtlich der Theoriebeladenheit von Daten wird man es nicht ganz vermeiden können, dass die Wahrnehmung der Realität durch Menschen in gewissem Maße von deren bisherigem Vorwissen und Erfahrungshintergrund *beeinflusst* wird. Es ist aber intuitiv nachvollziehbar, dass Theoriebeladenheit nicht durchgehend zu einer Verfälschung aller erhobenen Daten führen muss. Daneben gibt es im Forschungs- und Publikationsprozess einige Faktoren, die die Auswirkungen von Theoriebeladenheit auf die Erhebung und Interpretation von Daten begrenzen (Abb. 3.5):

- Bei angesehenen Publikationsorganen ist es üblich, dass der gesamte Prozess der Datenerhebung und -analyse dokumentiert und wohlbegründet sein muss, was wiederum im Review-Prozess überprüft wird. Damit wird der Spielraum für die Gestaltung und Interpretation einer Untersuchung eingeschränkt.
- Die Entstehung wissenschaftlicher Erkenntnisse ist oftmals oder meist – zumindest in der Betriebswirtschaftslehre – kein individueller Prozess, der nur durch Vorwissen und Vorprägungen bestimmter einzelner Forscher*innen beeinflusst sind. Typisch ist eher ein Forschungsprozess, in den durch die Zusammenarbeit mit Kolleg*innen und Diskussionen auf einschlägigen Tagungen etc. unterschiedliche Sichtweisen und Argumente einfließen (Longino 1990). Damit kommt es zu einer Verringerung des Einflusses subjektiven Vorwissens und individueller Prägungen.
- Für diverse stark empirisch ausgerichtete Disziplinen sind standardisierte Messinstrumente (z. B. Frageformulierungen, Muli-Item-Skalen) entwickelt und publiziert worden, deren Verwendung die Möglichkeit einer Manipulation der Datenerhebung mit dem Ziel einer Bestätigung bestimmter theoretischer Sichtweisen begrenzt.

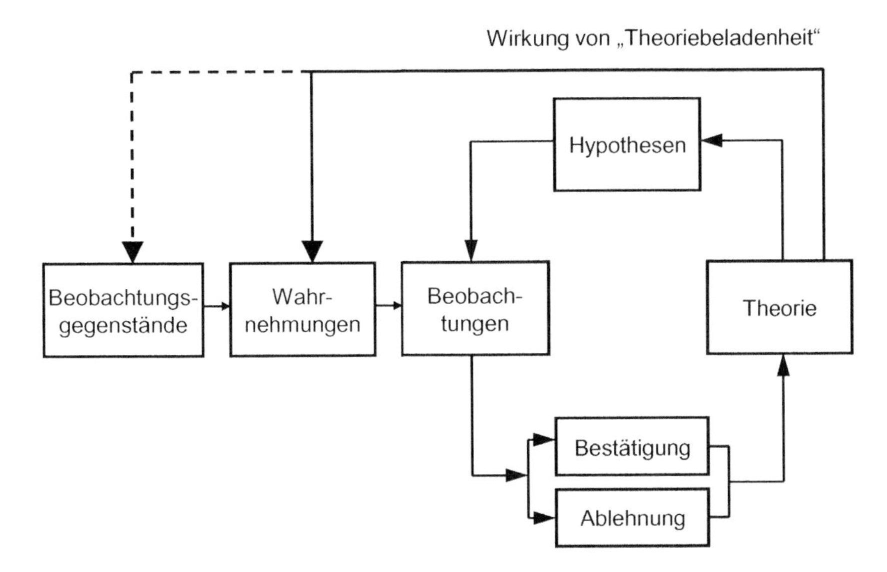

Abb. 3.5 Wirkungsweise von Theoriebeladenheit. (Nach Hunt 1994, S. 138)

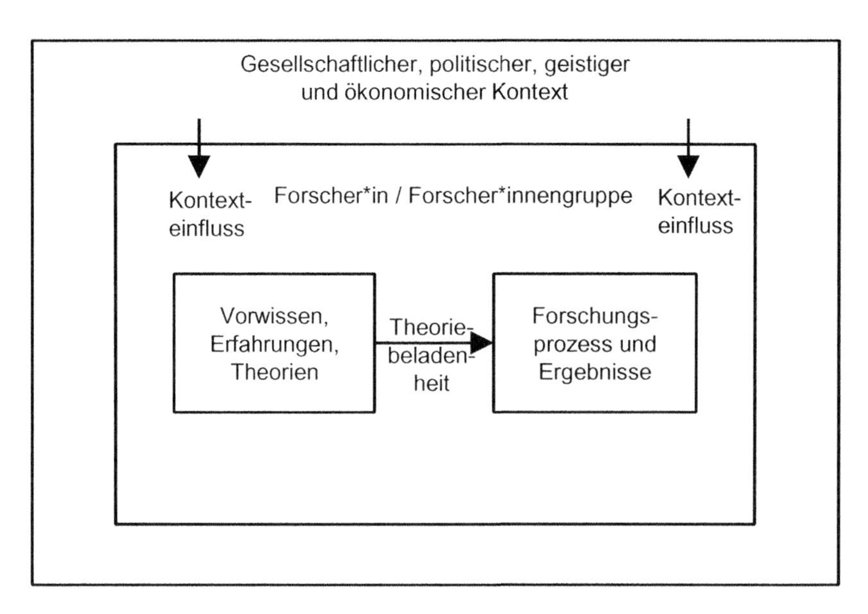

Abb. 3.6 Kontexteinflüsse und Theoriebeladenheit

- Bei wichtigen Forschungsthemen stützt man sich heute nicht mehr nur auf eine einzelne Untersuchung, sondern auf eine größere Zahl von (Replikations-) Studien, die von verschiedenen Wissenschaftler*innen mit unterschiedlichen Methoden und in verschiedenen Kontexten (Kulturen, ökonomische Bedingungen etc.) durchgeführt wurden (siehe dazu Kap. 9). Dadurch wird der Einfluss einer einzelnen Studie mit einer bestimmten Theoriebeladenheit relativiert.

Theoriebeladenheit sollte also nicht mit den zuvor diskutierten externen Einflüssen auf die Wissenschaft verwechselt werden. Erstere entsteht in gewissem Ausmaß fast unvermeidlich und oft auch unmerklich im Erkenntnisprozess *innerhalb* der Wissenschaft, weil kompetente Wissenschaftler*innen eben nicht ohne Vorwissen, Erfahrungen etc. sein können. Externe Einflüsse werden – wie der Begriff schon verdeutlicht – *von außen* auf die Wissenschaft ausgeübt. Abb. 3.6 verdeutlicht diesen Unterschied.

3.4 Fazit: Warum wissenschaftlicher Realismus?

Im vorliegenden Buch geht es um die Methodologie empirischer Forschung, also um theoretische Grundlagen empirischer Methoden in der Betriebswirtschaftslehre. Im Abschn. 3.2 ist deutlich geworden, dass unterschiedliche wissenschaftstheoretische Positionen (z. B. Relativismus oder wissenschaftlicher Realismus) weitreichende Konsequenzen im Hinblick auf Anspruch, Anlage und Aussagekraft empirischer

Forschung haben und die Maßstäbe für die Relevanz wesentlicher methodischer Aspekte bestimmen. Erstes Beispiel: Vor dem Hintergrund der Gewinnung von Erkenntnissen über eine – unabhängig vom Denken existierende – Realität hat das Konzept der *Validität von Messungen* (siehe Abschn. 6.3) einen besonders hohen Stellenwert. Zweites Beispiel: Ausgehend von einer relativistischen Position ohne den Anspruch, Realität möglichst objektiv darzustellen und zu erklären, dürfte die Repräsentativität verwendeter Stichproben relativ geringe Bedeutung haben.

Für die Auswahl und Einschätzung empirischer Methodik in den folgenden Kapiteln ist also die jeweils vertretene wissenschaftstheoretische Position maßgeblich. Die Autoren dieses Buches haben sich dabei für den wissenschaftlichen Realismus (WR) entschieden, nicht nur, weil diese Position auch in der Betriebswirtschaftslehre dominierend ist (siehe Abschn. 3.2), sondern vor allem, weil die im Folgenden vorzunehmende Abwägung verschiedener Gesichtspunkte dafürspricht. Dazu werden Überlegungen aus den Abschn. 3.2und 3.3hier zusammengefasst und abgewogen. Es wird mit einer Zusammenstellung von ***Stärken*** des WR begonnen:

1. **WR erklärt den langfristigen Erfolg der Wissenschaft besser als andere Ansätze** (→ Wunderargument). Dazu kann man auf die Kennzeichnung wissenschaftlichen Erfolges im Abschn. 3.2zurückgreifen. In Anlehnung an Psillos (1999) und Wray (2018) wird als Erfolgskriterium für Theorien vor allem deren Eignung zur Erklärung und Prognose entsprechender Phänomene angesehen. Theorien, die sich bei Prognosen bewähren, finden in der Wissenschaft oft stärkere Beachtung und Akzeptanz als Theorien, die sich nur bei der nachträglichen Interpretation von Beobachtungen bewährt haben (siehe dazu Lipton 2005). Ausgehend von der Ausrichtung auf eine (denk-unabhängig existierende) Realität (→ klassischer Realismus) wird bei Zugrundelegung des WR nach Theorien gesucht, die dieser Realität möglichst deutlich, genau und objektiv entsprechen. Dazu werden vorliegende Erkenntnisse zusammengefasst (→ induktiver Realismus) und angesichts verbleibender Unsicherheit (→ fehlbarer Realismus) immer wieder infrage gestellt (→ kritischer Realismus). In dieser Perspektive ist der WR auf einen *Prozess* des wissenschaftlichen Fortschritts ausgerichtet, der sich an dem Ziel orientiert, Realität zu erkennen und zu verstehen. Damit verbunden ist eine systematische Bemühung um Objektivität (siehe Abschn. 1.2). Auf konkretere Vorgehensweisen in diesem Prozess wird im Kap. 9 weiter eingegangen.

Ergebnis: Dieser Aspekt hat erhebliches Gewicht, weil die Nachvollziehbarkeit des Weges zu erfolgreicher Forschung deren *Akzeptanz* stärkt und gleichzeitig *Leitlinien* für die Gestaltung erfolgreicher Forschung gibt.

2. **WR entspricht den Bedürfnissen von Nutzer*innen wissenschaftlicher Erkenntnis.** Typischerweise wollen Menschen, die wissenschaftliche Erkenntnisse nutzen, etwas über Zusammenhänge, Strukturen, Ursachen etc. *realer* Phänomene erfahren.

Damit erlangt man Verständnis der Realität und kann die Wirkungen von Entscheidungen einschätzen (→ Gestaltung, siehe Abschn. 2.4). Es ist natürlich naheliegend, sich dabei des „bestgesicherten Wissens einer Zeit" (Poser 2001, S. 11) zu bedienen, das die Wissenschaft bereitstellt. Der Anspruch des WR, Erkenntnisse über interessierende Teile der Realität zu suchen, die möglichst objektiv und approximativ wahr sind, entspricht sicher den Interessen von Anwendern aus Wissenschaft und Praxis. Wer wissenschaftliche Erkenntnis für praktische Zwecke nutzt (z. B. Daten bzgl. der Neu-Einführung eines Produkts) oder für weitere Forschung (z. B. Ergebnisse bisheriger Untersuchungen), wird dies nur tun, wenn sie/er diesen Erkenntnissen vertrauen kann (Hunt 2010, S. 313 ff.). Insofern ist **Vertrauen** eine Voraussetzung für die Akzeptanz und Nutzung wissenschaftlicher Erkenntnisse. Voraussetzung für Vertrauen ist wiederum das Wissen um das *Streben* nach Objektivität und Wahrheit auf Seiten derer, die diese Erkenntnisse gewonnen haben, verbunden mit dem Wissen um deren fachliche und methodische Kompetenz.

Ergebnis: Die Ausrichtung auf die Bedürfnisse von Nutzer*innen wissenschaftlicher Erkenntnisse, vor allem durch deutliche und nachvollziehbare Realitätsorientierung ist für den sicher überwiegenden Teil der Nutzer*innen eine entscheidende Voraussetzung für deren Verwendung. Nutzer*innen sind zum einen *Anwender*innen in der Praxis,* in der Perspektive der Betriebswirtschaftslehre also Führungskräfte, die Informationen über Motivation von Verkäufer*innen, Informationsverhalten von Analyst*innen, Wirkungsweisen von Verkaufsförderung etc., etc. suchen. Zum anderen ist an *Wissenschaftler*innen* zu denken, die ihre eigenen Forschungen auf bisherigen Erkenntnissen aufbauen und dafür natürlich entsprechendes Vertrauen in diese Erkenntnisse brauchen.

3. **„Epistemische Bescheidenheit"** (Schurz 2008. S. 13) **des WR.** Schurz verwendet diesen Begriff in etwas anderem Zusammenhang, er ist aber auch hier zur Kennzeichnung einer Stärke des WR aussagekräftig. Es sei hier an den Anspruch des WR erinnert, der von McMullin (1984, S. 26) formuliert wurde (siehe Abschn. 3.2): „Der grundlegende Anspruch (...) besteht darin, dass der langfristige Erfolg einer wissenschaftlichen Theorie *Grund für die Annahme* gibt, dass *etwas wie die von der Theorie unterstellten* Gegenstände und Zusammenhänge tatsächlich existieren." Die von den Autoren dieses Buches hervorgehobenen Passagen zeigen, wie vorsichtig hier formuliert wird. Auch die Formulierung von Weston (1992, S. 55) „Die vorliegenden Daten *deuten darauf hin,* dass die Theorie *approximativ* wahr ist" zeigt große Vorsicht und Zurückhaltung. Hier wird auch der Begriff „approximativ" verwendet, der ja auch den Anspruch von Aussagen einschränkt. Letztlich ist auch daran zu erinnern, dass zum WR auch die Akzeptanz des Fallibilismus gehört (→ fehlbarer Realismus; siehe Abschn. 3.2). Typisch für den WR ist also diese skizzierte epistemische Bescheidenheit.

Ergebnis: Damit verringert sich die Gefahr, dass Erkenntnisse überschätzt werden und damit irreführend sind. Zudem fördert diese Bescheidenheit den Prozess der kritischen

Infragestellung bisheriger Erkenntnisse (→ kritischer Realismus; siehe Abschn. 3.2) und die Suche nach sichererem und genauerem Wissen.

4. **WR entspricht der realen Ausrichtung von Wissenschaftler*innen.** In der Literatur wird teilweise betont, dass der WR der tatsächlichen Arbeit von Wissenschaftler*innen entspricht; so Haig (2013, S. 8): Der WR „stellt auch die stillschweigend akzeptierte Position der meisten aktiven Forscher dar. Diese Tatsache (...) macht den wissenschaftlichen Realismus zur Philosophie für die Wissenschaft, nicht nur zur Wissenschaftsphilosophie." Die Durchführung empirischer Tests, deren Zusammenfassung und Beurteilung (→ induktiver Realismus) und die gegebenenfalls darauf folgende Modifikation einer Theorie (siehe Kap. 9) oder die Suche nach besseren Theorien bilden einen wesentlichen Teil der Arbeit vieler Wissenschaftler*innen. Dieser Prozess wird im Kap. 9 noch konkreter dargestellt. Nun ist es nicht die Aufgabe der Wissenschaftstheorie, eine gängige Forschungspraxis nach Möglichkeit zu bestätigen; Psillos (2016) hebt vielmehr deren *Funktion der Kritik* (siehe Abschn. 3.1) hervor. Gleichwohl wäre es angesichts des als argumentative Grundlage des WR dienenden Erfolgs der Wissenschaft ungewöhnlich, wenn die Methodologie, die zu diesem Erfolg wesentlich beigetragen hat, sich als ungeeignet herausstellt. Hier kann man eine gewisse Analogie zum bereits ausführlich behandelten „Wunderargument" (siehe Abschn. 3.2) feststellen.

Ergebnis: Wenn man davon ausgehen kann, dass der WR den Erfolg der Wissenschaft über lange Zeit und in verschiedensten Fachgebieten erklären kann, dann dürfte die Orientierung an seinen Prinzipien und Vorgehensweisen auch für künftige Forschung Erfolg versprechend sein.

Diesen eher für den WR sprechenden Aspekten stehen aber ***Kritikpunkte*** bzw. ***Schwächen*** des WR gegenüber, die teilweise schon im vorigen Abschn. 3.3 ausführlicher diskutiert wurden:

5. **Pessimistische Induktion und deren Konsequenzen.** Die so genannte pessimistische Induktion führt zu dem in der Wissenschaftstheorie wohl gewichtigsten Einwand gegen den WR. Sehr kurz und vereinfacht gesagt, schließt man von *nur scheinbarer* Bewährung von Theorien in der Wissenschaftsgeschichte auf die Möglichkeit, dass auch aktuell erfolgreiche Theorien sich später als falsch erweisen könnten. Ein wichtiges Gegenargument hat Psillos (1999, S. 105) formuliert: „Diese Art der Begründung kann durch die Beobachtung in Frage gestellt werden, dass die Basis für diese Induktion nicht groß und repräsentativ genug ist, um diesen pessimistischen Schluss zu rechtfertigen." Diese Einschätzung ist anscheinend unvermindert aktuell (Dicken 2016, S. 109). Daneben behalten die im vorigen Abschn. 3.3 genannten Argumente von Michael Devitt (2011) ihr Gewicht, dass die laufende Verbesserung der Forschungsmethodik den Anteil sich später als falsch zeigender Forschungsergebnisse tendenziell vermindert.

Ergebnis: Insgesamt entsteht der Eindruck, dass die durch pessimistische Induktion begründeten Einwände gegen den WR nach den bisherigen Erfahrungen nicht ausschlaggebend sind, sondern eher nur in einer begrenzten (und nach Devitt 2011) eher abnehmenden Zahl von Fällen relevant sind. Wenn man bedenkt, dass der WR ja ausdrücklich die Fehlbarkeit wissenschaftlicher Erkenntnisse einräumt (siehe Abschn. 3.2), dann ist eine *überschaubare Zahl* von Misserfolgen von früher akzeptierten Theorien mit dem WR durchaus vereinbar. Die Einbeziehung „nicht erdachter Alternativen" (siehe Abschn. 3.3) würde dem Argument der pessimistischen Induktion mehr Gewicht verleihen, ist aber noch von breiter Akzeptanz entfernt.

6. **Wissenschaftlicher Realismus setzt einschränkende Annahmen voraus.** Unter dem Stichwort „klassischer Realismus" ist im Abschn. 3.2 der Grundgedanke des WR skizziert worden, dass eine *denk-unabhängige Realität* existiert, über die Aussagen gemacht werden sollen. Die Akzeptanz dieser Annahme ist nach Einschätzung der Autoren für viele Wissenschaftler*innen eine Selbstverständlichkeit und bringt somit keine wesentlichen Einschränkungen der Anwendbarkeit des WR mit sich. Wer eine konstruktivistische Weltsicht (siehe Abschn. 3.2) vertritt, wird diese Annahme nicht akzeptieren können und gelangt eben zu anderen wissenschaftstheoretischen Ansätzen. Eine weitere Annahme bezieht sich auf die *Reife einer Wissenschaft,* also darauf, dass ein gewisser Stand der Theorie-Entwicklung und des Bewährungsgrades bereits erreicht ist. Begriff und Operationalisierung eines solchen Reifegrades sind (bisher) recht unbestimmt. Immerhin kann man folgern, dass bei ganz neuen Theorie-Ansätzen deren Reifegrad es noch nicht erlaubt, induktive Schlüsse zu ziehen und hinreichend sichere bzw. bewährte Aussagen über eine Realität zu machen.

Ergebnis: In der Tat bedeutet die erstgenannte Annahme, dass Wissenschaftler*innen, die z. B. einen konstruktivistischen Standpunkt vertreten, natürlich die Sichtweise und Vorgehensweise des WR nicht übernehmen können und werden. Hinsichtlich der vorausgesetzten Reife einer Theorie ist vor allem die Konsequenz zu ziehen, dass in einer frühen Phase der Theorie-Entwicklung die induktive Schlussweise des WR, (in diesem Fall nur sehr begrenzt) bewährte Theorien würden der Realität entsprechen, noch nicht anwendbar ist.

7. **Probleme, die aus der Unterbestimmtheit von Theorien resultieren.** Im Hinblick auf die Unterbestimmtheit von Theorien sind im Abschn. 3.3 die Aspekte der Alternativen- und der Fehler-Unterbestimmtheit dargestellt und kurz diskutiert worden. Hinsichtlich der Auswirkungen von *Alternativen-Unterbestimmtheit,* scheint es so zu sein, dass dieses Problem bisher *eher selten* in Erscheinung getreten ist. Damit wäre seine Bedeutung für die Forschungspraxis wohl nicht sehr groß. Es sei aber an die deutlich abweichende Sichtweise von Kyle Stanford (2006) erinnert. Der Aspekt der *Fehler-Unterbestimmtheit* spielt dagegen häufig eine Rolle, weil unterschiedlichste Fehlermöglichkeiten bei empirischen Untersuchungen und Ansätze zu deren Vermeidung

(z. B. experimentelle Designs, Validierung von Messinstrumenten) die Forschungspraxis in erheblichem Maße prägen. Hinsichtlich der Einschätzung der Relevanz dieser Art von Unterbestimmtheit kann man wohl davon ausgehen, dass die Verbesserung der Forschungsmethoden im Zeitablauf (siehe z. B. Devitt 2011) das Problem nach und nach *vermindert.* Weiterhin spielt der (wohlbegründete) Trend eine Rolle, in den Sozialwissenschaften für die empirische Bewährung theoretischer Aussagen nicht nur einzelne Untersuchungen heranzuziehen, sondern eine größere Zahl nach Möglichkeit unabhängig voneinander entstandener Untersuchungen zu dem jeweiligen Thema (siehe dazu die Überlegungen zu Replikationsstudien, Metaanalysen etc. im Kap. 9). Damit werden Ergebnisse weniger abhängig von den methodischen Problemen und Kontext-Einflüssen (siehe Abschn. 3.3) einzelner Untersuchungen.

Ergebnis: Alternativen-Unterbestimmtheit ist in der betriebswirtschaftlichen Forschung wenig sichtbar geworden, was nicht unbedingt bedeutet, dass das Problem nicht existiert. Dagegen ist Fehler-Unterbestimmtheit ein grundlegendes und verbreitetes Problem, das die empirische Forschung und ihre Ergebnisse wesentlich beeinflusst. Die Konsequenzen sind systematische Bemühungen um eine angemessene Forschungsmethodik (siehe Kap. 6 bis 8) und die Ausweitung der empirischen Basis für Ergebnisse, z. B. durch Replikationsstudien, Metaanalysen etc. (siehe Kap. 9) Es sei noch angemerkt, dass Fehler-Unterbestimmtheit keineswegs nur für den WR ein Problem ist. So stellt sich für den kritischen Rationalismus (→ Popper) mit seiner Ausrichtung auf die Falsifikation von Hypothesen ebenfalls die Frage, ob die Ablehnung oder Annahme von Hypothesen dadurch begründet ist, dass die jeweilige Hypothese tatsächlich falsch bzw. richtig ist oder dass ein Ergebnis durch methodische Fehler zustande gekommen ist

Nun zur Abwägung von Stärken und Schwächen des WR. Zunächst sei an Schwachstellen konkurrierender Ansätze (Relativismus/Konstruktivismus; kritischer Rationalismus) erinnert, die im Abschn. 3.2 angesprochen wurden. Der Titel des vorliegenden Buches „Grundlagen empirischer Forschung" deutet schon an, dass wissenschaftstheoretische Grundlagen im Hinblick auf deren Relevanz für die empirische Forschung behandelt werden. Insofern sind die vorstehenden Aspekte auch durch diese Perspektive bestimmt. Die Aspekte (1), (2) und (4) sind deutlich auf reale Forschungsprozesse bezogen, die den Prinzipien des WR (→ klassischer, induktiver, fehlbarer und kritischer Realismus) entsprechen. Dabei hat die Fähigkeit des WR, den dauerhaften Erfolg der Wissenschaft überzeugend zu erklären, wohl das größte Gewicht. Der dritte Gesichtspunkt („epistemische Bescheidenheit") gilt der zurückhaltenden Interpretation von Untersuchungsergebnissen, mit der weitreichende Fehlschlüsse eingeschränkt werden.

In den Punkten (5), (6) und (7) werden kritische Aspekte angesprochen, deren *Substanz* nicht zu bezweifeln ist, deren *Relevanz* für die betriebswirtschaftliche Forschung aber eher begrenzt ist. So könnte die pessimistische Induktion nur in einer begrenzten Zahl von Fällen ein Problem darstellen und vermutlich durch Fortschritte bei Forschungsmethoden weiter an Relevanz verlieren. Die Voraussetzung einer gewissen Reife einer Wissenschaft schränkt den Anwendungsbereich des WR sicher ein.

Andererseits kann man wohl davon ausgehen, dass in weiten Teilen der empirischen betriebswirtschaftlichen Forschung über die Jahrzehnte auch ein gewisser Reifegrad erreicht worden ist. Ein entscheidender Punkt – nicht nur für den WR – bleibt die Fehler-Unterbestimmtheit (Aspekt 7). Daraus folgt, dass die Validität von Untersuchungen und die Verbreiterung der empirischen Basis für Ergebnisse durch Einbeziehung einer größeren Zahl von (unabhängig voneinander durchgeführten) Untersuchungen wesentliche Anforderungen an empirische Forschung bleiben werden (siehe dazu Kap. 9).

Hintergrundinformation

Richard Boyd (1984, S. 67) begründet sein Festhalten am WR trotz einiger kritischer Einwände mit einem Satz:

„Wenn die Tatsache, dass eine Theorie die beste verfügbare Erklärung für ein wichtiges Phänomen anbietet, es nicht rechtfertigt, diese Theorie als zumindest approximativ wahr anzusehen, dann ist es schwierig zu erkennen, wie man bei einer wissenschaftlichen Untersuchung vorgehen könnte."

Zum Abschluss dieses Kapitels sei noch darauf hingewiesen, dass natürlich auch wissenschaftstheoretische Konzepte dem Prinzip des Fallibilismus unterliegen. Ebenso wie frühere Sichtweisen könnte möglicherweise auch der wissenschaftliche Realismus in der Zukunft durch neue Ansätze, die sich besser eignen, empirische Forschung zu gestalten und ihren Erfolg zu erklären, ersetzt werden. Beispielsweise verbindet ja Stanford (2006, S. 188 ff.) seine Kritik am WR mit der Empfehlung, sich stärker am sogenannten „Instrumentalismus" (siehe auch Abschn. 3.3) zu orientieren.

Shelby Hunt und Jared Hansen (2010, S. 124) fassen ihre insgesamt positive Einschätzung des WR zusammen und beziehen diese auf die Marketingforschung, hätten aber sicher keine Einwände, wenn man den Geltungsbereich dieser Einschätzung breiter sieht. „Wissenschaftlicher Realismus scheint für Marketing am sinnvollsten zu sein, weil keine andere Philosophie so in sich geschlossen ist (ohne dogmatisch zu sein), so kritisch ist (ohne nihilistisch zu sein), so offen ist (ohne anarchistisch zu sein), so tolerant ist (ohne relativistisch zu sein), fehlbar ist (ohne subjektivistisch zu sein) und gleichzeitig den Erfolg der Wissenschaft erklären kann."

Literatur

Albert, H. (1972). Theorien in den Sozialwissenschaften. In H. Albert (Hrsg.), *Theorie und Realität* (2. Aufl., S. 3–25). Tübingen: Mohr/Siebeck.

Arabatzis, T. (2008). Experiment. In S. Psillos & M. Curd (Hrsg.), *The Routledge companion to philosophy of science* (S. 159–170). London: Routledge.

Baghramian, M. (2008). Relativism about science. In S. Psillos & M. Curd (Hrsg.), *The Routledge companion to philosophy of science* (S. 236–247). London: Routledge.

Bird, A. (1998). *Philosophy of science*. Montreal: McGill-Queen's University Press.

Boyd, R. (1984). The current status of scientific realism. In J. Leplin (Hrsg.), *Scientific realism* (S. 41–82). Berkeley: University of California Press.

Boyd, R. (2002). Scientific realism. In E. Zalta (Hrsg.), *The Stanford encyclopedia of philosophy.* https://plato.stanford.edu. (archives).

Brown, J. (Hrsg.). (2012). *Philosophy of science: The key thinkers.* London: Continuum.

Brühl, R. (2015). *Wie Wissenschaft Wissen schafft.* Konstanz: UVK Lucius.

Buzzell, R., & Gale, B. (1989). *Das PIMS-Programm.* Wiesbaden: Gabler.

Carrier, M. (2006). *Wissenschaftstheorie.* Hamburg: Junius.

Carrier, M. (2009). Wege der Wissenschaftsphilosophie im 20. Jahrhundert. In A. Bartels & M. Stöckler (Hrsg.), *Wissenschaftstheorie* (S. 15–44). Paderborn: Mentis.

Carrier, M. (2012). Historical approaches: Kuhn, Lakatos and Feyerabend. In J. Brown (Hrsg.), *Philosophy of science: The key thinkers* (S. 132–151). London: Continuum.

Chakravartty, A. (2011). Scientific realism. In E. Zalta (Hrsg.), *The Stanford encyclopedia of philosophy.* https://plato.stanford.edu.

Chalmers, A. (2013). *What is this thing called science?* (4. Aufl.). Indianapolis: Hackett.

Cumming, G. (2014). The new statistics: Why and how. *Psychological Science, 25*(1), 7–29.

Curd, M., Cover, J., & Pincock, C. (Hrsg.). (1998). *Philosophy of science – The central issues* (2. Aufl.). New York: Norton.

Devitt, M. (2008). Realism/anti-realism. In S. Psillos & M. Curd (Hrsg.), *The Routledge companion to philosophy of science* (S. 285–293). London: Routledge.

Devitt, M. (2011). Are unconceived alternatives a problem for scientific realism? *Journal for General Philosophy of Science, 42,* 285–293.

Dicken, P. (2016). *A critical introduction to scientific realism.* London: Bloomsbury.

Duhem, P. (1954). *The aim and structure of physical theory* (zitiert nach: Curd, M., Cover, J. & Pincock, C. (Hrsg.). (1998). Philosophy of science – The central issues (2. Aufl., S. 227–249). New York: Norton. (erste Ausgabe des Buchs von Duhem 1906 in französischer Sprache). (Erstveröffentlichung 1906)

Fraassen, B. v. (2019). Reflections on a classic in scientific realism, 20 years later. *Metascience; 28,* 13-21.

Friedman, M. (2008). The methodology of positive economics; nachgedruckt. In D.Hausman (Hrsg.), *The philosophy of economics – An anthology* (3. Aufl., S. 145–178). Cambridge: Cambridge University Press. (Erstveröffentlichung 1953).

Giere, R. (1999). *Science without laws.* Chicago: University of Chicago Press.

Glymour, C., et al. (1992). Realism and the nature of theories. In M. Salmon (Hrsg.), *Philosophy of Science* (S. 104–131). Englewood Cliffs (NJ): Prentice-Hall.

Godfrey-Smith, P. (2003). *Theory and reality – An introduction to the philosophy of science.* Chicago: University of Chicago Press.

Guala, F. (2016). Philosophy of the social sciences. In P. Humphreys (Hrsg.), *The Oxford handbook of philosophy of science* (S. 43–64). Oxford: Oxford University Press.

Haig, B. (2013). The philosophy of quantitative methods. In T. Little (Hrsg.), *The Oxford handbook of quantitative methods* (S. 7–31). Oxford: Oxford University Press.

Homburg, C. (2007). Betriebswirtschaftslehre als empirische Wissenschaft – Bestandsaufnahme und Empfehlungen. In E. Gerum & G. Schreyögg (Hrsg.), *Zukunft der Betriebswirtschaftslehre (ZfbF-Sonderheft 56/07* (S. 27–60). Düsseldorf: Verlagsgruppe Handelsblatt.

Humphreys, P. (Hrsg.). (2016). *The Oxford handbook of philosophy of science.* Oxford: Oxford University Press.

Hunt, S. (1990). Truth in marketing theory and research. *Journal of Marketing, 54,* 1–15.

Hunt, S. (1994). A realist theory of empirical testing – Resolving the theory-ladenness/objectivity debate. *Philosophy of the Social Sciences, 24,* 133–158.

Hunt, S. (2003). *Controversy in marketing theory.* Armonk: Sharpe.

Hunt, S. (2010). *Marketing theory – foundations, controversy, strategy, resource-advantage theory.* Armonk: Sharpe.

Hunt, S. (2011). Theory status, inductive realism, and approximate truth: No miracles, no charades. *International Studies in the Philosophy of Science,* 159–178.

Hunt, S., & Hansen, J. (2010). The philosophical foundations of marketing research: For scientific realism and truth. In P. Maclaran, M. Saren, B. Stern, & M. Tadajewski (Hrsg.), *The SAGE handbook of marketing theory* (S. 111–126). Los Angeles: SAGE.

Kincaid, H. (2008). Social sciences. In S. Psillos & M. Curd (Hrsg.), *The Routledge companion to philosophy of science* (S. 594–603). London: Routledge.

Kuhn, T. (1970). *The structure of scientific revolutions* (2. Aufl.). Chicago: University of Chicago Press. (Erstveröffentlichung 1962).

Kuß, A. (2013). *Marketing-Theorie – Eine Einführung* (3. Aufl.). Wiesbaden: Springer Gabler.

Kuß, A., & Kreis, H. (2013). Wissenschaftlicher Realismus und empirische Marketingforschung. *Marketing ZFP – Journal of Research and Management, 35,* 255–271.

Ladyman, J. (2002). *Understanding philosophy of science.* London: Routledge.

Laudan, L. (1981). A confutation of convergent realism. *Philosophy of Science, 48,* 19–49.

Lipton, P. (2005). Testing hypotheses: Prediction and prejustice. *Science, 307,* 219–221.

Lipton, P. (2008). Inference to the best explanation. In S. Psillos & M. Curd (Hrsg.), *The Routledge companion to philosophy of science* (S. 193–202). London: Routledge.

Longino, H. (1990). *Science as social knowledge – Values and objectivity in scientific inquiry.* Princeton: Princeton University Press.

Maxwell, G. (1962). The ontological status of theoretical entities. In H. Feigl & G. Maxwell (Hrsg.), *Scientific explanation, space and time. Minnesota studies in the philosophy of science* (Bd. 3, S. 3–27). Minneapolis: University of Minnesota Press.

McMullin, E. (1984). A case for scientific realism. In J. Leplin (Hrsg.), *Scientific realism* (S. 8–40). Berkeley: University of California Press.

Mittelstraß, J. (1995). Metaphysik. In J. Mittelstraß (Hrsg.), *Enzyklopädie Philosophie und Wissenschaftstheorie* (Bd. 2, S. 870–873). Stuttgart: Metzler.

Newton-Smith, W. (2000). Underdetermination of theory by data. In W. Newton-Smith (Hrsg.), *A companion to the philosophy of science* (S. 532–536). Malden: Blackwell.

Okasha, S. (2002). *Philosophy of science – A very short introduction.* Oxford: Oxford University Press.

Papineau, D. (1978). *For science in the social sciences.* London: MacMillan Press.

Phillips, D., & Burbules, N. (2000). *Postpositivism and educational research.* Lanham: Rowman & Littlefield.

Popper, K. (2002). *Conjectures and refutations.* London: Routledge.

Popper, K. (2005). *Logik der Forschung* (11. Aufl.). Tübingen: Mohr Siebeck. (Erstveröffentlichung 1934).

Poser, H. (2001). *Wissenschaftstheorie – Eine philosophische Einführung.* Stuttgart: Reclam.

Psillos, S. (1999). *Scientific realism – How science tracks truth.* London: Routledge.

Psillos, S. (2001). Predictive similarity and the success of science: A reply to Stanford. *Philosophy of Science, 68,* 346–355.

Psillos, S. (2006). Scientific realism. In D. Borchert (Hrsg.), *Encyclopedia of philosophy* (2. Aufl., Bd. 8, S. 688–694). Detroit: Macmillan.

Psillos, S. (2007). *Philosophy of science A–Z.* Edinburgh: Edinburgh University Press.

Psillos, S. (2009). Grasping at realist straws. *Metascience, 18,* 363–370.

Psillos, S. (2016). Having science in view – General philosophy of science and its significance. In P. Humphreys (Hrsg.), *The Oxford handbook of philosophy of science* (S. 137–160). Oxford: Oxford University Press.

Psillos, S., & Curd, M. (Hrsg.). (2008). *The Routledge companion to philosophy of science*. London: Routledge.
Rorty, R. (2000). Kuhn. In W. Newton-Smith (Hrsg.), *A companion to the philosophy of science* (S. 248–258). Malden: Blackwell.
Rosenberg, A. (2000). Philosophy of social science. In W. Newton-Smith (Hrsg.), *A companion to the philosophy of science* (S. 451–460). Malden: Blackwell.
Rowbottom, D. (2018). Instrumentalism. In J. Saatsi (Hrsg.), *The Routledge handbook of scientific realism* (S. 84–95). London: Routledge.
Saatsi, J. (2009). Grasping at realist straws. *Metascience, 18,* 355–363.
Salmon, M., et al. (1992a). Introduction. In M. Salmon (Hrsg.), *Philosophy of science* (S. 1–5). Englewood Cliffs (NJ): Prentice-Hall.
Salmon, M., et al. (1992b). Philosophy of the social sciences. In M. Salmon (Hrsg.), *Philosophy of science* (S. 404–425). Englewood Cliffs (NJ): Prentice-Hall.
Salmon, M. et al. (Hrsg.). (1992). *Philosophy of Science*. Englewood Cliffs (NJ): Prentice-Hall.
Salmon, W., et al. (1992). Scientific explanation. In M. Salmon (Hrsg.), *Philosophy of science* (S. 7–41). Englewood Cliffs (NJ): Prentice-Hall.
Sankey, H. (2008). Scientific method. In S. Psillos & M. Curd (Hrsg.), *The Routledge companion to philosophy of science* (S. 248–258). London: Routledge.
Schanz, G. (1988). *Methodologie für Betriebswirte* (2. Aufl.). Stuttgart: Poeschel.
Schauenberg, B. (1998). Gegenstand und Methoden der Betriebswirtschaftslehre. In M. Bitz et al. (Hrsg.), *Vahlens Kompendium der Betriebswirtschaftslehre* (Bd. 1, 4. Aufl., S. 1–56). München: Vahlen.
Schreyögg, G., & Koch, J. (2020). *Management – Grundlagen der Unternehmensführung* (8. Aufl.). Wiesbaden: Springer Gabler.
Schurz, G. (2008). *Einführung in die Wissenschaftstheorie* (2. Aufl.). Darmstadt: Wissenschaftliche Buchgesellschaft.
Schurz, G. (2014). *Philosophy of science – A unified approach*. New York: Routledge.
Schwaiger, M., et al. (2007). Empirische Forschung in der BWL. In R. Köhler (Hrsg.), *Handwörterbuch der Betriebswirtschaft* (S. 337–345). Stuttgart: Schäffer-Poeschel.
Smart, J. (1963). *Philosophy and scientific realism*. London: Routledge & Kegan Paul.
Stanford, K. (2000). An antirealist explanation of the success of science. *Philosophy of Science, 67,* 266–284.
Stanford, K. (2001). Refusing the devil's bargain: What kind of underdetermination should we take seriously? *Philosophy of Science, 68,* S1–S12.
Stanford, K. (2006). *Exceeding our grasp: Science, history, and the problem of unconceived alternatives*. Oxford: Oxford University Press.
Stanford, K. (2009). Grasping at realist straws. *Metascience, 18,* 379–389.
Stanford, K. (2013). Underdetermination of scientific theory. In E. Zalta (Hrsg.), *The stanford encyclopedia of philosophy*. https://plato.stanford.edu.
Stanford, K. (2018). Unconceived alternatives and the strategy of historical ostension. In J. Saatsi (Hrsg.), *The Routledge handbook of scientific realism* (S. 212–224). New York: Routledge.
Swoyer, C. (2003). Relativism. In E. Zalta (Hrsg.), *The stanford encyclopedia of philosophy*. https://plato.stanford.edu.
Thagard, P. (2007). Coherence, truth and the development of scientific knowledge. *Philosophy of Science, 74,* 28–47.
Vickers, P. (2018). Historical challenges to realism. In J. Saatsi (Hrsg.), *The Routledge handbook of scientific realism* (S. 48–59). New York: Routledge.
Weston, T. (1992). Approximate truth and scientific realism. *Philosophy of Science, 59,* 53–74.
Wiltsche, H. (2013). *Einführung in die Wissenschaftstheorie*. Göttingen: Vandenhoeck & Ruprecht.

Wray, K. (2018). Success of science as a motivation for realism. In J. Saatsi (Hrsg.), *The Routledge handbook of scientific realism* (S. 37–47). London: Routledge.

Weiterführende Literatur

Leplin, J. (Hrsg.). (1984). *Scientific realism*. Berkeley: University of California Press.
Popper, K. (2005). *Logik der Forschung* (11. Aufl.). Tübingen: Mohr Siebeck. (Erstveröffentlichung 1934).
Psillos, S. (1999). *Scientific realism – How science tracks truth*. London: Routledge.
Saatsi, J. (Hrsg.). (2018). *The Routledge handbook of scientific realism*. New York: Routledge.
Stanford, K. (2006). *Exceeding our grasp: Science, history, and the problem of unconceived alternatives*. Oxford: Oxford University Press.

Theorie-Entwurf 4

Zusammenfassung

Über lange Zeit hat man den Prozess des Theorie-Entwurfs aus dem Bereich wissenschaftstheoretischer Überlegungen weitgehend ausgeklammert, weil man davon ausging, dass es hier in erster Linie um kreative bzw. psychologische Prozesse gehe (siehe Abschn. 4.2), die für eine systematische Analyse zu schlecht zugänglich seien. Nun ist dieses Gebiet immer noch deutlich weniger entwickelt als andere Teile der Erkenntnistheorie. Gleichwohl sollen im vorliegenden Kapitel im Abschn. 4.3 drei verbreitete Wege des Theorie-Entwurfs vorgestellt werden. Zunächst aber zu Konzepten mit entsprechenden Definitionen, die Bausteine jeder Theorie sind und im Abschn. 4.1 erläutert werden.

4.1 Konzeptualisierung und Definitionen

Im Zusammenhang mit der Kennzeichnung von Theorien (Abschn. 2.1) ist die Bedeutung von (abstrakten) Konzepten schon dargestellt und die wesentliche Rolle von Konzepten für Theorien hervorgehoben worden. Insofern bedarf es wohl keiner besonderen Erläuterung, dass die gedankliche *Entwicklung von Konzepten* („Konzeptualisierung") ein wesentlicher Schritt beim Theorie-Entwurf ist. „Konzepte sind die Bausteine von Theorien." (Neuman 2011, S. 62). In enger Verbindung damit steht die möglichst präzise Charakterisierung von Konzepten durch entsprechende Definitionen, die wiederum die Grundlage für die Entwicklung entsprechender Messinstrumente sind (siehe Kap. 6). Vor diesem Hintergrund sind also Überlegungen zur Konzeptualisierung und zu Definitionen ein wesentlicher Schritt beim Theorie-Entwurf.

M. Eisend und A. Kuß, *Grundlagen empirischer Forschung*,
https://doi.org/10.1007/978-3-658-32890-0_4

Unter **„Konzeptualisierung"** wird hier der *Vorgang* verstanden, interessierende Teile der Realität abstrahierend zu kennzeichnen und damit auch gedanklich zusammenzufassen. In der Konsument*innenforschung spricht man – um ein Beispiel zu nennen – nach Kaufentscheidungen (bei Autos, Urlaubsreisen, Wein usw., usw.) *zusammenfassend* und von den jeweiligen Einzelfällen *abstrahierend* von „Kund*innenzufriedenheit", wenn Erwartungen vor dem Kauf und Erfahrungen nach dem Kauf übereinstimmen bzw. wenn Erwartungen übertroffen werden. In diesem Abschnitt konzentrieren sich die Überlegungen zur Konzeptualisierung und zu Definitionen also auf die *gedankliche Entwicklung* einzelner Konzepte. In der Literatur (z. B. Yadav 2010; MacInnis 2011) finden sich aber auch breiter angelegte Sichtweisen, bei denen der ganze Prozess des Theorie-Entwurfs als Konzeptualisierung bezeichnet wird.

Wie kann man sich nun den *Prozess* der Konzeptualisierung vorstellen? Deborah MacInnis (2011, S. 140) kennzeichnet diesen Prozess auf folgende Weise:

„Konzeptualisierung ist ein Prozess abstrakten Denkens, der die gedankliche Darstellung einer Idee beinhaltet. Der Begriff Konzeptualisierung ist abgeleitet vom älteren lateinischen Wort ‚conceptualis' und vom neueren lateinischen Wort ‚conceptus', die sich auf einen Gedanken, der nur im Bereich des Abstrakten existiert und von seiner Verkörperung getrennt ist (…), beziehen. Dem entsprechend beinhaltet Konzeptualisierung die ‚Wahrnehmung' oder das ‚Verständnis' eines Abstraktums im eigenen Denken."

Wenn man die gemeinsamen Merkmale verschiedener Objekte (Gegenstände, Ereignisse oder Zustände) mit einer Bezeichnung verbindet, die sich *nicht* auf einzelne (bestimmte) Objekte bezieht, sondern eben auf deren Gemeinsamkeiten unter Vernachlässigung sonstiger – gerade nicht interessierender – Einzelheiten, dann *abstrahiert* man damit von den einzelnen Objekten (Zaltman et al. 1973, S. 28). Beispielsweise sind Menschen in einem Krankenhaus im Hinblick auf Alter, Geschlecht, ethnische Herkunft, Beruf usw., usw. höchst unterschiedlich; es kann aber hinsichtlich einer Untersuchung zum Pflegemanagement zweckmäßig sein, von diesen Merkmalen zu *abstrahieren* und (allgemeiner) an „Patient*innen" zu denken bzw. davon zu sprechen. Andererseits ist es in vielen Fällen wissenschaftlicher Forschung und auch praktischer Anwendung wesentlich, einzelne Objekte bestimmten Konzepten zuzuordnen. Soll man beispielsweise Patient*innen in ambulanter Behandlung auch der Gruppe der Patient*innen eines Krankenhauses zurechnen? So ist auch die *Zuordnung* eines/r Patient*in zum Konzept „alkoholabhängig" für seine Behandlung und Genesungschance bedeutsam und die *Zuordnung* eines/r Kund*in zur Gruppe der Intensivverwender*innen für die geplanten Verkaufsanstrengungen. Eine solche Zuordnung kann aber nur eindeutig erfolgen, wenn die entsprechende Definition hinreichend präzise ist. Abb. 4.1. möge diese Aspekte der Konzeptualisierung veranschaulichen.

Mit der (gedanklichen) Entstehung eines Konzepts ist oftmals die sprachliche Kennzeichnung dieses Konzepts verbunden, in der Regel durch die Zuordnung entsprechender Begriffe (siehe Abb. 4.1). Diese mag mit einigen zum Konzept assoziierten Begriffen beginnen und mit einer exakten **Definition** (s. u.) enden. Im Mittelpunkt steht dabei der Vorgang der Umschreibung eines Konzepts. „*Umschreibung* ist ein bewusster Prozess,

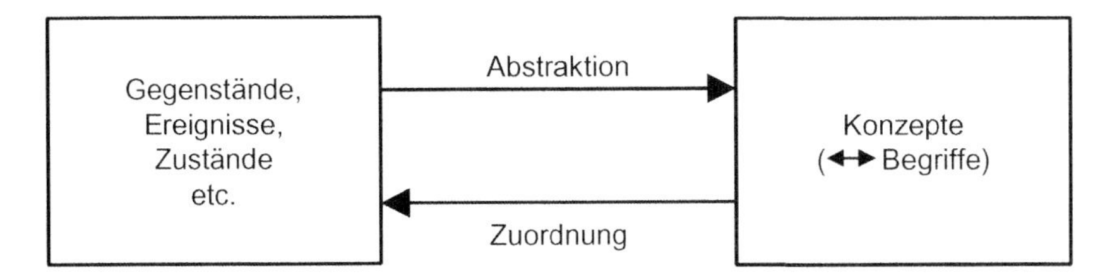

Abb. 4.1 Prozesse von Abstraktion und Zuordnung. (Nach Zaltman et al. 1973, S. 28)

der die Bezeichnung konkreter Beispiele für abstrakte Konzepte beinhaltet, mit dem Ziel, zur Klärung von deren Bedeutung beizutragen." (Jaccard und Jacoby 2020, S. 96). So könnte man das schon erwähnte Beispiel der Kund*innenzufriedenheit zunächst mit Beispielen verschiedener Arten von Käufen umschreiben. Damit wird gleichzeitig erreicht, dass die für folgende empirische Überprüfungen wesentliche Beziehung des jeweiligen Konzepts zu realen Erscheinungen und Beobachtungen erkennbar bleibt.

Wenn genügend Klarheit über Inhalt und Abgrenzung eines Konzepts besteht, ist natürlich dessen exakte Formulierung in Form einer Definition erforderlich. Eine Definition ist „eine verbale Darstellung eines Konzepts" (Wacker 2004, S. 631). Damit verbunden sind die Präzisierung eines gedanklichen Konzepts und die Möglichkeit, dieses zu kommunizieren und damit intersubjektiv nachvollziehbar zu machen. Vor diesem Hintergrund spricht man hier auch von „konzeptuellen Definitionen". Aus forschungspraktischen Gründen ist dafür eine schriftliche Festlegung unbedingt erforderlich, um die notwendige Präzision und Verbindlichkeit zu sichern. „Definieren ist ein Vorgang, bei dem ein neuer Begriff auf der Basis bereits existierender Begriffe festgelegt wird." (Zaltman et al. 1973, S. 26, siehe auch Psillos 2007, S. 62). Der neue *(zu definierende)* Begriff wird in der wissenschaftstheoretischen Literatur als **Definiendum**, der *definierende* Teil einer Definition wird als **Definiens** bezeichnet. So wird beispielsweise bei Schreyögg und Koch (2007, S. 193) „intrinsische Motivation" (Definiendum) durch „Motivation, die aus der Sache selbst fließt" (Definiens) gekennzeichnet.

Hintergrundinformation

Shelby Hunt (1987, S. 209) zu Wesen und Zweckmäßigkeit von Definitionen:

„Definitionen sind ‚Regeln zum Ersetzen' (…). Mit einer Definition meint man also, dass ein Wort oder eine Gruppe von Worten (das Definiens) äquivalent mit dem zu definierenden Wort (dem Definiendum) sein soll. Gute Definitionen zeigen Inklusivität, Exklusivität, Unterscheidbarkeit, Klarheit, Kommunizierbarkeit, Konsistenz und Knappheit."

Dabei ist mit „Inklusivität" gemeint, dass die Phänomene, die gemeinhin dem Definiendum zugerechnet werden, von der Definition eingeschlossen werden. Dagegen bezieht sich die „Exklusivität" auf die klare Abgrenzung gegenüber anderen Phänomenen.

Der Weg zur Formulierung einer konzeptuellen Definition ist in der Regel alles andere als einfach. Er erfordert angemessene Fähigkeiten zur Abstraktion, zum präzisen sprachlichen Ausdruck und zur kritischen Reflexion. Gleichwohl sind präzise und zweckmäßige

Definitionen im Hinblick auf die Aussagekraft theoretischer Aussagen und für entsprechende empirische Prüfungen unabdingbar. Unklare Definitionen würden eine überzeugende und nachvollziehbare Theoriebildung und Hypothesenformulierung nicht zulassen. Auch die Entwicklung von validen Messverfahren ist ohne die Grundlage einer präzisen Definition des zu messenden Konzepts kaum denkbar (MacKenzie 2003). Mit deutlicher Ausrichtung auf die Forschungspraxis geben Jaccard und Jacoby (2020, S. 99 ff.) u. a. die folgenden Hinweise auf gängige Wege, zu konzeptuellen Definitionen zu gelangen:

- Auswertung einschlägiger Literatur und Übernahme oder Modifikation existierender Definitionen
- Verwendung von (Fach-) Lexika und (etymologischen) Wörterbüchern
- Zusammenstellung wesentlicher Merkmale eines Konzepts
- Beschreibung des Konzepts in möglichst einfachen Worten

Definitionen von Fachbegriffen sind im Prinzip frei wählbar. Es handelt sich nur um sprachliche Festlegungen, die selbst über die Realität nichts aussagen. Insofern können Definitionen auch nicht „richtig" oder „falsch" sein, wohl aber mehr oder weniger präzise und zweckmäßig. Wesentlich dafür ist u. a. ein weitgehend einheitliches Verständnis in der Fachwelt, da ansonsten eine wissenschaftliche Kommunikation kaum möglich ist. Einige Empfehlungen für die Formulierung konzeptueller Definitionen seien in Anlehnung an Wacker (2004) und MacKenzie (2003) hier zusammengestellt:

- Definitionen sollen das jeweilige Konzept möglichst deutlich charakterisieren und von anderen (ähnlichen) Konzepten klar abgrenzen.
- Definitionen sollen möglichst einfache, eindeutige und klare Begriffe verwenden.
- Definitionen sollten knapp formuliert sein.
- Definitionen sollten mit anderen Definitionen innerhalb des Fachgebiets und bisheriger Forschung verträglich sein.
- Empirische Untersuchungen, in denen das jeweilige Konzept eine Rolle spielt, sollten erst durchgeführt werden, wenn die entsprechende Definition so weit ausgereift ist, dass alle vorstehenden Empfehlungen eingehalten sind.

Mit einer operationalen Definition geht man einen Schritt weiter in Richtung auf eine entsprechende Messung für eine empirische Untersuchung. „Die Definition eines Konzepts im Hinblick auf das Instrument oder die Vorgehensweise zur Messung dieses Konzepts wird ‚Operationalisierung' genannt und solche Definitionen werden als *operationale Definitionen* bezeichnet." (Jacoby und Chestnut 1978, S. 70). Auf diesen Prozess der Operationalisierung und die dabei zu lösenden Probleme wird im Kap. 6 zurückzukommen sein. Dabei wird es dann nicht zuletzt um die Entsprechung von konzeptueller und operationaler Definition gehen. Stimmen beide (weitgehend) überein, dann spricht man von **Validität** einer Messung. Gibt es deutliche Abweichungen von konzeptueller und operationaler Definition, dann ist eine entsprechende Messung eben

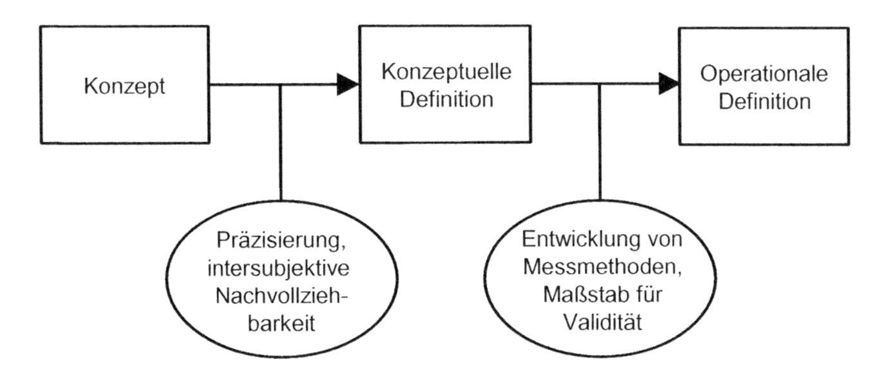

Abb. 4.2 Vom gedanklichen Konzept zur Operationalisierung

nicht valide, d. h. dass das Ergebnis der Messung mit dem eigentlich interessierenden Konzept (zu) wenig oder gar nichts zu tun hat. Abb. 4.2 gibt einen schematischen Überblick über die Schritte vom gedanklichen Konzept über die Formulierung einer *konzeptuellen* Definition zur Entwicklung einer *operationalen* Definition, die dann eine entsprechende Messung erlaubt.

4.2 Grundfragen des Theorie-Entwurfs

Im vorliegenden Buch wird zwischen Theorie-Entwurf und Theorie-Entwicklung in folgender Weise unterschieden:

- Der Begriff **Theorie-Entwurf** kennzeichnet die Formulierung (verbal, mathematisch oder graphisch) einer neuen oder grundlegend veränderten Theorie für einen bestimmten Untersuchungsgegenstand.
- Unter **Theorie-Entwicklung** wird hier der umfassendere *Prozess* der Prüfung und der daraus folgenden Modifikationen und Präzisierungen einer Theorie verstanden.

Die Bedeutung von Theorie-Entwurf und-Entwicklung wird sofort klar, wenn man bedenkt, dass wissenschaftlicher Fortschritt eben engstens mit entsprechenden (neuen) Theorie-Entwürfen bzw. mit der Modifikation oder Präzisierung bisher vorhandener Theorien verbunden ist. Es sei auch daran erinnert, dass Theorien im Abschn. 2.1 als „Hauptinformationsträger der wissenschaftlichen Erkenntnis" (Schanz 1988, S. VII) gekennzeichnet wurden.

Über Jahrzehnte hat der Prozess des Entwurfs von Theorien in der Wissenschaftstheorie aber wenig Beachtung gefunden. Manche Autoren (nicht zuletzt Karl Popper) haben diesen Prozess als zu wenig strukturiert angesehen und die Auffassung vertreten, dass dieser eher aus dem Blickwinkel von Psychologie, Soziologie oder Geschichtswissenschaft analysiert werden solle. Die Aufgabe der Wissenschaftstheorie lag in dieser

Sichtweise vor allem bei der Frage, „in welcher Weise und in welchem Maße wir den Ergebnissen der Wissenschaft vertrauen können." (Schurz 2014, S. 1). In diesem Kontext hat auch die auf Hans Reichenbach (1891–1953) zurückgehende Unterscheidung von Entdeckungs- und Begründungszusammenhang, auf die schon im Abschn. 1.1 eingegangen wurde, eine wesentliche Rolle gespielt. Beim *Entdeckungszusammenhang* geht es um den Entstehungsprozess von Theorien. Dabei gibt es ein großes Spektrum an Möglichkeiten bzw. kaum exakt festgelegte Regeln, wie im Folgenden zu erkennen sein wird. Dagegen bezieht sich der *Begründungszusammenhang* darauf, „rational und intersubjektiv zugängliche Maßstäbe an die gewonnenen theoretischen Einfälle anzulegen" (Köhler 1966, S. 25). Entdeckungszusammenhänge waren bis gegen Ende des 20. Jahrhunderts eher von wissenschaftshistorischem Interesse während also Begründungszusammenhänge und ihre Logik den klaren Schwerpunkt wissenschaftstheoretischer Überlegungen bildeten. „Die Grenze zwischen Entdeckungszusammenhang (*de facto* Überlegungen) und Begründungszusammenhang (Begründung der Korrektheit dieser Überlegungen *de jure*) wurde als bestimmend für den Aufgabenbereich der Wissenschaftstheorie angesehen" (Schickore 2014, S. 6). Zu Einzelheiten dieser Entwicklung sei hier auf Nickles (1985) und Schickore (2014) verwiesen.

Hintergrundinformation

Ein charakteristisches Zitat von Karl Popper (2005, S. 7) möge die Position derer illustrieren, die den Prozess des Theorie-Entwurfs nicht als wesentlichen Gegenstand der Wissenschaftstheorie ansehen:

„Wir haben die Tätigkeit des wissenschaftlichen Forschers (...) dahin charakterisiert, dass er Theorien aufstellt und überprüft.

Die erste Hälfte dieser Tätigkeit, das Aufstellen der Theorien, scheint uns einer logischen Analyse weder fähig noch bedürftig zu sein: An der Frage, wie es vor sich geht, dass jemand etwas Neues einfällt – sei es nun ein musikalisches Thema, ein dramatischer Konflikt oder eine wissenschaftliche Theorie –, hat wohl die empirische Psychologie Interesse, nicht aber die Erkenntnislogik. Diese interessiert sich nicht für *Tatsachenfragen* (...), sondern nur für *Geltungsfragen* (...) – das heißt für Fragen von der Art: ob und wie ein Satz begründet werden kann; ob er nachprüfbar ist; ob er von gewissen anderen Sätzen logisch abhängt oder mit ihnen im Widerspruch steht usw. Damit aber ein Satz in diesem Sinn erkenntnislogisch untersucht werden kann, muss er bereits vorliegen; jemand muss ihn formuliert, der logischen Diskussion unterbreitet haben."

Erst ab ca. 1980 kam es zu einer Akzentverschiebung in Richtung auf Entdeckungszusammenhänge, die vor allem durch eine entsprechend ausgerichtete Gruppe von Wissenschaftstheoretiker*innen (den „*friends of discovery*"; Hunt 2013) initiiert wurde. Das überrascht aus heutiger Sicht nicht allzu sehr, weil sich eben eine große Zahl theoretischer und forschungspraktischer Fragen im Zusammenhang mit wissenschaftlichen Entdeckungen stellt, z. B. „Gibt es eine Methodik für Entdeckungen?"; „Muss eine Entdeckung sowohl neu als auch wahr sein?" (Nickles 2000, S. 85). Daneben gibt es in der Forschungspraxis zahlreiche Situationen, in denen man sich gezielt um einen Theorie-Entwurf bemühen muss, z. B. bei der Suche nach Erklärungen für (auch praktisch) relevante Phänomene oder bei der Grundlegung für Dissertationen. Generell gilt sicher, dass ohne neue Theorie-Entwürfe, die bisher zu wenig erschlossene Fachgebiete betreffen oder bessere Erklärungen für interessierende Phänomene liefern, wissenschaftlicher Fortschritt nur sehr begrenzt möglich wäre. Inzwischen hat man auch erkannt, dass wissenschaftliche Entdeckungen eher selten durch eine plötzliche einzelne Idee („Heureka!") zustande kommen, sondern meist durch längere Prozesse der Ideenfindung und -überprüfung bestimmt sind. Weiterhin ist vielfach auch der Prozess der Entstehung einer Entdeckung/Theorie aussagekräftig für deren Glaubwürdigkeit (Nickles 2008). Im Zusammenhang dieses Buches ist die Frage, ob wissenschaftliche Entdeckungen *Gegenstand der Wissenschaftstheorie* sind oder nicht, letztlich nicht entscheidend, weil – unabhängig davon – der *Weg zu Entdeckungen* eben einen wichtigen Aufgabenbereich eines Forschers oder einer Forscherin kennzeichnet.

Nun ist der Begriff einer „Entdeckung" in der *Betriebswirtschaftslehre* weniger gebräuchlich; man assoziiert damit eher Erkenntnisgewinnung in den Naturwissenschaften (z. B. bestimmte Wirkstoffe für medizinische Zwecke), in der Astronomie oder (in früheren Jahrhunderten) in der Geografie. In der Betriebswirtschaftslehre hat man es in der Regel mit Theorien zu tun, die (oft mühsam) entworfen werden müssen. Gleichwohl sind Überlegungen zum Entdeckungszusammenhang auf den Theorie-Entwurf übertragbar, weil mit der Entwicklung einer (erfolgreichen) Theorie eben auch Beziehungen zwischen relevanten Phänomenen *entdeckt* werden (Hunt 2013).

Es ist vorstehend schon angedeutet worden, dass die zeitweilige Ausklammerung des Entdeckungszusammenhangs aus der Wissenschaftstheorie auch damit begründet war, dass man sich Entdeckungen eher als plötzliche Eingebungen vorstellte, deren Zustandekommen kaum nachvollziehbar oder gar planbar war. Nun lehrt die Erfahrung langwieriger Untersuchungen in Laboren oder der Prozessverläufe beim Theorie-Entwurf, dass Kreativität allein nicht ausreichend ist. Typisch ist vielmehr die Verbindung von Kreativität mit entsprechenden (empirischen) Beobachtungen und der argumentativen Begründung der entwickelten Aussagen sowie deren kritischer Reflexion (siehe Abschn. 4.3.2). In diesem Sinne sind Entdeckungs- und Begründungszusammenhang häufig miteinander verflochten (Nickles 2008). Von dieser Erfahrung bzw. Sichtweise wird auch im folgenden Abschn. 4.3 ausgegangen, wenn drei – naturgemäß stark vereinfachte (aber gebräuchliche) – Wege der Theoriebildung vorgestellt werden.

Im Abschn. 2.5 sind schon wissenschaftliche Schlussweisen dargestellt worden, die auch beim Theorie-Entwurf eine wesentliche Rolle spielen: Induktion, Deduktion und Abduktion. Zentrale Merkmale dieser Schlussweisen sind in Tab. 4.1 noch einmal zusammengestellt. Deduktive und induktive Vorgehensweisen bei der Theoriebildung haben (natürlich) spezifische *Vor- und Nachteile* (Franke 2002, S. 188 f.). Bei der *Deduktion* kann an vorhandene Theorien mit entsprechenden Annahmen, Begriffen, Methoden sowie an die in anderem Rahmen (z. B. in anderen wissenschaftlichen

Tab. 4.1 Wissenschaftliche Schlussweisen im Überblick

	Induktion	**Deduktion**	**Abduktion**
Grundidee	Von vielen Beobachtungen zur Generalisierung	Ableitung von speziellen aus generellen Aussagen	Entscheidung für die plausibelste („beste") Erklärung eines Phänomens
Wissensentwicklung	Gehaltserweiternd	Wahrheitserhaltend	Gehaltserweiternd
Sicherheit der Schlussweise	Unsicher	Sicher	Unsicher

Disziplinen) gewonnenen Ergebnisse angeknüpft werden, was zumindest die Effizienz der Forschung positiv beeinflusst. Daneben ergibt sich der gewichtige Vorteil, dass sich naturgemäß deduzierte Theorien in den schon vorliegenden Theorie-Bestand relativ gut einordnen. Das bedeutet aber gleichzeitig, dass völlig neuartige Sichtweisen, die vielleicht ein ganz anderes und besseres Verständnis der interessierenden Phänomene ermöglichen könnten, relativ selten entstehen. Dafür ist die *Induktion* wesentlich offener. Hier kommt man eher auf der Basis der jeweiligen Daten oder Erfahrungen zu einer dem jeweiligen Problem entsprechenden Sicht, die nicht so stark durch bisherige Vorstellungen vorgeprägt ist. Damit verbunden ist aber der Nachteil, dass so entwickelte Theorien (zunächst) recht isoliert stehen. Es sei hier daran erinnert (siehe Abschn. 2.5), dass durch Induktion eher Hypothesen über Gesetzmäßigkeiten entstehen können als (komplexere) Theorien, die eben auch nicht beobachtbare (und somit für die Induktion nicht zugängliche) Elemente enthalten (Schurz 2014, S. 53).

Als dritte Schlussweise war im Abschn. 2.5 die *Abduktion* kurz dargestellt worden. Hierbei geht es um Schlüsse von Beobachtungen auf deren (vermutete) Ursachen. Dabei kann es sein, dass man eine Auswahl aus einer Menge schon bekannter einschlägiger Hypothesen vornimmt *(„selektive Abduktion")* oder eine ganz neue plausible Hypothese entwickelt *(„kreative Abduktion")*. Magnani (2009; siehe dazu auch Schickore 2014) illustriert das an einem Beispiel aus der Medizin: Wenn bei einer Diagnose nach Krankheitsursachen gesucht wird, bezieht sich der Arzt/die Ärztin häufig auf bereits bekannte Hypothesen zu den möglichen Ursachen der beobachteten Symptome. Dagegen könnte eine kreative Abduktion erforderlich sein, wenn es sich um ein neuartiges Krankheitsbild handelt, zu dem noch keine Erfahrung vorliegt. Offenkundig führt bei der Theoriebildung kreative Abduktion eher zu innovativen Ergebnissen als selektive Abduktion.

Auch wenn man den Prozess des Theorie-Entwurfs nicht als beliebig oder zufällig ansieht (s. o.) und *nicht* davon ausgeht, dass es dabei *im Normalfall* um plötzlich auftretende mehr oder weniger geniale Eingebungen geht, ist man natürlich nicht in der Lage, für diesen Prozess exakte Regeln oder „Rezepte" anzugeben. Im folgenden Abschn. 4.3 sollen deswegen nur drei unterschiedliche Vorgehensweisen beim Theorie-Entwurf (vereinfachend) dargestellt werden, die für die Forschungspraxis recht typisch sind.

4.3 Wege zum Theorie-Entwurf

4.3.1 Ideen oder Daten als Ausgangspunkt?

Wie kann man sich nun die Entstehung bzw. die Entwicklung einer Theorie vorstellen? Es wurde schon angedeutet, dass es dafür keine Muster mit genau vorgegebenen Abläufen (z. B. „Schritt 1 bis n") gibt. Wenn man sich daran erinnert, dass in diesem Buch bisher schon an mehreren Stellen die Rede davon war, dass vorliegende bzw. vorgeschlagene Theorien einer empirischen Prüfung unterzogen werden, dann könnte man den Eindruck gewinnen, dass der erste Schritt immer darin besteht, vor dem Hintergrund bisheriger Erfahrungen, älterer Theorien etc. Überlegungen anzustellen, die zum Entwurf einer neuen (oder modifizierten) Theorie führen können/sollen. Das ist ein Prozess, der maßgeblich durch die Entwicklung und Verwendung von Konzepten (siehe Abschn. 4.1), durch Überlegungen zu den Beziehungen zwischen den Konzepten und durch entsprechende kritische Reflexionen bestimmt ist. Ehrenberg (1993) prägte für eine solche Vorgehensweise den eingängigen Begriff *„Theoretisch in Isolation"* („TiI"). In diesem Sinne stehen hier **„Ideen"** am Beginn des Prozesses; teilweise wird auch auf Theorien aus anderen Disziplinen zurückgegriffen, z. B. Markov-Modelle (Lilien et al. 1992) oder Ansätze aus der mikroökonomischen Theorie. Die Anwendung allgemeinerer Theorien auf ein bestimmtes Problem würde einer *deduktiven Vorgehensweise* (siehe Abschn. 2.5) entsprechen. Im Abschn. 4.3.2 wird eine weitestgehend durch gedankliche Prozesse geprägte Form des Theorie-Entwurfs modellhaft dargestellt.

Nun gibt es in der Forschungspraxis auch einen ganz anderen Weg zum Theorie-Entwurf, der schon seit Jahrhunderten vor allem in den Naturwissenschaften höchst erfolgreich praktiziert wird. Dabei stehen Beobachtungen (z. B. zum Lauf der Planeten im Sonnensystem oder zu Wachstumsbedingungen bestimmter Pflanzen) und die daraus resultierenden **Daten** am Anfang. Davon ausgehend sucht man Erklärungen für diese Phänomene und bildet entsprechende Theorien. Diese Beobachtungen können dadurch zustande kommen, dass einfach die entsprechenden *natürlichen* Abläufe aufgezeichnet werden (Musterbeispiel: Astronomie). Es gibt aber auch zahllose Beispiele für eine andere Vorgehensweise: In entsprechenden Experimenten werden interessierende Phänomene gewissermaßen „erzeugt", um entsprechende Beobachtungen vornehmen zu können. Es sei an dieser Stelle hervorgehoben, dass sich diese Anwendung von Experimenten deutlich von der in der Betriebswirtschaftslehre üblichen Vorgehensweise unterscheidet, wo Experimente als besonders strenge Form der Theorie*prüfung* angesehen werden (siehe Kap. 8).

Hintergrundinformation

Ian Hacking (1982, S. 71) zur Rolle von Experimenten in der Physik:

„Verschiedene Wissenschaften zeigten zu unterschiedlichen Zeiten verschiedene Beziehungen zwischen ‚Theorie' und ‚Experiment'. Eine Hauptaufgabe von Experimenten ist die Erzeugung von Phänomenen. Experimentatoren erschaffen die Phänomene, die in der Natur nicht im Reinzustand existieren."

Darin wird deutlich, dass es hier nicht um die Feststellung von Kausalzusammenhängen geht, indem man eine oder mehrere unabhängige Variable manipuliert, um die Wirkung auf eine abhängige Variable zu messen (siehe Kap. 8), sondern um die Schaffung von gewünschten Bedingungen für bestimmte Beobachtungen.

Wozu nun dieser Hinweis auf die Rolle von Experimenten in anderen Wissenschaften? Er illustriert, dass die empirische Gewinnung von Daten auch am Beginn eines Prozesses der Theoriebildung stehen kann. In der betriebswirtschaftlichen Forschung findet man das insbesondere in zwei Formen: Explorative (Vor-)Studien mit qualitativen Methoden (siehe Abschn. 4.3.3) und empirische Generalisierungen (siehe Abschn. 4.3.4). Bei Letzteren kennzeichnet Ehrenberg (1993) den Vorgang der Theorie-Entwicklung auf Basis entsprechender Ergebnisse mit der Bezeichnung *„Empirisch-dann-theoretisch"* („Edt").

Mit den unterschiedlichen Vorgehensweisen verbinden sich auch grundsätzlichere Überlegungen zum Prozess der Theoriebildung und -prüfung (siehe Ehrenberg 1993; Hubbard und Lindsay 2013):

„Theoretisch-in-Isolation"
Der durch Ideen und gedankliche Prozesse geprägte Theorie-Entwurf mit erst später folgender empirischer Prüfung ist seit Jahrzehnten in der empirischen Forschung etabliert. Auf diese Weise ist eine Theorie-Orientierung der Forschung gesichert und eine unsystematische Sammlung von irgendwelchen Daten mit der Publikation zusammenhangloser – teilweise eher zufällig entstandener – Ergebnisse kann vermieden werden. Allerdings gibt es Zweifel, ob auf diese Weise realitätsnahe und auch empirisch erfolgreiche Erkenntnisse entstehen, die auch Bestand haben (Ehrenberg 1993).

In der empirischen Forschung sehr verbreitet ist die Verbindung mit der hypothetisch-deduktiven Methode (siehe Abschn. 5.2), bei der aus den theoretisch entwickelten Vermutungen in der Folge Hypothesen abgeleitet werden, deren Bestätigung oder Nicht-Bestätigung die entscheidenden Kriterien für die Bewährung der entwickelten Theorie sind. Nun ist allerdings die Aussagekraft der hypothetisch-deduktiven Methode nicht unbegrenzt. Daneben gibt es auch zunehmende Zweifel an der Aussagekraft der dabei typischerweise verwendeten Signifikanztests (siehe Kap. 7).

„Empirisch-dann-theoretisch"
Hier bilden verschiedene (quantitativ angelegte) empirische Studien, deren Ergebnisse sich in entsprechenden empirischen Generalisierungen (siehe Abschn. 4.3.4) niederschlagen, die Ausgangsbasis. Ehrenberg (1993, S. 80) empfiehlt dann, auf dieser Basis ein einfaches theoretisches Modell zu entwickeln. Dabei dürften induktive und abduktive Schlussweisen (siehe Abschn. 2.5) im Vordergrund stehen. Die relativ große Zahl zugrunde liegender empirischer Daten verhindert es, dass einzelne Zufallsergebnisse

eine wesentliche Rolle spielen, und deutet darauf hin, dass die Ergebnisse eine gewisse Systematik haben, die (theoretisch) erklärt werden kann.

Hintergrundinformation
Hubbard und Lindsay (2013, S. 1380) erläutern eine zentrale Idee des Theorie-Entwurfs auf Basis von empirischen Generalisierungen:

„Zu einer erfolgreichen theoretischen Interpretation gelangt man typischerweise nachdem man ein Muster von Fakten empirisch festgestellt hat. Der Grund dafür besteht darin, dass die Erklärung einzelner Ereignisse (z. B. individuelles Entscheidungsverhalten) wahrscheinlich wenig erfolgreich ist, weil solche Ereignisse meist von speziellen Rahmenbedingungen beeinflusst werden, die sehr schwierig festzustellen sind. Eine bessere Strategie besteht darin, die Theorie-Entwicklung auf sich wiederholenden Ergebnissen und Regelmäßigkeiten aufzubauen, deren Dauerhaftigkeit eine Erklärung erfordert."

„Grounded Theory"

In der Praxis sozialwissenschaftlicher Forschung ist es seit langem üblich, ein neuartiges Problem mit qualitativen (Vor-) Studien anzugehen. So dienen Gruppendiskussionen, Fallstudien, Tiefeninterviews etc. dazu, die Untersuchungsziele zu konkretisieren und die methodische Anlage einer größeren Hauptuntersuchung vorzubereiten (siehe z. B. Iacobucci und Churchill 2010). Methodisch ähnlich, aber mit anderer Ausrichtung und anderem wissenschaftstheoretischem Hintergrund ist der Ansatz der so genannten „Grounded Theory" einzuschätzen. Der Begriff deutet schon an, dass sich bei diesem Vorgehen eine Theorie auf die gezielte Gewinnung und Interpretation von empirischen Beobachtungen *gründet*. Dabei geht es in der Regel um qualitative Untersuchungsmethoden. Sammlung und theoriegerichtete Interpretation der Beobachtungen sind stark integriert und beeinflussen sich wechselseitig (Einzelheiten dazu in Abschn. 4.3.3).

In Tab. 4.2 sind die Rollen empirischer Ergebnisse bei den hier behandelten drei Wegen der Theoriebildung zusammenfassend dargestellt.

Nun waren die Überlegungen in diesem Abschnitt auf den Theorie-Entwurf ausgerichtet; um den *Test* von Theorien geht es im folgenden 5. Kap. Im Rahmen der Theorie-Entwicklung sind für die Forschungspraxis auch die Modifizierung und die Präzisierung von Theorien relevant, auf die im 9. Kap. eingegangen wird.

Tab. 4.2 Wege zum Theorie-Entwurf und Rolle empirischer Daten

Merkmale	Wege zum Theorie-Entwurf		
	Theoretisch-in-Isolation	Empirisch-dann-theoretisch	Grounded Theory
Verwendung empirischer Daten	(Erst später beim Theorietest)	Grundlage für Theorie-Entwurf	Interaktion von Theorie-Entwurf und Empirie
Art verwendeter Daten	---------	Quantitativ	Qualitativ
Datenmenge (Fallzahl)	---------	Groß	Klein

4.3.2 Ein Modell zur gedanklichen Entwicklung von Theorien

Das hier skizzierte Modell des Theorie-Entwurfs gehört in den Rahmen von „Theoretisch-in-Isolation" und entspricht dem von Shelby Hunt (2013, 2015) entwickelten „Induktiv-realistischen Modell der Theorie-Generierung". Dieses Modell verbindet die Darstellung von Prozessen des Theorie-Entwurfs und der Theorieprüfung; auf letztere wird in diesem Buch erst im folgenden 5. Kap. eingegangen. Deswegen wird hier nur auf den Teil des Modells Bezug genommen, der sich auf den Theorie-*Entwurf* bezieht. Außerdem sind gegenüber der Darstellung von Hunt (2013) einige Modifikationen vorgenommen worden. Zunächst wird das Modell schematisch dargestellt (Abb. 4.3) und anschließend erläutert.

Zunächst seien hier die „Boxen" (1–8) in dem Modell der Abb. 4.3 in Anlehnung an Hunt (2013, 2015) kurz erläutert:

1. **Aktueller theoretischer Stand des Fachgebiets:** Diese Box steht für den aktuellen Wissensstand eines Fachgebiets (z. B. Managementforschung). Dazu gehören „Gegenstände" (z. B. Unternehmen, Manager*innen, Kund*innen), für die im theoretischen Bereich i. d. R. Konzepte (siehe Abschn. 4.1) verwendet werden. Diese Gegenstände

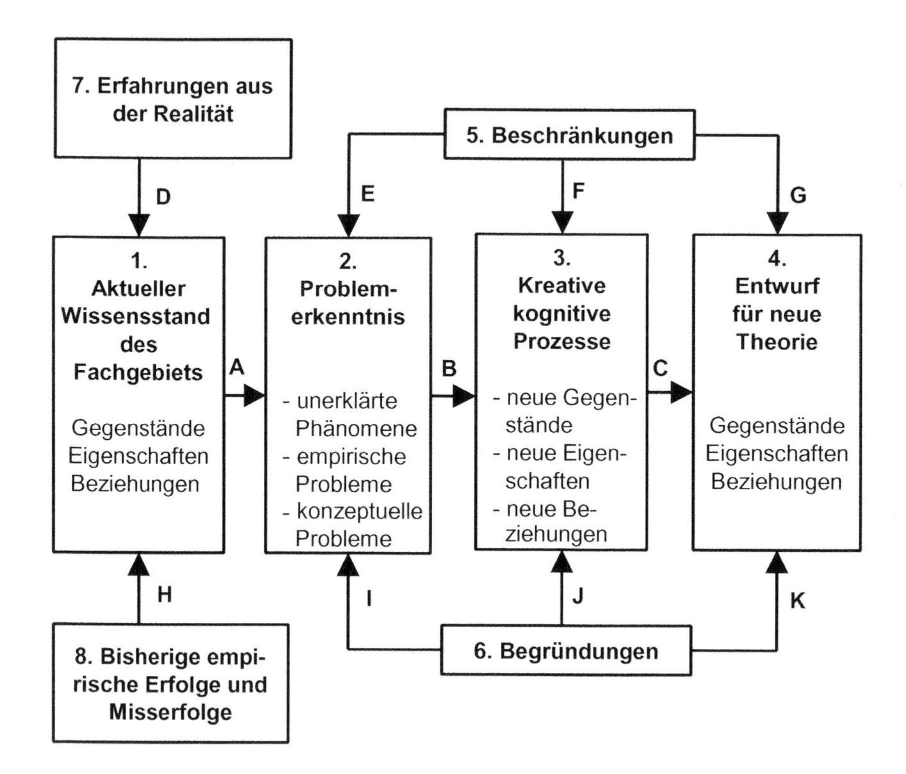

Abb. 4.3 Modell des Theorie-Entwurfs. (In Anlehnung an Hunt 2013, S. 64)

haben im jeweiligen Zusammenhang relevante Eigenschaften, z. B. *Größe* der Unternehmen, *Berufserfahrung* der Manager*innen oder *Bestellhäufigkeit* der Kund*innen. Außerdem existieren Beziehungen zwischen den „Gegenständen", so haben beispielsweise große Unternehmen häufig mehr oder stärker spezialisierte Manager*innen als kleinere. Bestimmte Arten von Beziehungen werden als *Gesetzmäßigkeiten* bezeichnet (siehe Abschn. 2.3.1) und bestimmte Beziehungsstrukturen als *Theorien* (Hunt 2013). Hinzu kommen bestimmte Forschungstraditionen und Methoden-Schwerpunkte in einem Fachgebiet. So findet man in der Management- und in der Marketingforschung eine deutliche verhaltenswissenschaftliche Ausrichtung; bei der Prüfungs- und bei der Steuerlehre sind die Beziehungen zur Rechtswissenschaft natürlich besonders eng. Damit verbunden existieren in einer Disziplin auch bestimmte methodische Schwerpunkte, in der empirischen betriebswirtschaftlichen Forschung z. B. die deutlich überwiegend quantitative Ausrichtung.

2. **Problemerkenntnis**: Die Identifizierung neuer (relevanter) Forschungsfragen und deren Beantwortung bzw. Lösung gehört zum Kern wissenschaftlicher Tätigkeit. Dabei kann es sich um ein bisher ungeklärtes Phänomen (z. B. Wirkungen der Internetnutzung auf die Preissensibilität von Konsument*innen), um mangelnde empirische Bewährung bisher akzeptierter Theorien oder um ein konzeptuelles Problem (z. B. logische Inkonsistenz einer existierenden Theorie oder Widersprüche zwischen zwei bisher akzeptierten Theorien) handeln.
3. **Kreative kognitive Prozesse**: Dabei wird *nicht* davon ausgegangen, dass ein Theorie-Entwurf in der Regel nur auf einer plötzlichen (mehr oder weniger genialen) Eingebung basiert. Vielmehr wird von einem (Zeit erfordernden) *Prozess* ausgegangen, innerhalb dessen neue Konzepte (z. B. „electronic word of mouth") gedanklich entwickelt, bisher nicht beachtete Eigenschaften (z. B. Glaubwürdigkeit von Informationsquellen im Internet) betrachtet oder neue Beziehungen (z. B. Wirkungen von Corporate Social Responsibility auf Unternehmensziele) analysiert werden. Der kreative Prozess umfasst nicht nur die gedankliche Entwicklung einer neuen Theorie und ihrer Bestandteile, sondern auch kreative Tätigkeiten bei der Begründung der Theorie. Menge und Vielfalt entsprechender Ideen beeinflussen den Prozess des Theorie-Entwurfs positiv (Weick 1989).
4. **Entwurf für neue Theorie:** Diese Box steht für die Ergebnisse der zuvor abgelaufenen kognitiven Prozesse. Sie enthält Aussagen über Gegenstände sowie deren Eigenschaften und Beziehungen.
5. **Beschränkungen:** Der Prozess der Problemerkenntnis und des Theorie-Entwurfs ist typischerweise bestimmten Beschränkungen unterworfen. Einige entsprechende Einflüsse sind unter den Stichworten „Theoriebeladenheit" und „sozialer/historischer Kontext" im Abschn. 3.2 schon angesprochen worden. Dabei geht es letztlich darum, dass durch Vorprägung, Ausbildung, theoretische und methodische Kenntnisse bzw. durch sozialen oder ökonomischen Druck das Spektrum wahrgenommener Probleme und neuer theoretischer Ansätze eingeschränkt sein kann. Daneben können Erwartungen hinsichtlich der Akzeptanz von neuen Ansätzen in der Fachwelt

(→ Publikations- und Karrierechancen) auch restriktive Wirkungen bezüglich ganz neuartiger theoretischer Ansätze haben.

6. **Begründungen**: In der Wissenschaft vollzieht sich Kreativität natürlich nicht – wie z. B. in manchen künstlerischen Bereichen – in weitgehender Freiheit, sondern ist auf die Entwicklung nachvollziehbarer und wohlbegründeter Aussagen gerichtet. Deswegen ist der kreative Prozess des Theorie-Entwurfs eng verzahnt mit Entwicklung und Prüfung von Begründungen bzw. Argumenten für einzelne Elemente der Theorie. Spätestens bei der Formulierung und Publikation neuer Theorien ist eine tragfähige Begründung ihrer Aussagen unabdingbar, weil ansonsten keine wissenschaftliche Publikation möglich ist und die Akzeptanz in der Fachwelt ausbleibt.
7. **Erfahrungen aus der Realität:** Erfahrungen in der Realität zeigen auf, welche Phänomene bisher nicht oder unzureichend erforscht sind und entsprechende neue theoretische Überlegungen erfordern.
8. **Bisherige empirische Erfolge und Misserfolge:** Die Akzeptanz des bisherigen Erkenntnisstandes eines Fachgebiets wird wesentlich dadurch geprägt, in welchem Maße sich dieser in empirischen Untersuchungen und praktischen Anwendungen bewährt hat (siehe dazu Abschn. 9.3.1). Mangelnde Bewährung führt tendenziell zur Problemerkenntnis und zum Ziel neue (bessere) Theorien zu entwickeln.

Es folgen jetzt kurze Erläuterungen zu den Verbindungen (A – K) zwischen den verschiedenen Elementen des Modells:

A, B, C: Hier wird die (idealtypische) Abfolge von Schritten bei der Theoriebildung dargestellt. Das ist eine vereinfachte modellhafte Darstellung (Hunt 2015), die Rückkopplungen in diesem Prozess nicht ausschließt.

E, F, G: Die oben erläuterten „Beschränkungen" betreffen Problemerkenntnis (z. B. Verbraucherschutz vs. Marketing), kreative Prozesse (z. B. Einfluss von Theoriebeladenheit) und den neuen Theorie-Entwurf (z. B. Beschränkung von dessen Komplexitätsgrad).

I, J, K: Entsprechend sind „Begründungen" für Problemerkenntnis (z. B. Relevanz der Forschungsfrage), kreative Prozesse (z. B. für unterstellte Beziehungen) und – nicht zuletzt – für einen neuen Theorie-Entwurf (z. B. Belege aus der Literatur oder der Empirie, die für die Theorie sprechen) erforderlich.

D, H: Hier wird der Einfluss von Erfahrungen aus der Realität und vom Ausmaß der bisherigen empirischen Bewährung auf die Einschätzung des bisherigen Erkenntnisstandes dargestellt.

Später, im Abschn. 9.3.1, wird Shelby Hunts „Induktiv-realistisches Modell der Theorieprüfung" vorgestellt, das in engster gedanklicher Verbindung zum hier vorgestellten Modell des Theorie-Entwurfs steht. Davon ist im vorliegenden Abschnitt nur ein Ausschnitt betrachtet worden. Für ein umfassenderes Bild sei hier auf die entsprechenden Aufsätze von Hunt (2013, 2015) verwiesen.

4.3.3 Anwendung der Grounded Theory beim Theorie-Entwurf

Die Diskussion über Vor- und Nachteile und sogar die Existenzberechtigung so genannter quantitativer (z. B. repräsentative Befragungen, Experimente) und qualitativer Methoden wird seit Jahren in den Sozialwissenschaften intensiv – teilweise erbittert – geführt. Dabei geht es nicht zuletzt um grundlegend verschiedene wissenschaftstheoretische Standpunkte (siehe dazu z. B. Hunt 2010; Neuman 2011; Kuß und Kreis 2013). Wenn man – wie in diesem Buch – von einer Position des wissenschaftlichen Realismus ausgeht, dann liegt der Schwerpunkt *qualitativer* Untersuchungen klar beim *Entwurf* von Theorien, während die so genannten *quantitativen* Methoden eher beim *Theorietest* eingesetzt werden. Bevor eine neue Theorie konzipiert ist, hat man ja oftmals wenige Anhaltspunkte für relevante Phänomene und Beziehungen. Diese müssen vielmehr im Prozess des Theorie-Entwurfs identifiziert werden. Dazu bedarf es des Zugangs zu umfassenden Informationen über den interessierenden Problembereich (z. B. Innovationsprozesse in Dienstleistungsunternehmen), die eben nicht vorselektiert sein können und dürfen. Deswegen sind hier qualitative Methoden mit Fallstudien, langen und nicht-standardisierten Interviews etc. (s. u.) angemessen. Dagegen spielt für Theorietests – zumindest in der Sichtweise des wissenschaftlichen Realismus – die (angestrebte) Unabhängigkeit der Ergebnisse von Zufälligkeiten und Fehlern bei der Datenerhebung und -analyse eine zentrale Rolle. Ein wesentlicher Maßstab für die Akzeptanz einer Theorie (siehe Kap. 5) sind „Erfolge" bei (möglichst zahlreichen und vielfältigen) empirischen Überprüfungen zu verschiedenen Zeitpunkten und in verschiedenen Kontexten. Quantitativ angelegte Untersuchungen (mit standardisierten Messungen, relativ großen Stichproben und statistischen Analysen) entsprechen am ehesten dieser Anforderung.

Auch bei *anwendungsorientierten* Untersuchungen geht man davon aus, dass oftmals in den ersten Untersuchungsphasen zunächst ein Problemverständnis entwickelt werden muss, wozu eben qualitative Methoden eher geeignet sind, weil die meisten „quantitativen" Methoden schon ein gewisses Maß an Problemverständnis voraussetzen.

Hintergrundinformation

James Mahoney und Gary Goertz (2006, S. 227 f.) erläutern kurz die einander „fremden Welten" von qualitativer und quantitativer Forschung:

„Wir verstehen diese beiden Forschungstraditionen als alternative Kulturen. Jede hat ihre eigenen Werte, Annahmen und Regeln. Jede ist intern misstrauisch oder skeptisch bezüglich der anderen, aber in der Öffentlichkeit eher höflich. Die Kommunikation zwischen diesen Forschungstraditionen ist schwierig und durch Missverständnisse gekennzeichnet. Wenn Anhänger der einen Tradition ihre Erkenntnisse Anhängern der anderen Tradition übermitteln, wird deren Rat (zu Recht oder fälschlich) oft als nicht hilfreich oder gar schlecht angesehen."

Der führende Wissenschaftsphilosoph Gerhard Schurz (2014, S. 37) äußert sich zum Streit über qualitative vs. quantitative Methoden:

„Die ideologische Polarisierung bezüglich quantitativer und qualitativer Methoden, die von einigen qualitativen Forschern (…) vertreten wird, erscheint als überflüssig und übertrieben. Es ist eher so, dass sich qualitative und quantitative Methoden ergänzen. Die Stärke qualitativer Methoden (z. B. Fallstudien, narrative Interviews) liegt bei einer Vorstufe quantitativer Methoden – bei der Entdeckung relevanter Einflussfaktoren und bei der Entwicklung vielversprechender Hypothesen. Aber einer qualitativen Erkundung muss eine quantitativ-statistische Analyse folgen, die der einzige Weg ist, um die generelle Aussagekraft einer Hypothese zu testen, insbesondere in einer Situation, in der man noch nicht über bewährtes Hintergrundwissen verfügt. Dass sich qualitative und quantitative Methoden im erläuterten Sinne ergänzen, ist eine verbreitete Auffassung unter empirischen Forschern in den Sozialwissenschaften, obwohl diese Ansicht nicht unumstritten ist."

Einige in der betriebswirtschaftlichen Forschung gängige qualitative Methoden seien kurz charakterisiert, um typische Merkmale dieses Ansatzes zu veranschaulichen:

- **Fallstudien:** Fallstudien können sich auf Abläufe (z. B. Innovationsprozesse), Personen (z. B. Entwicklung einer Markenbindung), Organisationen (z. B. Struktur und Strategie) oder andere soziale Einheiten (z. B. Familien, informelle Gruppen) beziehen. Gegenstand einer Fallstudie sind *reale* Phänomene, nicht künstlich geschaffene oder hypothetische. Typisch für eine Fallstudie ist weiterhin die Nutzung unterschiedlicher Datenquellen und Erhebungsmethoden zur umfassenden und tiefgehenden Analyse des jeweiligen Falles (Yin 2009; Morgan 2014).
- **Qualitative Interviews:** Damit sind relativ lange, nicht oder nur gering standardisierte Interviews gemeint, mit denen längere Gedanken- oder Argumentationsketten erhoben werden und die Auskunftspersonen angeregt werden, entsprechende Überlegungen anzustellen und zu äußern (siehe z. B. Yin 2011, S. 134 ff.).
- **Qualitative Beobachtungen:** Dabei nimmt der*die Beobachter*in Eigenschaften, Verhaltensweisen und Prozesse mit seinen bzw. ihren Sinnen (insbesondere natürlich auf optischem und akustischem Wege) wahr, ohne dass es einer verbalen Kommunikation (→ Befragung) bedarf (siehe z. B. Yin 2011, S. 143 ff.). In der Regel sind die erhobenen Merkmale an den Beobachtungszeitpunkt bzw. -zeitraum gebunden.
- **Auswertung archivierter Dokumente:** Insbesondere in Organisationen (z. B. Unternehmen, Behörden) gibt es umfassende Aufzeichnungen in Form von Schriftwechsel, Protokollen, Berichten etc., die Informationen auch über zurückliegende Vorgänge und Prozesse liefern können. In der deutschsprachigen Betriebswirtschaftslehre ist diese Form der Datensammlung schon früh durch die von Eberhard Witte und Mitarbeitern zu Innovationsprozessen in Unternehmen durchgeführten Untersuchungen bekannt geworden (siehe z. B. Witte 1973).
- **Gruppendiskussionen (Focus Group Interviews):** Darunter versteht man die gleichzeitige Befragung von mehreren (oft 6–10) Auskunftspersonen, denen Interaktionen untereinander zumindest gestattet sind. Dadurch nähert man sich an eine natürliche Gesprächssituation an und die Teilnehmer*innen stimulieren sich gegenseitig.

Wesentliche Unterschiede von qualitativer und quantitativer Forschung seien durch die Tab. 4.3 zusammenfassend dargestellt. Im Fortgang dieses Kapitels und in den folgenden Kapiteln werden einige Aspekte noch zusätzlich illustriert und verdeutlicht. Wenn in

Tab. 4.3 Qualitative und quantitative Untersuchungen im Vergleich. (Nach Creswell 2009, S. 12 ff.; Mahoney und Goertz 2006; Kuß et al. 2018, S. 39 f.)

Kriterium	Qualitative Untersuchungen	Quantitative Untersuchungen
Typische Untersuchungsziele	Konzepte entwickeln und Beziehungen entdecken	Hypothesen testen und Wissen akkumulieren
Generalisierbarkeit der Ergebnisse	Gering, weniger wichtig	Hohe Generalisierbarkeit angestrebt
Vorherige Festlegung des Forschungsprozesses	Gering bis mittel, Verlauf von bisherigen Ergebnissen beeinflusst	Weitgehende Festlegung auf Basis vorher formulierter Hypothesen
Anzahl der Fälle	Gering (ein- bis zweistellig)	Groß (zwei- bis vierstellig)
Auswahl von Fällen	Konzentration auf „interessante" Fälle	Im Idealfall Zufallsauswahl, alle Fälle werden in Analyse einbezogen
Was wird erhoben?	Fakten, Meinungen etc. in ihrem Kontext	Werte von festgelegten Variablen
Wie wird erhoben?	Freie Formen von Interviews, Beobachtungen etc. mit Bezug auf jeweiliges Problem und Kontext	Standardisierte und bewährte Messinstrumente (z. B. Fragebögen)
Typische Art der Analyse	In Form von (ausführlichen) Texten mit Beschreibungen und Interpretationen	Mit statistischen Methoden

der Tab. 4.3 von „Fällen" die Rede ist, dann sind damit Versuchspersonen, Auskunftspersonen und auch andere Untersuchungseinheiten (z. B. Unternehmen, Teams) gemeint.

Qualitative Untersuchungen bieten einen hohen Freiheitsgrad bei Design und Realisierung. Gewisse „Regeln" (bzw. Empfehlungen) für die Vorgehensweise werden dagegen für die Anwendung der **„Grounded Theory"** vorgegeben. Dieser Ansatz hat hinsichtlich des Zusammenspiels von Empirie und Theorie-Entwurf besondere Prominenz erlangt (siehe z. B. Jaccard und Jacoby 2020, S. 267 ff.). Der Begriffsteil „Grounded" bezieht sich darauf, dass bei dieser Vorgehensweise Theorie nicht nur durch mehr oder weniger abstrakte Überlegungen entsteht, sondern sich auf empirische Beobachtungen *gründet.* Dieser Ansatz geht auf Glaser und Strauss (1967) zurück. Corbin und Strauss (1990, S. 5) kennzeichnen die zentrale Idee auf folgende Weise: „Die Vorgehensweisen bei ‚Grounded Theory' sind ausgerichtet auf die Entwicklung einer voll integrierten Menge von Konzepten, die eine tief gehende theoretische Erklärung der untersuchten sozialen Phänomene ermöglichen. Eine ‚Grounded Theory' sollte gleichzeitig erklären und beschreiben" Wichtig und charakteristisch ist die Interaktion von Theorie-Entstehung und empirischer Datenerhebung. „Dieser Ansatz betont die *Entstehung* von Theorien aus Daten und nicht die Nutzung von Daten zum Test von Theorien." (Jaccard und Jacoby 2020, S. 267).

Die Grundidee der Vorgehensweise bei Anwendung der Grounded Theory wird wohl im Vergleich zum (deduktiven) *Theorietest* (siehe Kap. 5) besonders deutlich. In Abb. 4.4 sind beide Vorgehensweisen schematisch dargestellt und gegenübergestellt.

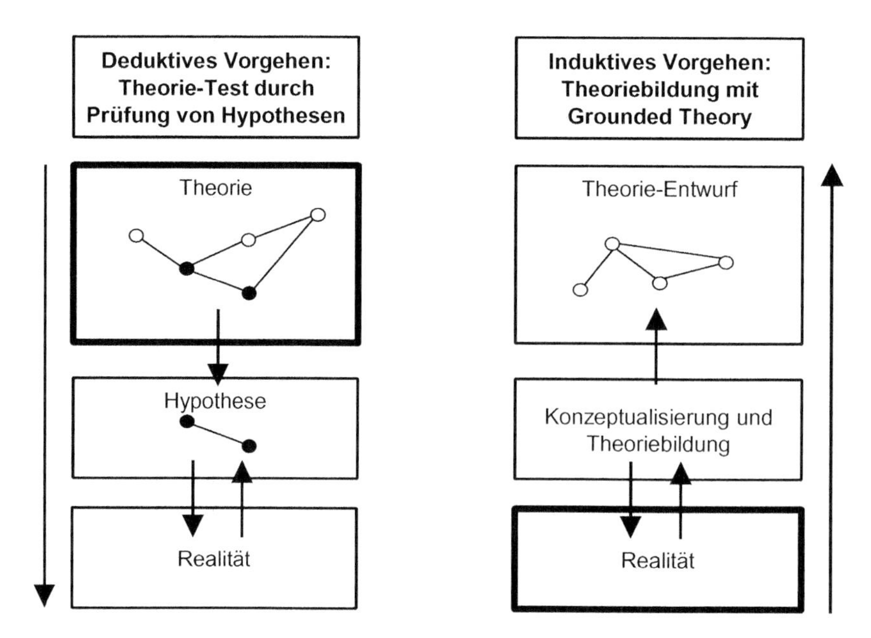

Abb. 4.4 Deduktiver Theorie-Test und induktive Theoriebildung mit Grounded Theory im Vergleich. (In Anlehnung an Neuman 2011)

Die Abb. 4.4 zeigt also die grundlegend verschiedenen Ziele und Vorgehensweisen bei den beiden Ansätzen. Beim *deduktiven Theorietest* steht am *Beginn* eine gegebene Theorie, aus der einzelne Hypothesen abgeleitet („deduziert") werden (siehe dazu Abschn. 5.2). Durch diese Hypothesen wird gewissermaßen prognostiziert, welche Beziehung zwischen den einbezogenen Variablen in der Realität bestehen müsste (wenn die Theorie *wahr* wäre!). Mithilfe entsprechender Methoden werden in der Realität diese Variablen gemessen, mit statistischen Verfahren analysiert und diese Ergebnisse erlauben es, von einer Bestätigung oder Ablehnung der Hypothese auszugehen (linker Teil der Abbildung), was wiederum einem „Erfolg" bzw. einem „Misserfolg" der jeweils interessierenden Theorie entspricht (→ hypothetisch-deduktive Methode).

Bei induktivem Vorgehen zur Theoriebildung mit der *Grounded Theory* steht dagegen die möglichst unvoreingenommene Beschäftigung mit zahlreichen Aspekten eines realen Sachverhalts am *Beginn*. Davon ausgehend werden Konzepte (siehe Abschn. 4.1) für die relevanten Phänomene entwickelt. Vermutungen über Zusammenhänge zwischen den verschiedenen Konzepten führen dann zu Bausteinen von Theorien, die wiederum zu einem Theorie-Entwurf zusammengefügt werden können. In der Abb. 4.4 (rechter Teil) sollen die in beide Richtungen zeigenden Pfeile zwischen den Feldern „Realität" und „Konzeptualisierung und Theorie-Entwurf" andeuten, dass letztere in laufender Rückkopplung zu den Beobachtungen in der Realität erfolgen soll (s. u.).

Welches ist nun die für die Grounded Theory charakteristische *methodische Vorgehensweise?* Dazu findet man in der Literatur hier und da verschiedene Auffassungen, aber weitgehende Einigkeit hinsichtlich der wesentlichen Prinzipien. Vor allem hinsichtlich der Rolle des Vorwissens – insbesondere aus der Literatur – bei der Theoriebildung werden deutlich unterschiedliche Sichtweisen vertreten. Einige Autoren und Autorinnen sind der Ansicht, dass der Theorie-Entwurf durch möglichst wenig Vor-Informationen beeinflusst sein sollte, um eine „Kanalisierung" (Jaccard und Jacoby 2020, S. 271) des Denkens zu vermeiden und Offenheit für ganz neuartige Einsichten zu ermöglichen. Andererseits wird auch die Auffassung vertreten, dass gerade eine umfassende Kenntnis des bisherigen Forschungsstandes bei der Interpretation von Beobachtungen und deren theoretischer Generalisierung hilfreich ist. In diesem Zusammenhang sei auch auf die gedankliche Beziehung zu dem im Abschn. 3.3 erläuterten Problem der Theoriebeladenheit verwiesen.

Hintergrundinformation

Rolf Brühl (2015, S. 126) stellt die zentralen Argumente zur Bedeutung von Vorwissen bei der Grounded Theory gegenüber:

„Während Glaser und Strauss in ihrem frühen gemeinsamen Werk für eine möglichst vorurteilsfreie, voraussetzungslose Herangehensweise plädieren, d. h. frei von Vorwissen (…), haben Strauss und Corbin die Rolle des Vorwissens später eingehender behandelt und diese Ansicht korrigiert (…). Sie stellen vielmehr die Erfahrung von Wissenschaftlern heraus, die sich in ihrer Sensibilität ausdrückt. Sensibilität zeichnet sich dadurch aus, dass Wissenschaftler Einsicht in die Ereignisse und Prozesse haben und ihnen Bedeutung (Sinn) geben können (…)."

Nun also zu den verschiedenen methodischen Prinzipien der Grounded Theory, von denen hier die wichtigsten in Anlehnung an Corbin und Strauss (1990) kurz umrissen werden sollen. Zur Illustration ist jeweils ein illustrierendes Beispiel (ein entsprechendes kurzes Zitat) aus Studien, bei denen die Grounded Theory angewandt wurde, angefügt. Es handelt sich dabei hauptsächlich um Untersuchungen zum organisationalen Wandel (Isabella 1990) und zur Berichterstattung von Unternehmen (Holland 2005). Einen Überblick über Anwendungen von Grounded Theory in betriebswirtschaftlichen Studien bieten Brühl et al. (2008).

- *Datensammlung und Datenanalyse sind eng miteinander verflochten.* Man hat es hier also nicht mit dem bei anderen Untersuchungen typischen Ablauf „Datensammlung → Datenanalyse → Interpretation" zu tun. Vielmehr werden bei der Datenerhebung gewonnene Erkenntnisse sofort analysiert und bei den weiteren Schritten der Datenerhebung (z. B. bei den nächsten Interviews) gleich verwendet. Insofern ist das Untersuchungsdesign typischerweise zu Beginn einer Untersuchung hinsichtlich diverser Einzelheiten noch nicht festgelegt (Yin 2011, S. 77).

Beispiel

Lynn Isabella (1990, S. 13): „Während der Phase der Datensammlung in der hier untersuchten Organisation verbesserten Notizen über die Tatsachen, spezifische Details (…) die sich entwickelnde Theorie". ◀

- *Konzeptualisierungen sind die grundlegenden Schritte zur Theoriebildung.* Als Konzeptualisierung wird auch hier die gedankliche und gleichzeitig abstrahierende Zusammenfassung realer Phänomene (z. B. Verhaltensweisen, Eigenschaften) bezeichnet (siehe Abschn. 4.1).

Beispiel

James Jaccard und Jacob Jacoby (2020, S. 281): „Dann las sie sorgfältig jedes Interview und setzte ein farbiges Zeichen an jeden Teil, in dem es um ökonomische Themen ging, ein andersfarbiges Zeichen an jede Stelle, wo es um Gender-Aspekte ging, und so weiter für alle Kategorien ihrer Typologie". ◀

- *Zusammenfassung und Verknüpfung von Konzepten zu Theoriebausteinen.* Dieser Vorgang stellt gewissermaßen die zweite Stufe des Abstraktionsprozesses von konkreten Wahrnehmungen dar. Hier geht es um gedankliche Zusammenfassungen und Benennungen bisher entwickelter Konzepte und um Überlegungen zu einem Beziehungsgeflecht von Einflussfaktoren und Wirkungen (Corbin und Strauss 1990).

Beispiel

John Holland (2005, S. 251): „Die verfeinerten Codierungsnetzwerke wurden dann verwendet, um theoretische Konstrukte vorzuschlagen ..., die wiederum in eine Theorie der Unternehmensberichterstattung eingebaut wurden". ◀

- *Auswahl von Fällen, Auskunftspersonen etc. („Stichprobenziehung") vor allem im Hinblick auf theoretische Anreicherung.* Eine (auch nur annähernd) repräsentative Stichprobenziehung ist hier nicht beabsichtigt. Vielmehr geht es um „interessante" Fälle, die neuartige Einsichten bringen und auch die Grenzen dieser Einsichten aufzeigen. Die (gezielte) Auswahl weiterer Untersuchungsobjekte erfolgt im Forschungsprozess in Abhängigkeit vom bisherigen Erkenntnisstand nach Kriterien des jeweiligen Interesses der Forscher*innen („theorieorientierte Stichprobenziehung"). Die Datenerhebung wird beendet, wenn zusätzliche Untersuchungsobjekte keinen weiteren Erkenntniszuwachs versprechen („theoretische Sättigung").

Beispiel

John Holland (2005, S. 250): „Obwohl diese Stichprobe von Unternehmen einen relativ hohen Anteil an den Unternehmen des FTSE 100 (Financial Times Stock Exchange Index) darstellte, bestand das Ziel nicht in einer ‚statistischen Generalisierung' wie in der konventionellen hypothetisch-deduktiven Forschung (...). Das Ziel war es, genügend Fälle von Unternehmen zu haben, um den Bedingungen ‚theoretischer Sättigung' zu genügen, wie von Strauss und Corbin (...) empfohlen (d. h. den Punkt bei der Kategorie-Entwicklung, an dem bei der Analyse keine neuen Eigenschaften, Dimensionen oder Beziehungen mehr auftauchen)". ◀

- *Permanente Vergleiche von Untersuchungsobjekten bzw. von entwickelten Konzepten.* Sowohl entwickelte Konzepte als auch betrachtete Fälle sollen mit bisher im Forschungsprozess formulierten bzw. vorliegenden Konzepten bzw. Fällen im Hinblick auf Ähnlichkeiten oder Unterschiede verglichen werden. Das soll zu einer Präzisierung der Konzeptualisierung bzw. zur gezielten Auswahl weiterer Fälle („theoretical sampling") führen. In diesem Sinne sind Datenerhebung und -analyse eng miteinander verflochten.

Beispiel

John Holland (2005, S. 251): „Während der Untersuchungsschritte wurden die Angaben aus den Interviews zu den verschiedenen Themen ... untereinander verglichen ...". ◄

- *Laufende Erstellung und Archivierung von Notizen („Memos") im Forschungsprozess.* Die sich entwickelnden Gedanken zum Untersuchungsablauf, zur Entwicklung von Konzepten und zu Schritten bei der Theoriebildung sollen laufend und umfassend schriftlich niedergelegt werden, um den Prozess und die Gründe („grounded"!) der Theoriebildung nachvollziehbar zu machen.

Beispiel

John Holland (2005, S. 251): „Zitate aus den Fällen wurden durchgehend (...) genutzt, um bestimmte Teile mit den Worten der Interviewpartner zu illustrieren und die Theorie mit den untersuchten Fällen zu begründen". ◄

- *Codierung wird nicht als Vorstufe zur Datenanalyse angesehen, sondern ist wesentlicher Bestandteil der Datenanalyse.* Bei quantitativen Untersuchungen ist der Prozess der Codierung, also der Übersetzung der erhobenen Informationen in zweckmäßig gewählte Symbole (meist Zahlen), eher „handwerklich" geprägt und es werden dabei bestimmte festgelegte Regeln möglichst sorgfältig angewendet. Bei Anwendung der Grounded Theory ist die Codierung dagegen ein theoretisch und methodisch anspruchsvoller Prozess, der auch Kreativität bei der Abstraktion und Generalisierung auf Basis einer großen und vielfältigen Menge von Einzel-Informationen erfordert.

Beispiel

Gioia et al. (2012, S. 20) vermitteln einen Eindruck von diesem Prozess der Erfassung der Äußerungen von Auskunftspersonen und deren Einordnung in sich entwickelnde theoretische Kategorien:

„In der ersten Analyse-Stufe, bei der man versucht, möglichst nahe bei der Terminologie der Informanten zu bleiben, unternehmen wir kaum Anstrengungen, schon stark zu Kategorien zu verdichten. Somit tendiert die Anzahl dieser Kategorien dazu, zu ‚explodieren'."

„Es ist nicht ungewöhnlich aufzublicken und zu sagen ‚Ich bin verloren', ohne eine klare Idee, welchen Sinn alle diese Daten haben und wie sie zusammenhängen."

„Wenn die Forschung fortschreitet, beginnen wir, nach Ähnlichkeiten und Unterschieden unter den zahlreichen Kategorien zu suchen, ein Prozess, der schließlich die Zahl der wichtigen Kategorien auf eine handhabbare Größe reduziert (z. B. 25 oder 30)."

„In der zweiten Analyse-Stufe sind wir nun klar im Bereich der Theorie und fragen uns, ob die auftauchenden Themen zu Konzepten führen, die uns helfen könnten, die Phänomene, die wir untersuchen, zu beschreiben und zu erklären." ◄

In einem Editorial für das „Academy of Management Journal" hat Roy Suddaby (2006) einige Missverständnisse bezüglich Grounded Theory zusammengestellt, die zur weiteren Verdeutlichung hier auszugsweise wiedergegeben seien:

„Grounded Theory ist kein Vorwand, um die Literatur zu ignorieren" (S. 634). Abgesehen von der Frage, ob es überhaupt möglich ist, sich von Literaturkenntnis und Erfahrung gedanklich zu befreien, führt die Ignoranz gegenüber bisher vorliegender Theorie zu wenig strukturierten – und damit theoretisch wenig fruchtbaren – Ergebnissen mit geringen Publikationschancen. Es kommt allerdings sehr darauf an, dass Vor-Informationen die Offenheit des*der Forscher*in nicht einschränken.

„Grounded Theory ist nicht die Präsentation von Rohdaten" (S. 635). Einerseits sollen die Ergebnisse einer Grounded Theory-Anwendung durch erhobene Daten belegt sein, andererseits gehört zur Grounded Theory eben auch die Abstraktion bei der Bildung von Konzepten bzw. Kategorien.

„Grounded Theory ist weder Theorietest, noch Inhaltsanalyse oder Wort-Zählerei" (S. 636). Weder die Datenerhebung noch die Datenanalyse bei der Grounded Theory würden es erlauben, theoretische Aussagen auf ihre Übereinstimmung mit einer Realität (→ Wahrheit) zu prüfen. Der Anwendungsbereich von Grounded Theory liegt vielmehr bei der mehr oder weniger kreativen Theoriebildung.

„Grounded Theory ist keine einfache Anwendung von Standard-Rezepten auf Daten" (S. 637). Zentrale Bestandteile der Grounded Theory sind ja die Interpretation von Daten und die kreative Theoriebildung, beides gerade Vorgänge, die sicher nicht standardisierbar sind und erhebliches substanzwissenschaftliches Verständnis des Untersuchungsgegenstandes erfordern.

Beispiel: Ein Ansatz für die BWL: „Theory in Use (TIU)"

Eine Variante der Grounded Theory, nämlich „Theory in Use"(Zeithaml et al. 2020), findet aktuell Beachtung, weil diese sich in besonderem Maße für den Theorie-Entwurf im Bereich der Betriebswirtschaftslehre eignet. Im Wesentlichen geht es darum, dass Menschen, die Entscheidungen treffen, dabei häufig so genannte „mentale Modelle" verwenden, die ihre Vorstellungen und Erfahrungen im Hinblick auf die relevanten Einflussfaktoren und Zusammenhänge, die den Gegenstand der Entscheidung betreffen, zusammenfassen. Zum Zwecke des Theorie-Entwurfs versucht man, diese mentalen Modelle vor allem durch qualitative Interviews zu erkunden und zu verstehen. Auf diese Weise fließen Erfahrungen aus realen Prozessen in einen Theorie-Entwurf ein. Derartige Prozesse können sich z. B. auf Kund*innen-zufriedenheit, auf die Entwicklung von Strategien oder auch auf die Auswahl von Personal beziehen. Zeithaml et al. (2020) geben zahlreiche praktische Hinweise zur Realisierung eines derartigen Theorie-Entwurfs und verweisen auch auf erfolgreiche Beispiele aus dem Marketing-Bereich; es spricht sicher nichts gegen eine Anwendung auch in anderen Teilgebieten der Betriebswirtschaftslehre. ◀

Der bei der Grounded Theory hervorstechende Aspekt der Verbindung von Empirie und Theorie-*Entwurf* ist natürlich in methodologischer Sicht besonders interessant. Man geht gewissermaßen iterativ vor und nähert sich durch eine wechselnde Folge von Schritten der Theoriebildung und empirischer Beobachtungen an eine angemessene Theorie an. Abb. 4.5 soll andeuten, dass in solch einem Forschungsprozess Datenerhebung und -analyse eng miteinander verbunden sind: An verschiedenen Stellen dieses Prozesses wird entschieden, ob weitere Daten hilfreich bzw. notwendig sind; neu erhobene Daten führen dazu, dass der Prozess fortgesetzt bzw. modifiziert wird. Am Ende des Prozesses soll

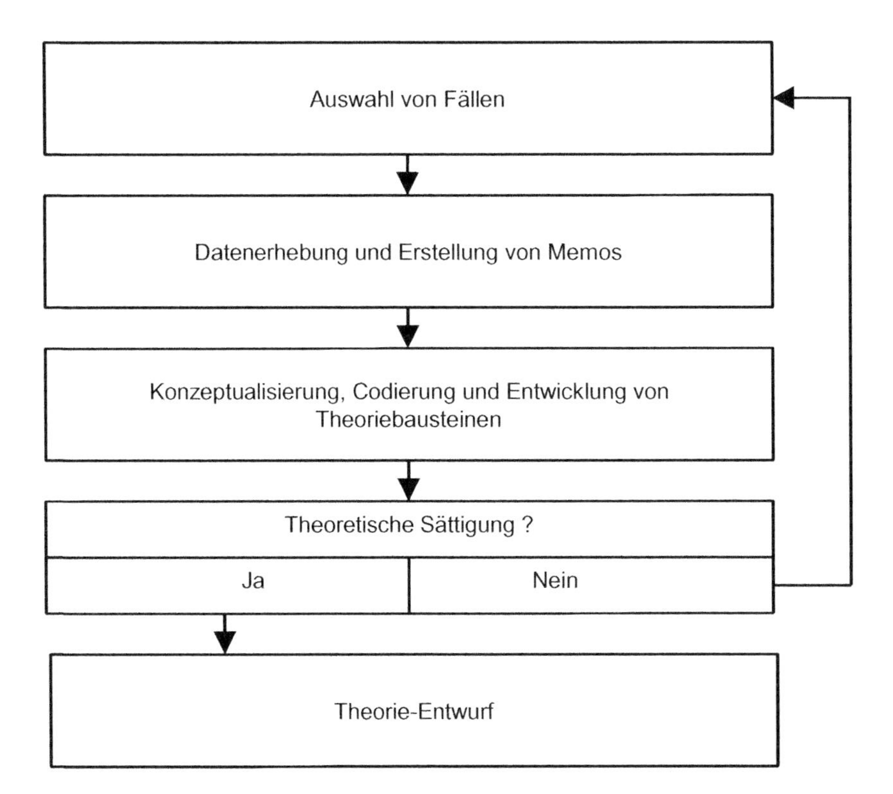

Abb. 4.5 Modell des Forschungsprozesses bei Anwendung der Grounded Theory

der Entwurf einer Theorie stehen, der später nach Maßstäben der Theorieprüfung (siehe Kap. 5 und 9) getestet werden kann.

4.3.4 Empirische Generalisierungen beim Theorie-Entwurf

Unter einer **empirischen Generalisierung** versteht Bass (1995, S. 7) „ein Muster oder eine Regelmäßigkeit, die wiederholt unter verschiedenen Bedingungen auftritt und die mathematisch, graphisch oder symbolisch dargestellt werden kann."

Beispiel

Hier ein Beispiel für eine empirische Generalisierung und deren Implikationen. Es geht dabei um eine Metaanalyse (siehe Kap. 9) von insgesamt 114 Studien zur Wirkung von Marktorientierung, deren Ergebnisse Dominique Hanssens (2009, S. 5) folgendermaßen zusammenfasst:

"Marktorientierung (d. h., die Aktivitäten von Organisationen zur Generierung und Verbreitung von Marktinformationen sowie die Reaktionen darauf, ebenso wie die Normen und Werte, die Verhaltensweisen fördern, die der Marktorientierung entsprechen) hat eine positive Wirkung auf den Erfolg einer Organisation, gemessen durch Profitabilität, Umsatz und Marktanteil ($r=.32$). Die Korrelation von Marktorientierung und Erfolg ist bei produzierenden Unternehmen ($r=.37$) höher als bei Dienstleistungsunternehmen ($r=.26$)."

Bei Kirca et al. (2005, S. 32) werden theoretische Argumente für die unterschiedliche Stärke der Beziehungen zwischen Marktorientierung und Unternehmenserfolg bei Produktions- und Dienstleistungsunternehmen genannt. Danach findet man bei Dienstleistungen einen höheren Anpassungsgrad der Leistungen an Kund*innenwünsche als in Produktionsunternehmen. Damit verbunden ist eine stärkere Differenzierung der Kund*innensegmente (also eine größere Zahl kleinerer Segmente), was die Wachstumsmöglichkeiten einschränkt. Daneben kann ein höherer Differenzierungsgrad auch mit Kostennachteilen wegen geringerer Effizienz bei der Leistungserstellung verbunden sein. ◄

Bei empirischen Generalisierungen geht es also – der Bezeichnung entsprechend – um eine Generalisierung auf der Basis *umfangreicher* empirischer Daten. Weil empirische Generalisierungen nur auf der Basis der *vorhandenen* Daten generalisieren können, beanspruchen sie **keine universelle Gültigkeit.** Andererseits profitieren empirische Generalisierungen natürlich von der Erweiterung der empirischen Basis und der Vielfalt der Untersuchungen, auf der die empirische Generalisierung oftmals beruht, ebenso wie von der Vielzahl und Verschiedenheit der Forschenden, die diese Untersuchungen durchführen. Diese Vielfalt dient der Triangulation einer empirischen Generalisierung: Unterschiedliche Untersuchungen mit verschiedenen Methoden und Daten helfen zu klären, wie weit jeweils die Generalisierbarkeit reicht (Kamakura et al. 2014).

Hintergrundinformation
Bass und Wind (1995, S. G2) nennen folgende Anforderungen an empirische Generalisierungen:

- *Mehrere Studien* (als Minimum werden zwei Studien angesehen)
- *Hohe Qualität* der einbezogenen Studien
- *Objektivität* (soll dadurch erreicht, werden, dass Studien unterschiedlicher Autoren einbezogen werden)
- *Konsistenz* der Ergebnisse trotz Unterschiedlichkeit der Studien

Im Prinzip können empirische Generalisierungen auch ohne **theoretische Erklärung** nützlich sein. Das Gravitationsgesetz, das eine Aussage über die Kraftwirkung zwischen zwei beliebigen Körpern macht, ist ein Beispiel für eine sehr erfolgreiche empirische Generalisierung, die sogar lange Zeit ohne theoretische Begründung auskam, denn es hat mehr als zwei Jahrhunderte gedauert, bis Albert Einstein das mit seiner Relativitätstheorie theoretisch erklären konnte. Wenn empirische Generalisierungen mit Theorien verknüpft werden, können sie sowohl dem Theorie-Entwurf als auch der Überprüfung von Theorien dienen. Beim *Theorie-Entwurf* versucht man, die durch Daten ermittelte empirische Generalisierung theoretisch zu erklären bzw. zu begründen. Beim *Theorietest* helfen empirische Generalisierungen, die Probleme der Überprüfung von Hypothesen auf der Basis einmaliger Tests, bei denen die Ergebnisse in erheblichem Maße von den Spezifika der jeweiligen Methoden, Stichproben, Kontexte etc. abhängig sein können, zu reduzieren (siehe Kap. 9). Letztlich ist noch an den Informationsgehalt von Theorien (siehe Abschn. 9.3.4) zu denken, weil empirische Generalisierungen Ergebnisse zur Art (z. B. linear oder nicht linear) oder Stärke von Zusammenhängen innerhalb der Theorie liefern können.

In der Literatur gibt es auch Hinweise, dass eine empirische Generalisierung **Relevanz für Praxis-Probleme** haben kann oder sollte. Precourt (2009, S. 113) nennt als Beispiele die folgenden Punkte:

- Empirische Generalisierungen dienen als **Ausgangspunkt für die Strategieentwicklung.** Beispielsweise können die Erkenntnisse des Erfahrungskurveneffekts – eine bekannte empirische Generalisierung –Ausgangspunkt für die Planung der Ausbringungsmenge im Zeitablauf sein.
- Empirische Generalisierungen bieten vorläufige **Regeln** für die Managementpraxis. Der Erfahrungskurveneffekt bietet z. B. eine Regel für die zu erwartende Kostensenkung für kumulierte Produktionsmengen.
- Empirische Generalisierungen bieten **Benchmarks** für Konsequenzen von ökonomischen Veränderungen oder Veränderungen in der Planung. Empirische Generalisierungen in Form von Elastizitäten, z. B. Werbeelastizitäten, geben eine Orientierung für die zu erwartenden Umsatzänderungen bei einer Veränderung des Werbebudgets.

Beispiel

Hier eine „Implikation für das Management" der Ergebnisse der eingangs dieses Abschnitts skizzierten empirischen Generalisierung (Quelle: Hanssens 2009, S. 5):

„Marktorientierung bietet einen Wettbewerbsvorteil, der zu überlegenem Unternehmenserfolg führt. Obwohl die Implementierung der Marktorientierung Ressourcen erfordert, bringt sie Erlöse, die höher liegen als die Kosten, die mit ihrer Implementierung verbunden sind. Die Wirkung ist größer bei Produktionsunternehmen als in der Dienstleistungsbranche.“ ◀

Empirische Generalisierungen werden in den Naturwissenschaften teilweise zu **Gesetzen**, wie z. B. das schon genannte Newton'sche Gravitationsgesetz. Soziale Phänomene sind in der Regel komplexer mit einer Vielzahl von Einflussfaktoren. Daher ist in den Sozial- und Verhaltenswissenschaften eher selten damit zu rechnen, dass wiederholte empirische Beobachtungen annähernd *vollständig* von *einer* zugrunde liegenden Regel erklärt werden können. Aus empirischen Generalisierungen können aber **Gesetzmäßigkeiten** (siehe Abschn. 2.3.1) abgeleitet werden. Dazu müssen die empirischen Daten deutlich mit den Werten übereinstimmen, die auf der Basis eines entsprechenden Modells berechnet werden. Außerdem muss die empirische Generalisierung nicht nur eine zusammenfassende Beschreibung von Fakten liefern, sondern auch eine wissenschaftliche Erklärung (siehe dazu auch Abschn. 2.3.2).

Literatur

Bass, F. (1995). Empirical generalizations and marketing science: A personal view. *Marketing Science, 14,* G6–G19.

Bass, F., & Wind, J. (1995). Introduction to the special issue: Empirical generalizations in marketing. *Marketing Science*, 14, G1-G5.

Brühl, R. (2015). *Wie Wissenschaft Wissen schafft.* Konstanz: UVK Lucius.

Brühl, R., Horch, N., & Orth, M. (2008). Grounded Theory und ihre bisherige Anwendung in der empirischen Controlling- und Rechnungswesenforschung. *Zeitschrift für Planung & Unternehmenssteuerung, 19,* 299–323.

Corbin, J., & Strauss, A. (1990). Grounded theory research: Procedures, canons, and evaluative criteria. *Qualitative Sociology, 13,* 3–21.

Cresswell, J. (2009). *Research design – Qualitative, quantitative, and mixed methods approaches.* Los Angeles: SAGE.

Ehrenberg, A. (1993). Theory or well-based results: Which comes first? In G. Laurent, G. Lilien, & B. Pras (Hrsg.), *Research traditions in marketing* (S. 79–108). Boston: Kluwer.

Franke, N. (2002). *Realtheorie des Marketing*. Tübingen: Mohr Siebeck.

Glaser, B., & Strauss, A. (1967). *The discovery of grounded theory*. Chicago: Aldine.

Gioia, D., Corley, K., & Hamilton, A. (2012). Seeking qualitative rigor in inductive research: Notes on the gioia methodology. *Organizational Research Methods, 16*(1), 5–31.

Hacking, I. (1982). Experimentation and scientific realism. *Philosophical Topics, 13,* 71–87.

Hanssens, D. (2009). *Empirical generalizations about marketing impact.* Cambridge (Mass.): Marketing Science Institute.

Holland, J. (2005). A grounded theory of corporate disclosure. *Accounting and Business Research, 35,* 249–267.

Hubbard, R., & Lindsay, R. (2013). From significant difference to significant sameness: Proposing a paradigm shift in business research. *Journal of Business Research, 66,* 1377–1388.
Hunt, S. (1987). Marketing research – Proximate purpose and ultimate value. In R. Belk, G. Zaltman, & R. Bagozzi (Hrsg.), *Marketing theory* (S. 209–213). Chicago: American Marketing Association.
Hunt, S. (2010). *Marketing theory – foundations, controversy, strategy*. Armonk (NY): Resource-Advantage Theory.
Hunt, S. (2013). The inductive realist model of theory generation: Explaining the development of a theory of marketing ethics. *AMS Review, 3,* 61–73.
Hunt, S. (2015). Explicating the inductive realist model of theory generation. *AMS Review, 5,* 20–27.
Iacobucci, D., & Churchill, G. (2010). *Marketing research –Methodological foundations*, 10. Ed. South-Western.
Isabella, L. (1990). Evolving interpretations as a change unfolds: How managers construe key organizational events. *Academy of Management Journal, 33,* 7–41.
Jaccard, J., & Jacoby, J. (2020). *Theory construction and model-building skills – A practical guide for social scientists* (2. Aufl.). New York: Guilford.
Jacoby, J., & Chestnut, R. (1978). *Brand loyalty – Measurement and management*. New York: Wiley.
Kamakura, W., Kopalle, P., & Lehmann, D. (2014). Empirical generalizations in retailing. *Journal of Retailing, 90,* 121–124.
Kirca, A., Jayachanandran, S., & Bearden, W. (2005). Market orientation: A meta-analytic review and assessment of its antecedents and impact on performance. *Journal of Marketing, 69,* 24–41.
Köhler, R. (1966). *Theoretische Syteme der Betriebswirtschaftslehre im Lichte der neueren Wissenschaftslogik*. Stuttgart: Poeschel.
Kuß, A., & Kreis, H. (2013). Wissenschaftlicher Realismus und empirische Marketingforschung. *Marketing ZFP – Journal of Research and Management, 35,* 255–271.
Kuß, A., Wildner, R., & Kreis, H. (2018). *Marktforschung – Datenerhebung und Datenanalyse* (6. Aufl.). Wiesbaden: Springer Gabler.
Lilien, G., Kotler, P., & Moorthy, K. (1992). *Marketing models*. Englewood Cliffs: Prentice Hall.
MacInnis, D. (2011). A framework for conceptual contributions in marketing. *Journal of Marketing, 75,* 136–154.
MacKenzie, S. (2003). The dangers of poor construct conceptualization. *Journal of the Academy of Marketing Science, 31,* 323–326.
Magnani, L. (2009). Creative abduction and hypothesis withdrawal. In J. Meheus & T. Nickles (Hrsg.), *Models of discovery and creativity* (S. 95–116). Dordrecht: Springer.
Mahoney, J., & Goertz, G. (2006). A tale of two cultures: Contrasting quantitative and qualitative research. *Political Analysis, 14,* 227–249.
Morgan, M. (2014). Case studies. In N. Cartwright & E. Montuschi (Hrsg.), *Philosophy of social science* (S. 288–307). Oxford: Oxford University Press.
Neuman, W. (2011). *Social research methods – Qualitative and quantitative approaches* (7. Aufl.). Boston: Pearson.
Nickles, T. (1985). Beyond divorce – Current status of the discovery debate. *Philosophy of Science, 52,* 177–206.
Nickles, T. (2000). Discovery. In W. Newton-Smith (Hrsg.), *A companion to the philosophy of science* (S. 85–96). Oxford: Blackwell.
Nickles, T. (2008). Scientific discovery. In S. Psillos & M. Curd (Hrsg.), *The Routledge companion to philosophy of science* (S 442–451). London: Routledge.

Popper, K. (2005). *Logik der Forschung* (11. Aufl.). Tübingen: Mohr Siebeck.
Precourt, G. (2009). Why empirical generalizations matter. *Journal of Advertising Research, 49,* 113–114.
Psillos, S. (2007). *Philosophy of Science A – Z.* Edinburgh: Edinburgh University Press.
Schanz, G. (1988). *Methodologie für Betriebswirte* (2. Aufl.). Stuttgart: Poeschel.
Schickore, J. (2014). Scientific discovery. In E. Zalta (Hrsg.), *The stanford encyclopedia of philosophy.* https://plato.stanford.edu
Schreyögg, G., & Koch, J. (2007). *Grundlagen des Managements.* Wiesbaden: Gabler.
Schurz, G. (2014). *Philosophy of science – A unified approach.* New York: Routledge.
Suddaby, R. (2006). From the editors: What grounded theory is not. *Academy of Management Journal, 49,* 633–642.
Wacker, J. (2004). A theory of formal conceptual definitions: Developing theory-building measurement instruments. *Journal of Operations Management, 22,* 629–650.
Witte, E. (1973). *Organisation für Innovationsentscheidungen – Das Promotoren-Modell.* Göttingen: Schwartz.
Yadav, M. (2010). The decline of conceptual articles and implications for knowledge development. *Journal of Marketing, 74,* 1–19.
Yin, R. (2009). *Case study research – design and methods* (4. Aufl.). Los Angeles: Sage.
Yin, R. (2011). *Qualitative research from start to finish.* New York: Guilford.
Zaltman, G., Pinson, C., & Angelmar, R. (1973). *Metatheory and consumer research.* New York: Holt, Rinehart and Winston.
Zeithaml, V., Jaworski, B., Kohli, A., Tuli, K., Ulaga, W., & Zaltman, G. (2020). A theories-in-use approach to building marketing theory. *Journal of Marketing, 84*(1), 32–51.

Weiterführende Literatur

Bass, F. (1995). Empirical generalizations and marketing science: A personal view. *Marketing Science, 14,* G6–G19.
Corbin, J., & Strauss, A. (2015). *Basics of qualitative research – Techniques and procedures for developing grounded theory* (4. Aufl.). Los Angeles: Sage.
Hunt, S. (2013). The inductive realist model of theory generation: Explaining the development of a theory of marketing ethics. *AMS Review, 3,* 61–73.
Jaccard, J., & Jacoby, J. (2020). *Theory construction and model-building skills – A practical guide for social scientists* (2. Aufl.). New York: Guilford.
Schickore, J. (2014). Scientific discovery. In E. Zalta (Hrsg.), *The stanford encyclopedia of philosophy.* https://plato.stanford.edu
Yin, R. (2011). *Qualitative research from start to finish.* New York: Guilford.

5 Ansätze zur Prüfung von Theorien

Zusammenfassung

Im vorliegenden Kapitel geht es um Möglichkeiten, Theorien zu beurteilen und diese (zumindest vorläufig) zu akzeptieren oder abzulehnen. Dafür werden unterschiedlichse Kriterien herangezogen, die im Abschn. 5.1 kurz vorgestellt werden. Im Mittelpunkt dieses Buches stehen natürlich Aspekte der empirischen Bewährung einer Theorie. Der „klassische" Weg der Bildung und empirischen Prüfung von theoriebasierten Hypothesen („hypothetisch-deduktive Methode") wird im Abschn. 5.2 dargestellt. Verschiedene Aspekte der Theorieprüfung werden im 9. Kap. noch einmal aufgegriffen und vertieft.

5.1 Qualitätskriterien für Theorien

Im Abschn. 3.2 ist schon der (zumindest in der Sichtweise des wissenschaftlichen Realismus) zentrale Maßstab für die Beurteilung einer sozialwissenschaftlichen Theorie angesprochen worden, nämlich ihre Eignung zur Wiedergabe und Erklärung realer Erscheinungen („approximative Wahrheit"). Es sei hier auch an ein Zitat von Shelby Hunt (2010, S. 287) aus dem Abschn. 2.2 erinnert: „Wenn man mit irgendeiner Theorie konfrontiert wird, dann stelle man die grundlegende Frage: Ist die Theorie wahr?". Diese Frage steht natürlich im engsten Zusammenhang mit der Funktion empirischer Forschung, die Gegenstand des vorliegenden Buches ist.

Wenn man die Ergebnisse von empirischen Überprüfungen einer Theorie zusammenfassend einschätzt, dann spricht man vom **Bewährungsgrad** dieser Theorie. In dieser Perspektive haben Theorien, die schon mehrfach (unter verschiedenen Bedingungen) mit positivem Ergebnis empirisch geprüft wurden, eine höhere Qualität als Theorien, deren Bewährungsgrad geringer ist (siehe dazu auch Wiltsche 2013, S. 86 ff.). Der

M. Eisend und A. Kuß, *Grundlagen empirischer Forschung*,
https://doi.org/10.1007/978-3-658-32890-0_5

Bewährungsgrad bezieht sich auf die jeweilige Theorie *insgesamt*, aber auch auf die *einzelnen Beziehungen* zwischen Konzepten, die in der Theorie enthalten sind. Wenn man an das Beispiel des Elaboration-Likelihood-Modells (siehe Abschn. 2.1) zurückdenkt, dann müssten sich auch die einzelnen Teile der Theorie (beim ELM beispielsweise die Beziehung zwischen „Fähigkeit zur Informationsverarbeitung" und „Art der kognitiven Verarbeitung") bewähren und dem entsprechend Gegenstand empirischer Tests sein. Der Bewährungsgrad von Theorien spielt auch eine wesentliche Rolle im Hinblick auf den „Status einer Theorie" im induktiv-realistischen Modell (siehe Abschn. 9.3.1). Eine empirische Überprüfung von Theorien ist nur sinnvoll, wenn diese überhaupt falsifizierbar sind, d. h. dass sie „an der Erfahrung scheitern können" (Popper 2005, S. 17). Der Gesichtspunkt der **Falsifizierbarkeit** ist in Abschn. 1.1 und Abschn. 3.2 schon als wesentliches Kriterium für die Wissenschaftlichkeit von Aussagen herausgestellt worden. Im Kern geht es darum, dass Beobachtungen *möglich* sein müssen, die im Widerspruch zu Aussagen einer Theorie stehen, die also die Theorie widerlegen *könnten*.

Beispiel

Hier einige einfache Beispiele für *nicht falsifizierbare* Aussagen aus der Betriebswirtschaftslehre:

- „Planung soll sorgfältig erfolgen" (normative Aussage).
- „Markentreue liegt dann vor, wenn mindestens 50 % aller Käufe in einer Produktkategorie auf eine Marke entfallen" (Definition).
- „Auch bei wachsendem Umsatz *kann* die Rentabilität sinken" (immunisierte Aussage). ◄

Neben diese grundlegende Anforderung treten noch weitere und differenziertere Kriterien für die Beurteilung einer Theorie, die hier kurz vorgestellt seien. Basis für den folgenden kurzen Überblick sind die (ausführlicheren) entsprechenden Diskussionen bei Franke (2002, S. 180 ff.), Gadenne (1994), Jaccard und Jacoby (2020, S. 32 f.), McMullin (2008), Sheth et al. (1988, S. 29 ff.), Wacker (1998) und Zaltman et al. (1973, S. 91 ff.).

- Als erstes Kriterium sei hier die **logische Korrektheit** einer Theorie genannt. Damit ist vor allem die Widerspruchsfreiheit gemeint. Jede rationale Argumentation (einschließlich der empirischen Überprüfung von Theorien) beruht auf dem Prinzip der Widerspruchsfreiheit von Aussagen. „Eine Menge von Aussagen ist logisch inkonsistent, wenn aus ihr sowohl eine Aussage A als auch deren Negation Non-A logisch ableitbar ist; ist dies nicht der Fall, gilt die Aussagenmenge als logisch konsistent" (Gadenne 1994, S. 392). Logische Konsistenz bedeutet natürlich noch nicht, dass eine Theorie wahr ist; aber logische *Inkonsistenz* hätte zur Folge, dass eine Theorie *nicht wahr* sein kann, weil eben bei widersprüchlichen Aussagen mindestens eine davon falsch sein muss. Dabei muss man im Auge behalten, dass bei komplexen Theorien logische Inkonsistenz nicht immer leicht und schnell erkennbar ist (Gadenne 1994).

- Weiterhin wird ein möglichst hoher **Allgemeinheitsgrad** der Aussagen einer Theorie gewünscht. Mit Allgemeinheit ist hier nicht Unbestimmtheit gemeint, sondern gewissermaßen der Gültigkeitsbereich einer Theorie. „Der Realitätsausschnitt, auf den sich die Aussagen beziehen, ist raum-zeitlich möglichst weit, idealerweise unbegrenzt" (Franke 2002, S. 181). In diesem Sinne wird beispielsweise eine (allgemeine) Theorie des Entscheidungsverhaltens als „besser" eingeschätzt als eine Theorie des Entscheidungsverhaltens von Top-Manager*innen. Im Idealfall wird der Allgemeinheitsgrad bei der Formulierung eines Theorie-Entwurfs festgelegt in der Form von **„Randbedingungen"** (auch: „Rahmenbedingungen" (Schwemmer 1995, S. 462) bzw. engl. „boundary conditions"). Diese Randbedingungen geben an, für welche Kontexte die jeweilige Theorie gültig ist (siehe Abschn. 9.3.2). In dieser Perspektive kennzeichnen Randbedingungen die Generalisierbarkeit einer Theorie im Hinblick auf verschiedene Kontexte (Whetten 1989; Busse et al. 2017). Mit der Berücksichtigung des Allgemeinheitsgrades von Theorien knüpft man an das grundlegende Ziel der Wissenschaft an, Aussagen zu machen, die über bestimmte Einzelfälle hinaus gültig sind. So will beispielsweise der akademische Betriebswirt *generell* verstehen, wie Mitarbeiter*innen motiviert werden können, während Praktiker*innen wohl stärker daran interessiert sind, wie sich ein bestimmtes Entlohnungssystem auf die Motivation von Mitarbeiter*innen in einem bestimmten Unternehmen auswirkt (siehe dazu auch Abschn. 2.4).
- Hinsichtlich der **Präzision** einer Theorie geht es um die eindeutige Definition (siehe dazu Abschn. 4.1) der verwendeten Konzepte/Begriffe und die ebenso eindeutige Formulierung der in der Theorie enthaltenen Aussagen. Das ist keineswegs eine triviale Anforderung. So fanden Warren et al. (2019) bei einer Untersuchung zu „Brand Coolness" in der Literatur 70 (!) Definitionen des Begriffs „Coolness". In einer solchen Situation sind natürlich untereinander vergleichbare, generalisierbare und einheitlich zu verstehende Aussagen deutlich erschwert.
- In Verbindung mit dem Allgemeinheitsgrad (s. o.) steht der **Informationsgehalt** einer Theorie. Dieser ist hoch, falls die Bedingungen für das Auftreten eines Phänomens sehr weit gefasst („wenn") sind (diese Bedingungen treten also relativ häufig auf) und die Prognose der Theorie für die entsprechenden Ausprägungen dieses Phänomens („dann") relativ konkret und genau ist. Franke (2002, S. 182) formuliert knapp die Grundidee hohen Informationsgehalts: „Weite Wenn-Komponente und möglichst enge Dann-Komponente". Umgekehrt ist die Situation (also niedriger Informationsgehalt), wenn ganz spezielle Bedingungen gegeben sein müssen, damit man eher unbestimmte Aussagen über das interessierende Phänomen machen kann.

Beispiel

Ein Beispiel für relativ *hohen Informationsgehalt:*

„Wenn ein Unternehmen zu den ersten fünf Anbietern gehört, die in einen neuen Markt eintreten, dann wird sein Marktanteil nach drei Jahren bei mindestens 10 % liegen."

Ein Beispiel für relativ *niedrigen Informationsgehalt:*

„Wenn ein Unternehmen als Pionier in einen Markt eintritt und sein technisches Knowhow durch Patente abgesichert hat, dann wird dieses mit einer Wahrscheinlichkeit von $p>0{,}1$ nach drei Jahren noch in dem Markt präsent sein." ◀

- Weiterhin wird von Theorien auch „**Sparsamkeit**" (engl. „parsimony") bzw. Einfachheit verlangt. Das bedeutet, dass sie mit möglichst wenigen Konzepten, Annahmen und Aussagen über Zusammenhänge auskommen sollen. Zu große Komplexität würde die Verständlichkeit und Anwendbarkeit von Theorien einschränken (Hunt 2015). Ganz operational ist die Kennzeichnung von Psillos (1995, S. 12): „Einfachheit wird verstanden als die Minimierung der Anzahl einzelner Hypothesen."
- Das Kriterium der **Originalität** ist dann stark ausgeprägt, wenn eine Theorie zu ganz neuartigen Aussagen führt und damit den bisher vorhandenen wissenschaftlichen Erkenntnisstand besonders stark erweitert. Ein historisches Beispiel dafür ist die Theorie von Nikolaus Kopernikus (1473–1543), dass nicht die Erde, sondern die Sonne Mittelpunkt unseres Sonnensystems ist. Diese Theorie hat damals das Weltbild der Menschheit entscheidend verändert. In der Betriebswirtschaftslehre haben neue Theorien in der Regel nicht ganz so revolutionäre und weitreichende Wirkungen. Hier ist das Konzept der dynamischen Fähigkeiten von Teese et al. (1997) in der Managementforschung ein Beispiel für Originalität, weil damit das enge Konzept der Kernkompetenzen und die nach innen gerichtete Betrachtungsweise des Ressourcenorientierten Ansatzes um eine Markt- und Strategieperspektive erweitert wurde, was wiederum erhebliche Konsequenzen für die Theorie hat.
- Mit **Fruchtbarkeit** ist die Eignung einer Theorie gemeint, Wege zur Erforschung neuer Phänomene und ihrer Beziehungen untereinander zu weisen. So hat die Transaktionskostentheorie in unterschiedlichen Teilgebieten der Betriebswirtschaftslehre zu neuen Einsichten geführt.

5.2 Empirische Forschung zum Theorietest

Die auch in der Betriebswirtschaftslehre seit Jahrzehnten etablierte Vorgehensweise zur empirischen Überprüfung von Theorien, d. h. zur Einschätzung der Entsprechung von Theorie und Realität, ist die so genannte **hypothetisch-deduktive Methode.** Deren Grundidee ist recht einfach: Aus einer allgemeinen theoretischen Aussage werden empirische Konsequenzen für konkrete Fälle abgeleitet („deduziert") und diese auf Basis der Theorie erwarteten Konsequenzen werden den realen Beobachtungen gegenübergestellt. Beispielsweise könnte man aus einer *allgemeinen* theoretischen Aussage „Steigende Realzinsen führen zu einer Zunahme des Sparens" folgern, dass zu jeder *beliebigen Zeit* in jeder *beliebigen Region* eine Zinserhöhung die Konsequenz haben müsste, dass die Spareinlagen steigen (→ Hypothese). Diese Hypothese *prognostiziert* also ein Ergebnis unter der Annahme, dass die Theorie (approximativ) wahr ist. Je nach Übereinstimmung der empirischen Beobachtungen mit dieser Hypothese betrachtet man die Theorie als gestützt oder infrage gestellt.

Die Abb. 5.1 illustriert die Vorgehensweise bei der hypothetisch-deduktiven Methode. Wenn eine Theorie beispielsweise einen Zusammenhang der Konzepte „A" und „B" unterstellt, dann müsste sich dieser auch ergeben, wenn man den Zusammenhang konkreter Ausprägungen von A und B in der Realität (hier „a" und „b") betrachtet. Aus der theoretischen Vermutung (A → B) wurde also eine entsprechende Hypothese (a → b) abgeleitet. In der Regel wird man die Gültigkeit dieser Hypothese in der Realität nicht nur mit der „Methode des scharfen Hinsehens" annehmen oder ablehnen können. In der Betriebswirtschaftslehre sind dazu typischerweise besondere Methoden der Datenerhebung und -analyse notwendig, die im *Prozess der empirischen Forschung* zur Anwendung kommen. Auf diesen Prozess wird im vorliegenden Abschnitt noch eingegangen. In der Abb. 5.1 ist weiterhin zu erkennen, dass nach dem Vergleich der auf

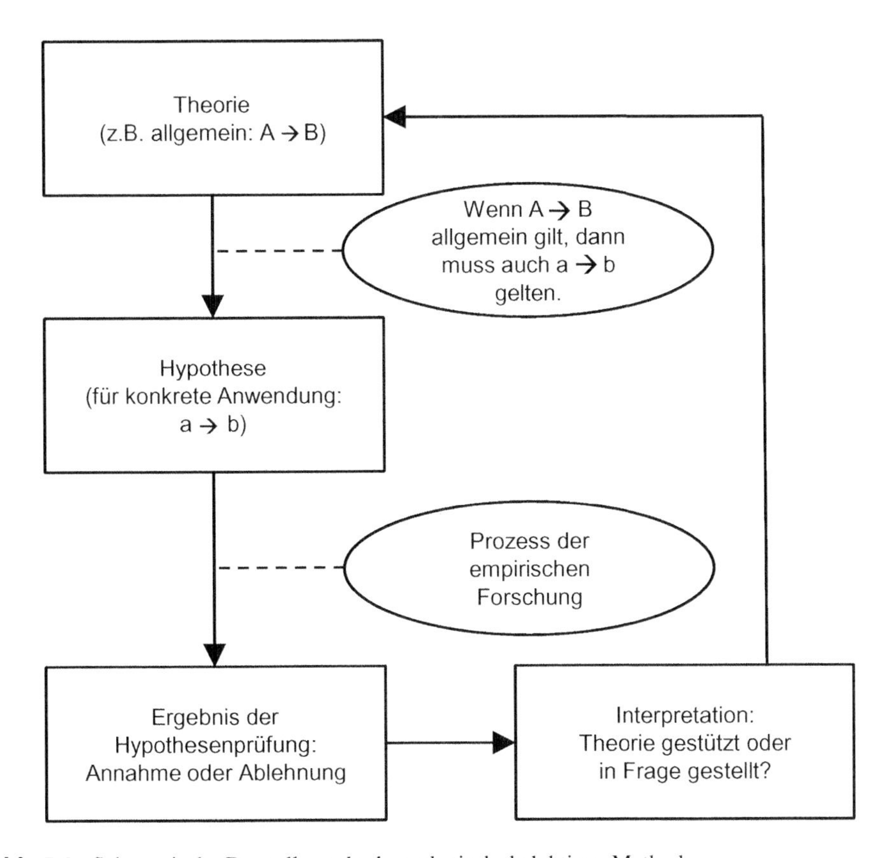

Abb. 5.1 Schematische Darstellung der hypothetisch-deduktiven Methode

Basis der Hypothese *erwarteten* Ergebnisse mit den *realen* Ergebnissen die Annahme oder Ablehnung der Hypothese erfolgt und die Theorie dem entsprechend eher gestützt oder eher in Zweifel gezogen wird.

Hintergrundinformation

Harald Wiltsche (2013, S. 82) erläutert seine Sicht der hypothetisch-deduktiven Methode:

> „Nach hypothetico-deduktivem Dafürhalten ist die Motivation, singuläre Folgerungen empirischen Testbedingungen zu unterwerfen, ganz klar mit dem Bestreben gleichzusetzen, Hypothesen zu bestätigen. Hiermit ist gleichzeitig auch die Idealvorstellung festgelegt, die hinter allen Bemühungen des empirischen Testens steht: Ein Test ist dann erfolgreich, wenn das eintritt, was die betreffende Hypothese vorausgesagt hat. Übersteht eine Hypothese in dieser Weise einen hinreichend strengen Test, dann hat dies aus hypothetico-deduktiver Perspektive auch einen Anstieg des Bestätigungsgrades zur Folge. Oder anders gesagt: Je öfter und je strenger wir eine Hypothese testen, umso größer das Vertrauen, das wir in sie investieren."

Die in Abb. 5.1 dargestellte hypothetisch-deduktive Methode entspricht den Forderungen Poppers (2005, S. 8 f.) für die Überprüfung von Theorien durch Falsifikationsversuche. Allerdings haben beide Ansätze unterschiedliche Zielrichtungen. Die hypothetisch-deduktive Methode ist grundsätzlich „neutral", aber in der Forschungspraxis wohl deutlich häufiger auf empirische Bestätigung als auf Ablehnung von Hypothesen (bzw. der dahinter stehenden Theorie) ausgerichtet, während Poppers Ansatz vor allem Falsifikationsversuche bei existierenden Theorien im Fokus hat und deren (induktive) Bestätigung nicht vorsieht (vgl. z. B. Wiltsche 2013, S. 82 ff.). Im Zusammenhang mit der Darstellung des induktiv-realistischen Modells (Kap. 9) wird erkennbar werden, dass bei diesem bestätigende und falsifizierende Ergebnisse gemeinsam analysiert werden und je nach Übergewicht der einen oder anderen Art von Ergebnissen auf die (vorläufige) Akzeptanz bzw. Ablehnung einer Theorie geschlossen wird.

Hintergrundinformation

Harald Wiltsche (2013, S. 83) zum Unterschied von hypothetisch-deduktiver Methode und Poppers Falsifikationsansatz:

„Woran liegt es nun aber, dass wir nach Popper nur im Fall des Scheiterns von Hypothesen von einem Erfolg sprechen können? Ein Grund: Zwischen Verifikation und Falsifikation besteht eine grundlegende Asymmetrie. Diese ist darin zu sehen, dass wissenschaftliche Allaussagen zwar niemals endgültig verifiziert, aber bereits durch einen einzigen geeigneten Basissatz falsifiziert werden können."

Zahllose empirische Studien in betriebswirtschaftlichen Zeitschriften zeugen von der dominierenden Stellung der hypothetisch-deduktiven Methode in der empirischen betriebswirtschaftlichen Forschung. Gleichwohl gibt es auch gewichtige Einwände hinsichtlich der Aussagekraft dieser Methode:

- Das erste Problem bezieht sich auf die **Duhem-These** (siehe Abschn. 3.3). Diese besagt, dass die empirische Bewährung einer Theorie immer daran gebunden ist, dass die verwendeten Beobachtungen und Messungen geeignet sind, um das jeweils interessierende Phänomen korrekt wiederzugeben. Wenn eine Hypothese abgelehnt wird, so kann das daran liegen, dass diese tatsächlich falsch ist, aber auch daran, dass fehlerbehaftete Daten die Annahme einer eigentlich bestätigenden Hypothese verhindern. Empirische Tests von Hypothesen sind nur sinnvoll und aussagekräftig, wenn die durchgeführten Beobachtungen und Messungen *tatsächlich* den theoretisch interessierenden Konzepten entsprechen. Das mag auf den ersten Blick als Selbstverständlichkeit erscheinen, ist aber in der Forschungspraxis alles andere als trivial (siehe dazu die Diskussion von Reliabilität und Validität in Kap. 6).

- In den Sozialwissenschaften (einschließlich der Betriebswirtschaftslehre) basieren empirische Untersuchungsergebnisse meist auf **statistischen Schlussweisen** (z. B. statistische Tests auf der Basis von Zufallsstichproben). Deswegen sind die entsprechenden Ergebnisse in der Regel mit Unsicherheit behaftet, die z. B. in Form von Konfidenzintervallen oder Irrtumswahrscheinlichkeiten angegeben wird. Das kann bei Entscheidungen zur Annahme oder Ablehnung einer Hypothese auf der Basis von Signifikanztests zu entsprechenden Fehlern führen (siehe dazu auch die Diskussion zur Problematik von Signifikanztests im Abschn. 7.2).
- Ein drittes Problem besteht darin, dass unterschiedliche Theorien zu gleichen Voraussagen bezüglich bestimmter Phänomene führen können. Man spricht dann von der **Unterbestimmtheit** von Theorien (siehe Abschn. 3.3). „Wenn der einzige Weg der empirischen Bestätigung darin besteht, dass Vorhersagen von Theorien realisiert werden, dann lässt sich der Schluss kaum vermeiden, dass alle Theorien, die zu gleichen Vorhersagen führen, in genau gleicher Weise durch eine realisierte Vorhersage bestätigt werden." (Sankey 2008, S. 252). Insofern unterscheidet die hypothetisch-deduktive Methode nicht zwischen sich gegenseitig ausschließenden, aber empirisch äquivalenten Hypothesen (Psillos 2007, S. 114).

Hintergrundinformation

Raymond Hubbard und Murray Lindsay (2013, S. 1380) kommen vor dem Hintergrund diverser Einwände aus der Wissenschaftsphilosophie zu einer skeptischen bis negativen Einschätzung der hypothetisch-deduktiven Methode:

„Natürlich ist kein Ansatz zum Wissenserwerb unfehlbar. Es ist jedoch bemerkenswert, dass man angesichts der ernsthaften philosophischen Schwierigkeiten, die mit der hypothetisch-deduktiven Methode verbunden sind, in den betriebswirtschaftlichen Disziplinen kaum Anhaltspunkte für entsprechende Bedenken findet. Hier gilt diese Methode als unantastbar."

In der Abb. 5.1 ist etwas pauschal vom **„Prozess der empirischen Forschung"** die Rede. Wie kann man sich diesen Prozess vorstellen? Das im Folgenden dargestellte Grundmodell empirischer Forschung bietet dafür ein gedankliches Gerüst und stellt wesentliche Teile des Forschungsprozesses und deren Zusammenhänge dar. Dazu werden hier einige Überlegungen aus Kap. 2 und aus Abschn. 4.1 aufgegriffen und im Hinblick auf den Test von Theorien zusammengefasst. Das **Grundmodell empirischer Forschung,** wird hier in Anlehnung an Kuß und Eisend (2010, S. 18 ff.) dargestellt: Für die wissenschaftliche Betrachtungsweise von **Realität** ist es typisch, dass versucht wird, in sich widerspruchsfreie Systeme von Aussagen, die man unter bestimmten Voraussetzungen eben als **Theorie** bezeichnet (siehe Kap. 2), aufzustellen, deren Entsprechung zur Realität systematisch überprüft wird. Da diese Aussagensysteme meist einen Komplexitäts- und/oder Abstraktionsgrad aufweisen, der eine unmittelbare Prüfung (z. B. durch einfache Beobachtung) nicht zulässt, bedient man sich dazu in der Regel geeigneter **Methoden.** Beispielsweise bedarf es für die Untersuchung eines Zusammenhangs zwischen Risikowahrnehmung und Informationsbedarf in der Regel eines recht aufwendigen Untersuchungsdesigns (Messinstrumente, Stichprobenziehung, statistische Methoden etc.). Durch bloßen Augenschein kann man eine solche Überprüfung nicht vornehmen.

Die drei soeben genannten *Grundelemente empirischer Forschung* (Realität, Theorie, Methoden) werden zunächst kurz vorgestellt, bevor die Beziehungen dieser Elemente untereinander erläutert werden.

- **Realität**
  Unabhängig vom jeweiligen Forschungsinteresse ist immer nur die Betrachtung von entsprechenden Ausschnitten der Realität möglich. Ihre vollständige Beschreibung oder gar Erklärung ist wegen einiger genereller Eigenschaften von Realität ausgeschlossen. Sie ist nach Jaccard und Jacoby (2020, S. 8 ff.) komplex, dynamisch, (teilweise) verdeckt und einzigartig. Entsprechende Einzelheiten sind im Abschn. 2.2 bereits ausführlich dargestellt worden. Gerade die Verbindung dieser Eigenschaften führt eben dazu, dass sich empirische Forschung nur auf wenige, gezielt ausgewählte (und von Einzelheiten der Realität abstrahierende) Aspekte einer überwältigend komplexen Realität beziehen kann.
- **Konzepte, Theorien und Hypothesen**
  Wegen der (ebenfalls im Abschn. 2.2) schon erwähnten Aussichts- und Sinnlosigkeit des Versuchs, Realität *vollständig* zu erfassen, ist die Zielrichtung der empirischen Forschung also eine andere. Man bedient sich dabei bestimmter Abstraktionen einzelner Erscheinungen, die für die jeweilige Betrachtungsweise zweckmäßig sind und die in Abschn. 2.1 und 4.1 bereits als **Konzepte** bezeichnet und dort auch erörtert wurden. Wenn man durch Konzepte gewissermaßen die Umwelt vereinfacht und geordnet hat, kann man bestimmte *Regelmäßigkeiten* und *Zusammenhänge* entdecken. Diese können sehr konkrete („Je größer ein Messestand ist, desto größer ist die Zahl der Besucher*innen“), aber auch abstraktere Phänomene („Bei technisch ausgebildeten Messebesucher*innen spielen betriebswirtschaftliche Kriterien bei der Kaufentscheidung eine geringere Rolle als bei kaufmännisch ausgebildeten Besucher*innen“) betreffen. Besonders leistungsfähig sind natürlich Systeme von Aussagen, die eine größere Zahl von Konzepten und/oder Beziehungen zwischen diesen umfassen, also **Theorien** im Sinne des 2. Kap. Jede Theorie verwendet mehrere Konzepte (in einem der obigen Beispiele „technische Ausbildung“ und „Bedeutung betriebswirtschaftlicher Kriterien“). Insofern bilden Konzepte die *Bausteine von Theorien.* Im Mittelpunkt dieses Untersuchungsschritts steht also das Zusammenfügen der relevanten

Konzepte und Beziehungen zu einem **Theorie-Entwurf**. Einige Ansätze zur Vorgehensweise dabei sind bereits im 4. Kap. vorgestellt worden.
Im Zusammenhang mit der *Überprüfung von Theorien* (oder Teilen von Theorien), aber auch bei praktischen Fragestellungen, spielen – wie bei der obigen Darstellung der hypothetisch-deduktiven Methode schon dargestellt – **Hypothesen** eine bedeutsame Rolle (siehe dazu auch Kap. 7). Man versteht darunter (noch nicht überprüfte) Vermutungen über:

- Ausprägungen von Variablen (z. B. „Mindestens 10 % der Konsument*innen werden das neue Produkt X probieren". „Mindestens 80 % aller Unternehmen mit mehr als 500 Beschäftigten werden von angestellten Manager*innen geführt.") und
- Zusammenhänge von Variablen (z. B. „Überlegene Ressourcen-Ausstattung führt zu überdurchschnittlicher Profitabilität von Unternehmen." „Je positiver die Einstellung zu einem Produkt ist, desto größer ist die Kaufneigung").

Die erste Art von Hypothesen (Ausprägungen von Variablen) spielt in der angewandten Forschung (z. B. Marktforschung) die größere Rolle, die zweite Art (Zusammenhänge von Variablen) in der theoriebezogenen Forschung.

▶ **Definition** Earman und Salmon (1992, S. 44) formulieren eine allgemeine **Definition** zur Kennzeichnung von **Hypothesen**:

> „Der Begriff *Hypothese* kann auf alle Aussagen sinnvoll angewandt werden, die im Hinblick auf ihre Konsequenzen überprüft werden sollen. Die Idee besteht darin, eine – spezielle oder allgemeine – Aussage zu formulieren, aus der Folgerungen im Hinblick entsprechende Beobachtungen abgeleitet werden können. Eine *empirische Folgerung* ist eine (richtige oder falsche) Aussage, deren Richtigkeit oder Falschheit durch empirische Beobachtungen festgestellt werden kann. Diese empirischen Folgerungen werden dann mit empirischen Beobachtungen überprüft, um festzustellen, ob sie richtig oder falsch sind. Wenn die empirische Folgerung sich als richtig herausstellt, dann ist die Hypothese in gewissem Ausmaß *bestätigt*. Wenn sie sich als falsch herausstellt, dann sagt man, dass die Hypothese *nicht bestätigt* ist."

Jaccard und Jacoby (2020, S. 96) kennzeichnen Hypothesen ganz knapp durch drei Merkmale. Danach sind Hypothesen

1. aus einer Theorie abgeleitet,
2. konkreter als die Aussagen der Theorie und
3. so auf die Empirie ausgerichtet, dass sie eine empirische Überprüfung theoretischer Aussagen ermöglichen.

In diesem Sinne sind Hypothesen also Bindeglieder zwischen Theorie und Empirie/Methoden, weil sie die Beziehungen zwischen dem eher abstrakten Theorie-Bereich und dem jeweiligen konkreten Untersuchungsbereich bestimmen (siehe Abb. 5.2). Die Formulierung von Hypothesen ist auch wichtig im Hinblick auf die Auswahl von

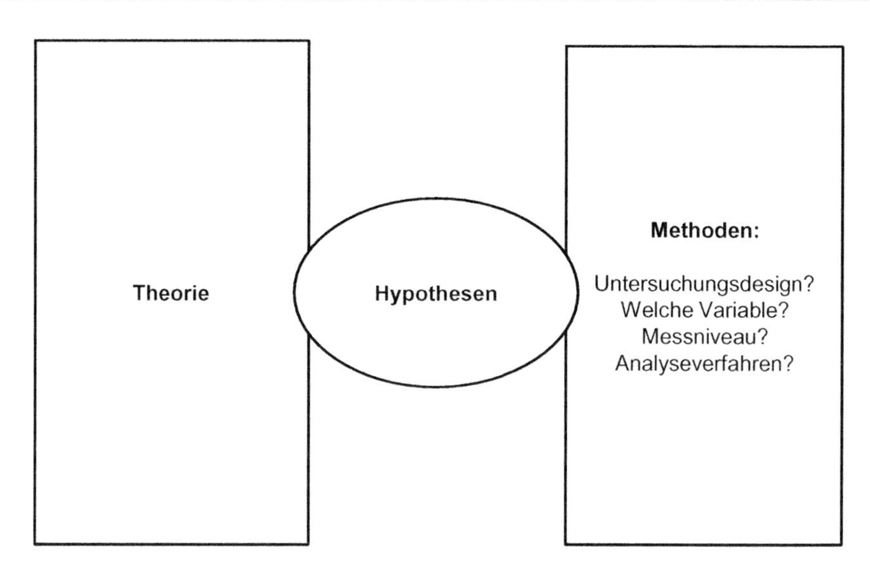

Abb. 5.2 Hypothesen als Bindeglied von Theorie und Methoden

Methoden für die zu untersuchenden Fragestellungen. Wenn man an eines der oben skizzierten Beispiele einer Hypothese denkt, so erkennt man, dass sich daraus direkt ableiten lässt, welche Variablen (hier beispielsweise: „Einstellung zu einem Produkt", „Kaufneigung") gemessen werden müssen und welches Messniveau diese Daten für die vorgesehenen Analyseverfahren haben sollen. Dazu benötigt man geeignete Methoden, deren Festlegung Gegenstand des nächsten Schrittes im Forschungsprozess ist.

- **Methoden**
  Wenn Theorien oder Teile davon im Hinblick auf ihre Übereinstimmung mit der Realität getestet werden sollen, bedarf es dazu also in der Regel geeigneter Methoden (siehe dazu Kap. 6, 7, 8 und 9). Gerade bei Theorien, die Konzepte hohen Abstraktionsgrades betreffen, ist mit besonders schwierigen methodischen Problemen zu rechnen.
  Es geht also darum, eine *Verbindung* zwischen den (abstrakten) Elementen von *Theorien* und der *Realität* herzustellen. Man kann Datenerhebungsmethoden der empirischen Forschung auch als Hilfsmittel betrachten, um trotz deren Komplexität und (zumindest teilweiser) Verdecktheit die interessierenden Aspekte der Realität beobachten zu können. Beispielsweise geben die Verfahren der Stichprobenziehung an, welche Teilmenge von Untersuchungsobjekten betrachtet wird. Als weiteres Beispiel dienen Befragungsverfahren u. a. dazu, sehr unterschiedliche Personen, Meinungen, Verhaltensweisen zu Gruppen bzw. Kategorien (z. B. Personen mit hohem Bildungsgrad, negativer Haltung zur Fernsehwerbung, hoher beruflicher Motivation) zusammenzufassen oder auf entsprechenden Messskalen einzuordnen. Die Verfahren der Datenanalyse haben vor allem den Zweck, eine große Menge

von Einzeldaten zu verdichten (z. B. zu Maßzahlen wie Median) und (statistische) Zusammenhänge zwischen Merkmalen zu ermitteln.

Die drei Elemente der empirischen Forschung sind in Abb. 5.3 dargestellt. Die verbindenden Pfeile kennzeichnen grundlegende Teilaufgaben im Prozess der empirischen Forschung, auf die anschließend einzugehen ist.

Als **Konzeptualisierung** wird der Vorgang, interessierende Teile der Realität abstrahierend zu kennzeichnen, bezeichnet (siehe Abschn. 4.1). Häufig geht dieser Prozess mit der Entwicklung von Vermutungen über die Beziehungen dieser Elemente mit einem **Theorie-Entwurf** einher im Sinne einer induktiven Vorgehensweise (siehe Abschn. 2.5). Konzeptualisierungen münden in entsprechende *Definitionen,* mit denen präzise formuliert wird, was das jeweilige Phänomen ausmacht. Einerseits findet also eine Abstrahierung von der Realität statt, andererseits bestimmt diese Abstrahierung auch die Betrachtungsweise der Realität; deswegen zeigt der entsprechende Pfeil in Abb. 5.3 in beide Richtungen. Wer beispielsweise von bestimmten Merkmalen des Verhaltens (z. B. hoher Arbeitseinsatz, Initiative) von Mitarbeiter*innen zum Konzept „Motivation" abstrahiert, für den beeinflusst dieses Konzept eben auch entsprechend die Perspektive beim Blick auf das reale Verhalten der Mitarbeiter*innen.

Zur Gegenüberstellung von Theorien mit der Realität sind also geeignete Methoden auszuwählen. Beispielsweise muss man entscheiden, mit welcher Skala man Mitarbeiter*innenmotivation misst, die man vielleicht als Ursache für Kreativität (wie zu messen?) ansieht. Ein statistisches Verfahren muss gewählt werden, mit dem man eine vermutete Beziehung zwischen Motivation und Kreativität überprüfen kann. Diesen ganzen Vorgang nennt man **Operationalisierung** (siehe dazu Abschn. 6.1). Hier werden also abstrakten Konzepten konkrete Messverfahren, statistische Verfahren etc. zugeordnet. Damit verbunden ist in der Regel auch eine *Einengung* recht allgemeiner Konzepte auf konkrete Untersuchungsgegenstände (Sankey 2008, S. 251 f.). So kann

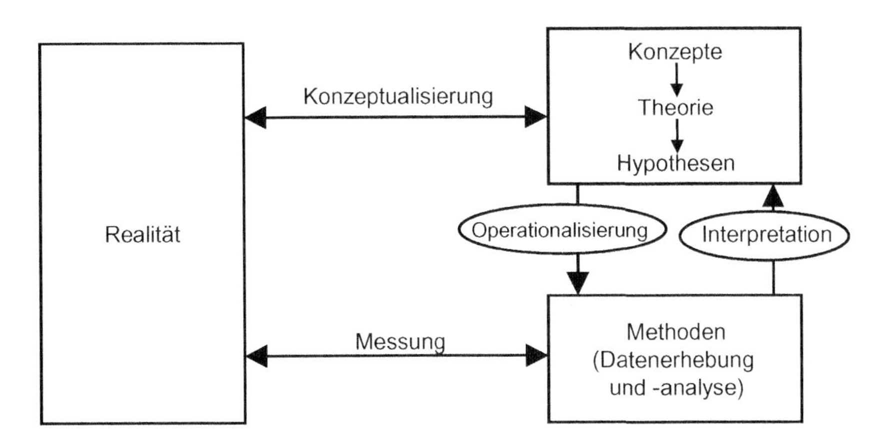

Abb. 5.3 Grundmodell der empirischen Forschung. (Nach Kuß und Eisend 2010, S. 23)

man wohl kaum ganz allgemein den Zusammenhang zwischen Motivation und Kreativität empirisch untersuchen, sondern muss sich auf deutlich konkretere – und damit natürlich weniger allgemeine – entsprechende Zusammenhänge konzentrieren (z. B. den Zusammenhang „Motivation in den Unternehmen A, B, C, …" → „Kreativität in den Unternehmen A, B, C, …").

Die Anwendung der ausgewählten Verfahren auf entsprechende Teile der Realität bezeichnet man als **Messung** (siehe auch Abschn. 6.2). Auch dieser Vorgang ist ein zweiseitiger: Versuchspersonen, Objekte etc. werden mit Messinstrumenten konfrontiert; Messwerte (Daten) fließen zurück.

Definition Nunnally und Bernstein (1994, S. 3) definieren: „Messungen bestehen aus *Regeln* für die Zuordnung von Symbolen zu Objekten dergestalt, dass 1) quantifizierbare Eigenschaften numerisch repräsentiert werden (Skalierung) oder 2) definiert wird, ob Objekte in gleiche oder verschiedene Kategorien im Hinblick auf eine bestimmte Eigenschaft gehören (Klassifikation)."

Diese Daten können mit *statistischen Methoden* verdichtet und dargestellt werden. Die Überlegungen beim Vergleich von Ergebnissen der Datenanalyse mit den Aussagen der Theorie nennt man **Interpretation.** Hier befindet man sich gewissermaßen auf dem „Rückweg" vom Bereich der Methoden mit Datenerhebung und -analyse in den Bereich der Theorie. Dabei stellt man fest, ob die Theorie eher bestätigt oder abgelehnt wurde und ob Modifizierungen oder Verfeinerungen der Theorie vorgenommen werden können oder sollten. Hier sind die Beziehungen zum „induktiv-realistischen" Modell der Theorieprüfung mit „empirischen Erfolgen und Misserfolgen" sowie zu den detaillierteren Überlegungen zur **Theorie-Entwicklung** in Kap. 9 ganz offenkundig.

Für das hier vorgestellte Grundmodell der empirischen Forschung gilt die Forderung, dass *Untersuchungsergebnisse,* die eine Fragestellung beantworten bzw. eine Hypothese überprüfen sollen, natürlich nur aussagekräftig sein können, wenn die Datenerhebung und Datenanalyse (mit Stichprobenziehung, Messungen, Datenaufbereitung etc.) *tatsächlich den zu untersuchenden Phänomenen gerecht werden.* Hier ist darauf zu verweisen (wie im Abschn. 3.3 erläutert), dass ja Messfehler die Aussagekraft von Theorietests entscheidend beeinträchtigen können, weil bei solchen Fehlern eben nicht klar ist, ob eine mangelnde Übereinstimmung zwischen einer theoretischen Vermutung und einem darauf bezogenen empirischen Ergebnis auf die Messfehler oder auf die Fehlerhaftigkeit der theoretischen Vermutung zurückzuführen ist (→ Duhem-These).

Beispiel

Die hier genannte Forderung, dass die in einer empirischen Untersuchung betrachteten realen Phänomene den theoretisch interessierenden Konzepten möglichst gut entsprechen sollen, mag auf den ersten Blick banal wirken. Bei sozialwissenschaftlichen Messungen ist dieses Problem aber alles andere als trivial. Dazu Beispiele für entsprechende Probleme bei Messungen zum Konzept „Kaufverhalten“: Wenn ein*e Konsument*in äußert, dass er oder sie eine Marke kaufen will, kann man dann daraus schließen, dass er oder sie diese Marke auch (immer, meist, gelegentlich?) *tatsächlich* kaufen wird? Kann man von der Angabe von Konsument*innen zu der beim letzten Einkauf gekauften Marke auf die tatsächlich gekaufte Marke schließen oder muss man damit rechnen, dass Erinnerungslücken, Anpassungen an die Erwartungen eines*r Interviewer*in oder bewusst geäußerte Falschangaben hier zu Messfehlern führen? ◀

Die Frage, ob die Umsetzung einer Problemstellung in ein Untersuchungsdesign (mit Stichprobenziehung, Messmethoden etc.) und dessen Realisierung angemessen, also der Problemstellung entsprechend ist, hat für die Aussagekraft empirischer Untersuchungen größte Bedeutung. Dabei geht es im Grunde um zwei Probleme:

- Führt die Untersuchung mit allen ihren methodischen Einzelheiten zu einer *systematischen Abweichung* vom „wahren Wert“ des zu untersuchenden Gegenstandes? Beispiel: Führt die Messung der Zustimmung zum Klimaschutz in der Bevölkerung durch eine entsprechende Befragung zu einer systematisch zu hohen Einschätzung, weil viele Menschen (z. B. wegen der sozialen Erwünschtheit des Klimaschutzes) tendenziell zu positive Angaben zu dieser Frage machen?
- Wird das Untersuchungsergebnis durch *Zufälligkeiten* (und Nachlässigkeiten) bei der Untersuchungsdurchführung beeinflusst? Beispiel: Kann es sein, dass der Befragungszeitpunkt (morgens oder abends; Werktag oder Wochenende) zu unterschiedlichen Angaben von Auskunftspersonen hinsichtlich ihrer Präferenzen gegenüber bestimmten Lebensmitteln oder Freizeitaktivitäten führt?

Damit kommt man zu den beiden grundlegenden Kriterien für die Qualität und Aussagekraft von empirischen Untersuchungen: **Validität,** die sich auf (nach Möglichkeit nicht vorhandene oder sehr geringe) *systematische Abweichungen* des Untersuchungsergebnisses von der Realität bezieht, und **Reliabilität,** bei der es um die *Unabhängigkeit eines Untersuchungsergebnisses von* einem (von verschiedenen Zufälligkeiten beeinflussten) *einmaligen Messvorgang* geht. Bei hoher Reliabilität, also bei geringen situativen (mehr oder weniger zufälligen) Einflüssen, müssten gleichartige Messungen zu gleichen (zumindest sehr ähnlichen) Ergebnissen führen (sofern sich die Ausprägung des zu messenden Konzepts nicht verändert). Diese bedeutsamen Gesichtspunkte werden im 6. Kap. noch eingehend erörtert. Die Überlegungen zum Theorietest werden im 9. Kap. weitergeführt und in einen größeren Zusammenhang gestellt.

Fazit

Mithilfe des Grundmodells empirischer Forschung lässt sich jetzt auch die Anwendung der hypothetisch-deduktiven Methode etwas konkretisieren. Der entsprechende Prozess beginnt mit der zu testenden *Theorie* und den daraus abgeleiteten

Hypothesen. Für deren empirische Prüfung müssen durch *Operationalisierung* geeignete *Methoden* der Datenerhebung gefunden werden. Diese wendet man bei *Messungen* auf die Realität an und erhält Messwerte, die statistisch analysiert werden können. Diese Ergebnisse werden abschließend im Hinblick auf Bestätigung („Erfolg") oder Schwächung („Misserfolg") der getesteten Theorie *interpretiert.* ◀

Literatur

Busse, C., Kach, A., & Wagner, S. (2017). Boundary conditions: What they are, how to explore them, why we need them, and when to consider them. *Organizational Research Methods, 20,* 574–609.

Earman, J., & Salmon, W., et al. (1992). The confirmation of scientific hypotheses. In M. Salmon (Hrsg.), *Introduction to the Philosophy of Science* (S. 42–103). Englewood Cliffs (NJ): Prentice Hall.

Franke, N. (2002). *Realtheorie des Marketing.* Tübingen: Mohr Siebeck.

Gadenne, V. (1994). Theoriebewertung. In T. Herrmann & W. Tack (Hrsg.), *Methodologische Grundlagen der Psychologie* (S. 389–427). Göttingen: Hogrefe.

Hubbard, R., & Lindsay, M. (2013). From significant difference to significant sameness: Proposing a paradigm shift in business research. *Journal of Business Research, 66,* 1377–1388.

Hunt, S. (2010). *Marketing theory – Foundations, controversy, strategy, resource-advantage theory.* Armonk: Sharpe.

Hunt, S. (2015). Explicating the inductive realist model of theory generation. *AMS Review, 5,* 20–27.

Jaccard, J., & Jacoby, J. (2020). *Theory construction and model-building skills – A practical guide for social scientists* (2. Aufl.). New York: Guilford.

Kuß, A., & Eisend, M. (2010). *Marktforschung* (3. Aufl.). Wiesbaden: Gabler.

McMullin, E. (2008). The virtues of good theory. In S. Psillos & M. Curd (Hrsg.), *The routledge companion to philosophy of science* (S. 499–508). London: Routledge.

Nunnally, J., & Bernstein, I. (1994). *Psychometric theory* (3. Aufl.). New York: McGraw-Hill.

Popper, K. (2005). *Logik der Forschung* (11. Aufl.). Tübingen: Mohr Siebeck.

Psillos, S. (1995). *Theory, science and realism. Lecture notes.* London: London School of Economics.

Psillos, S. (2007). *Philosophy of science A-Z.* Edinburgh: Edinburgh University Press.

Sankey, H. (2008). Scientific method. In S. Psillos & M. Curd (Hrsg.), *The routledge companion to philosophy of science* (S. 248–258). London: Routledge.

Schwemmer, O. (1995). Randbedingung. In J. Mittelstraß (Hrsg.), *Enzyklopädie Philosophie und Wissenschaftstheorie* (Bd. 3, S. 462). Stuttgart: Metzler.

Sheth, J., Gardner, D., & Garrett, D. (1988). *Marketing theory – Evolution and evaluation.* New York: Wiley.

Teese, D., Pisano, G., & Shuen, A. (1997). Dynamic capabilities and strategic management. *Strategic Management Journal, 18,* 509–533.

Wacker, J. (1998). A definition of theory: Research guidelines for different theory-building research methods in operations management. *Journal of Operations Management, 16,* 361–385.

Warren, C., Batra, R., Loureiro, S., & Bagozi, R. (2019). Brand coolness. *Journal of Marketing, 83*(5), 36–56.

Whetten, D. (1989). What constitutes a theoretical contribution? *The Academy of Management Review, 14,* 490–495.
Wiltsche, H. (2013). *Einführung in die Wissenschaftstheorie*. Göttingen: Vandenhoeck & Ruprecht.
Zaltman, G., Pinson, C., & Angelmar, R. (1973). *Metatheory and consumer research*. New York: Holt, Rinehart and Winston.

Weiterführende Literatur

Earman, J., & Salmon, W., et al. (1992). The confirmation of scientific hypotheses. In M. Salmon (Hrsg.), *Introduction to the Philosophy of Science* (S. 42–103). Englewood Cliffs (NJ): Prentice Hall.
Sankey, H. (2008). Scientific method. In S. Psillos & M. Curd (Hrsg.), *The routledge companion to philosophy of science* (S. 248–258). London: Routledge.
Wiltsche, H. (2013). *Einführung in die Wissenschaftstheorie*. Göttingen: Vandenhoeck & Ruprecht.

Gewinnung von Daten zum Theorietest: Operationalisierung, Messung und Datensammlung

6

Zusammenfassung

Zum Testen von Theorien bedarf es geeigneter Methoden. Dabei müssen zunächst die Konzepte einer Theorie messbar gemacht werden, d. h. sie müssen operationalisiert werden (→ *Operationalisierung*), bevor man entsprechende Teile der Realität messen kann (→ *Messung*). Nur wenn die Übersetzung der Theorie in messbare Variablen gelingt, sind Untersuchungsergebnisse aussagekräftig. Als Kriterien zur Überprüfung der Qualität der Messinstrumente in der empirischen Forschung bedient man sich der *Validität* und der *Reliabilität*. Die Überprüfung dieser Kriterien erfolgt mit einer Reihe von etablierten Verfahren. Wichtig für die Anwendung von Messinstrumenten ist auch deren *Generalisierbarkeit* und Übertragbarkeit auf verschiedene Kontexte, Objekte, etc. Mit geeigneten Messinstrumenten können Daten für das Testen von Theorien gesammelt werden. Schließlich spielt für die Qualität der Daten und damit für das Testen von Theorien auch die *Stichprobenziehung* eine wichtige Rolle (→ *Datensammlung*).

6.1 Operationalisierung im Forschungsprozess

Wenn Theorien im Hinblick auf ihre Übereinstimmung mit der Realität getestet werden sollen, bedarf es dazu geeigneter Methoden. Gerade bei Theorien, die Konzepte hohen Abstraktionsgrades betreffen (z. B. dynamische Fähigkeiten eines Unternehmens – „dynamic capabilities"), ist es oftmals nicht einfach, geeignete Methoden für die empirische Prüfung von Theorien und die Messung von deren Konzepten zu entwickeln. Diese Konzepte sind im Alltag meist nicht direkt beobachtbar und auch nicht einfach quantifizierbar (z. B. das Ausmaß an dynamischen Fähigkeiten eines Unternehmens). Es geht also – wie in Abschn. 5.2 bereits verdeutlicht – darum, eine Verbindung zwischen

M. Eisend und A. Kuß, *Grundlagen empirischer Forschung*,
https://doi.org/10.1007/978-3-658-32890-0_6

den (abstrakten) Elementen von Theorien und der Realität herzustellen mittels der Methoden der empirischen Forschung. „Messungen sind eine Aktivität, die die Interaktion mit einem konkreten System beinhaltet und das Ziel hat, Aspekte dieses Systems in abstrakten Fachbegriffen (z. B. in Form von Klassifizierungen, numerischen Größen, Vektoren etc.) wiederzugeben" (Tal 2015).

Dazu sind zunächst die Elemente der Theorie zu konzeptualisieren. Als **Konzeptualisierung** wird der Vorgang, interessierende Teile der Realität abstrahierend zu kennzeichnen, bezeichnet (siehe Abschn. 4.1). Eine Konzeptualisierung mündet in einer Definition, mit der verbal formuliert wird, was das jeweilige Phänomen ausmacht.

Um diese Konzepte mit der Realität konfrontieren zu können, muss man sie messbar machen. Den Vorgang der „Messbarmachung" nennt man Operationalisierung (Bridgman 1927). Mit der **Operationalisierung** wird festgelegt, wie ein theoretisches Konzept beobachtbar oder gemessen werden soll. Hier werden also abstrakten Konzepten konkrete Messverfahren zugeordnet. Will man beispielsweise die Intelligenz einer Person messen, so werden dafür sogenannte Intelligenztests eingesetzt. Die Fragen in diesem Intelligenztest stellen die Messung der Intelligenz dar und mit der Entwicklung dieser Tests hat man das abstrakte Konzept operationalisiert. Verbunden mit der Operationalisierung ist in der Regel auch eine Einengung recht allgemeiner Konzepte auf konkrete Untersuchungsgegenstände. So kann man wohl kaum ganz allgemein den Zusammenhang zwischen Zufriedenheit und Verhalten empirisch untersuchen, sondern muss sich auf deutlich konkretere – und damit weniger allgemeine – entsprechende Zusammenhänge konzentrieren (z. B. den Zusammenhang von „Arbeitszufriedenheit" und „Engagement bei der Arbeit").

Durch die Operationalisierung werden also theoretischen Konzepten beobachtbare Sachverhalte zugeordnet. Beobachtbare Sachverhalte beziehen sich auf Variablen. Eine **Variable** ist ein Merkmal oder spezifisches Verhalten von Objekten (z. B. das Alter einer Person oder das Wahlverhalten bezüglich politischer Parteien), dessen Ausprägung (z. B. 35 Jahre alt bzw. Wahl der SPD) bei verschiedenen Objekten eindeutig festgestellt werden kann, eben als Resultat einer Messung. Über die Operationalisierung werden daher gleichzeitig die Variablen festgelegt, die in einer empirischen Untersuchung erhoben werden.

In diesem Zusammenhang unterscheidet man zwischen manifesten und latenten Variablen. **Manifeste Variablen** sind direkt empirisch feststellbar bzw. beobachtbar, ihre Ausprägungen können durch eine direkte Messung am Objekt festgestellt werden. So kann z. B. das Alter einer Person direkt erfragt werden. Dagegen sind **latente Variablen** nicht direkt beobachtbar und auch nicht direkt messbar, wie z. B. die Intelligenz einer Person. Im Prinzip fallen darunter alle Konzepte mit einem gewissen Abstraktionsgrad, wie z. B. die Arbeitszufriedenheit von Mitarbeitenden. Wie aber operationalisiert und misst man dann eine latente Variable? Dazu bedient man sich sogenannter Indikatoren. **Indikatoren** sind wiederum manifeste Variablen, die über ihre Operationalisierung zur Messung einer latenten Variablen dienen. So kann z. B. die latente Variable „Religiosität" über Indikatoren wie die Häufigkeit von Gebeten oder von Kirchgängen erfasst werden, die man direkt messen bzw. erfragen kann. Dabei wird schon deutlich, dass man sich dabei häufig mehrerer Indikatoren bedient, um die latente Variable hinreichend in ihrer Komplexität und Abstraktion zu erfassen. Man kann sich gut vorstellen, dass man ein Konzept wie Intelligenz nicht mit einer einzelnen Frage (z. B. einer reinen Wissensfrage zum Geburtsjahr einer berühmten Persönlichkeit) sinnvoll erfassen kann, sondern eine Vielzahl von Fragen dazu benötigt. Im Kontext von Befragungen spricht man häufig auch von **Items** im Zusammenhang mit Indikatoren. Beide Begriffe werden in diesem Buch synonym verwendet.

Latente Variablen können auch mehrere Dimensionen umfassen. Eine **mehrdimensionale** latente Variable bzw. ein mehrdimensionales Konzept liegt vor, „wenn unterschiedliche, jedoch verwandte Dimensionen als ein Konstrukt aufgefasst werden" (Griere et al. 2006, S. 678). So geht man z. B. für das Konzept der Glaubwürdigkeit einer Person meist von zwei Dimensionen aus, nämlich der „Vertrauenswürdigkeit" und der „Kompetenz". Jede Dimension wird wiederum durch mehrere Indikatoren operationalisiert und gemessen. Kompetenz wird durch Indikatoren wie „erfahren", „professionell" oder „qualifiziert" erfasst und Vertrauenswürdigkeit durch Indikatoren wie „ehrlich" oder „offen". Mehrdimensionale Konzepte sind von **unidimensionalen** Konzepten abzugrenzen. Abb. 6.1 verdeutlicht den Zusammenhang.

Beispiel

Ein klassisches Beispiel für ein Konzept, das mit mehreren Dimensionen und diese wiederum mit verschiedenen Indikatoren operationalisiert werden können, ist die „soziale Schicht". Diese wird oftmals über drei Dimensionen erfasst: Bildung, Einkommen und Beruf (z. B. Scheuch und Daheim 1970). Die nachstehende Tabelle weist für jede Dimension zwei Indikatoren und mögliche Messinstrumente (hier: Fragen) für diese Indikatoren aus.

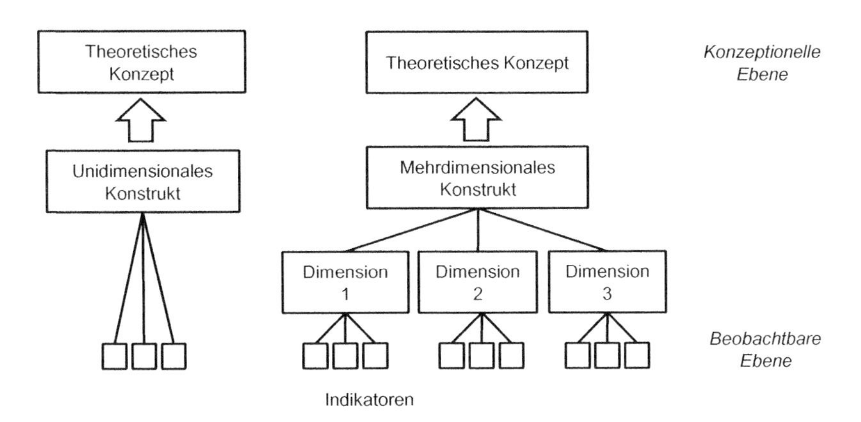

Abb. 6.1 Unidimensionale vs. mehrdimensionale Operationalisierung von Konstrukten. (Nach Griere et al. 2006, S. 679)

Konzept	Dimensionen	Indikatoren	Messinstrument
Soziale Schicht	Bildung	Schulbildung	„Welchen Schulabschluss haben Sie?“
		Berufsausbildung	„Welchen Berufsabschluss haben Sie?“
	Einkommen	Lohn	„Wie hoch ist Ihr monatliches Nettoeinkommen?“
		Zinsen	„Wie hoch ist Ihr jährliches Zinseinkommen?“
	Beruf	Ausgeübter Beruf	„Welchen Beruf üben Sie aus?“
		Stellung im Beruf	„Welche Stellung haben Sie in Ihrem Beruf?“

◀

Im Zusammenhang mit der Zuordnung von geeigneten Indikatoren zu einem theoretischen Konzept steht das **Korrespondenzproblem** (Wilson und Dumont 1968). Es geht dabei um die „Angemessenheit“ eines Indikators für das zu messende Konzept (Korrespondenzregel) und auch um die Frage, welche Indikatoren aus der Vielzahl möglicher Indikatoren ausgewählt werden sollen (Indikatorenauswahl). Eine Lösung für die Korrespondenzregeln ist die Gleichsetzung von theoretischen Begriffen mit vorgeschriebenen Mess- bzw. Beobachtungsanleitungen. Z. B. kann man davon ausgehen, dass Intelligenz das ist, was ein Intelligenztest misst. Eine solche Gleichsetzung ordnet man in der Wissenschaftstheorie dem so genannten „Operationalismus“ zu (Tal 2015; Trout 2000). Dabei läuft man aber Gefahr, mögliche Abweichungen von Operationalisierung und Konzept zu vernachlässigen: Intelligenz ist ein sehr komplexes Konzept und es ist vermutlich sehr schwer, all die Indikatoren zu finden, die Intelligenz vollständig und genau erfassen. Eine alternative Möglichkeit ist die Berücksichtigung von Abweichungen einer Operationalisierung vom Konzept durch Modellierung von Messfehlern, die natürlich möglichst gering sein sollten. Dabei geht es um die Zuverlässigkeit einer Messung (Reliabilität), die eine Voraussetzung für die Gültigkeit einer Messung (Validität) darstellt. Dies wird im Abschn. 6.3 weiter erläutert nachdem im folgenden Abschnitt zunächst das Wesen und die Funktion von Messungen behandelt werden.

6.2 Wesen und Funktion von Messungen

Die Anwendung der ausgewählten Verfahren auf entsprechende Teile der Realität bezeichnet man als **Messung**. Dieser Vorgang ist ein zweiseitiger: Versuchspersonen, Objekte etc. werden mit Messinstrumenten konfrontiert; Messwerte (Daten) fließen zurück (siehe Abschn. 5.2). Nunnally und Bernstein (1994, S. 3) definieren: „Messungen bestehen aus Regeln für die Zuordnung von Symbolen zu Objekten dergestalt, dass (1) quantifizierbare Eigenschaften numerisch repräsentiert werden (Skalierung) oder (2) definiert wird, ob Objekte in gleiche oder verschiedene Kategorien im Hinblick auf eine bestimmte Eigenschaft gehören (Klassifikation).“ So gibt beispielsweise das Fishbein-Modell (Fishbein und Ajzen 1975) genaue Regeln vor, wie ein Einstellungsmesswert zu ermitteln und einer Person zuzuordnen ist. Ein anderes Beispiel ist die Messung der Unternehmensgröße bei einer betriebswirtschaftlichen Untersuchung: diese könnte man anhand bestimmter Merkmale (z. B. Umsatz, Beschäftigtenzahl) ermitteln und die verschiedenen Unternehmen entsprechend in die Kategorien „Klein-, Mittel- und Großunternehmen" einteilen.

Im Vergleich zu Messungen in den Naturwissenschaften (z. B. in der Physik) gibt es in den Sozialwissenschaftlichen (einschl. der Betriebswirtschaftslehre) spezifische Probleme im Hinblick auf die Aussagekraft der Messungen (Chang und Cartwright 2008):

- Der größte Teil der Messungen erfolgt auch in der Betriebswirtschaftslehre gewissermaßen **„indirekt"**, d. h. es werden verbale Angaben (meist in Fragebögen) von Manager*innen, Kund*innen etc. zu den eigentlich interessierenden Maßgrößen (z. B. Produktqualität, Umsatzwachstum, Unternehmenskultur) verwendet. Nun ist das Problem ungenauer oder systematisch verzerrter Angaben bei Befragungen allgemein bekannt (siehe z. B. Groves et al. 2009). In der Betriebswirtschaftslehre werden entsprechende (spezifischere) Probleme unter dem Stichwort „Key Informant Bias" diskutiert. Dabei geht es vor allem um die Fragen, *welche Personen* in Unternehmen zu befragen sind, um Informationen über die interessierenden Daten zu erhalten, und *welche Aussagekraft* die Angaben solcher „Key Informants" (Schlüsselinformant*innen) haben. Typischerweise machen Key Informants Angaben (z. B. zu Umsätzen, Strukturen, Abläufen oder Entscheidungsprozessen) über die Organisation, der sie angehören, weniger über sich selbst. Nun zeigten entsprechende Untersuchungen (Hurrle und Kieser 2005), dass so erhobene Daten häufig mit gravierenden Fehlern behaftet sind, insbesondere wenn es galt, eher abstrakte Konstrukte (z. B. Merkmale der Unternehmenskultur) zu messen. In einer groß angelegten Untersuchung haben Homburg et al. (2012) Einflussfaktoren der Qualität der Angaben von Key Informants systematisch untersucht.
- Der weitaus größte Teil der Messungen – auch in betriebswirtschaftlichen Untersuchungen – ist *„aufdringlich"* und kann zu **„Reaktivität"** führen. Von Aufdringlichkeit einer Messung spricht man, wenn diese von der Auskunfts- bzw. Versuchsperson bemerkt wird, was bei Befragungen regelmäßig der Fall ist und in besonderem Maße für Labor-Experimente gilt. Wenn daraus eine Beeinflussung des (Antwort-)Verhaltens der befragten oder beobachteten Person resultiert, liegt Reaktivität vor (Campbell und Stanley 1963), der Untersuchungsgegenstand selbst wird also durch die Messung beeinflusst. Solche Probleme treten nicht zuletzt auf, wenn gesellschaftliche Normen (z. B. umweltbewusstes Verhalten) oder individuelle Werte (z. B. Erfolg) betroffen sind.
- Die Möglichkeiten bei sozialwissenschaftlichen Messungen unterliegen spezifischen Begrenzungen. Einerseits müssen die Messinstrumente breit und relativ **unkompliziert** anwendbar sein, weil sie auf unterschiedlichste Unternehmen und Personen in verschiedensten Situationen anzuwenden sind, insbesondere bei großzahligen Untersuchungen (z. B. repräsentative Befragungen). Andererseits sind **ethische Normen** zu beachten, die es u. a. verbieten, Untersuchungsteilnehmer*innen zu starkem Stress auszusetzen oder in deren Intimsphäre einzudringen (siehe Abschn. 10.2).

Ziel der Messung ist eine strukturtreue Übertragung einer empirischen Beziehung in eine numerische Beziehung, sodass die numerischen Relationen die empirischen Relationen wiedergeben. Dabei ist zu beachten, dass die empirischen Beziehungen zwischen den gemessenen Eigenschaftsausprägungen einer Variable (z. B. die Angaben des Einkommens von verschiedenen Personen bei der Messung der Variable „Einkommen") unterschiedlichen mathematischen Beziehungen zwischen Zahlen entsprechen. Man spricht in diesem Zusammenhang auch von **Mess- oder Skalenniveaus**. Diese geben an, welche numerischen Informationen den tatsächlichen empirischen Informationen entsprechen. Man unterscheidet zwischen vier verschiedenen Niveaus:

- Das *Nominalskalenniveau* enthält nur Informationen über eine Äquivalenzbeziehung, also darüber, ob gleiche oder ungleiche Eigenschaftsausprägungen einer Variablen vorliegen (z. B. Geschlecht mit den Ausprägungen männlich, weiblich oder divers);
- Das *Ordinalskalenniveau* gibt zusätzlich Auskunft über eine Ordnungsbeziehung („mehr oder weniger" bzw. „kleiner oder größer") der Eigenschaftsausprägungen einer Variablen (z. B. soziale Schicht mit den Ausprägungen untere, mittlere und obere soziale Schicht);
- Das *Intervallskalenniveau* erlaubt zusätzlich den Abstand zwischen einzelnen Eigenschaftsausprägungen einer Variablen inhaltlich zu interpretieren (z. B. Temperatur in Celsius);
- Das *Ratioskalenniveau* ermöglicht zusätzlich die Interpretation des Verhältnisses zweier Eigenschaftsausprägungen einer Variablen über alle arithmetisch möglichen Operationen, da ein eindeutiger Nullpunkt definiert ist (z. B. Einkommen; ein Einkommen von 500 EUR wäre die Hälfte von 1000 EUR und das fünffache von 100 EUR; ein Einkommen von „0" ist unabhängig von der Maßeinheit „Währung"; für eine Person, die nichts verdient, ist es gleichgültig, ob sie 0 EUR, 0 GBP oder 0 US$ verdient.).

Zwischen den Skalen- bzw. Messniveaus besteht eine hierarchische Ordnung, wobei die Nominalskala das geringste Messniveau darstellt, die Ratioskala das höchste. Alle Informationen eines geringeren Messniveaus gelten auch bei einem höheren Messniveau. Die Informationen eines höheren Messniveaus können aber nicht bei einem tieferen Messniveau genutzt werden (siehe dazu Abb. 6.2). Generell gilt: je höher das Skalen- bzw. Messniveau, desto informativer ist die Messung.

Zur Messung von Konzepten bzw. latenten Variablen werden, wie oben schon erwähnt, in der Regel mehrere Indikatoren verwendet. Mit dem Begriff der **Skalierung** bezeichnet man ganz allgemein die Festlegung einer Skala für eine Variable. Meist geht es dabei um die Konstruktion einer Skala, die vor allem zur Messung eines Konzepts bzw. einer latenten Variablen dient, die aus mehreren Indikatoren besteht. Bei dieser Skalierung sind insbesondere geeignete Indikatoren bzw. Items auszuwählen und entsprechende Antwortmöglichkeiten festzulegen. Für die weitere Verwendung im Rahmen

	Äquivalenz	Ränge	Abstände	Verhältnis
Nominalskala	X			
Ordinalskala	X	X		
Intervallskala	X	X	X	
Ratioskala	X	X	X	X

Abb. 6.2 Beziehungen der vier Skalenniveaus

der Analyse werden die Indikatoren zur Messung eines Konzepts bzw. einer latenten Variablen in der Regel zu einem Index zusammengefasst. Ein **Index** ist eine durch mathematische Operationen aus mehreren Indikatoren gebildete neue Variable, die das Konzept repräsentieren soll. Häufig geschieht das durch Mittelwertbildung oder Summierung, beispielsweise wenn eine Einstellung zu einem Unternehmen mit drei Indikatoren (schlecht/gut, negativ/positiv, wertlos/wertvoll), die jeweils auf einer Skala von 1 bis 7 gemessen wurden. Diese drei Indikatoren können entweder aufsummiert werden oder der Mittelwert gebildet werden, um einen Index zu erstellen. Die Indexbildung kann auch gewichtet erfolgen, wenn man z. B. im Rahmen der Messung des Einkommens als eine Dimension der sozialen Schicht (siehe Beispiel weiter oben) das Arbeitseinkommen stärker gewichten will als das Zinseinkommen. Dann wird das Arbeitseinkommen entsprechend gewichtet (z. B. doppelt so stark wie das Zinseinkommen) bevor man die beiden Indikatoren kombiniert.

Der empirische Prozess der Skalenkonstruktion ist oftmals sehr aufwendig (siehe z. B. die entsprechenden Skalenentwicklungsprozeduren bei Churchill (1979) oder Rossiter (2002)). Daher werden einmal entwickelte Skalen, die sich in der Forschung etabliert haben, häufig wiederverwendet (siehe z. B. die Sammlung etablierter Skalen im Bereich Marketing im „Marketing Scales Handbook", Brunner (2009)). Wichtig für die Verwendung und Etablierung in der Wissenschaft ist es, dass diese Skalen und Messungen bestimmte Gütekriterien erfüllen, auf die im nachfolgenden Abschnitt eingegangen wird. Neben ein eher pragmatisches Wirtschaftlichkeitsargument treten weitere gewichtige Gesichtspunkte, die für die Entwicklung und wiederholte Anwendung standardisierter Messinstrumente sprechen (Nunnally und Bernstein 1994, S. 6 ff.):

- Größere *Objektivität* der Messungen, weil diese nicht nur durch individuell entwickelte Messmethoden bestimmt sind
- Bessere Möglichkeiten für die Realisierung von *Replikationsstudien,* die auf den gleichen Messmethoden beruhen (siehe Abschn. 9.2)
- Leichtere und klarere *Kommunikation* von Untersuchungsergebnissen durch Bezugnahme auf Messverfahren, die in der Fachwelt bekannt und anerkannt sind

- *Vergleichbarkeit* (im Zeitablauf, über verschiedene Gruppen oder Regionen etc.) von Untersuchungsergebnissen, die angesichts des in sozialwissenschaftlichen Untersuchungen starken Einflusses der Messmethoden auf die Ergebnisse am ehesten bei der Verwendung einheitlicher Methoden gegeben ist (siehe z. B. Li 2011).

6.3 Qualität der Messung

6.3.1 Wesen und Bedeutung von Validität und Reliabilität

Die vorausgegangenen Ausführungen haben bereits gezeigt, dass eine Übersetzung von theoretischen Konzepten in messbare Variable nicht ganz einfach ist. Dennoch sind Untersuchungsergebnisse natürlich nur dann aussagekräftig, wenn diese Umsetzung gelingt. Die Frage, ob die Umsetzung einer Problemstellung in ein Untersuchungsdesign (mit Stichprobenziehung, Messmethoden etc.) und dessen Realisierung angemessen, also der Problemstellung entsprechend ist, hat also für die Aussagekraft empirischer Untersuchungen größte Bedeutung.

Dabei geht es vor allem um zwei Probleme. Zum einen geht es um das Problem, dass die Untersuchung mit allen ihren methodischen Einzelheiten zu einer *systematischen* Abweichung vom „wahren Wert" des zu untersuchenden Gegenstandes führen kann. Zum anderen geht es um das Problem, dass das Untersuchungsergebnis durch *Zufälligkeiten* bei der Untersuchungsdurchführung beeinflusst werden kann. Manchmal findet sich auch die Forderung, dass die Messung und Ergebnisse auch *unabhängig von Einflüssen der Untersuchenden oder der Untersuchungssituation* bei Durchführung, Auswertung und Interpretation zustande kommen. Man spricht hier von der **„Objektivität"** (z. B. Bortz und Döring 2006). Aus wissenschaftstheoretischer Sicht wurde bereits darauf verwiesen, dass wissenschaftliche Erkenntnis von Kontexten abhängig sein kann (siehe Kap. 4). Empirisch lässt sich die Objektivität einer Messung beispielsweise durch eine Generalisierung der Messung bei verschiedenen Forschenden und in verschiedenen Kontexten hinweg prüfen (siehe dazu Abschn. 6.3.4). In einem großen Teil der internationalen Literatur wird die „Objektivität" allerdings nicht als eigenständiger Aspekt von Messungen behandelt, sondern als Teilproblem der Validität angesehen.

Die beiden Aspekte der systematischen Abweichung von Messungen und des Einflusses von Zufälligkeiten führen zu den beiden grundlegenden Kriterien für die Qualität und Aussagekraft von Untersuchungen der empirischen Forschung: Validität, die sich auf Vermeidung der systematischen Abweichungen des Untersuchungsergebnisses vom wahren Wert bezieht, und Reliabilität, bei der es um die Unabhängigkeit eines Untersuchungsergebnisses von einem von Zufälligkeiten beeinflussten einmaligen Messvorgang geht (vgl. Kuß und Eisend 2010, S. 31 f.).

Die **Validität** (auch *Gültigkeit* genannt) eines Untersuchungsergebnisses lässt sich also folgendermaßen kennzeichnen: Ein Untersuchungsergebnis wird als valide (gültig) angesehen, wenn es den Sachverhalt, der ermittelt werden soll, tatsächlich wiedergibt.

Mit der **Reliabilität** (auch *Verlässlichkeit* genannt) bezeichnet man die Unabhängigkeit eines Untersuchungsergebnisses von einem einmaligen Untersuchungsvorgang und den jeweiligen situativen (zufälligen) Einflüssen.

Hintergrundinformation

David de Vaus (2002) charakterisiert die Relevanz von Reliabilität und Validität:

„Wenn wir uns nicht auf die Antworten zu Fragen aus dem Fragebogen verlassen können, dann ist jede Analyse auf der Grundlage solcher Daten fragwürdig. Wenn die Ergebnisse, die wir auf Basis einer Stichprobe erhalten, genauso gut anders sein könnten, wenn wir die Befragung erneut durchführen, wie viel Vertrauen sollen wir zu diesen Ergebnissen haben?" (S. 17).

„Weil die meisten sozialwissenschaftlichen Untersuchungen relativ konkrete Messungen für abstraktere Konzepte verwenden, stehen wir vor der Frage, ob unsere Messinstrumente tatsächlich das messen, was wir glauben. Dieses ist das Problem der Validität. Wir müssen uns irgendwie darauf verlassen können, dass unsere relativ konkreten Fragen tatsächlich die Konzepte treffen, für die wir uns interessieren" (S. 25).

Bedeutung und Zusammenhang von Validität und Reliabilität lassen sich in Anlehnung an Churchill (1979) durch eine einfache Formel illustrieren

$$X_B = X_W + F_S + F_Z \text{ mit}$$

X_B = gemessener, beobachteter Wert

X_W = „wahrer" (normalerweise nicht bekannter) Wert des zu messenden Konzepts

F_S = systematischer Fehler bei einer Messung (z. B. durch Frageformulierungen, die eine bestimmte Antworttendenz begünstigen)

F_Z = zufälliger Fehler bei einer Messung (z. B. durch situative, kurzfristig veränderliche Faktoren wie Zeitdruck, die längerfristig konstante Meinungen, Absichten, Präferenzen etc. überlagern)

Eine Messung wird als valide angesehen, wenn keine systematischen und keine zufälligen Fehler vorliegen. Es gilt dann:

$F_S = 0$ und $F_Z = 0$ und deswegen $X_B = X_W$

Aus der Reliabilität einer Messung ($F_Z = 0$) folgt also nicht, dass die Messung auch valide ist, da ja $F_S \neq 0$ sein kann. In diesem Sinne ist Reliabilität eine notwendige, aber nicht hinreichende Voraussetzung der Validität.

Die grundlegende Bedeutung von Reliabilität und Validität für empirische Untersuchungen liegt auf der Hand. Wenn diese Anforderungen nicht erfüllt sind, dann spiegeln die Untersuchungsergebnisse eben nicht die interessierenden Ausschnitte der Realität wider und haben deswegen keine Aussagekraft für die untersuchte Fragestellung. Die vorstehende Aussage, dass die *Reliabilität eine notwendige, aber keineswegs hinreichende Voraussetzung der Validität* ist, lässt sich leicht nachvollziehen, wenn man bedenkt, dass Untersuchungsergebnisse mit geringer Reliabilität bei Wiederholungen starken Schwankungen unterworfen sind, dass es also gewissermaßen einen „Glücksfall" darstellt, unter diesen Umständen den „wahren Wert" hinreichend genau zu treffen.

Beispiel

Die Probleme, die durch mangelnde Validität und Reliabilität entstehen, seien hier durch zwei Beispiele illustriert. Die Beispiele bauen auf dem Grundmodell empirischer Forschung auf, das in Abschn. 5.2 beschrieben wurde. Das Modell stellt die Beziehung zwischen Realität, Theorie und Methode dar. Theorie und Methoden sind einerseits über die Operationalisierung und andererseits über die Interpretation von Ergebnissen miteinander verbunden.

Im ersten Beispiel wird gezeigt, dass durch eine (grob) fehlerhafte Operationalisierung Messungen durchgeführt wurden, die nicht der (theoretisch) interessierenden Frage und damit den interessierenden Konzepten entsprechen (X, Y statt A, B), also nicht valide sind. Das Ergebnis: Die Untersuchung sagt über die Fragestellung („A → B"?) nichts aus. Das Problem wird noch dadurch verschärft, dass solche Messfehler oftmals unentdeckt bleiben und das Untersuchungsergebnis dann (trotz der mangelnden Aussagekraft) im Hinblick auf die Ausgangsfragestellung interpretiert wird und damit irreführend ist.

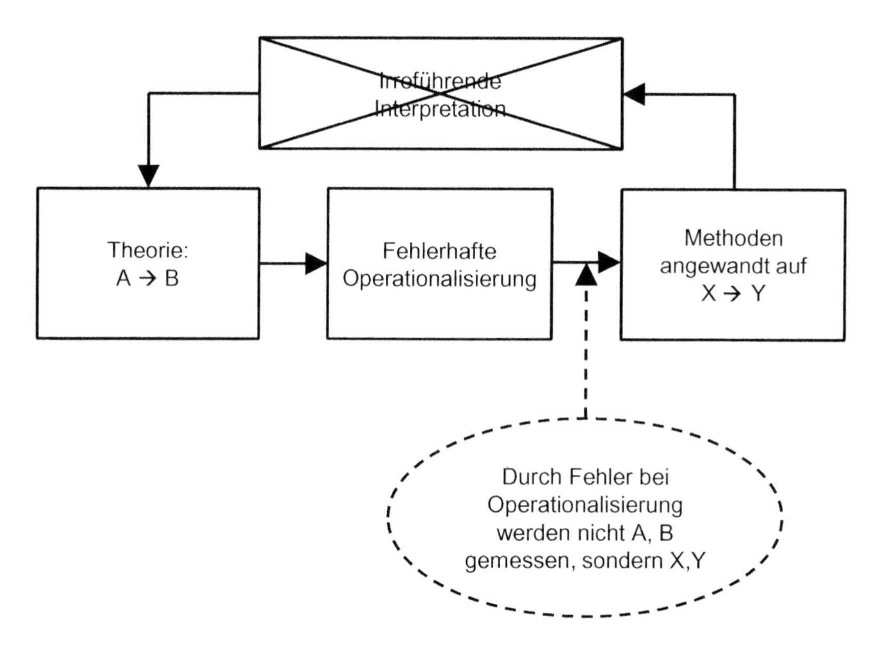

Im zweiten Beispiel wird gezeigt, dass beim Messvorgang selbst ein (nicht systematischer) Fehler durch einen Ausreißer aufgetreten ist. Es handelt sich also um ein Beispiel für mangelnde Reliabilität. Das Ergebnis: Der theoretisch vermutete linear positive Zusammenhang zwischen den beiden Konzepten spiegelt sich in den Daten und im Untersuchungsergebnis nicht wider und die (eigentlich richtige) Hypothese wird verworfen. Ebenfalls ein irreführendes Ergebnis.

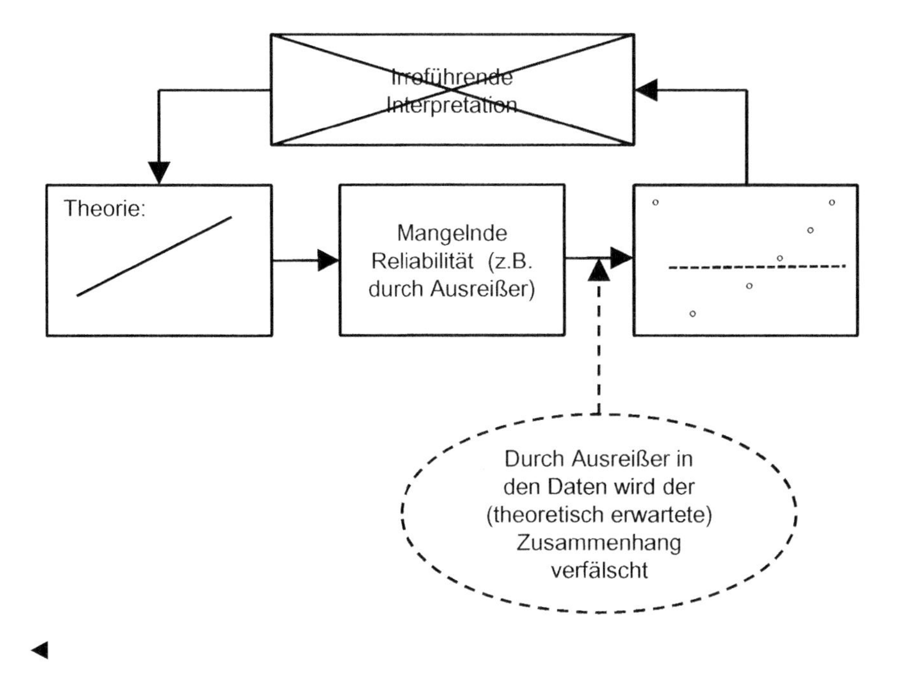

◄

Die Bezugnahme von Validität und Reliabilität auf einen „wahren Wert" lässt schon eine gedankliche Verbindung zu realistischen wissenschaftstheoretischen Positionen (z. B. kritischer Rationalismus oder wissenschaftlicher Realismus, siehe Abschn. 3.2) erkennen. Ein Merkmal dieser Positionen besteht ja darin, dass man von der Existenz einer Realität ausgeht, die unabhängig von der Wahrnehmung der Betrachtenden ist. „Realist*innen betrachten Messungen als die Schätzung von denkunabhängigen Eigenschaften und/oder Beziehungen" (Tal 2015). Welchen Sinn sollte der Begriff der Validität von Messungen für Konstruktivist*innen (siehe Abschn. 3.2) haben, die davon ausgehen, dass Theorien von der Realität unabhängig konstruiert sind? Auch für Relativist*innen (siehe Abschn. 3.2), die unterstellen, dass die Wahrnehmung und Interpretation von Realität durch einen gesellschaftlichen Kontext oder durch „Paradigmen" wesentlich bestimmt werden, ist die Möglichkeit, Validität in diesem Sinne zu erreichen, wohl kaum gegeben.

Hintergrundinformation

Die Position des Realismus im Hinblick auf Messungen wird von J. D. Trout (2000, S. 272) kurz zusammengefasst:

„Die realistische Interpretation von Messungen sieht den Messvorgang als ein Ergebnis einer kausalen Beziehung zwischen einem Instrument (im weiten Sinne) und einem Gegenstand. Die Beziehung ist eine Schätzung. Diese Gegenstände (Eigenschaften, Prozesse, Zustände, Ereignisse etc.) existieren unabhängig von den Bemühungen, sie zu messen, und sind manchmal zu fein, um sie ohne Hilfsmittel festzustellen".

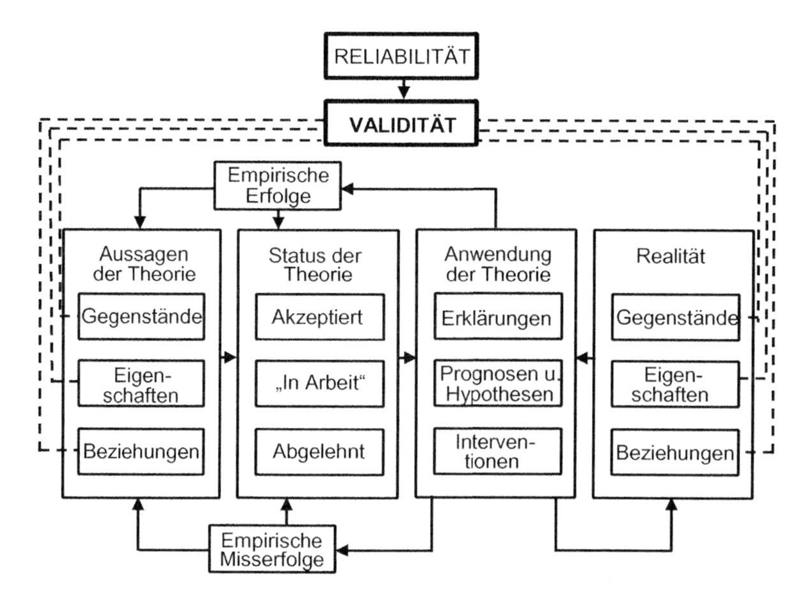

Abb. 6.3 Validität und Reliabilität im (vereinfachten) induktiv-realistischen Modell der Theorieprüfung

Zum Abschluss dieser Überlegungen sei hier noch die Relevanz von Validität und Reliabilität in der Perspektive des wissenschaftlichen Realismus anhand des induktiv-realistischen Modells der Theorieprüfung von Hunt (2012) erläutert. Man erkennt in Abb. 6.3 leicht die Verbindungen, die jeweils für die Entsprechungen von Gegenständen, Eigenschaften und Beziehungen in Theorie und Realität stehen. Wenn diese Entsprechungen gegeben sind, das heißt, wenn die Gegenstände, Eigenschaften und Beziehungen in der Theorie mit den Messungen bei Gegenständen, Eigenschaften und Beziehungen in der Realität übereinstimmen, dann spricht man von Validität. Die Reliabilität ist als Voraussetzung der Validität symbolisch mit aufgenommen, da ja jede valide Messung auch reliabel sein muss (siehe oben).

6.3.2 Überprüfung der Reliabilität von Messinstrumenten

Kriterien für die Einschätzung von Reliabilität und Validität von Messungen sollen hier nur kurz charakterisiert werden, weil ja die technischen und methodischen Einzelheiten solcher Verfahren nicht Gegenstand dieses Buches sind. Hier geht es zunächst um die Reliabilität und dann im Abschn. 6.3.3 um die Validität.

Zunächst wird an die Überlegung angeknüpft, dass sich **Reliabilität** auf die Unabhängigkeit der Messwerte von den Besonderheiten und Zufälligkeiten eines einzelnen Messvorgangs bezieht. Die Grundidee der sogenannten **Test-Retest-Reliabilität** schließt direkt daran an. Es geht dabei um die Wiederholung einer Messung in einem angemessenen zeitlichen Abstand. Als Maßzahl für die Reliabilität in diesem Sinne würde man die Korrelation der beiden Messungen verwenden. Diese Art der Reliabilitätsüberprüfung setzt natürlich voraus, dass sich das zu messende Konstrukt in der Zwischenzeit nicht verändert hat. Anderenfalls wäre eine geringe Korrelation nicht durch mangelnde Reliabilität, sondern durch diese Veränderung begründet. Eine Reliabilitätsprüfung durch Wiederholung eines Messvorgangs und Vergleich der Ergebnisse ist recht aufwendig. Diesem Problem der Bestimmung der Test–Retest-Reliabilität versucht man beim Ansatz der **Parallel-Test-Reliabilität** dadurch zu entgehen, dass man zum gleichen Zeitpunkt (d. h. meist im gleichen Fragebogen) eine Vergleichsmessung mit einem entsprechenden Messinstrument durchführt. Beide Messungen sollen bei gegebener Reliabilität hoch korreliert sein. Die Schwierigkeit besteht natürlich darin, zwei hinreichend äquivalente Messinstrumente zu finden bzw. zu entwickeln.

Die wohl gängigste Art der Reliabilitätsüberprüfung ist die Bestimmung des Reliabilitätskoeffizienten **Cronbach's α** für eine Multi-Item-Skala, d. h. für die Messung einer latenten Variable anhand mehrerer Items bzw. Indikatoren (Cronbach 1951). Es ist ein Maß für die *interne Konsistenz* einer Skala, d. h. für das Ausmaß der Übereinstimmung der Messwerte für die einzelnen Indikatoren einer Skala. Man geht davon aus, dass alle Items bzw. Indikatoren den gleichen wahren Wert messen und nur zufällige Messfehler zu unterschiedlichen Ergebnissen führen. Berechnet wird Cronbach's α als korrigierte, durchschnittliche Korrelation zwischen den Items bzw. Indikatoren. Cronbach's α nimmt Werte zwischen minus unendlich und 1 an, wobei ein hoher positiver Wert hoher interner Konsistenz entspricht. Werte unterhalb von 0,7 gelten meist als fragwürdig. Cronbach's α lässt sich auf verschiedene Art und Weise beeinflussen („verbessern"), was durchaus auch forschungsethische Fragen aufwerfen kann (siehe dazu Abschn. 10.2). Beispielsweise steigt Cronbach's α mit der Anzahl der verwendeten Indikatoren bzw. Items (Peterson 1994).

6.3.3 Überprüfung der Validität von Messinstrumenten

Im Zentrum des Interesses bei der Entwicklung und Überprüfung von Messinstrumenten steht deren **Validität**. Mit der Validität steht und fällt die Qualität einer Messung und damit der ganzen Untersuchung, in der diese verwendet wird. Der zentrale – in der Literatur gängige – Begriff ist hier die **Konstruktvalidität**. Die Begriffe „Konstrukt" und „Konzept" werden hier synonym gebraucht. Die Konstruktvalidität bezeichnet also die Übereinstimmung eines theoretischen (und in der Regel nicht direkt beobachtbaren) Konzepts bzw. Konstrukts mit einer entsprechenden Messung.

Hintergrundinformation

Nunnally und Bernstein (1994, S. 84) kennzeichnen die Relevanz von Konstruktvalidität:

„Alle Grundlagen-Wissenschaften einschließlich der Psychologie beschäftigen sich mit der Ermittlung funktionaler Beziehungen zwischen wichtigen Variablen. Natürlich müssen solche

Variablen gemessen werden bevor ihre Beziehungen untereinander analysiert werden können. Damit solche Aussagen über Beziehungen überhaupt Sinn haben, muss jede Messmethode valide das messen, was sie zu messen verspricht."

Typischerweise kann man die Validität einer Messung nicht durch den Vergleich des Messwerts mit dem in der Regel ja unbekannten „wahren Wert" des interessierenden Konzepts ermitteln. Das mag in einzelnen Ausnahmefällen gelingen. In der Regel ist aber der mühsame Weg der Operationalisierung und Messung erforderlich, weil eben auf anderem Wege die gewünschten Daten nicht erhältlich sind. Oft geht es in der empirischen Forschung um Konzepte wie Zufriedenheit, Einstellungen oder Absichten, wo sich ein „wahrer Wert" nicht feststellen lässt. Dann bedient man sich (gewissermaßen hilfsweise) verschiedener Kriterien, um festzustellen, ob das verwendete Messverfahren unterschiedlichen Arten der Validität entspricht. Im Folgenden werden dazu diese Aspekte bzw. Arten der Validität skizziert:

- Inhaltsvalidität
- Kriterienvalidität
- Konvergenzvalidität
- Diskriminanzvalidität

Wenn ein Messverfahren die verschiedenen Arten der Validitätsprüfung „übersteht", dann stärkt das das Vertrauen (im Sinne des wissenschaftlichen Realismus) darin, dass diese Methode tatsächlich misst, was sie messen soll, und man kann auf Basis der resultierenden Untersuchungsergebnisse wissenschaftliche Schlüsse ziehen, obwohl sich vollständige Sicherheit nicht erlangen lässt. Bei diesen Überlegungen wird die Reliabilität der entsprechenden Messungen (s. o.) vorausgesetzt. Hier sei auch an die im Abschn. 5.2 erläuterte Relevanz der Validität von Messungen für die Überprüfung/Falsifizierung von Theorien und Erklärungen erinnert.

Zunächst zur **Inhaltsvalidität**. Diese bezieht sich auf die (meist von Expert*innen beurteilte) Eignung und Vollständigkeit des Messinstruments im Hinblick auf das zu messende Konzept bzw. Konstrukt. Hier geht es darum, dass sich die wesentlichen Aspekte dieses Konzepts in der Frageformulierung bzw. in den verschiedenen Items einer Skala widerspiegeln. Aus der Definition des Konzepts müssen die wesentlichen Inhalte abgeleitet werden und das Messinstrument muss diese umfassen.

Beispiel

David de Vaus (2002, S. 28) gibt ein Beispiel zur Inhaltsvalidität:

„Die Feststellung der Inhaltsvalidität beinhaltet die Überprüfung, in welchem Maße in das Messinstrument die verschiedenen Aspekte des Konzepts einfließen. Beispielsweise wäre ein Messverfahren, das dazu dient, den allgemeinen Gesundheitszustand zu messen, und das darauf begrenzt ist, den Blutdruck zu messen, dem Konzept „Gesundheit" nicht angemessen, zumindest nicht nach dem üblichen

Verständnis. Gesundheit wird meist als ein breiteres und komplexeres Phänomen angesehen. Andere Aspekte der physischen Gesundheit und ebenso – beispielsweise – des psychischen Wohlbefindens wären normalerweise Bestandteil eines validen Messverfahrens für Gesundheit.“ ◀

Deutlich konkreter sind die Möglichkeiten zur Überprüfung der **Kriterienvalidität**. Kriterienvalidität bezieht sich darauf, dass das Ergebnis einer Messung in einer bekannten („etablierten“) Beziehung zu Messungen anderer Konzepte steht. Beispielsweise ist in der verhaltenswissenschaftlichen Forschung seit langem bekannt, dass Einstellungen und Verhalten in einer (nicht deterministischen) positiven Beziehung stehen. Wenn man eine Skala zur Messung von Einstellungen zum Umweltschutz entwickelt, dann müssten die sich ergebenden Werte mit Messungen des Umweltschutzverhaltens (z. B. Mülltrennung) positiv korreliert sein. Anderenfalls wäre an der Validität der Einstellungsskala zu zweifeln. Abb. 6.4 illustriert die Grundideen der Prüfung von Inhalts- und Kriterienvalidität.

Hintergrundinformation

Lutz Hildebrandt (1984, S. 43) erläutert Wesen und Spielarten der Kriterienvalidität:

„Kriteriumsvalidität eines Messinstruments ist dann gegeben, wenn die Messungen des betreffenden Konstrukts hoch mit den Messungen eines anderen Konstrukts (dem Kriterium) korrelieren, zu dem theoretisch eine enge Beziehung besteht. Als Unterscheidung dient häufig der Erhebungszeitpunkt. Liegt eine hohe Korrelation vor und das Kriterium ist zur gleichen Zeit gemessen worden, spricht man von Konkurrent-Validität; ist die Messung des Kriteriums zu einem späteren Zeitpunkt erfolgt, dann besitzt das Messinstrument Prognosevalidität“.

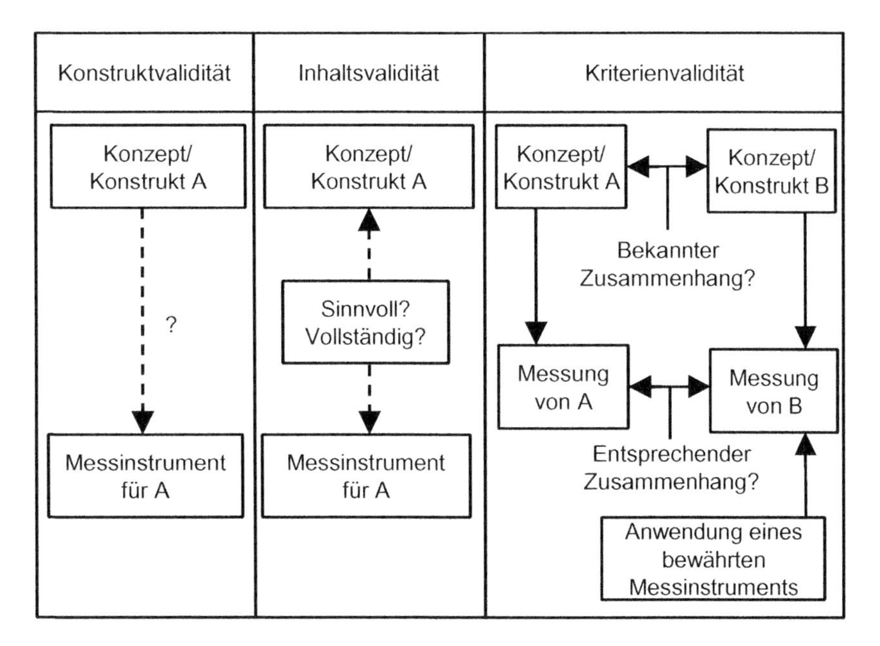

Abb. 6.4 Logik der Prüfung von Inhalts- und Kriterienvalidität. (Quelle: Kuß und Eisend 2010, S. 102)

Zentrale Bedeutung für die Validitätsüberprüfung haben *Konvergenzvalidität* und *Diskriminanzvalidität.* Zunächst zur **Konvergenzvalidität:** Wenn das gleiche Konzept mit zwei verschiedenen Messinstrumenten gemessen wird, dann müssen die Ergebnisse ähnlich sein („konvergieren"), sofern diese Instrumente valide sind. Beide Instrumente sollen möglichst wenig methodische Gemeinsamkeiten haben, da sonst die Ähnlichkeit der Messwerte ein Artefakt sein könnte, das durch eben diese Gemeinsamkeiten verursacht wurde. Wenn also zwei möglichst *unähnliche Messverfahren,* angewandt auf das *gleiche Konzept,* zu konvergierenden Ergebnissen führen, dann sind diese Ergebnisse anscheinend unabhängig vom Erhebungsverfahren, was wiederum dafürspricht (aber natürlich nicht *beweist*), dass die Messverfahren das interessierende Konzept widerspiegeln.

Was ist dagegen die zentrale Idee der **Diskriminanzvalidität?** Wenn man mit dem gleichen Typ von Messinstrumenten (z. B. Likert-Skalen) verschiedene (nicht zusammenhängende) Konzepte misst, dann sollen die Ergebnisse nicht korreliert sein. Ansonsten würden die Messwerte ja weniger die Unterschiedlichkeit der Konzepte wiedergeben, sondern eher auf systematische Einflüsse der Messmethoden zurückzuführen sein, was natürlich das Vertrauen in deren Validität schwinden ließe. Mit *gleichartigen Messverfahren* angewandt auf *verschiedene Konzepte* soll man die Messwerte für diese Konzepte unterscheiden („diskriminieren") können. Abb. 6.5 illustriert die Grundideen beider Ansätze.

Die Konvergenz- und Diskriminanzvalidität lässt sich gut anhand der **Multitrait-Multimethod-Matrix** (Multimerkmals-Multimethoden-Matrix) empirisch beurteilen (Campbell und Fiske 1959). In Abb. 6.6 findet sich eine schematische Darstellung einer

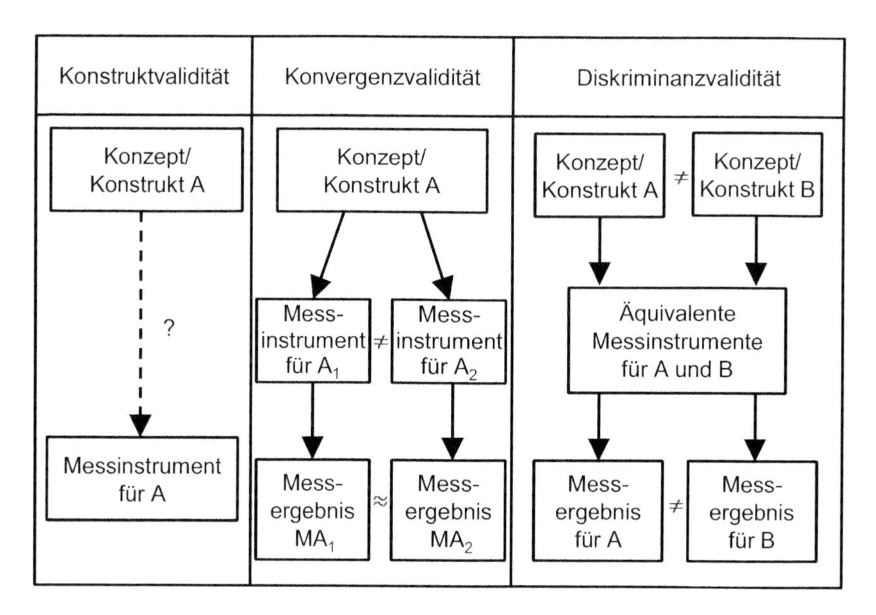

Abb. 6.5 Logik der Prüfung von Konvergenz- und Diskriminanzvalidität. (Quelle: Kuß und Eisend 2010, S. 103)

		M_1 K_A	K_B	M_2 K_A	K_B
M_1	K_A				
	K_B	$r_{AB,11}$ (D↓)			
M_2	K_A	$r_{AA,12}$ (K↑)	$r_{AB,21}$		
	K_B	$r_{AB,12}$	$r_{BB,21}$ (K↑)	$r_{AB,22}$ (D↓)	

Abb. 6.6 Multitrait-Multimethod-Matrix. (Quelle: Kuß und Eisend 2010, S. 104)

Matrix mit zwei Konzepten (K_A und K_B), die jeweils mithilfe zweier Methoden (M_1 und M_2, z. B. zwei verschiedene Skalen) gemessen werden. In der Matrix selbst werden die Korrelationen r zwischen diesen Messungen abgebildet. Durch die Buchstaben K bzw. D hinter den Korrelationskoeffizienten wird bereits gekennzeichnet, welche Korrelationskoeffizienten im Hinblick auf Konvergenz- und Diskriminanzvalidität entscheidend sind. Die daneben eingezeichneten Pfeile deuten an, ob die Korrelationen hier hoch oder niedrig sein sollten, um Konvergenz- bzw. Diskriminanzvalidität zu bestätigen. Insbesondere gilt:

- Die Koeffizienten $r_{AA,12}$ und $r_{BB,21}$ zeigen, wie stark die mit *unterschiedlichen Methoden* gemessenen Werte für das *gleiche Konzept* miteinander korrelieren. Sind die Korrelationen hoch, liegt Konvergenzvalidität vor. Erwartet wird, dass die Korrelationen deutlich höher sind als die für die Prüfung der Diskriminanzvalidität herangezogenen Korrelationskoeffizienten.
- Die Koeffizienten $r_{AB,11}$ und $r_{AB,22}$ zeigen die Korrelationen von Messwerten für *verschiedene Konzepte*, die durch *gleichartige Methoden* gemessen wurden. Wenn – was angenommen wird – keine Beziehung zwischen den Konzepten besteht und die entsprechenden Messinstrumente die Konzepte korrekt messen, dann müssten die Korrelationskoeffizienten sehr gering sein.

Heutzutage verwendet man in diesem Zusammenhang die so genannten „Reliabilitäts- und Validitätskriterien der zweiten Generation" (Homburg und Giering 1996, S. 8), die auf der Basis von explorativen und konfirmatorischen Faktorenanalysen gewonnen werden. Sie sollen hier kurz skizziert werden, weiterführende Ausführungen, insbesondere technische Details, finden sich in der entsprechenden Spezialliteratur (z. B. Homburg und Giering 1996; Netemeyer et al. 2003; Weiber und Mühlhaus 2013).

Im Rahmen der **explorativen Faktorenanalyse** versucht man Strukturen in einer Vielzahl von Variablen, hier den Indikatoren der Messung eines oder mehrerer Konzepte, zu finden, indem man so genannte Faktoren extrahiert (Jackson 1969) (siehe auch Abschn. 6.1). Diese Faktoren sind latente Variablen und werden über die Korrelationen der Indikatoren algorithmisch ermittelt. Mehrere Indikatoren für *ein* Konzept sollten im Idealfall stark miteinander korrelieren (z. B. Indikatoren für die Einstellung zu einem Unternehmen, gemessen als schlecht/gut und negativ/positiv sollten stark miteinander korrelieren). Sie werden dann vermutlich auch stark mit ein und demselben Faktor korrelieren und es lässt sich auf der Basis dieser Indikatoren dann genau ein Faktor (hier: Einstellung zu einem Unternehmen) extrahieren. *Konvergenzvalidität* ist daher indiziert, wenn die Indikatoren, die zur Messung eines Konzepts verwendet wurden, auch alle stark mit einem gemeinsamen Faktor korrelieren. Anders als bei der Multitrait-Multimethod-Matrix geht es hier also nicht um die Messung des gleichen Konzepts mit unterschiedlichen Skalen, sondern um eine Konvergenz der Indikatoren für ein Konzept. *Diskriminanzvalidität* ist indiziert, wenn die Indikatoren von verschiedenen Konzepten im Rahmen einer Faktorenanalyse auch zu verschiedenen Faktoren führen (z. B. Einstellung zu einem Unternehmen und politisches Engagement) und die Indikatoren dann auch jeweils nur mit einem Faktor korrelieren, d. h. dass sich die Indikatoren eindeutig einem der Faktoren zuordnen lassen.

Bei der **konfirmatorischen Faktorenanalyse** besteht im Gegensatz zur explorativen Faktorenanalyse bereits eine theoretische Annahme darüber, welche Indikatoren welchen Konzepten zuzuordnen sind. Man spricht bei der konfirmatorischen Faktorenanalyse auch von einem Messmodell, das anhand von empirischen Daten überprüft werden soll (Bagozzi 1978). Auch hier wird die Konvergenzvalidität bestätigt, wenn die Indikatoren tatsächlich sehr stark mit dem jeweiligen Faktor verbunden sind. Dagegen sollte die Korrelation zwischen den Faktoren möglichst gering sein, um Diskriminanzvalidität zu bestätigen. Fornell und Larcker (1981) haben dazu ein Kriterium vorgeschlagen, das auf zwei Maßzahlen beruht:

- Die *durchschnittlich erfasste Varianz* eines Konstrukts ist eine Maßzahl, die angibt, wie gut eine einzelne latente Variable seine Indikatoren erklärt. In den Messmodellen der konfirmatorischen Faktorenanalyse geht man meist davon aus, dass die Indikatoren durch die Konstrukte erklärt werden (z. B. wird die Aussage „Ich bin im Großen und Ganzen zufrieden" durch das Konstrukt „Lebenszufriedenheit" erklärt). Allerdings ist die Erklärung nicht perfekt, es verbleibt noch ein Fehlerterm (siehe dazu auch Abschn. 7.6). Ein Indikator wird also erklärt durch die latente Variable und die Fehlervarianz.
- Die *quadrierte Korrelation* zwischen den Konstrukten: die Korrelation zwischen den Konstrukten (z. B. zwischen „Einstellung zu einem Unternehmen" und „politisches Engagement") misst die Stärke der Beziehung zwischen diesen Konstrukten.

Ist die durchschnittlich erfasste Varianz eines Konstrukts höher als jede quadrierte Korrelation mit einem anderen Konstrukt, so gilt dies als Bestätigung für Diskriminanzvalidität, denn das heißt, dass ein Konstrukt mehr Varianz von den zugeordneten Indikatoren erklärt als Varianz von einem anderen, zu unterscheidenden Konstrukt. Dieses Gütemaß wird als **Fornell-Larcker-Kriterium** bezeichnet. Die durchschnittlich erfasste Varianz sollte auch entsprechend groß sein, damit Konvergenzvalidität vorliegt. Idealerweise sollten mehr als 50 % der Varianz eines jeden Indikators durch das Konstrukt erklärt werden bzw. von der Gesamtvarianz aller Indikatoren wird mindestens die Hälfte durch das Konstrukt erklärt (und damit mehr als durch die Fehlervarianzen) (Hair et al. 2010).

Ein weiteres Validitätskriterium ist die **nomologische Validität.** Diese bezieht sich auf die Bestätigung theoretisch vermuteter Beziehungen einer Variablen zu anderen Variablen. Bei Hildebrandt (1984, S. 42) findet sich eine knappe Definition nomologischer Validität: „Grad, zu dem die Kausalbeziehung zweier theoretischer Konstrukte in einem nomologischen Netzwerk (einer komplexen Hypothesenstruktur) bestätigt wird." Hier entsteht natürlich ein logisches Problem, wenn eine Messung innerhalb einer Untersuchung zum Test einer Theorie verwendet werden soll und die Bestätigung des Zusammenhangs zu anderen Variablen dieser Theorie als Kriterium der Validität verwendet wird (siehe dazu Nunnally und Bernstein 1994, S. 91 f.). Die nomologische Validität könnte also am ehesten in Bezug auf ein nomologisches Netzwerk geprüft werden, das nicht mit einer zu testenden Theorie identisch ist. Bei Messungen, die nicht einem Theorietest (sondern z. B. einer praktischen Anwendung) dienen, ist das Kriterium der nomologischen Validität direkt anwendbar.

Es hat sich also gezeigt, dass es keinen direkten Weg zur Bestätigung (oder gar zum *Nachweis*) von Konstruktvalidität gibt. Anstelle dessen bedient man sich verschiedener Prüfkriterien (→ Inhaltsvalidität, Kriterienvalidität, Konvergenzvalidität, Diskriminanzvalidität). Auch diese ermöglichen natürlich keinen Nachweis von Validität, aber im Sinne des wissenschaftlichen Realismus eine kritische Überprüfung hinsichtlich der Validität und bei positiven Ergebnissen (provisorisch und in begrenztem Maße) Grund zu der Annahme geben, dass ein Messinstrument der Anforderung der Konstruktvalidität entspricht. Abb. 6.7 illustriert diese Idee.

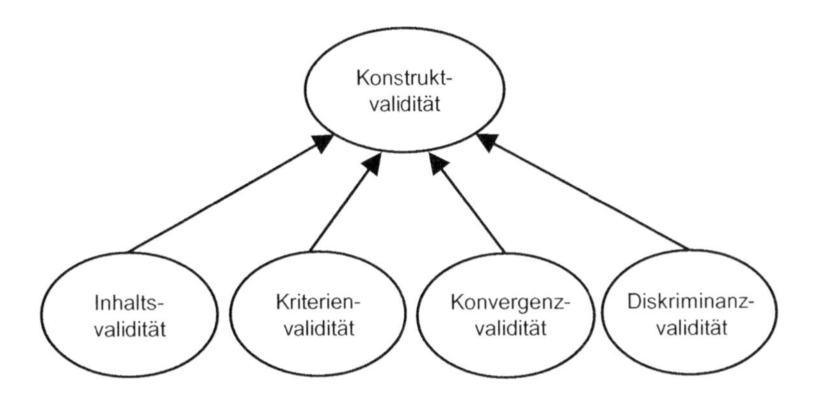

Abb. 6.7 Kriterien der Validitätsprüfung. (In Anlehnung an Viswanathan 2005, S. 65)

6.3.4 Generalisierbarkeit von Messinstrumenten

Neben der Reliabilität und Validität gibt es noch das Kriterium der Generalisierbarkeit oder Übertragbarkeit von Messinstrumenten. Das Ziel dabei ist es, dass Messinstrumente in verschiedenen Kontexten, bei verschiedenen Personen und zu verschiedenen Zeitpunkten anwendbar sein sollen. Die Ergebnisse sollten über Kontexte, Personen und Zeitpunkte hinweg vergleichbar sein. Im Folgenden werden zwei Möglichkeiten zur Überprüfung der Generalisierbarkeit dargestellt. Die Idee der Generalisierbarkeitstheorie zielt vor allem auf die Generalisierbarkeit von Messinstrumenten im Hinblick auf verschiedene Dimensionen ab. Die Idee der Messinvarianz oder Messäquivalenz bezieht sich auch auf die Anwendbarkeit und Übertragbarkeit von Messinstrumenten auf verschiedene Personengruppen und Kontexte, wird aber häufig für die Anwendung von Messinstrumenten in verschiedenen kulturellen Kontexten herangezogen.

Die Idee der Generalisierbarkeitstheorie steht im direkten Zusammenhang mit dem Konzept der Reliabilität. Die bereits genannten Reliabilitätstests konzentrieren sich jeweils auf den Einfluss unterschiedlicher zufälliger Fehlerquellen. So misst die Test–Retest-Reliabilität den Einfluss der Fehlerquelle Zeit, die Parallel-Test-Reliabilität misst die Fehler, die durch Proband*innen bei ihren Angaben selbst verursacht werden und der Reliabilitätskoeffizient von Cronbach misst die Fehler, die unterschiedlichen Items bzw. Indikatoren zuzuschreiben sind. Je geringer der Messfehler, desto besser lässt sich die Messung über eine der entsprechenden Bedingungen (Zeit, Proband*in, Items) verallgemeinern. Insofern machen Reliabilitätstests also auch eine Aussage über die Verallgemeinerbarkeit bzw. Generalisierbarkeit einer Messung. Messfehler können aber auf verschiedenen Fehlerquellen gleichzeitig beruhen, wobei sich diese verschiedenen Fehlerquellen auch gegenseitig beeinflussen können. Dieser Problematik tragen herkömmliche Reliabilitätstests keine Rechnung. Eine Berücksichtigung verschiedener Messfehler, die gleichzeitig auftreten können, als auch deren Zusammenwirken ermöglicht dagegen die **Generalisierbarkeitstheorie** (Cronbach et al. 1972). Abb. 6.8 verdeutlicht diesen Zusammenhang. Es sei noch betont, dass diese Überlegungen mit der Validität von Messungen (noch) nichts zu tun haben. Hier geht es lediglich um die Frage, inwieweit Ergebnisse auf andere Zeitpunkte, Proband*innen etc. übertragbar sind, unabhängig von der Frage, ob diese Ergebnisse im Hinblick auf die untersuchten Konstrukte valide sind.

Die **Generalisierbarkeitstheorie** basiert auf einem statistischen Verfahren, das deutlich komplexer als andere Verfahren der Reliabilitätstests ist und hier nur in seinen Grundzügen erläutert werden soll. Ausführliche Beschreibungen finden sich u. a. bei Cronbach et al. (1972), Brennan (2001), Rentz (1987) oder Shavelson und Webb (1991). Als Beispiel soll dabei das Konzept der Studienleistung von Studierenden herangezogen werden, dass durch deren Prüfungsleistungen gemessen wird. Das ist durchaus als ein komplexes und abstraktes Konzept zu verstehen und es besteht auch ein berechtigtes (und leicht nachvollziehbares) Interesse, dass das Ergebnis der Messung möglichst frei von Messfehlern ist.

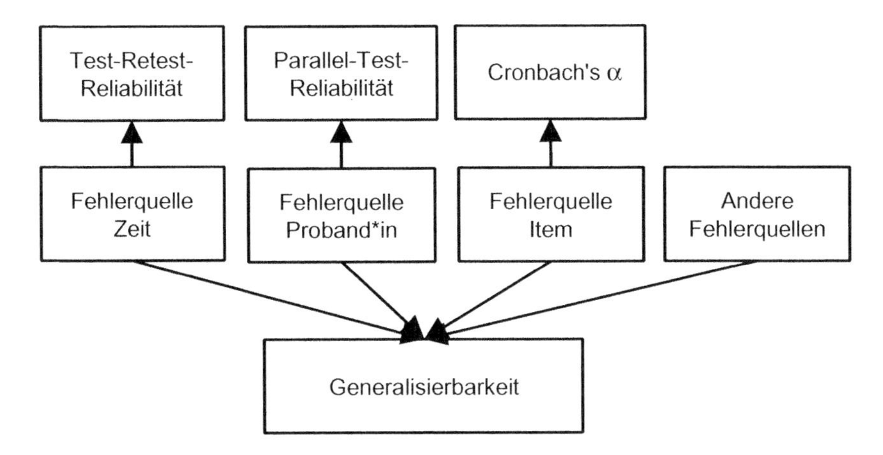

Abb. 6.8 Zusammenhang zwischen Reliabilitätstests und Generalisierbarkeit

Grundlegend ist die Annahme, dass jeder Beobachtungswert eines Untersuchungsobjekts x (z. B. die Prüfungsleistung eines oder einer Studierenden) eine Stichprobe aus einem Universum möglicher Beobachtungen unter verschiedenen Bedingungen y, z, … (z. B. Prüfungszeitpunkt [morgens, mittags, abends], Prüfungsform [mündlich, schriftlich]) darstellt. Der Erwartungswert bezüglich eines Untersuchungsobjekts über all diese Beobachtungen hinweg wird als **„universe score"** oder **globaler wahrer Wert** bezeichnet, was dem wahren Wert im Sinne der Reliabilitätstests entspricht (im genannten Beispiel wäre das also die wahre Prüfungsleistung des oder der Studierenden). Das Universum, auf das die Messung generalisiert werden soll, wird vom Forschenden aufgrund theoretischer Vorüberlegungen durch die wichtig erscheinenden Merkmale der Generalisierung festgelegt. Im genannten Beispiel soll die Leistung von Studierenden über verschiedene Prüfungszeitpunkte und verschiedene Prüfungsformen generalisiert werden. D. h. also, dass diese beiden Dimensionen als Fehlerquellen berücksichtigt werden.

Analog zur Idee der Reliabilitätstests setzt sich ein beobachteter Wert dann aus dem so genannten „universe score" und einem Fehlerterm zusammen. Der Fehlerterm lässt sich bei der Generalisierbarkeitstheorie im Gegensatz zu den Reliabilitätstests in mehrere Komponenten zerlegen. Dazu bedient man sich der Methode der Varianzanalyse, mit der ein beobachteter Wert in verschiedene varianzanalytische Komponenten zerlegt werden kann, die auf die Effekte unabhängiger Variablen, deren Interaktionen sowie einen Fehlerterm zurückzuführen sind. Entsprechend kann ein Messwert im genannten Beispiel verschiedene Einflüsse (so genannte „Varianzquellen") aufweisen: der Messwert ist beeinflusst durch die Studierenden, die Prüfungszeitpunkte, die Prüfungsformen und deren Interaktionen, andere systematische Fehlerquellen und durch die zufällige Fehlervarianz. Abb. 6.9 verdeutlicht diesen Zusammenhang.

Im nächsten Schritt versucht man nun, die einzelnen Varianzkomponenten und deren Gewicht im Rahmen einer **Generalisierbarkeitsstudie** empirisch zu bestimmen. Dabei

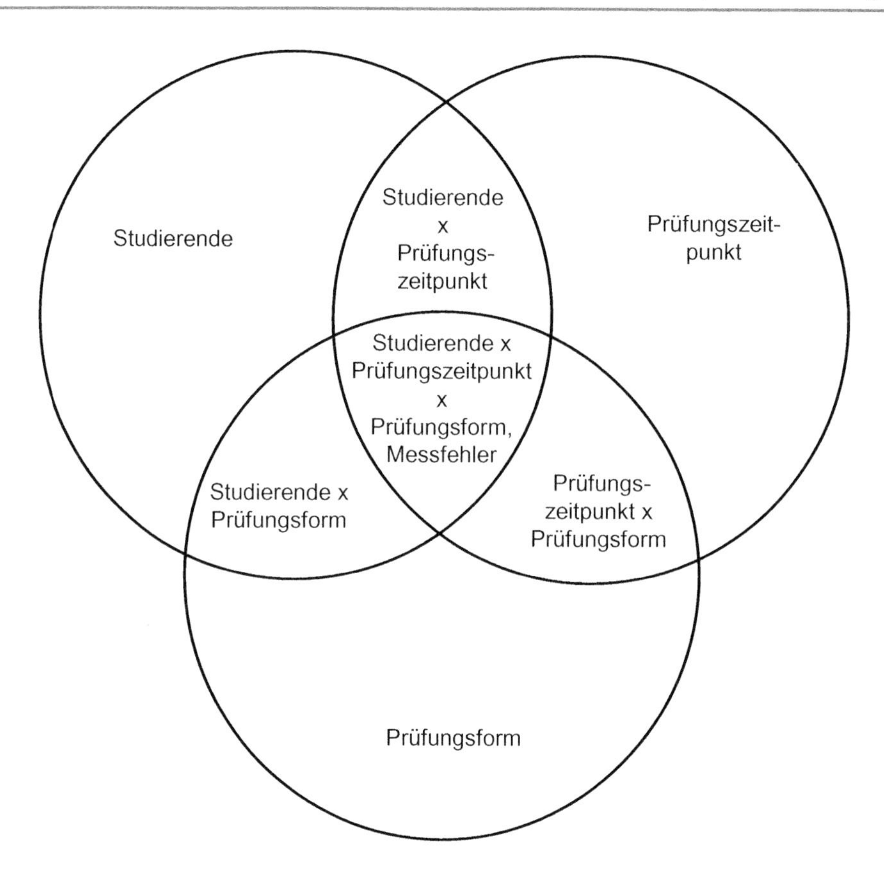

Abb. 6.9 Verschiedene Varianzquellen (Studierende, Prüfungszeitpunkt, Prüfungsform) und deren Interaktionen bei der Leistungsmessung

ist es erwünscht, dass eine bestimmte Varianzquelle möglichst groß ist, da wir ja mit unserem Messinstrument Varianzen erfassen wollen, d. h. Unterschiede zwischen den Untersuchungsobjekten hinsichtlich des interessierenden Konzepts. Im genannten Beispiel wäre das die Varianzquelle Studierende, denn wir wollen ja Leistungsunterschiede zwischen den Studierenden messen. Alle anderen Varianzquellen sollen aber möglichst klein sein, denn wir wollen möglichst vermeiden, dass die Feststellung der Leistung der Studierenden von Zufälligkeiten wie dem Prüfungszeitpunkt oder der Prüfungsform abhängig ist. Man unterscheidet daher zwischen **Facetten der Differenzierung** („facet of differentiation") und **Facetten der Generalisierung** („facet of generalization"). Die Facette der Differenzierung bezieht sich auf das eigentliche Untersuchungsobjekt, im Beispiel also die Studierenden, während die Facetten der Generalisierung die Fehlerquellen der Messung darstellen.

Ein Ziel einer generalisierbaren Messung besteht nun darin, die Varianz der Facette der Differenzierung möglichst groß werden zu lassen im Verhältnis zur Varianz der Facetten der Generalisierung: die Leistungen der Studierenden dürfen variieren, sie sollten aber nicht vom Prüfungszeitpunkt und von der Prüfungsform abhängen. Die Festlegung der Facetten geschieht je nach Untersuchungszweck und kann auch verändert werden. Misst man beispielsweise die Markentreue von Kund*innen, so können die Kund*innen die Facette der Differenzierung bilden, während verschiedene Marken dann zur Facette der Generalisierung gehören. Es können aber auch die einzelnen Marken als Facette der Differenzierung verstanden werden, um somit etwa verschiedene Markenkonzepte und die damit jeweils verbundene Markentreue der Kund*innen unterscheiden zu können (Rentz 1987).

Neben einer explorativen Generalisierbarkeitsstudie, die die Varianzkomponenten identifiziert und quantifiziert, ist in einem nächsten Schritt eine **Entscheidungsstudie** nötig. Diese identifiziert die Komponenten, die einen wichtigen Beitrag zur Varianzaufklärung leisten, und versucht so, das Design für die entsprechende Messung (im Beispiel die Prüfungsleistung) zu optimieren, d. h. deren Generalisierbarkeit zu erhöhen. Facetten der Generalisierung, die nur einen geringen Beitrag zur Gesamtvarianz liefern, können dabei auch ganz ausgeschlossen werden, da man offensichtlich von einer hinreichenden Generalisierung ausgehen kann. Wenn beispielsweise die Varianzkomponente der Prüfungsform gering ist, so kann man davon ausgehen, dass unterschiedliche Prüfungsformen keinen Einfluss auf die Prüfungsleistung haben.

Als Entscheidungskriterium bedient man sich dabei analog zu den Reliabilitätskoeffizienten sogenannter **Generalisierbarkeitskoeffizienten**. Hat beispielsweise der Prüfungszeitpunkt eine hohe Varianz, so lässt sich durch die Ausweitung der verschiedenen Prüfungszeitpunkte diese Varianz berücksichtigen und die Generalisierbarkeit der Messung erhöhen. Das Ergebnis ist ein Studiendesign, das angibt, wie die Facetten der Generalisierung zu gestalten sind, um zu hoher Generalisierung zu gelangen. Im Beispiel könnte es so sein, dass Studierende möglichst an allen Prüfungszeitpunkten (morgens, mittags, abends) geprüft werden sollen, weil die Prüfungsleistung eben auch von den Prüfungszeitpunkten abhängt und weil man durch die Berücksichtigung aller Prüfungszeitpunkte diese Fehlerquelle entsprechend minimieren kann.

Bei der Anwendung der Generalisierbarkeitstheorie können aus praktischen Gründen meist nur eine begrenzte Anzahl an Fehlerquellen untersucht werden. Die Anwendung setzt in der Regel auch eine Zufallsauswahl der Komponenten voraus. Der nicht unerhebliche Aufwand und die methodische Komplexität haben vermutlich dazu beigetragen, dass sich Anwendungen von Cronbach's Generalisierbarkeitstheorie, ganz im Gegensatz zu Cronbach's α, in der Praxis der Testkonstruktion bislang nur selten finden.

Der zweite Ansatz zur Überprüfung der Generalisierbarkeit von Messinstrumenten ist die **Messinvarianz** oder **Messäquivalenz**. Dieser kommt häufig in der Kulturvergleichenden, internationalen Forschung zum Einsatz, wenn abstrakte Konzepte mit mehreren Indikatoren in verschiedenen kulturellen Kontexten gemessen werden (z. B. Steenkamp und Baumgartner 1998). Typischerweise wird ein Messinstrument für ein Konstrukt ja in einem bestimmten kulturellen Kontext entwickelt (z. B. in den USA). Wenn dieses Messinstrument nun in einem anderen kulturellen Kontext verwendet wird, stellt sich die Frage, ob Unterschiede in den Messergebnissen in der Tat kulturelle Unterschiede abbilden oder aber systematische Fehler darstellen, die sich durch Unterschiede in der Art, wie Personen in verschiedenen Länder auf bestimmte Fragen antworten, ergeben. Die der Anwendung der Messinvarianz zugrunde liegende Idee ähnelt der der Generalisierbarkeitstheorie, d. h. auch hier versucht man verschiedene Varianzquellen zu unterscheiden (z. B. die Varianz aufgrund von kulturellen Unterschieden und die Messfehlervarianz). Der Ansatz lässt sich natürlich nicht nur auf kulturelle Unterschiede anwenden, sondern auf Gruppen von Personen mit verschiedenem Alter und Geschlecht oder aber auch auf verschiedene Kontexte wie unterschiedliche Studiendesigns, Messzeitpunkte, etc. Um das Ziel der Messinvarianz zu gewährleisten, muss die Beziehung zwischen jedem Indikator und dem entsprechenden Konzept in den verschiedenen Gruppen äquivalent sein.

Der analytische Ansatz baut auf der konfirmatorischen Faktorenanalyse auf (Steenkamp und Baumgartner 1998). Die Antwort auf einen Indikator bzw. Item x_i stellt eine lineare Funktion einer latenten Variable ξ_j dar. Die Gleichung enthält weiterhin einen Achsenabschnitt (Intercept) τ_i und einen Fehlerterm δ_i:

$$x_i = \tau_i + \lambda_{ij}\xi_j + \delta_i,$$

λ_{ij} ist der Koeffizient der Steigung der Regression von x_i auf ξ_j. Der Steigungskoeffizient ist analog zur Faktorladung zu verstehen und stellt die Veränderung von x_i aufgrund der Veränderung einer Einheit von ξ_j dar. Der Achsenabschnitt τ_i ist der zu erwartende Wert von x_i wenn $\xi_j = 0$. Da eine Messung eines abstrakten Konzepts in der Regel auf mehreren Items bzw. Indikatoren beruht, ist für jeden Indikator eine derartige Gleichung aufzustellen.

Die Messinvarianz bezieht sich auf verschiedene Arten der Invarianz, die sich jeweils auf verschiedene Elemente der Formel beziehen. Die Arten der Invarianz sind nachfolgend anhand der Strenge der Anforderungen angeordnet. Die zuerst genannte Anforderung ist jeweils schwächer als die nachfolgende. **Konfigurale Invarianz** bezieht sich auf den Steigungskoeffizienten bzw. die Ladung λ_{ij} eines Indikators. Um Messinvarianz zu erhalten, müssen diese Steigungen bzw. Ladungen substantiell von Null verschieden sein. Ist diese Bedingung nicht erfüllt, werden Indikatoren auf verschiedene Art und Weise einem Konstrukt und seinen Dimensionen zugeordnet. Dadurch werden verschiedene Konzepte in verschiedenen Kulturen verglichen, d. h. die Messergebnisse können nicht dazu verwendet werden, um Unterschiede zwischen Kulturen ermitteln zu können. **Metrische Invarianz** geht einen Schritt weiter und erwartet, dass die Steigung bzw. Ladung λ_{ij} in den verschiedenen Gruppen (Kulturen) gleich ist. Ist sie unterschiedlich, dann sind die strukturellen Beziehungen zwischen Indikatoren und Konstrukt in den verschiedenen Ländern verzerrt. **Skalare Invarianz** geht davon aus, dass der Achsenabschnitt bzw. Intercept τ_i in den verschiedenen Gruppen bzw. Kulturen gleich ist. Wird diese Bedingung nicht erfüllt, ist eine Interpretation von Unterschieden von Mittelwerten in den verschiedenen Gruppen nicht möglich. **Messfehler-Invarianz** erwartet, dass der Messfehler in den Gruppen invariant ist. Trifft diese Bedingung nicht zu, dann variieren die Reliabilitäten der Messinstrumente zwischen den verschiedenen Gruppen bzw.

Kulturen und erschweren die Vergleich der Ergebnisse. **Faktorkovarianz-Invarianz** schließlich ist eine Bedingung für die Kovarianz der Dimensionen eines Konzepts, die wiederum in den verschiedenen Gruppen bzw. Kulturen gleich sein soll.

Beispiel

Das Konstrukt "Einstellung zu einer Marke" (ξ) wird oftmals mit mehreren Indikatoren gemessen, wie z. B. schlecht/gut (x_1), unvorteilhaft/vorteilhaft (x_2) und negativ/positiv (x_3). Die entsprechenden Gleichungen für jede dieser drei Indikatoren sind:

$$x_1 = \tau_1 + \lambda_1\xi + \delta_1$$
$$x_2 = \tau_2 + \lambda_2\xi + \delta_2$$
$$x_3 = \tau_3 + \lambda_3\xi + \delta_3$$

Wenn wir nun die Messinvarianz bzw. Messäquivalenz über verschiedene Ländern hinweg erfassen wollen, gehen wir wie folgt vor:

Konfigurale Invarianz: Wir prüfen ob λ_i in jedem Land signifikant von Null verschieden ist. Das heißt, wir prüfen, ob jeder Indikator durch das Konzept „Einstellung zur Marke" auch in jedem Land erklärt wird. Ist das nicht der Fall, dann ist die Anzahl der Indikatoren, die benötigt werden, um das Konzept zu messen, von Land zu Land verschieden und das Konzept wäre nicht generalisierbar.

Metrische Invarianz: Wir prüfen, ob λ_i in den verschiedenen Ländern vergleichbar ist. Das heißt, wir untersuchen, ob das Konzept durch einen Indikator in gleicher Weise in jedem Land erklärt wird. Ist diese Bedingung nicht erfüllt, dann variiert die Beziehung eines Indikators zum Konzept von Land zu Land, wodurch die Messung nicht über verschiedene Ländern hinweg generalisiert werden kann.

Skalare Invarianz: Wir prüfen, ob τ_i in den verschiedenen Ländern gleich ist. Das heißt, wir prüfen, ob die Mittelwerte eines Indikators in den verschiedenen Ländern gleich sind. Ist das nicht der Fall, dann geben Personen in einem Land auf eine Frage systematisch andere Antworten als die Personen in anderen Ländern.

Fehlervarianz-Invarianz: Wir prüfen, ob δ_i in den verschiedenen Ländern gleich ist. Das heißt, wir prüfen, ob der Messfehler eines Indikators in jedem Land vergleichbar ist. Trifft das nicht zu, dann ist der Messfehler nicht invariant von Land zu Land.

Faktorkovarianz-Invarianz trifft in unserem Beispiel nicht zu, da wir nur einen Faktor haben. Wenn ein Konzept mehrere Faktoren bzw. Dimensionen hat (z. B. ist Glaubwürdigkeit ein Konzept mit zwei Dimensionen: Kompetenz und Vertrauenswürdigkeit), würden wir erwarten, dass die Korrelation zwischen den Faktoren von Land zu Land annähernd gleich ist. ◀

Die verschiedenen Arten der Messinvarianz werden typischerweise mithilfe der konfirmatorischen Faktorenanalyse getestet. Die entsprechende analytische

Vorgehensweise wird detailliert in der Fachliteratur beschrieben (z. B. Steenkamp und Baumgartner 1998; Vandenberg und Lance 2000) (siehe auch Abschn. 7.6). Dabei wird ein Messmodel über verschieden Gruppen (z. B. Länder) verglichen und die zu prüfende Komponenten (z. B. der Achsenabschnitt oder Regressionskoeffizient) wird fixiert, sodass er als gleich in den verschiedenen Gruppen angenommen wird. Idealerweise erwartet man, dass diese Restriktion die Güte (den „Fit") des Messmodels nicht beeinflusst und die Güte sich nicht von einem Modell ohne Restriktionen unterscheidet. Da eine vollständige Messinvarianz in der Praxis eher selten vorkommt, versuchen viele Forschende zumindest eine partielle Messinvarianz zu erreichen. Das kann durchaus sinnvoll sein, abhängig von dem Ziel einer Untersuchung (Steenkamp und Baumgartner 1998). Beispielsweise ist konfigurale Invarianz nötig, wenn man das Grundverständnis und die Struktur eines Konzepts über verschiedene Länder hinweg untersuchen will. Will man die Mittelwerte über verschiedene Länder vergleichen, dann ist die metrische und skalare Invarianz erforderlich. Wollen Forschende das Konzept mit anderen Konzepten im Rahmen eines nomologischen Netzwerks in Verbindung setzen und die Stärke der Konzeptbeziehungen (z. B. deren Effektstärke) zwischen verschiedenen Ländern vergleichen, dann ist eine Faktorkovarianz-Invarianz erforderlich nebst der metrischen Invarianz. Auch die Reliabilitäten sollten vergleichbar sein, d. h. Messfehlervarianz-Invarianz ist ebenfalls erforderlich.

6.4 Datensammlung und Stichprobenziehung

Sobald valide, reliable und generalisierbare Messinstrumente entwickelt wurden, können Forschende diese zur Datensammlung bei verschiedenen Untersuchungseinheiten bzw. -subjekten verwenden. Da Forschende daran interessiert sind, weit anwendbare und generalisierbare Aussagen zu machen, interessieren sie sich in der Regel für Aussagen, die für eine Vielzahl unterschiedlicher Untersuchungsobjekte zutreffen. Es ist durchaus gängig, dass Forschende versuchen, generelle Aussagen zu machen, die für alle Konsument*innen, Unternehmen, Arbeiternehmer*innen oder alle Menschen auf unserem Planeten zutreffen. Da es meist nicht machbar ist, die Daten bei *allen* Untersuchungseinheiten (der „Grundgesamtheit") zu ermitteln, erheben Forschende Daten typischerweise bei einer **Stichprobe**. "Eine Stichprobe ist ein Anteil oder eine Teilmenge einer größeren Gruppe, die Grundgesamtheit genannt wird... Eine gute Stichprobe stellt eine Miniaturversion der Grundgesamtheit, von der sie ein Teil ist, dar – also ähnlich wie sie, nur kleiner" (Fink 2003, S. 1). Man erhofft sich dabei, dass die Ergebnisse der Datensammlung bei einer Stichprobe den Ergebnissen entsprechen, die man durch eine Datensammlung bei der Grundgesamtheit erhalten würde. Oder anders ausgedrückt: die Stichprobe sollte repräsentativ für die Grundgesamtheit und die Ergebnisse der Stichprobendaten sollen generalisierbar auf die Grundgesamtheit sein.

Stichprobenziehung ist die Auswahl einer Teilmenge von Untersuchungseinheiten aus einer Grundgesamtheit. Es gibt verschiedene Techniken der Stichprobenziehung, die grob in Zufallsstichprobenziehungen und nicht zufällige Stichprobenziehungen eingeteilt werden können. Zufallsstichprobenziehungen beruhen auf einer zufälligen Auswahlmethode, bei der die Wahrscheinlichkeit der Auswahl einer Untersuchungseinheit aus der Grundgesamtheit bekannt ist. In nicht zufälligen Stichprobenziehungen ist die Auswahlwahrscheinlichkeit nicht bekannt. Um **Repräsentativität** und damit auch Generalisierbarkeit zu gewähren, ist es erforderlich, dass alle Untersuchungseinheiten entweder die gleiche oder zumindest eine vorab bekannte Wahrscheinlichkeit haben, ausgewählt zu werden. Das kann am ehesten durch eine Zufallsstichprobe gewährleistet werden. Obwohl die Wahrscheinlichkeitstheorie und damit die schießende Statistik nicht auf Daten, die auf der Basis einer nicht zufälligen Stichprobenziehung erhoben wurden, angewandt werden können, ist die Verwendung von Quota-Stichproben, einer nicht zufälligen Stichprobe, bei der die Untersuchungseinheiten so ausgewählt werden, dass sie hinsichtlich wesentlicher Merkmale den Verteilungen in der Grundgesamtheit entsprechen (siehe z. B. Kuß et al. 2018), in der Marktforschung nicht selten (Battaglia 2008). Ergebnisse auf der Basis von Quota-Stichproben können zu Ergebnissen führen (z. B. bei Wahlbefragungen), die vergleichbar genau sind wie Ergebnisse auf der Basis von Zufallsstichproben. Das mag überraschen, aber in der Tat haben Zufallsstichproben mit einigen Problemen zu kämpfen, wie z. B. dem **Non-Response Bias**, d. h. eine bestimmte Gruppe von Personen in der Stichprobe liefert keine Daten und diese Personen unterscheiden sich systematisch von den Personen, die Daten liefern.

Beim deutlich überwiegenden Teil empirischer Untersuchungen ist Repräsentativität ein angestrebtes, aber nicht immer erreichtes Ziel. Eine bedeutsame Ausnahme stellen explorative Untersuchungen mit qualitativen Methoden (siehe Abschn. 4.3.3) dar, bei denen typischerweise eher die Auswahl von „interessanten" und informativen Untersuchungseinheiten (z. B. Manager*innen, Organisationen, Konsument*innen) angestrebt wird als die Repräsentativität dieser Auswahl. In wissenschaftstheoretischer Sicht haben repräsentative Zufallsauswahlen einige beachtliche Vorteile:

- An einigen Stellen in diesem Buch sind die Probleme der Objektivität (Abschn. 1.2, 6.3.1 und 10.1) und der Theoriebeladenheit (Abschn. 3.3) angesprochen worden, beides Probleme, die die Aussagekraft wissenschaftlicher Erkenntnisse einschränken können, wenn diese Erkenntnisse durch individuelle Wahrnehmungen und Interessen stark beeinflusst werden. Vor diesem Hintergrund spielt es eine Rolle, dass bei (korrekt durchgeführten) Zufallsstichproben ein gezielter Einfluss der Forscherenden auf die Auswahl von Untersuchungseinheiten mit entsprechenden Implikationen für empirische Ergebnisse ausgeschlossen werden kann.
- Für die Aussagekraft und den Geltungsbereich wissenschaftlicher Aussagen spielen die im engen Zusammenhang stehenden Aspekte der externen Validität (siehe Abschn. 8.3.2) und der Generalisierbarkeit (siehe Kap. 9) von empirischen Ergebnissen eine wesentliche Rolle. Diese beiden Aspekte beziehen sich u. a. darauf, inwieweit von den in einer Untersuchung befragten oder beobachteten Untersuchungseinheiten auf andere bzw. auf eine Grundgesamtheit geschlossen werden

kann. Die entsprechenden Überlegungen werden im vorliegenden Abschnitt skizziert. Der methodische Gesichtspunkt der Ziehung repräsentativer Stichproben steht also im direkten Zusammenhang mit einer wesentlichen Anforderung an empirische Forschung.

- Repräsentative Zufallsstichproben gewährleisten mit großer Wahrscheinlichkeit, dass die Untersuchungseinheiten sich unterscheiden und die Variabilität in der Grundgesamtheit abbilden. Damit kann man erreichen, dass auch Untersuchungseinheiten einbezogen werden, bei denen sich die jeweilige Hypothese nicht bestätigt (Schurz 2014). Das entspricht auch der im Abschn. 2.5 formulierten Forderung, dass bei induktiven Schlüssen – hier von einer Stichprobe auf eine Grundgesamtheit – die Ergebnisse unter verschiedenen Bedingungen gleichartig sein sollen.

Die Ergebnisse aus Stichproben (z. B. das durchschnittliche Alter) variieren von Stichprobe zu Stichprobe. Die Ergebnisse liegen in den weitaus meisten Fällen nahe am tatsächlichen Wert in der Grundgesamtheit, sind aber meist mit diesem nicht vollkommen identisch. Der Unterschied zwischen den Werten aus der Stichprobe und dem Wert der Grundgesamtheit wird als **Stichprobenfehler** bezeichnet. Bei der Anwendung einer Zufallsstichprobe kann man den Stichprobenfehler schätzen und damit ermitteln, wie gut die Stichprobe die Grundgesamtheit repräsentiert. Der Stichprobenfehler spielt eine zentrale Rolle beim Testen von Hypothesen (siehe Kap. 7), weil das Ziel des Hypothesentests ja ist, Zufälligkeiten als plausible Erklärung für die Untersuchungsergebnisse auszuschließen. Wenn man z. B. die Hypothese aufstellt, dass zwei verschiedene Werbespots die Konsument*innen auf verschiedene Art und Weise beeinflussen und die Stichprobenergebnisse diesen Unterschied auch zeigen, dann kann dieser Unterschied auf den Stichprobenfehler, auf einen tatsächlichen Wirkungsunterschied oder aber auf beides zurückzuführen sein. Daher versuchen Forschende den Stichprobenfehler zu minimieren, um damit die **Genauigkeit** der Ergebnisse zu erhöhen. Die Größe des Stichprobenfehlers hängt sowohl von der Stichprobengröße als auch von der Variabilität (Varianz) des gemessenen Merkmals in der Grundgesamtheit ab, d. h. dass bei relativ homogenen Grundgesamtheiten die Genauigkeit der Ergebnisse tendenziell größer ist. Forschende können die Stichprobengröße, aber nicht die Varianz beeinflussen bzw. verändern. In der Literatur findet man Wege, wie die optimale Stichprobengröße bei einer bestimmten Testgröße und Effektstärke zu ermitteln ist (Cohen 1992, siehe auch Abschn. 7.3). Abb. 6.10 verdeutlicht den Zusammenhang zwischen Repräsentativität, Generalisierung und Genauigkeit von Testergebnissen.

Die **Stichprobengröße** hat in den letzten Jahren viel Beachtung in der methodischen Diskussion gefunden, seit das Internet die Möglichkeit bietet, Untersuchungen mit sehr großen Stichproben mit weit über 10.000 Untersuchungseinheiten durchzuführen. Die sogenannten **Big Data** reduzieren natürlich das Problem des Stichprobenfehlers. Gleichzeitig erhöhen sie aber auch die Anteile der (statistisch) signifikanten Ergebnisse deutlich, da in sehr großen Stichproben auch sehr kleine Effekte signifikant werden. Bei extrem großen Stichproben wird auch der kleinste Unterschied statistisch signi-

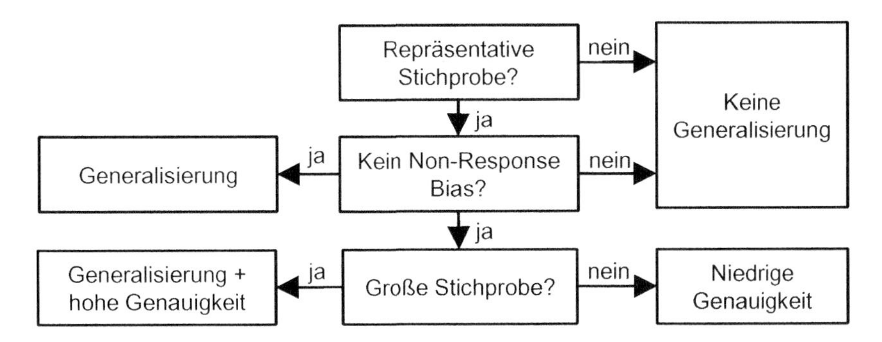

Abb. 6.10 Repräsentativität, Generalisierung und Genauigkeit

fikant. D. h. es erhöht sich der Fehler erster Art (d. h. ein nichtexistierender Effekt wird statistisch (scheinbar) signifikant, siehe Abschn. 7.3). Viele Forschende hinterfragen daher in der Zeit von Big Data die Bedeutung von statistischen Tests und empfehlen, dass eine substantielle Signifikanz oder Effektstärken die Signifikanztests ersetzen sollen (Szucs und Ioannidis 2017) (siehe auch Abschn. 7.2). Bei Big Data gilt es auch zu beachten, dass Repräsentativität und Generalisierung nicht durch die Stichprobengröße aufgewogen werden können. Auch eine sehr große Stichprobe, die nicht repräsentativ ist, erlaubt keine generalisierbaren Rückschlüsse auf die Grundgesamtheit (Parks 2014).

Hintergrundinformation

Das Problem der Ablehnung der Nullhypothese (d. h. der Aussage, dass kein Unterschied oder keine Beziehung zwischen zwei Konzepten besteht) in sehr großen Stichproben illustriert Cohen (1990, S. 144) folgendermaßen:

„Ein kleines Gedankenspiel belegt eine Tatsache, die den Statistiker*innen sehr bewusst ist: Die Nullhypothese wörtlich genommen (und das ist genau, wie man sie bei formalen Hypothesentests verstehen solle) ist in der realen Welt immer falsch… Wenn sie auch nur ein bisschen falsch ist, dann führt eine Stichprobe, die groß genug ist zu einem signifikanten Ergebnis und damit zu der Ablehnung. Wenn aber die Nullhypothese immer falsch ist, warum macht man sich dann überhaupt die Mühe, sie abzulehnen?"

Experimentelle Forschung beruht häufig auf nicht zufällig, sondern systematisch ausgewählten Stichproben. In vielen Fällen ist bei Experimenten die Repräsentativität der Untersuchungsteilnehmer*innen weniger wichtig als die *Zufälligkeit der* ***Zuordnung zu Versuchs- und Kontrollgruppen.*** Typischerweise wird ja von den Ergebnisunterschieden zwischen diesen Gruppen auf die Wirkung der eingesetzten unabhängigen Variablen geschlossen (Campbell und Stanley 1963). Voraussetzung für diese Schlussweise ist aber, dass zwischen den Gruppen keine systematischen Unterschiede existieren; deswegen also die Forderung nach *Zufälligkeit der Zuordnung* von Untersuchungseinheiten zu den verschiedenen experimentellen Gruppen (siehe Abschn. 8.3). Aus eher praktischen Gründen setzen sich Stichproben für experimentelle Untersuchungen in der (betriebs-)wirtschaftlichen Forschung oftmals aus Studierenden zusammen. Im Hinblick auf Repräsentativität und Generalisierung sind derartige Stichproben fragwürdig, denn Studierende unterscheiden sich natürlich in vielfältiger Hinsicht von Manager*innen, Arbeiternehmer*innen, Konsument*innen, etc. Diese Unterschiede beeinflussen Wahrnehmungen, Beurteilungen und das Verhalten und führen damit zu verzerrten experimentellen Ergebnissen. Wie bereits erwähnt, versuchen Forschende, ihre Untersuchungsergebnisse über die Zeit hinweg und über eine breitere Grundgesamtheit, die oftmals nicht genau definiert wird, zu generalisieren. Wenn aber die Grundgesamtheit nicht genau definiert werden kann, ist es auch schwierig und oftmals gar nicht möglich, eine Zufallsstichprobe zu realisieren. Außerdem erhöhen studentische Stichproben aufgrund ihrer Homogenität die interne Validität von Experimenten (siehe Abschn. 8.3.2). Studierende sind eine homogene Gruppe in vielfacher Hinsicht (z. B. im Hinblick auf Alter, Bildung, bestimmte Werthaltungen). Daher argumentieren einige Forschende, dass Studierende eine sinnvolle und angemessene Stichprobe darstellen, wenn der Fokus der Forschung theoretisch ist und grundlegende psychologische Prozesse oder menschliches Verhalten unabhängig von Charakteristika der Stichprobe untersucht werden sollen (Kardes 1996). Calder et al. (1981) unterscheiden in diesem Zusammenhang zwischen „Effektanwendung" und „Theorieanwendung". Die erste Anwendung zielt auf die statistische Generalisierung einer Theorie ab, die zweite auf die Theoriebestätigung. Für die Generalisierung ist es erforderlich, dass die Stichprobe repräsentativ für die Grundgesamtheit ist. Eine studentische Stichprobe wäre in diesem Fall nicht geeignet, außer sie ist wirklich repräsentativ für die Grundgesamtheit (z. B. in einer Untersuchung über das Trinkverhalten von Studierenden). Meistens ist jedoch die Repräsentativität, Generalisierung und externe Validität (siehe Abschn. 8.3.2) in Gefahr, weil studentische Stichproben eben eine größere und breitere Grundgesamtheit nicht repräsentieren (Peterson und Merunka 2014).

In wissenschaftstheoretischer Sicht gibt es noch einen anderen Grund, sich für spezielle, nicht repräsentative Stichproben zu entscheiden: Wenn man an Theorietests durch Falsifizierungsversuche im Popper'schen Sinne (siehe Abschn. 3.2) denkt, dann soll dabei die „Strenge der Prüfung" (Popper 2005, S. 254) möglichst groß sein. Übertragen auf die Anlage einer Stichprobe bedeutet das, dass eine Aussage sich auch bewähren soll, wenn die Voraussetzungen für eine Bewährung besonders ungünstig sind. Wenn man beispielsweise eine Hypothese, dass die Menge der beim Immobilienkauf zur Verfügung stehenden Informationen die Absicht zum Immobilienkauf positiv beeinflusst, einem strengen Test (→ Allgemeingültigkeit) unterzieht, dann könnte man dafür eine Stichprobe von 16- bis 18-jährigen Auszubildenden verwenden. Wenn sich die Hypothese selbst bei einer solchen Gruppe bewährt, die wenig einschlägige Erfahrungen und Vorkenntnisse hat und sich normalerweise erst in einer viel späteren Lebensphase an eine solche Kaufentscheidung annähert, dann hat sich die Hypothese gut bewährt.

Forschende nutzen in letzter Zeit auch immer häufiger Stichproben von Crowdsourcing-Plattformen, allen voran Amazons MTurk (www.mturk.com). Auch hier findet sich das Problem der Repräsentativität, weil die über MTurk gewonnen Studienteilnehmenden jünger und besser ausgebildet sind als die Gesamtbevölkerung, aber ein niedrigeres Einkommen haben. Einige Teilnehmende haben umfangreiche Erfahrung in der Teilnahme an Untersuchungen oder sind vor allem daran interessiert, Geld zu verdienen und weniger an gründlichen Antworten. Forschende empfehlen daher, Maßnahmen zur Qualitätssicherung der Daten zu ergreifen (z. B. durch Kontrollfragen oder die Überprüfung der Zeit, die Teilnehmende benötigen um Fragen zu beantworten). Werden diese Qualitätssicherungsmaßnahmen durchgeführt, dann können derartige Stichproben Daten liefern, die die gleiche oder sogar bessere Qualität aufweisen als andere Stichproben (Kees et al. 2017).

Literatur

Bagozzi, R. P. (1978). The construct validity of affective, behavioral, and cognitive components of attitude by analysis of covariance structures. *Multivariate Behavioral Research, 13,* 9–31.

Battaglia, M. P. (2008). Nonprobability sampling. In P. J. Lavrakas (Hrsg.), *Encyclopedia of survey research methods* (S. 524–527). Thousands Oaks: Sage.

Bortz, J., & Döring, N. (2006). *Forschungsmethoden und Evaluation* (4. Aufl.). Berlin: Springer.

Brennan, R. L. (2001). *Generalizability theory*. New York: Springer Science & Business Media.

Bridgman, P. W. (1927). *The logic of modern physics*. New York: Macmillan.

Bruner, G. C. (2009). *Marketing scales handbook. A compilation of multi-item measures for consumer behavior & advertising research* (Bd. V). Carbondale: American Marketing Association.

Calder, B. J., Phillips, L. W., & Tybout, A. M. (1981). Designing research for application. *Journal of Consumer Research, 8,* 197–207.

Campbell, D. T., & Fiske, D. W. (1959). Convergent and discriminant validation by the multitrait-multimethod matrix. *Psychological Bulletin, 56,* 81–105.

Campbell, D., & Stanley, J. (1963). *Experimental and quasi-experimental designs for research*. Chicago: Rand McNally.

Chang, H., & Cartwright, N. (2008). Measurement. In S. Psillos & M. Curd (Hrsg.), *The routledge companion to philosophy of science* (S. 367–375). London: Routledge.

Churchill, G. A. (1979). A paradigm for developing better measures of marketing constructs. *Journal of Marketing Research, 16,* 64–73.

Cohen, J. (1990). Things i have learned (So Far). *American Psychologist, 45,* 1304–1312.

Cohen, J. (1992). A power primer. *Psychological Bulletin, 112,* 155–159.

Cronbach, L. J. (1951). Coefficient alpha and the internal consistency structure of tests. *Psychometrika, 16,* 297–334.

Cronbach, L. J., Gleser, G. C., Nanda, H., & Rajaratnam, N. (1972). *The dependability of behavioral measurements: Theory of generalizability for scores and profiles*. New York: Wiley.

De Vaus, D. (2002). *Analyzing social science data*. London: Sage.

Fink, A. (2003). *How to sample in surveys* (2. Aufl.). Thousands Oaks: Sage.

Fishbein, M., & Ajzen, I. (1975). *Belief, attitude, intention, and behavior. An introduction to theory and research*. Reading: Addison-Wesley.

Fornell, C., & Larcker, D. F. (1981). Evaluating structural equation models with unobservable variables and measurement error. *Journal of Marketing Research, 18,* 39–50.

Griere, J., Wirtz, B. W., & Schilke, O. (2006). Mehrdimensionale Konstrukte. Konzeptionelle Grundlagen und Möglichkeiten ihrer Analyse mithilfe von Strukturgleichungsmodellen. *DBW, 66,* 678–695.

Groves, R., Fowler, F., Couper, M., Lepkowski, J., Singer, E., & Tourangeau, R. (2009). *Survey methodology* (2. Aufl.). Hoboken: Wiley.

Hair, J., Black, W., Babin, B., & Anderson, R. (2010). *Multivariate data analysis* (7. Aufl.). Upper Saddle River: Prentice Hall.

Hildebrandt, L. (1984). Kausalanalytische Validierung in der Marketingforschung. *Marketing ZFP, 6,* 41–51.

Homburg, C., & Giering, A. (1996). Konzeptualisierung und Operationalisierung komplexer Konstrukte – Ein Leitfaden für die Marketingforschung. *Marketing ZFP, 18,* 5–24.

Homburg, C., Klarmann, M., Reimann, M., & Schilke, O. (2012). What drives key informant accuracy? *Journal of Marketing Research, 49,* 594–608.

Hunt, S. (2012). Explaining empirically successful marketing theories: The inductive realist model, approximative truth, and market orientation. *AMS Review, 2,* 5–18.

Hurrle, B., & Kieser, A. (2005). Sind Key Informants verlässliche Datenlieferanten? *Die Betriebswirtschaft, 65,* 584–602.

Jackson, D. N. (1969). Multimethod factor analysis in the evaluation of convergent and discriminant validity. *Psychological Bulletin, 72,* 30–49.

Kardes, F. R. (1996). In defense of experimental consumer psychology. *Journal of Consumer Psychology, 5,* 279–296.

Kees, J., Berry, C., Burton, S., & Sheehan, K. (2017). An analysis of data quality: Professional panels, student subject pools, and amazon's mechanical turk. *Journal of Advertising, 46,* 141–155.

Kuß, A., & Eisend, M. (2010). *Marktforschung. Grundlagen der Datenerhebung und Datenanalyse* (3. Aufl.). Wiesbaden: Springer.

Kuß, A., Wildner, R., & Kreis, H. (2018). *Marktforschung* (6. Aufl.). Wiesbaden: Springer Gabler.

Li, R. M. (2011). *The importance of common metrics for advancing social science theory and research.* Washington (D.C.): National Academies Press.

Netemeyer, R. G., Bearden, W. O., & Sharma, S. (2003). *Scaling procedures – Issues and applications.* Thousand Oaks: Sage.

Nunnally, J. C., & Bernstein, I. (1994). *Psychometric theory* (3. Aufl.). New York: McGraw-Hill.

Parks, M. R. (2014). Big data in communication research: Its contents and discontents. *Journal of Communication, 64,* 355–360.

Peterson, R. A. (1994). A meta-analysis of Cronbach's coefficient alpha. *Journal of Consumer Research, 21,* 381–391.

Peterson, R. A., & Merunka, D. R. (2014). Convenience samples of college students and research reproducibility. *Journal of Business Research, 67,* 1035–1041.

Popper, K. (2005). *Logik der Forschung* (11. Aufl.). Tübingen: Mohr Siebeck.

Rentz, J. O. (1987). Generalizability theory: A comprehensive method for assessing and improving the dependability of marketing measures. *Journal of Marketing Research, 24,* 19–28.

Rossiter, J. R. (2002). The C-OAR-SE procedure for scale development in marketing. *International Journal of Research in Marketing, 19,* 305–335.

Scheuch, E. K., & Daheim, H. (1970). Sozialprestige und soziale Schichtung. *Kölner Zeitschrift für Soziologie und Sozialpsychologie, 4,* 65–103.

Schurz, G. (2014). *Philosophy of science – A unified approach.* New York: Routledge.

Shavelson, R. J., & Webb, N. M. (1991). *Generalizability theory. A primer.* Newbury Park: Sage.

Steenkamp, J.-B.E.M., & Baumgartner, H. (1998). Assessing measurement invariance in cross-national consumer research. *Journal of Consumer Research, 25,* 78–90.

Szucs, D., & Ioannidis, J. P. A. (2017). When null hypothesis significance testing is unsuitable for research: A reassessment. *Frontiers in Human Neuroscience, 11,* 390.

Tal, E. (2015). Measurement in science. In E. Zalta (Hrsg.), *The Stanford encyclopedia of philosophy*. https://plato.stanford.edu.

Trout, J. (2000). Measurement. In W. Newton-Smith (Hrsg.), *A companion to the philosophy of science* (S. 265–276). Maiden: Wiley.

Vandenberg, R. J., & Lance, C. E. (2000). A Review and synthesis of the measurement invariance literature: Suggestions, practices, and recommendations for organizational science. *Organizational Research Methods, 3,* 4–70.

Viswanathan, M. (2005). *Measurement error and research design*. Thousand Oaks: Sage.

Weiber, R., & Mühlhaus, D. (2013). *Strukturgleichungsmodellierung* (2. Aufl.). Wiesbaden: Springer.

Wilson, W. J., & Dumont, R. G. (1968). Rules of correspondence and sociological concepts. *Sociology and Social Research, 52,* 217–227.

Weiterführende Literatur

Campbell, D. T., & Fiske, D. W. (1959). Convergent and discriminant validation by the multitrait-multimethod matrix. *Psychological Bulletin, 56,* 81–105.

Netemeyer, R. G., Bearden, W. O., & Sharma, S. (2003). *Scaling procedures – Issues and applications*. Thousand Oaks: Sage.

Nunnally, J. C., & Bernstein, I. (1994). *Psychometric theory* (3. Aufl.). New York: McGraw-Hill.

Peter, J. P. (1979). Reliability: A review of psychometric basics and recent marketing practices. *Journal of Marketing Research, 16,* 6–17.

Peter, J. P. (1981). Construct validity: A review of basic issues and marketing practices. *Journal of Marketing Research, 18,* 133–145.

Hypothesen und Modelle beim Theorietest

7

Zusammenfassung

Anhand von Hypothesen lassen sich Theorien empirisch prüfen. Nachstehend werden das Wesen von Hypothesen und die Vorgehensweise bei der *Überprüfung von Hypothesen,* den empirischen Tests, dargestellt. Dabei wird insbesondere auch auf die Probleme der *Signifikanztests von Null-Hypothesen* und der in der Wissenschaft immer wichtiger werdende Beziehung zwischen *Signifikanztests* und *Effektstärken* (oder etwas allgemeiner: zwischen *statistischer* und *substantieller Signifikanz*) eingegangen sowie auf die Problematik der *Post-hoc-Hypothesentests.* Mit der *Modellierung,* die empirisch beispielsweise mit *Regressionsanalysen* arbeitet, aber auch mit *Strukturgleichungsmodellen,* können mehrere Hypothesen gleichzeitig getestet werden.

7.1 Überprüfung von Hypothesen und Signifikanztests

Im Kap. 2 war die enge Verbindung von *Theorie* und *Hypothesen* schon diskutiert worden. Franke (2002, S. 179) bezeichnet eine Theorie sogar als „ein System von Hypothesen". Einigkeit besteht darüber, dass eine sozialwissenschaftliche Theorie Aussagen enthält, die empirisch überprüft werden können bzw. sollen (Hunt 2010, S. 188 ff.). Für solche Überprüfungen haben Hypothesen zentrale Bedeutung. Es handelt sich dabei – wie im Abschn. 5.2 erläutert – um Vermutungen über Tatsachen (z. B. Vorhandensein bestimmter Merkmale) oder über Zusammenhänge (z. B. zwischen Entlohnung und Arbeitszufriedenheit). Nun lassen sich solche Vermutungen beim Allgemeinheitsgrad von Theorien oftmals nicht entsprechend allgemein überprüfen. So muss man im Beispiel des Zusammenhangs von Entlohnung und Arbeitszufriedenheit oftmals bestimmte Branchen, Länder, Untersuchungszeitpunkte etc. für eine empirische Untersuchung

M. Eisend und A. Kuß, *Grundlagen empirischer Forschung,*
https://doi.org/10.1007/978-3-658-32890-0_7

festlegen. Man leitet also aus den allgemeinen theoretischen Aussagen konkretere (auf bestimmte Situationen bezogene) Hypothesen ab (→*Deduktion,* siehe Abschn. 2.5). Damit ist dann der erste Schritt zur Operationalisierung getan und Entwicklung von Messinstrumenten, Auswahl von Auskunfts- bzw. Versuchspersonen, Messungen sowie Datenanalyse können folgen.

Ganz allgemein kann man sagen: wissenschaftliche Hypothesen sind Annahmen über Sachverhalte, die über den Einzelfall hinausgehen und empirisch untersuchbar sind. Sie stellen ein Bindeglied zwischen Theorie und Empirie dar. Die Anforderungen an Hypothesen sind nach Bortz und Döring (2006):

- *Empirische Untersuchbarkeit:* Wissenschaftliche Hypothesen müssen sich auf reale Sachverhalte beziehen, die empirisch untersuchbar sind.
- *Konditionalsatzformulierung:* Wissenschaftliche Hypothesen müssen zumindest implizit die Form eines sinnvollen Wenn-Dann-Satzes oder eines Je-Desto-Satzes zugrunde liegen haben. In diesem Sinne sind auch Vermutungen über Tatsachen implizite Konditionalsätze. Z. B. lässt sich die Tatsachenvermutung „Mindestens 10 % der unter dreißigjährigen haben keine abgeschlossene Berufsausbildung" umformulieren in „Wenn eine Person unter 30 Jahre alt ist, dann liegt die Wahrscheinlichkeit, keine abgeschlossene Berufsausbildung zu haben, bei mindestens 10 %".
- *Generalisierbarkeit* und *Allgemeinheitsgrad:* Wissenschaftliche Hypothesen müssen Aussagen über den Einzelfall oder ein singuläres Ereignis hinausmachen.
- *Falsifizierbarkeit:* Wissenschaftliche Hypothesen müssen widerlegbar sein.

Beispiel

Hier einige Beispiele für Hypothesen in den Wirtschaftswissenschaften:

Je internationaler ein Unternehmen, desto zufriedener sind die Mitarbeiter*innen.

Mit der Benutzerfreundlichkeit einer Software verbessert sich die Bewertung der Software durch ihre Nutzer*innen.

Die Beziehung zwischen Einstellung und Verhalten von Konsument*innen wird stärker, wenn das Verhalten sozial wünschenswert ist.

Wenn der Zinssatz sinkt, steigen die Investitionen von Unternehmen.

Je länger eine Geschäftsbeziehung andauert, desto geringer ist die Wahrscheinlichkeit, dass ein*e Partner*in die Geschäftsbeziehung in der Zukunft beendet. ◀

Wichtig im Zusammenhang mit der Überprüfbarkeit von Hypothesen anhand statistischer Verfahren ist die Unterscheidung zwischen Alternativ- und Nullhypothese. Die **Alternativhypothese** ist die statistische Formalisierung der inhaltlichen Forschungsfrage. Sie wird als statistische Annahme, dass Effekte, Unterschiede, Zusammenhänge oder Veränderungen vorliegen, formuliert. Die **Nullhypothese** widerspricht der Alternativhypothese. In Untersuchungen sollen in der Regel Effekte belegt werden. Daher nimmt sie meistens an, dass keine Effekte vorliegen. Sie „drückt inhaltlich immer aus, dass Unterschiede, Zusammenhänge, Veränderungen oder besondere Effekte in der interessierenden Population überhaupt nicht und/oder nicht in der erwarteten Richtung auftreten" (Bortz und Döring 2006, S. 28). Mit einem Hypothesentest versucht man, die Nullhypothese abzulehnen. Wird sie abgelehnt, entscheidet man sich für die Annahme der Alternativhypothese. Lässt sich die Nullhypothese nicht ablehnen, so wird sie beibehalten. Eine Alternativhypothese wie „Risikofreudigere Investor*innen sind erfolgreicher" würde als Nullhypothese formuliert werden als „Risikofreudigere Investor*innen sind nicht erfolgreicher" bzw. „Die Risikofreude von Investor*innen zeigt keinen Zusammenhang mit Erfolg". Ergibt der Hypothesentest, dass sich diese Nullhypothese nicht ablehnen lässt, dann ist davon auszugehen, dass es keinen Zusammenhang zwischen Risikofreude von Investor*innen und deren Erfolg gibt.

Eine Hypothese wird unterstützt, wenn ihre Aussage mit den entsprechenden empirischen Beobachtungen übereinstimmt. Wann liegt aber Übereinstimmung bzw. Nicht-Übereinstimmung vor? Die Problematik entsprechender *Entscheidungen* sei an Hand der folgenden einfachen Beispiele illustriert:

- Man vermutet (Hypothese), dass Konsument*innen nach mindestens 10 Kontakten mit Werbebotschaften für eine Marke diese Marke aktiv erinnern. Eine entsprechende Untersuchung mit 200 Versuchspersonen zeigt, dass dieses bei 160 Personen der Fall war, bei 40 Personen aber nicht. Stimmt dieses Ergebnis mit der Vermutung überein?
- Man vermutet (Hypothese), dass das Arbeitsentgelt die Arbeitszufriedenheit maßgeblich bestimmt. Bei einer darauf bezogenen Untersuchung ergibt sich eine Korrelation zwischen diesen beiden Variablen in Höhe von $r=0{,}42$, also deutlich niedriger als $r=1{,}0$ (d. h. eine perfekte Korrelation). Ist die Hypothese damit bestätigt?
- Man vermutet (Hypothese), dass zwischen den Variablen „Alter" und „Interesse an ökologischen Fragen" kein Zusammenhang besteht, dass also die entsprechende Korrelation bei $r=0$ liegt. Nun ergibt sich bei einer Untersuchung des Zusammenhangs eine andere Korrelation, nämlich $r=0{,}08$. Besteht zwischen den beiden Variablen ein Zusammenhang oder nicht?

Die in den ersten beiden Beispielen aufgeworfenen Fragen lassen sich auf Basis der im Abschn. 2.3.2 angestellten Überlegungen leicht klären. Im ersten Beispiel geht es offenkundig nicht um eine Gesetzmäßigkeit, die in jedem Einzelfall gilt (→deduktiv nomologische Erklärung), sondern um eine statistische Erklärung, mit der nur eine Wahrscheinlichkeitsaussage (in diesem Fall bezüglich der Markenerinnerung) gemacht wird. Beim zweiten Beispiel kann man nicht davon ausgehen, dass nur eine Variable (hier: Arbeitsentgelt) eine andere Variable (hier: Arbeitszufriedenheit) beeinflusst. Da man hier nur einen aus einer größeren Zahl von Einflussfaktoren betrachtet hat, ist die Beziehung zwischen den Variablen eben nicht perfekt und deterministisch und die resultierende Korrelation ist daher deutlich geringer als 1,0. Es wird vielmehr im Sinne einer Erklärung auf *Basis statistischer Relevanz* empirisch geprüft, ob ein deutlicher

Zusammenhang (Korrelation deutlich von 0 verschieden) zwischen den Variablen existiert, was sich in dem Beispiel vermutlich bestätigen würde.

Nun zum dritten und etwas komplizierteren Beispiel. Hier stellt sich die Frage der **„Signifikanz"** besonders klar, also die Frage, ob zwischen der erwarteten Korrelation ($r = 0$) und der gemessenen Korrelation ($r = 0{,}08$) ein systematischer Unterschied besteht. Die Signifikanz oder das Signifikanzniveau bezeichnet die Wahrscheinlichkeit, mit der im Rahmen eines Hypothesentests die Nullhypothese (es besteht kein systematischer Zusammenhang) fälschlicherweise verworfen werden kann, obwohl sie eigentlich richtig ist (Fehler erster Art, siehe Abschn. 7.3). Daher wird das Signifikanzniveau auch als **Irrtumswahrscheinlichkeit** bezeichnet. Zur Beantwortung der Frage der Signifikanz kommt das Instrumentarium der Inferenz- (bzw. schließenden) Statistik zum Einsatz, das eine Vielzahl von Tests umfasst, die dazu dienen, bei solchen Fragen *Entscheidungen* zu treffen. Man könnte in einem solchen Fall unter Berücksichtigung des Unterschieds der beiden Werte, der gewünschten Sicherheitswahrscheinlichkeit und der Stichprobengröße mit angemessenen Verteilungsannahmen zu einer solchen Entscheidung kommen. Der für solche Entscheidungen üblicherweise verwendete p-Wert sagt in diesem Beispiel aus, wie groß die Wahrscheinlichkeit dafür ist, dass in der jeweiligen Stichprobe ein Wert $r = 0{,}08$ ermittelt wird, wenn in der Grundgesamtheit der (tatsächliche) Wert bei $r = 0{,}0$ liegt (Sawyer und Peter 1983, S. 123). Dabei wird schon deutlich, dass es sich hier um eine induktive Schlussweise handelt, von einer relativ kleinen Zahl von Fällen (z. B. eine Stichprobe von ca. 1000 zufällig ausgewählten Bundesbürger*innen) auf eine oftmals sehr große Grundgesamtheit (z. B. die gesamte Bevölkerung in Deutschland).

Nun wäre eine schematische Anwendung nur des Instrumentariums der Statistik bei Hypothesen wohl etwas zu kurz gegriffen, weil ja auf diese Weise alle Fehlermöglichkeiten bei der Operationalisierung und Messung völlig ignoriert würden. Solche **systematischen Fehler** können nämlich deutlich größer sein als der Stichprobenfehler.

Aus der Sicht des wissenschaftlichen Realismus muss noch auf ein weiteres Problem bei Signifikanztests aufmerksam gemacht werden. Bei diesen Tests werden ja Gruppenunterschiede und Zusammenhänge zwischen Variablen in einer einzigen Maßzahl zusammengefasst. Es kann beispielsweise leicht sein, dass sich in einer Untersuchung ein positiver Zusammenhang zwischen den Variablen A und B bei 70 % oder 80 % der untersuchten Personen zeigt, dass aber bei den restlichen Personen dieser Zusammenhang eher nicht vorhanden oder gar gegenläufig ist. Gleichwohl würde man einen signifikant positiven Korrelationskoeffizienten so interpretieren, dass sich ein vermuteter positiver Zusammenhang durch die Untersuchung bestätigt hat. Bei einer zusammenfassenden Literaturübersicht mehrerer solcher Ergebnisse würde sich dieser Effekt noch verstärken, weil man zu dem Eindruck käme, diese Ergebnisse seien ganz homogen und eindeutig. Im Sinne des wissenschaftlichen Realismus (siehe Kap. 3) wäre es aber sinnvoll, die „empirischen Erfolge" den „empirischen Misserfolgen" gegenüberzustellen. Dieser Gesichtspunkt ist ein Argument für die Durchführung von Meta-Analysen (siehe Abschn. 9.2.2).

Teilweise ergeben sich auch Zusammenhänge, die keine logische Beziehung aufweisen oder sogenannte **Scheinkorrelationen.** Ein populäres Beispiel ist der empirisch beobachtete Zusammenhang zwischen der Anzahl der Störche und der Geburtenrate in verschiedenen Regionen. Dieser Zusammenhang lässt sich natürlich darüber erklären, dass auf dem Lande, wo es mehr Störche gibt, eher kinderreiche Familien leben.

Hintergrundinformation

W. Lawrence Neuman (2011, S. 371) gibt folgende Einschätzung der Bedeutung von Signifikanztests:

„Statistische Signifikanz macht nur Angaben über Wahrscheinlichkeiten. Sie kann nichts mit Sicherheit beweisen. Es wird festgestellt, dass bestimmte Ergebnisse mehr oder weniger wahrscheinlich sind. Statistische Signifikanz ist nicht das gleiche wie praktische, substanzielle oder theoretische Bedeutsamkeit. Ergebnisse können statistisch signifikant sein, aber theoretisch sinnlos oder trivial. Beispielsweise können zwei Variable durch Zufall in einem statistisch signifikanten Zusammenhang stehen, ohne dass eine logische Beziehung zwischen ihnen besteht (z. B. Länge der Fingernägel und Fähigkeit, französisch zu sprechen)."

7.2 Statistische versus substanzielle Signifikanz

Die vielfachen Probleme mit Signifikanztests haben zu einer ernsthaften Kritik an der Ausrichtung der Ergebnisse empirischer Untersuchungen auf Signifikanztests geführt, genauer auf Signifikanztests bezogen auf eine sogenannte Null-Hypothese (abgekürzt NHST). So haben die herausragenden Methoden-Experten Jum Nunnally (1960) und Paul Meehl (1967) schon frühzeitig deutliche Skepsis geäußert. Erst ab etwa 2010 ist derartige Kritik stärker wirksam geworden und NHST werden mehr und mehr infrage gestellt bzw. seltener als ausschlaggebend für das Ergebnis einer Untersuchung angesehen. Das mag auch daran liegen, dass in dieser Zeit die Zweifel an der Replizierbarkeit sozialwissenschaftlicher Forschungsergebnisse erheblich gewachsen sind (siehe Abschn. 9.1) und die mit NHST verbundenen Probleme als eine der Ursachen dafür angesehen werden.

Zunächst sei an Grundidee und Zweck von NHST (siehe dazu auch Abschn. 2.1) erinnert: Theorien machen Aussagen über Zusammenhänge zwischen Konzepten bzw. Variablen. Insofern überrascht es nicht, dass das Augenmerk bei einem Großteil empirischer Forschung auf der Prüfung solcher Zusammenhänge liegt. In der sozialwissenschaftlichen Forschung zeigen sich derartige Beziehungen meist in der Form von entsprechenden Maßgrößen (z. B. Korrelationen) oder im Vergleich verschiedener Gruppen von Untersuchungseinheiten (z. B. Mittelwertunterschiede zwischen Versuchs- und Kontrollgruppen). Es stellt sich das (Entscheidungs-) Problem, ob die ermittelten Zusammenhangsmaße oder Gruppenunterschiede *tatsächlichen* Zusammenhängen bzw. Unterschieden in der jeweiligen Grundgesamtheit entsprechen oder ob diese eher durch den Prozess der Auswahl oder Gruppenaufteilung der Untersuchungseinheiten verursacht sein können. Man betrachtet deshalb bei NHST eine Null-Hypothese („Es existiert kein systematischer Zusammenhang zwischen den untersuchten Variablen") und berechnet die Wahrscheinlichkeit p für das Auftreten der beobachteten (oder größerer) Werte des Zusammenhangmaßes bzw. der Gruppenunterschiede (in der untersuchten Stichprobe) unter der Voraussetzung, dass die Null-Hypothese („kein Zusammenhang") wahr ist. Wenn diese Wahrscheinlichkeit gering (z. B. $p<0{,}05$) ist, dann entscheidet man sich, die Null-Hypothese nicht anzunehmen und stattdessen von einem Zusammenhang auszugehen. Man erkennt bei dieser Schlussweise auch die Beziehung zur Induktion (siehe Abschn. 2.5) insofern, als von einer (sehr) begrenzten Zahl von Beobachtungen auf *generelle* Beziehungen innerhalb von Theorien geschlossen wird (Romeijn 2017).

Worauf bezieht sich nun die Kritik an NHST? Dazu werden in der Literatur (z. B. Cohen 1994; Cumming 2012; Nickerson 2000) vor allem die folgenden Kritikpunkte genannt:

- *Ergebnisse zur statistischen Signifikanz eines Zusammenhangs sind eher inhaltsarm und stark vereinfachend.* Diese Ergebnisse haben nur zwei mögliche Ausprägungen (bzw. sind dichotom), „signifikant" oder „nicht signifikant". Genauere Informationen über Art und Stärke von Zusammenhängen sind darin nicht enthalten.
- *Statistische Signifikanz sagt wenig über die substanzwissenschaftliche Signifikanz/ Bedeutung eines Zusammenhanges aus.* Analysen können (bei hinreichend großer Stichprobe) zeigen, dass z. B. ein statistisch signifikanter Zusammenhang zwischen dem Anteil protestantischer Mitarbeiter*innen und dem Umsatzwachstum von Unternehmen besteht; substanzwissenschaftlich ergibt das wohl wenig Sinn.
- Bei Untersuchungen mit sehr großen Stichproben ist die große Mehrzahl aller – untersuchten oder nicht untersuchten – (scheinbaren) Zusammenhänge zwischen Variablen statistisch (!) signifikant. In sozialwissenschaftlichen Datensätzen findet sich typischerweise eine Vielzahl von schwächeren oder stärkeren, direkten oder indirekten Zusammenhängen. Bei großen Fallzahlen erscheinen diese oftmals sehr schwachen und kaum begründbaren Zusammenhänge als statistisch signifikant (siehe Abschn. 6.4). Paul Meehl (1967, S. 109) berichtet über entsprechende Erfahrungen mit einer sehr großen Stichprobe von über 55.000 Oberschüler*innen in Minnesota. Dieser Datensatz umfasste 45 soziodemografische Merkmale (z. B. Geschlecht, Zahl der Geschwister, Ausbildung der Mutter) und zeigte bei 91 % (!) der untersuchten Zusammenhänge statistische Signifikanz. Dieses Problem dürfte sich aktuell verschärft haben, weil im Zusammenhang mit „Big Data" mehr sehr große Datensätze analysiert werden als es früher üblich war.
- *Die Ablehnung der jeweiligen Null-Hypothese ist oft/meist ein naheliegendes Ergebnis, da es in vielen Konstellationen unplausibel wäre, wenn überhaupt kein Zusammenhang zwischen den Variablen bestünde.* Dieser Aspekt steht im scheinbaren Widerspruch zu dem vorstehend skizzierten Gesichtspunkt. Das Problem besteht darin, dass die Null-Hypothese lautet „(überhaupt) kein Zusammenhang", also beim Beispiel einer Korrelation $r=0$. Nun ist im Punkt (c) dargestellt worden, dass bei sozialwissenschaftlichen Daten meist eine große Zahl schwächerer oder stärkerer, begründeter oder kaum begründbarer Zusammenhänge festgestellt werden; es kommt

aber nur selten vor, dass überhaupt kein Zusammenhang (z. B. $r = 0$) existiert. Insofern kann man davon ausgehen, dass die Null-Hypothese in der weitaus größten Zahl von Fällen nicht zutrifft; ihre Widerlegung ist eigentlich nicht besonders Aufsehen erregend. „Wenn wir von Anfang an gute Gründe haben zu glauben, dass die Null-Hypothese wahrscheinlich falsch ist und wenn wir die Null-Hypothese als die Hürde ansehen, die unsere Theorie überspringen muss, dann ist die Unterstützung der Theorie durch die Zurückweisung dieser unplausiblen Null-Hypothese ziemlich schwach." (Haig 2013, S. 15).

- *Bei der Interpretation von **p**-Werten gibt es häufig Missverständnisse.* Einige Autor*innen (z. B. Cumming 2012; Sawyer und Peter 1983) weisen auf eine Vielzahl verbreiteter Missverständnisse bei der Interpretation von ***p***-Werten hin. So wird dieser Wert gelegentlich fälschlich zur Abschätzung der Wahrscheinlichkeit für die Replizierbarkeit von Ergebnissen oder als Maß für eine Effektstärke verwendet. Nun spricht es nicht unbedingt gegen eine statistische Methode, dass diese nicht leicht verständlich ist. Wenn allerdings auch unter gut ausgebildeten Spezialist*innen die Missverständnisrate relativ hoch ist und auch die engere Fachwelt sich erst nach Jahrzehnte langer Diskussion auf eine Einschätzung der Methode einigen kann, dann kommen doch Zweifel am Grad ihrer Eignung für die Forschungspraxis auf.
- *Die Fokussierung auf **p**-Werte schafft Anreize, sich durch „**p**-hunting" Vorteile im Publikationsprozess zu verschaffen* (siehe Abschn. 9.1). In ersten Punkt dieser Aufzählung ist schon festgestellt worden, dass der ***p***-Wert eine eher weniger informative dichotome Maßgröße ist. Es wird also vielfach nicht das ganze Ergebnis-Spektrum der Datenanalyse präsentiert, sondern nur ein einzelner ***p***-Wert, der die Existenz eines Zusammenhangs zwischen bestimmten Variablen belegen soll, der dann wiederum häufig ein zentrales Kriterium für die Annahme einer Arbeit zur Publikation ist. Damit verbunden ist die Versuchung, diesen Wert z. B. durch Beeinflussung der Stichprobenziehung oder gewisse Manipulationen der Daten mit dem Ziel der Erreichung des Schwellenwerts der Signifikanz zu beeinflussen. Im Abschn. 9.1 und im Kap. 10 wird dieses Problem erneut aufgegriffen.
- Im Zuge der kritischen Diskussion solcher Probleme hat es unterschiedliche Forderungen gegeben: Manche Autoren (z. B. Amrhein und Greenland 2017; McShande et al. 2019) sprechen sich für einen völligen Verzicht auf NHST aus; andere (z. B. Benjamin et al. 2018) plädieren eher für eine „Verschärfung" der Bedingungen für die Annahme oder Ablehnung von Hypothesen (z. B. von $p < 0.05$ auf $p < 0.005$).

Hintergrundinformation

Die American Statistical Association hat mit ihrer besonderen fachlichen Autorität eine Stellungnahme zum Gebrauch von NHST veröffentlicht (Wasserstein und Lazar 2016, S. 131 f.), deren zentrale Aussagen hier (frei übersetzt) wiedergegeben seien:

- ***P***-Werte können anzeigen, wie wenig kompatibel die Daten mit einem bestimmten statistischen Modell sind (mit einem solchen Modell ist im hier diskutierten Zusammenhang die Null-Hypothese gemeint).

- *P*-Werte geben *nicht* die Wahrscheinlichkeit an, dass eine untersuchte Hypothese wahr ist, oder die Wahrscheinlichkeit, dass die Daten allein per Zufall zustande gekommen sind.
- Wissenschaftliche Schlussfolgerungen und wirtschaftliche oder politische Entscheidungen sollten *nicht nur* darauf beruhen, dass ein *p*-Wert eine bestimmte Grenze unterschreitet.
- Richtige Schlussfolgerungen setzen eine umfassende und transparente Ergebnisdarstellung voraus.
- Ein *p*-Wert bzw. statistische Signifikanz gibt *nicht* eine Effektstärke oder die Wichtigkeit eines Ergebnisses an.
- Ein *p*-Wert *allein* ist noch keine gute Maßgröße im Hinblick auf die Geltung einer Hypothese.

Die Probleme mit NHST und die in Abschn. 7.1. diskutierte Problematik der Hypothesentests führt zu der zentralen Gegenüberstellung zwischen statistischer Signifikanz und **substanzieller oder substanzwissenschaftlicher Signifikanz.** Ob eine statistische Signifikanz auftritt, hängt von verschiedenen Einflussfaktoren ab. Ein zentraler Einflussfaktor ist die Fallzahl einer Untersuchung. Abb. 7.1 verdeutlicht diesen Zusammenhang am Beispiel des Korrelationskoeffizienten. Je größer die Stichprobe, desto kleiner ist der Korrelationskoeffizient, bei dem das in der Wissenschaft häufig als entscheidender Schwellenwert verwendetet Signifikanzkriterium von $p < 0{,}05$ erfüllt ist.

Bei hoher Fallzahl können sich daher „hochsignifikante" Ergebnisse einstellen, die aber nur einen geringen Aussagewert haben, da die Größe des beobachteten Effekts nur sehr gering ist. Statistische Signifikanz ist also ein notwendiges, aber kein hinreichendes Kriterium für eine praktisch oder wissenschaftlich relevante Aussage (d. h. für *substanzwissenschaftliche Signifikanz*). Für die Beurteilung der Relevanz der Hypothese ist

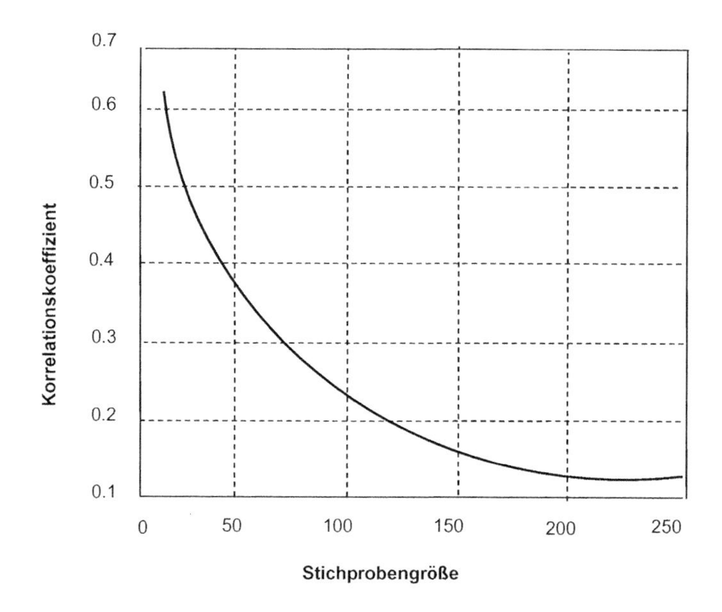

Abb. 7.1 Zusammenhang zwischen Stichprobengröße und Korrelationskoeffizient mit Signifikanz $p < 0{,}05$

sowohl die *Stärke* als auch die *Größe* eines Effekts ein wichtiges Hilfsmittel, denn beide sind nicht von der Stichprobengröße abhängig. In Abschn. 2.3.2 wurde auf diese Problematik bereits verwiesen und auch ein Beispiel für den bedeutenden Unterschied zwischen substanzwissenschaftlich und statistisch begründeter Signifikanz gegeben.

Liegt nur statistische Signifikanz vor, dann müsste die substanzwissenschaftliche Signifikanz also durch die Stärke oder die Größe von Effekten erfasst werden. Eine **Effektstärke** ist „eine quantitative Angabe über das Ausmaß eines Phänomens, das man benötigt, um eine Forschungsfrage zu beantworten" (Kelley und Preacher 2012, S. 140). Nach Kelley und Preacher (2012) können Effektstärken unterschiedliche Dimensionen haben (z. B. Variation, Beziehung) und diese Dimensionen werden durch verschiedene Effektstärkenmaße oder -indizes operationalisiert. So kann z. B. die Dimension der Variation über Maße der Varianz oder Standardabweichung oder die Dimension der Beziehung über Korrelationsmaße operationalisiert werden. Wenn ein Effektstärkenmaß auf Daten angewandt wird, erhalten wir eine Effektstärkenwert (z. B. eine Korrelation von 0,25). In der sozialwissenschaftlichen und damit auch der betriebswirtschaftlichen Forschung findet man häufig Effektstärken, die die **Beziehung zwischen Variablen** oder die **Stärke der Beziehung** ausdrücken. Diese zeigen an, wie stark zwei Variablen zusammenhängen bzw. wie groß die Erklärung der Varianz einer abhängigen Variable durch eine unabhängige Variable ist (Eisend 2015). Diese Effektstärken werden häufig verwendet, um die Beziehung zwischen zwei Variablen zu beschreiben, aber es existieren auch Maße der **erklärten Varianz,** die einen Effekt beschreiben, der sich auf mehr als eine unabhängige Variable und eine abhängige Variable beziehen kann. Effektstärken, die das Ausmaß der Varianzerklärung messen, sind für die Wissenschaft, die sich ja vor allem um Erklärungen bemüht, zentral, denn je mehr die Wissenschaft erklären kann, desto besser (Aguinis et al. 2011).

Beispiel

Das nachstehende Beispiel illustriert die Bedeutung der substanziellen Signifikanz und hinterfragt die statistische Signifikanz in großen Stichproben:

Eine Korrelation von 0,03, die die Beziehung zwischen Einkommen und Glück beschreibt, ist in einer Stichprobe von 10.000 Personen signifikant (für $p<0{,}05$). Das Ergebnis sagt, dass Einkommen eine signifikante Beziehung zu Glück habe (statistische Signifikanz). Allerdings entspricht diese Korrelation einem Anteil erklärter Varianz von etwa 0,1 %. Das heißt, dass 99,9 % der Variation von Glück oder auch von Einkommen (je nachdem, was man als abhängige Variable heranzieht) weiterhin unerklärt ist. Das wiederum ist ein recht enttäuschendes Ergebnis für Forschende, die sich darum bemühen, unterschiedliches Einkommen oder die Varianz von Glück in der Gesellschaft zu erklären (d. h. die substanzielle Signifikanz). ◀

Während mit Signifikanztests also versucht wird, die Frage zu beantworten, *ob überhaupt* (mit hinreichend großer Wahrscheinlichkeit) ein Unterschied, Effekt oder Zusammenhang zwischen zwei Variablen vorliegt, gibt die Effektstärke an, *wie stark* die Beziehung zwischen zwei Variablen ist. Die Effektstärke kann nicht nur dazu benutzt werden, die Beziehung zwischen zwei kontinuierlichen Variablen zu beschreiben (z. B. Einkommen und Glück), sondern auch für die Beziehung zwischen zwei binären Variablen (z. B. jungen und alten Menschen und ob jemand raucht oder nicht). Obwohl statistische Tests für diese Variablen in der Regel auf Unterschiede fokussieren (z. B. ob es mehr ältere oder jüngere Raucher*innen gibt), können diese Tests auch so interpretiert werden, dass sie die Beziehung zwischen Alter und Rauchen beschreiben. Die Effektstärke ermöglicht gehaltvollere Aussagen als ein Signifikanztest aus verschiedenen Gründen:

- Effektstärken können über verschiedene Studien und verschiedene Arten von Variablen hinweg miteinander verglichen werden. Damit kann z. B. entschieden werden, welche Maßnahme zu mehr Erfolg führt. Dies ist eine gängige Herangehensweise in der Medizin, wenn verschiedene Studien, die die Wirkung verschiedener Verfahren zur Heilung ein und derselben Krankheit prüfen (z. B. Medikation, Aufenthaltsdauer im Krankenhaus, alternative Therapien), miteinander verglichen werden. Je höher die erklärte Varianz, die auf ein bestimmtes Verfahren zurückzuführen ist (d. h. je stärker der Zusammenhang zwischen einem Verfahren und der Heilung der Krankheit), desto erfolgreicher ist das Verfahren.
- Effektstärken wie z. B. Korrelationen sind oftmals leicht interpretierbar und damit auch für die in der Praxis tätigen eher zugänglich als Signifikanztests.
- Effektstärken bieten sinnvolle „Benchmarks“ zum Vergleich mit anderen Studienergebnissen, zwischen Disziplinen oder auch zwischen Forschenden (Eisend 2015).
- Schließlich können zu jeder Effektstärke auch Konfidenzintervalle berichtet werden, die ein Äquivalent zu Signifikanztests bieten: wenn das Konfidenzintervall keine Null enthält, dann ist der Effekt signifikant (Lipsey und Wilson 2001).

Der Trend zu „big data“ in der Wissenschaft, d. h. zu immer größer werdenden Datenmengen, die sich vor allem durch die Anwendung digitaler Technologien ergeben, wurden bereits in Abschn. 6.4 angesprochen. Es weist auch darauf hin, wie wichtig Effektstärken im Vergleich zu Signifikanztests wohl sind und zukünftig sein werden. Eine Reihe von wissenschaftlichen Zeitschriften legt daher immer mehr Wert darauf, dass Effektstärken ausgewiesen werden, während die Bedeutung von Signifikanzniveaus abgewertet wird (z. B. das *Strategic Management Journal;* siehe Bettis et al. 2016). Die Zeitschrift *Basic and Applied Social Psychology* hat sogar entschieden, keine Signifikanztests mehr zuzulassen (Trafimov und Marks 2015). Die gängige Praxis der Signifikanztests bietet Forschenden auch Anreize für ethisch bedenkliche Vorgehensweisen, um Ergebnisse zu erhalten, die das erforderliche Signifikanzniveau erreichen (z. B. p-hacking, siehe Kap. 10). Derartige Praktiken führen zu Zufallsergebnissen und verzerren dadurch die Basis wissenschaftlichen Wissens und reduzieren die Wahrscheinlichkeit, Ergebnisse replizieren zu können (Aguinis et al. 2017).

Eine weitere wichtige Maßzahl in diesem Zusammenhang ist die Größe des Effekts, die wichtige Informationen aus substanzwissenschaftlicher Sicht liefert. Im Gegensatz zur Effektstärkendimension, die die Stärke einer Beziehung angibt, misst die **Größe des Effekts** (z. B. Regressionskoeffizient, Elastizität) die relative Änderung einer abhängigen Variable Y in Bezug auf eine relative Änderung einer unabhängigen Variable X. Dieser Zusammenhang ist in der Betriebswirtschaftslehre oftmals von hoher praktischer Relevanz, denn er liefert konkrete Angaben für eine Input-Output-Analyse. Beispielsweise lässt sich so ermitteln, um wie viel Prozent der Umsatz eines Unternehmens bei einer bestimmten prozentualen Erhöhung der Anzahl der Außendienstmitarbeiter*innen steigt.

Die beiden wichtigsten Effektstärkendimensionen, die in der betriebswirtschaftlichen Forschung verwendet werden, können also folgendermaßen gekennzeichnet und voneinander abgegrenzt werden:

- Die **Stärke der Beziehung** gibt an, wie *eng* der Zusammenhang zwischen Variablen ist. Gängige Maßgrößen dafür sind u. a. Korrelationen oder Anteile erklärter Varianz.
- Die **Größe eines Effekts** steht dagegen für das *Ausmaß der Veränderung* einer abhängigen Variablen bei der Veränderung einer unabhängigen Variablen. Die wohl gängigste Maßgröße dafür sind (unstandardisierte) Regressionskoeffizienten.

Beide Aspekte sollen durch das Beispiel einer linearen Regressionsbeziehung mit einer abhängigen und nur einer unabhängigen Variablen zusätzlich illustriert werden (siehe Abb. 7.2). Man erkennt darin einige (natürlich fiktive) Messwerte und eine entsprechende Regressionsgerade. Die Steigung dieser Geraden ist durch ein Dreieck gekennzeichnet. Diese Steigung gibt im Beispiel einer solchen Regressionsgeraden die *Größe* des Effekts an. Weiterhin sind die Abstände der tatsächlich beobachteten

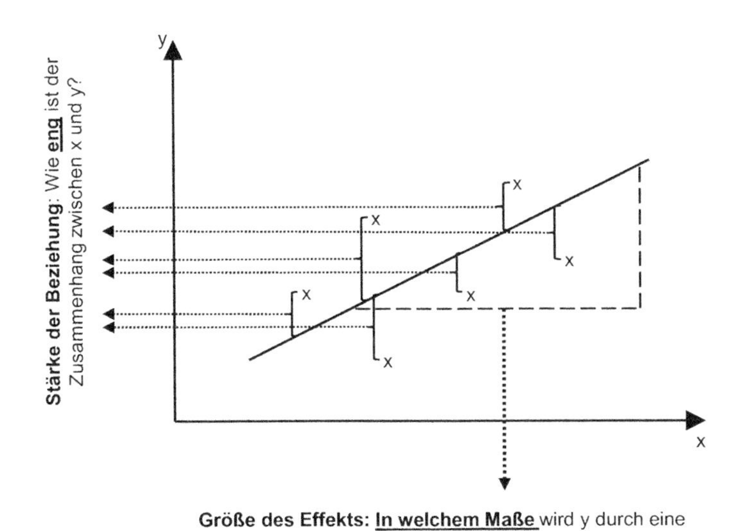

Abb. 7.2 Stärke der Beziehung versus Größe des Effekts

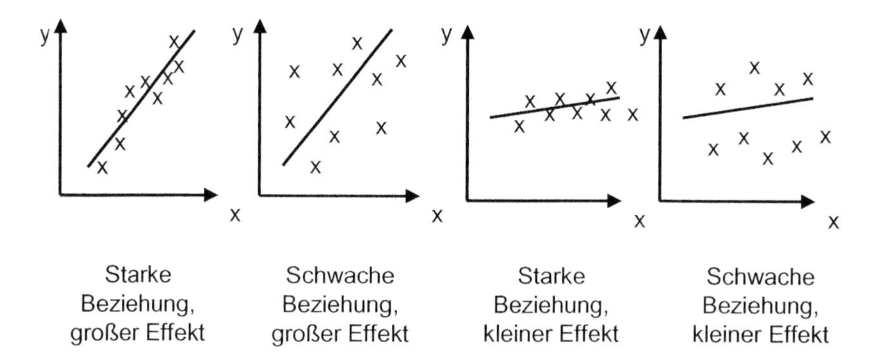

Abb. 7.3 (Keine) Beziehung zwischen der Stärke der Beziehung (Varianzaufklärung) und der Größe des Effekts

abhängigen Variablen (y) von den auf Basis der jeweiligen x-Werte und der Regressionsbeziehung erwarteten Werten eingetragen. Je geringer diese Abstände insgesamt sind, desto stärker ist offenbar die Beziehung zwischen den Variablen x und y.

Stärke der Beziehung und Größe des Effekts sind also nicht gleichzusetzen: Z. B. kann ein großer Effekt auch bei wenig erklärter Varianz auftreten. In Abb. 7.3 wird diese Beziehung anhand des Zusammenhangs zwischen zwei Variablen dargestellt.

7.3 Statistische Teststärke („Power")

Dem Zusammenhang zwischen Signifikanztests, Stichprobengrößen und Effektstärken wird im Rahmen der **„Poweranalyse" bzw. Teststärkenanalyse** Rechnung getragen (Cohen 1988). Diese Analyse setzt an dem Problem an, dass man beim Testen von Hypothesen zwei Fehler machen kann:

- Man lehnt fälschlicherweise die Nullhypothese ab. Das ist der **Fehler 1. Art**, also der Fehler, die Nullhypothese abzulehnen, obwohl sie tatsächlich richtig ist. Die Wahrscheinlichkeit dafür wird durch das Signifikanz-Niveau bzw. die Irrtumswahrscheinlichkeit erfasst.
- Man nimmt fälschlicherweise die Nullhypothese an. Dies ist der **Fehler 2. Art**, also der Fehler, die Nullhypothese anzunehmen, obwohl sie tatsächlich falsch ist.

Die vier möglichen Ergebnisse eines Signifikanztests sind (in Abhängigkeit von der tatsächlichen Gültigkeit der Nullhypothese H0) in Abb. 7.4 dargestellt.

Je kleiner der α-Fehler in einer Untersuchung ist, umso seltener wird fälschlicherweise die Nullhypothese abgelehnt. Dafür steigt die Wahrscheinlichkeit, fälschlicherweise die Nullhypothese anzunehmen und die Alternativhypothese abzulehnen (β-Fehler). Allerdings lässt sich aus der Größe des α-Fehlers nicht direkt die Größe des

	H_0 ist richtig	H_0 ist falsch
H_0 nicht zurückgewiesen	richtige Entscheidung	Fehler 2. Art (β-Fehler)
H_0 zurückgewiesen	Fehler 1. Art (α-Fehler)	richtige Entscheidung

Abb. 7.4 Mögliche Ergebnisse und Fehler eines Hypothesentests

β-Fehlers ableiten und das gilt auch andersherum. Die beiden Fehlerarten werden auf unterschiedliche Weise bestimmt. Die Größe des α-Fehlers hängt vom Signifikanzniveau ab.

Die Größe (1–β) wird auch als **Power** oder **Teststärke** bezeichnet. Die Power eines Tests (d. h. die Wahrscheinlichkeit, dass der Test einer Nullhypothese bei Richtigkeit der Alternativhypothese zur Ablehnung der Nullhypothese führt) hängt außer von der Varianz der Populationswerte von drei Faktoren ab:

- vom gewählten *α-Signifikanzniveau:* Je kleiner α, desto geringer ist die Wahrscheinlichkeit, sich für die Alternativhypothese zu entscheiden (Fehler 1. Art);
- von der *Stichprobengröße:* Je größer die Stichprobe, desto größer wird die Wahrscheinlichkeit der Entscheidung zugunsten der Alternativhypothese (ceteris paribus);
- von der *Effektstärke:* Je größer die erklärte Varianz und die Stärke der Beziehung, desto größer wird die Power des Tests und damit die Wahrscheinlichkeit, sich gegen die Nullhypothese zu entscheiden und zugunsten der Alternativhypothese.

Das heißt zusammenfassend, dass bei einem vorgegebenen Signifikanzniveau, wie es in den Sozialwissenschaften üblicherweise angenommen wird, größere Effektstärken eher zu Signifikanz führen als kleinere und dass größere Stichproben höhere Testsensitivität aufweisen als kleine Stichproben und damit ebenfalls eher zu Signifikanz führen.

Obwohl es keine formalen **Standards für die richtige „Power“** (auch als π bezeichnet) gibt, wird meist ein Wert von $\pi = 0{,}80$ verwendet, also eine vier-zu-eins-Wahrscheinlichkeit zwischen β-Fehler und α-Fehler (Ellis 2010). Wenn Tests so angelegt sind, dass sie möglichst keine β-Fehler produzieren sollen, dann kann auch ein niedrigerer Standard angelegt werden. Das ist oftmals in der Medizin der Fall, wo es besser ist, anzunehmen, dass man einen Hinweis auf eine Krankheit hat, auch wenn ein*e Patient*in gesund ist, als anzunehmen, dass ein*e Patient*in gesund ist, der*die in Wirklichkeit krank ist.

Die Power- bzw. Teststärkenanalyse ist wichtig für die **Interpretation von Testergebnissen,** denn die Power oder Teststärke gibt die Wahrscheinlichkeit an, die Nullhypothese korrekterweise abzulehnen. Sie ist, wie bereits erklärt, abhängig vom gewählten Signifikanzniveau, der Effektstärke und der Stichprobengröße. Dahinter verbirgt sich der zentrale Gedanke, dass eine Hypothese aus verschiedenen Gründen abgelehnt werden kann. Eine Hypothese wird z. B. abgelehnt, weil der Effekt zu klein ist, was gut nachvollziehbar ist und aus wissenschaftlicher Sicht auch wünschenswert ist. Eine Hypothese kann aber auch abgelehnt werden, weil die Stichprobe nicht groß genug ist oder das Signifikanzniveau zu klein ist, d. h. zu streng gewählt wurde. Mit einer Erhöhung der Stichprobe oder einem „großzügigeren“ Signifikanzniveau könnte ggf. die Hypothese auf der Basis derselben Daten angenommen werden.

Wie aber ist das **richtige Signifikanzniveau** zu wählen? In den Sozialwissenschaften hat sich das von Ronald Fisher (1925, S. 43) vorgeschlagene Signifikanzniveau von 5 % etabliert. Dieser Grenzwert bedeutet, dass im Schnitt eine von zwanzig Untersuchungen, bei denen die Nullhypothese richtig ist (z. B. Alter und Glück hängen nicht zusammen), zu dem Ergebnis kommt, sie sei falsch (z. B. Alter und Glück hängen zusammen). Manchmal werden Ergebnisse auch interpretiert, obwohl sie nur ein Signifikanzniveau von 10 % erreichen. Welches Signifikanzniveau akzeptiert wird, hängt auch von dem Innovationsgrad einer Studie ab: bei einem völlig neuen und einmaligen Ergebnis wird man in der Tendenz weniger strenge Kriterien anlegen und ggf. auch ein marginal signifikantes Ergebnis ($p<0{,}1$) als relevant betrachten als bei einer Studie, die eine bereits etablierte Hypothese testet. Je nach Untersuchungsgegenstand kann auch ein Fehler 1. Art weniger schlimm sein als ein Fehler 2. Art wie im oben dargestellten Beispiel in der Medizin, wo man eher akzeptiert, eine Krankheit anzunehmen, auch wenn ein*e Patient*in gesund ist, als anzunehmen, dass ein*e Patient*in gesund ist, der*die in Wirklichkeit krank ist.

Der Zusammenhang von Signifikanzniveau, Effektstärke und Stichprobengröße erlaubt es auch, bei bekannter oder erwarteter Effektstärke die **Stichprobengröße zu bestimmen,** die nötig ist, damit der Effekt bei einem gegebenen Signifikanzniveau mit einer gewünschten Power auch tatsächlich signifikant wird. Man erkennt bereits in Abb. 7.1, dass große Effektstärken kleinere Stichproben benötigen, um das vorgegebene Signifikanzniveau zu erreichen und umgekehrt. Hinzu kommt, dass bei einer hohen Teststärke die für die Erreichung des Signifikanzniveaus notwendige Stichprobengröße weiter ansteigt, vor allem bei kleinen Effektstärken.

7.4 A-priori-Hypothesen versus Post-hoc-„Hypothesen“

Den üblichen Anwendungen statistischer Tests liegt eine Vorgehensweise zugrunde, bei der zu einer Fragestellung *eine* (oder *wenige*) bestimmte Hypothese(n) gebildet wird bzw. werden, dann entsprechende Daten erhoben und letztlich geeignete statistische Tests angewendet werden. Beispiele dafür sind Untersuchungen zur Wirksamkeit von Medikamenten (neues Medikament vs. Placebo) oder zur statistischen Qualitätskontrolle (Ausschussrate<x %?). Abb. 7.5 illustriert diese „klassische“ Vorgehensweise des Testens von **Hypothesen, die a priori gebildet** wurden. Man erkennt darin den Weg von wenigen gezielten Hypothesen über die Datensammlung zu statistischen Tests, die die Hypothesen bestätigen oder nicht bestätigen, zur Interpretation dieser „empirischen

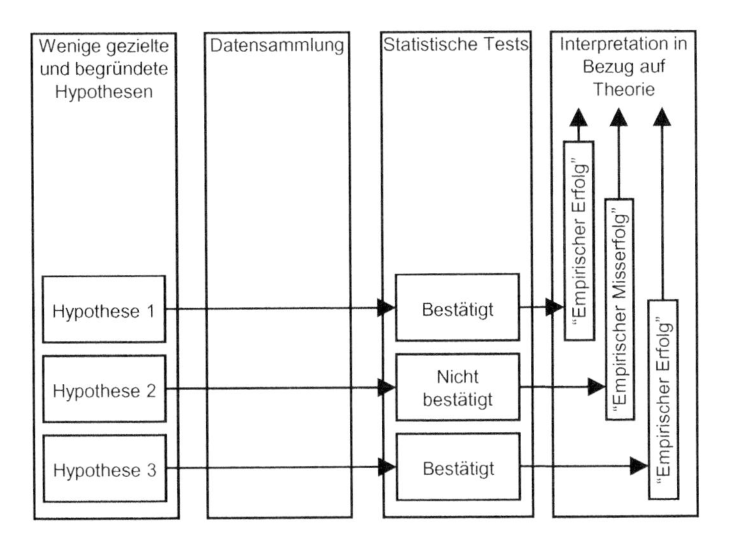

Abb. 7.5 Vorgehensweise beim Testen von A-priori Hypothesen

Erfolge und Misserfolge". Diese Vorgehensweise entspricht auch hypothetisch-deduktiven Methode.

Bei vielen betriebswirtschaftlichen und sozialwissenschaftlichen Untersuchungen beschränkt sich die Datenerhebung aber nicht auf eine oder sehr wenige gezielt ausgewählte Variable. In diesem Bereich ist eher die Erhebung einer größeren Zahl von Variablen typisch; beispielsweise umfassen Fragebögen meist eine zweistellige Zahl von Fragen mit entsprechend vielen Variablen. Unter diesen Bedingungen kann es sein, dass Forschende z. B. aus einer Vielzahl möglicher (und heutzutage mühelos zu berechnender) Korrelationen diejenigen auswählen, die scheinbar „signifikant" sind, und dazu erst nachträglich Hypothesen bilden, weil man eben signifikante Ergebnisse besser publizieren kann als nicht-signifikante (siehe Abschn. 10.2.4). Mit dem Ziel erhöhter Publikationschancen (beim heutigen Publikationsdruck teilweise nachvollziehbar) werden in solchen Fällen Theorie und Hypothesen an die bereits vorliegenden Ergebnisse angepasst, d. h. es werden **Post-hoc-„Hypothesen"** gebildet. Es handelt sich dabei nicht um Hypothesen im eigentlichen Sinne, weil man bei bereits vorliegenden Ergebnissen ja kaum von Vermutungen sprechen kann und Falsifizierbarkeit nicht mehr gegeben ist. Dieses Problem ist in der Literatur (und wohl auch in der Forschungspraxis) nicht unbekannt: Peter (1991, S. 544) spricht vom „fishing through a correlation matrix"; Kerr (1998) spricht vom „HARKing: *H*ypothesizing *A*fter the *R*esults are *K*nown"; Leung (2011) diskutiert „Presenting Post Hoc Hypotheses as A Priori …". Bereits vor mehr als 50 Jahren ordneten Selvin und Stuart (1966) eine solche Vorgehensweise dem „Data Dredging" („Daten ausbaggern") zu. Welchen Umfang das Problem in der Forschungspraxis hat, ist schlecht feststellbar, weil in solchen Fällen die Autor*innen eine Offenlegung natürlich vermeiden und Leser*innen entsprechender Artikel auch sonst kaum Anhaltspunkte dafür haben. In einer aktuellen Studie berichten Banks et al. (2016), dass in einer Befragung von Forschenden im Bereich Management etwa 50 % angegeben haben, dass sie „Post-hoc-Hypothesen so dargestellt haben, als ob diese a priori entwickelt worden seien“ (S. 19). Das Problem betrifft die Forschungsethik (siehe Abschn. 10.2.4) und kann zu irreführenden Ergebnissen führen. Die Gründe sollen im Folgenden kurz umrissen werden.

Ausgangspunkte der Überlegungen sind folgende Erfahrungen:

- Forschende sind bestrebt, „signifikante“ Ergebnisse zu finden, weil deren Publikationschancen größer als bei nicht-signifikanten sind.
- Bei einer größeren Zahl von potenziellen Zusammenhängen von Variablen ergeben sich durch Zufall einzelne scheinbar signifikante Zusammenhänge, auch wenn tatsächlich keine entsprechenden Beziehungen existieren (siehe das folgende Zitat von Kruskal 1968).

Hintergrundinformation

Der renommierte amerikanische Statistiker William Kruskal (1968, S. 247) kennzeichnete das Problem nur scheinbar signifikanter Testergebnisse in folgender Weise:

„Fast jeder Datensatz (…) zeigt irgendwelche Anomalien (hier interessierend: Zusammenhänge zwischen Variablen; Anm. d. Verf.), wenn man diese sorgfältig analysiert, auch dann, wenn dessen Struktur vollkommen zufällig ist, d. h. sogar dann, wenn die Beobachtungen von Zufallsvariablen stammen, die unabhängig sind und identische Verteilungen haben. Bei hinreichend genauer Analyse von zufälligen Daten findet man im Allgemeinen einige Anomalien (…), die zu statistischer Signifikanz auf den üblichen Niveaus führen, obwohl kein tatsächlicher Effekt gegeben ist. Die Erklärung besteht darin, dass zwar jede Art von Anomalien bei zufälligen Daten und einem Signifikanzniveau von 0,05 nur in 5 von 100 Fällen auftritt, dass aber so viele Arten von Anomalien möglich sind, dass sehr häufig wenigstens eine davon auftritt.“

Das Problem sei durch ein sehr einfaches Beispiel veranschaulicht. In der Abb. 7.6 findet man eine (natürlich hypothetische) Korrelationsmatrix für die Variablen A bis H, die in einer angemessen großen Stichprobe gemessen wurden. In der entsprechenden Grundgesamtheit besteht keinerlei Zusammenhang zwischen all diesen Variablen, sodass die entsprechenden Korrelationskoeffizienten bei 0 liegen (müssten). Dem entsprechend findet man in der Korrelationsmatrix für die (Stichproben-) Daten in der Hauptdiagonalen die Werte „1“ und in den anderen Feldern Werte, die sehr nahe bei 0 liegen (im Idealfall den Wert 0). Nun kann es aber sein, dass bei der Stichprobenziehung einige spezielle Fälle in die Stichprobe gelangt sind, die per Zufall (siehe dazu die oben zitierte Einschätzung von Kruskal) dazu führen, dass einzelne Korrelationskoeffizienten für die Stichprobe *deutlich größer* als 0 (also scheinbar „signifikant“) sind. Im Beispiel ist das für die Variablenkombination D und F eingetragen, die mit „> >0“ gekennzeichnet ist. Das würde einem Fehler 1. Art (s. o.) entsprechen, weil die eigentlich richtige Nullhypothese zurückgewiesen wird. Wenn man sich daran anknüpfend zu diesem Ergebnis nachträglich eine (Post-hoc)-„Hypothese“ einfallen lässt, dann wäre deren (scheinbare) Bestätigung hier unvermeidlich, weil ja das entsprechende Ergebnis schon vorliegt. Kerr

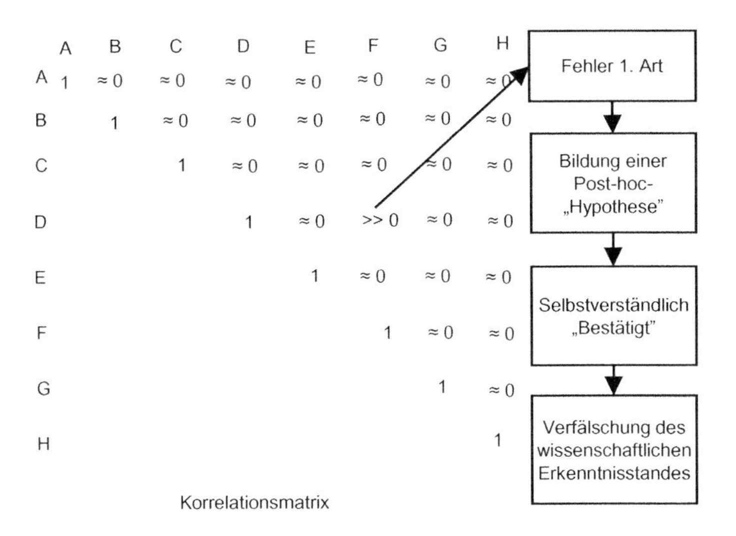

Abb. 7.6 Vorgehensweise beim Generieren von Post-hoc-„Hypothesen"

(1998, S. 205) verwendet dafür die etwas ironische Formulierung, dass beim HARKing Fehler 1. Art „in Theorie übersetzt" werden. Weiterhin ist bei solchen nachträglich gebildeten Hypothesen die Anforderung verletzt, dass Hypothesen durch die Untersuchung falsifiziert werden können. Die Interpretation eines solchen Zufallsergebnisses als statistische Bestätigung einer vorher theoretisch entwickelten Hypothese führt zur Verfälschung des relevanten wissenschaftlichen Erkenntnisstandes.

Wenn man *gezielt* einzelne Hypothesen (z. B. über einen Zusammenhang zwischen zwei Variablen) aufstellt und begründet (siehe Abb. 7.5) und sich dann ein *scheinbar* signifikantes Ergebnis ergibt, obwohl in der Realität gar kein Zusammenhang zwischen beiden Variablen besteht, dann würde man mit der Annahme der Hypothese zwar einen Fehler (1. Art) machen. Dieser Fehler tritt jedoch nur mit geringer Wahrscheinlichkeit auf und dessen Wahrscheinlichkeit ist berechenbar. Bei der missbräuchlichen Vorgehensweise der Post-hoc-„Hypothesen"-Generierung dagegen, bei der man nach „signifikanten" Werten sucht und diese nachträglich interpretiert (siehe Abb. 7.6), findet man (fast) immer einige entsprechende Werte und kommt zur Interpretation von irgendwelchen Zufallsergebnissen, die eher irreführend sind.

Beispiel

Frank Bosco et al. (2016) haben für den Bereich Personalwesen bei zwei einschlägigen psychologischen Zeitschriften *(Journal of Applied Psychology, Personnel Psychology)* versucht, die Wirkungen von HARKing abzuschätzen. Dazu wurden für einen ersten Teil der Untersuchung 247 Korrelationen aus 136 in diesen Zeitschriften erschienenen Studien zum Zusammenhang zwischen beruflicher Leistung und diversen psychologischen Variablen (z. B. Autonomie, emotionale Stabilität) analysiert. Es zeigte sich dabei, dass diese Korrelationen signifikant höher lagen, wenn diese in Verbindung mit einer explizit formulierten Hypothese standen und nicht nur unter den sonstigen Ergebnissen aufgeführt wurden. Wohlgemerkt ging es dabei um alle Hypothesen, nicht nur die, die auf HARKing beruhten. Das wird so interpretiert, dass weniger auffällige oder nicht signifikante Ergebnisse eher am Rande erwähnt werden und „starke" Ergebnisse in Publikationen oft in den Vordergrund gestellt werden. Das würde im Hinblick auf HARKing bedeuten, dass besonders auffällige („signifikante") Zufallsergebnisse über den Weg des HARKings mit einer nachträglich erfundenen Hypothese in Verbindung gebracht werden können und eine Publikation durch solches Zufallsergebnis „angereichert" werden kann. Ergänzend stellten Bosco et al. (2016) fest, dass Ergebnisse, die sich auf formulierte Hypothesen bezogen, auch in den Titeln und Abstracts von Publikationen stärker hervorgehoben wurden.

Wo liegt das Problem? Zufallsergebnisse, die eben durch Zufall besonders markant wirken, werden auf diesem Weg nicht nur publiziert, sondern besonders in den Vordergrund gerückt. Dadurch wird der Informationsstand in der Scientific Community über den jeweiligen Untersuchungsgegenstand systematisch verzerrt. ◀

Von einer solchen Vorgehensweise zu unterscheiden ist die Prüfung so genannter **„impliziter Hypothesen"**. Darunter werden hier Hypothesen verstanden, die nicht zum Kern der theoretischen Fragestellung gehören und auch nicht notwendigerweise a priori festgelegt (z. B. schriftlich fixiert) sind, für die ein*e Forschende aber entsprechende zusätzliche Daten sammelt, weil er*sie auf Basis seiner*ihrer Erfahrung und theoretischen Vorbildung vermutet, dass sich hier noch interessante Zusammenhänge ergeben könnten (z. B. als Kontrollvariable). Das würde zu einer eher geringen Zahl zusätzlicher – im Vorhinein zumindest bedachter – Hypothesen führen, bei denen das oben skizzierte statistische Problem nur begrenzt relevant ist. Man darf wohl vermuten, dass die „Versuchung" zum HARKing am größten ist, wenn große (viele Variable) und nicht selbst erhobene Datensätze verwendet werden. Bei eigener Datenerhebung findet man dagegen eher eine Beschränkung auf Variablen, die *zu Beginn* der Untersuchung als sinnvoll und wichtig eingeschätzt und dann erhoben wurden. Am geringsten dürfte das Problem nachträglicher Hypothesenbildung bei experimentellen Untersuchungen (siehe Kap. 8) sein, bei denen man sich ohnehin auf eine geringe Zahl sorgfältig begründeter Variabler beschränken muss.

Sehr wohl möglich bleibt natürlich die Beschreibung und Dokumentation besonders interessanter Ergebnisse, die nicht auf vorher entwickelten Hypothesen beruhen, aber eben nicht mit dem Anspruch einer statistischen Bestätigung. Sollen Post-hoc-Hypothesen im Hinblick auf Signifikanz überprüft werden, dann bedarf es dazu eines anderen Datensatzes, der unabhängig von den Daten ist, aus denen diese Hypothesen entstanden sind. Außerdem kann die Interpretation ohne A-priori-Hypothesen sinnvoll sein, wenn man einen induktiven Ansatz verfolgt. Auf jeden Fall müssen Forschende immer offenlegen, wie sie vorgehen. Das Problem des HARKing ist in erster Linie ein Problem der Irreführung, denn Forschende präsentieren Post-hoc-Hypothesen als A-priori-Hypothesen ohne dies explizit zu machen. Hollenbeck und Wright (2017) sprechen in solchen Fällen vom SHARKing (*S*ecretly ***HARK***ing). Dagegen werben diese Autoren eher dafür, dass das so genannte THARKing (***T***ransparently ***HARK***ing) den Forschungsprozess durchaus bereichern kann.

7.5 Modellierung mit Regressionsanalyse

Im Zusammenhang mit der Prüfung von Theorien, insbesondere von Modellen, ist in unterschiedlichen Teilbereichen der Betriebswirtschaftslehre die Darstellung und Lösung von Problemen mit Hilfe von Modellen, in der Regel mathematischen Modellen, sehr etabliert. Modelle sind im Abschn. 2.1 schon als vereinfachte Darstellungen wesentlicher Teile realer Phänomene und Prozesse gekennzeichnet worden. Homburg (2007, S. 29 f.) verwendet „für die mathematisch formalisierte Modellbildung (häufig verknüpft mit der formalen Herleitung einer optimalen Ressourcenverteilung auf unterschiedliche Handlungsoptionen)" den Begriff **„Modeling"**.

Der Ansatz der Modellierung in der betriebswirtschaftlichen Forschung baut vor allem auf der Ökonometrie auf, einem Teilgebiet der Wirtschaftswissenschaften, das ökonomische Theorie, empirische Daten und statistische Methoden vereinigt. Die zentrale Aufgabe der Ökonometrie ist die Ableitung ökonometrischer Modelle aus ökonomischen Theorien und deren numerische Konkretisierung. Mithilfe der Ökonometrie und der Modellierung lassen sich wirtschaftswissenschaftliche Zusammenhänge quantifizieren (z. B. prozentuale Veränderung der Sparquote bei prozentualer Veränderung des Zinssatzes), es lassen sich also Hypothesen und ganze Modelle empirisch testen und diese empirisch validierten Modelle können zur Prognose oder Simulation verwendet werden (z. B. wie verändert sich das Wirtschaftswachstum, wenn sich die Inflationsrate verändert).

In der Betriebswirtschaftslehre stehen bei der Modellierung neben den Anwendungen der Ökonometrie auch häufig Optimierungsfragen im Vordergrund. Shugan (2002) unterscheidet zwei verschiedene Definitionen mathematischer Modelle, zum einen die mathematische Optimierung von Variablen und zum anderen – breiter – mathematische Abbildungen mit dem Zweck der Lösung von Forschungsfragen. Bei der erstgenannten Sichtweise ist es oft ausreichend zu zeigen, dass eine bestimmte Lösung optimal ist, z. B. welches Verhältnis zwischen Werbeausgaben und persönlichem Verkauf optimal ist. Es geht also oftmals um eine Optimierung des entsprechenden Mittel-Einsatzes. Neben derartigen – eher auf die Lösung von Praxis-Problemen ausgerichteten – Modellen dienen diese auch der Entwicklung theoretischen Verständnisses von betriebswirtschaftlichen Problemen, indem Annahmen variiert und die daraus resultierenden Veränderungen abhängiger Variabler ermittelt werden. Häufig ist mit dem zweiten Ansatz zwar keine systematische empirische Überprüfung der Annahmen des jeweiligen Modells verbunden, aber eine Darstellung der Angemessenheit und der erfolgreichen Anwendung solcher Modelle auf Basis ausgewählter Fälle ist sehr gängig.

Bei der Parametrisierung und Validierung im Rahmen der Modellierung werden Verfahren verwendet, die auf der klassischen **Regressionsanalyse** aufbauen. Die Regressionsanalyse ist ein statistisches Verfahren, das versucht, die Veränderung einer sog. erklärten (bzw. abhängigen) Variablen über die Veränderungen einer Reihe sog. erklärender (bzw. unabhängiger) Variablen durch Quantifizierung einer einzelnen Gleichung zu erklären. Eine Regression kann feststellen, ob eine quantitative Beziehung zwischen den erklärenden Variablen und der erklärten Variable besteht. Das Ergebnis einer Regressionsanalyse allein kann aber auch bei statistischer Signifikanz keine Kausalität zeigen, da eine statistische Beziehung niemals Kausalität impliziert (zur Kausalität und zu den besonderen Anforderungen an das Untersuchungsdesign siehe Kap. 8). Trotzdem dienen die Regressionsanalyse und andere Verfahren der Ökonometrie dazu, Beziehungen zwischen Variablen zu ermitteln, die oftmals als Ursache-Wirkungs-Beziehungen interpretiert werden. Damit die empirische Regressionsanalyse dazu in der Lage ist, müssen strenge Annahmen erfüllt sein.

Im einfachsten Fall beschreibt ein Regressionsmodell $Y=\beta_0+\beta_1X_1+\ldots+\beta_kX_k+\varepsilon$ eine endogene Variable Y durch eine lineare Beziehung zu einer oder mehreren anderen (exogenen) Variablen X_1, ..., X_k. Eine **endogene Variable** wird durch das Modell erklärt, während eine **exogene Variable** nicht durch das betreffende Modell erklärt wird, sondern durch Variablen außerhalb des Modells. In einem Regressionsmodell, das das Ausmaß von Glück durch Variablen wie z. B. Alter und Einkommen zu erklären versucht, ist Glück die endogene Variable im Modell, während Alter und Einkommen exogene Variablen sind. Natürlich kann Einkommen auch durch andere Variablen erklärt werden wie z. B. Ausbildung, aber weil diese nicht im Modell enthalten sind, wird Einkommen als exogene Variable in diesem spezifischen Modell aufgefasst. Da es in der Praxis keine exakte Beziehung zwischen den empirisch beobachteten Größen geben wird, sodass die exogenen Variablen die endogene Variable vollständig erklären könnten, erfasst in der Gleichung ein Störterm zusätzlich alle Variablen, die neben X_1, ..., X_k außerdem noch einen Einfluss auf Y haben und nicht unmittelbar erfassbar sind. Nachdem ein bestimmtes Modell spezifiziert wurde, werden die Modellparameter β_0, ..., β_k geschätzt. Auf dieser Basis können Prognosen für die Ausprägung von Y bei vorliegenden Ausprägungen von X_1, ..., X_k gemacht werden.

Wenn man die üblichen Ergebnisse einer Regressionsanalyse betrachtet, findet man sowohl Größen, die für Signifikanz stehen, als auch Maßzahlen für Effektstärken (siehe Abschn. 7.1. und 7.2):

- **Stärke der Beziehung/erklärte Varianz:** Die entsprechende Maßzahl R^2 (Bestimmtheitsmaß) zeigt, welcher Anteil der Varianz der abhängigen Variablen durch das Regressionsmodell mit den verwendeten unabhängigen Variablen erklärt wird.
- **Größe des Effekts:** Die unstandardisierten Regressionskoeffizienten β_1, ..., β_k geben an, wie stark sich eine Veränderung der betreffenden unabhängigen Variablen auf die abhängige Variable auswirkt, d. h. um welches Ausmaß sich die abhängige Variable ändert, wenn sich die unabhängige Variable um ein bestimmtes Ausmaß ändert.

Dieser Wert ist von der Skalierung der Variable abhängig. So ändert sich z. B. die Größe des Effekts, der den Zusammenhang zwischen Werbeausgaben und Absatz (verkauften Einheiten) beschreibt, je nachdem, ob man die Werbeausgaben in US$, EUR oder Schweizer Franken misst.

- **Signifikanz des Regressionsmodells:** Mit Hilfe von Tests wird geprüft, ob der Anteil erklärter Varianz (R^2) signifikant von 0 verschieden ist, ob also das Modell (wenigstens einen kleinen) Beitrag zur Erklärung der abhängigen Variablen leistet (siehe auch Abschn. 2.3.2).
- **Signifikanz der Regressionskoeffizienten:** Mit t-Tests prüft man für die verschiedenen Regressionskoeffizienten β, ob diese signifikant von 0 verschieden sind. Anderenfalls – bei $\beta = 0$ – hätte ja eine Veränderung der betreffenden Variablen gar keinen Einfluss auf die abhängige Variable.

Das Standardverfahren zur Schätzung der Parameter in linearen Regressionsmodellen ist die **OLS-Schätzung** (*O*rdinary *L*east *S*quares). Um sie problemlos anwenden zu können, sind eine Reihe von Annahmen zu erfüllen, die auch wichtige inhaltliche Implikationen im Hinblick auf die Überprüfung von Theorien haben:

- Das Regressionsmodell muss parameterlineare Gestalt besitzen und nicht alle vorliegenden Beobachtungen einer X-Variable dürfen gleich sein (d. h. sie müssen variieren), da andernfalls keine Schätzung möglich ist.
- Der bedingte Erwartungswert des Störterms muss gleich null sein, was eine Kovarianz zwischen den X-Variablen und dem Störterm von null impliziert. Diese Annahme der Exogenität von $X_1, \ldots, X_k$ ist wichtig, da nur in diesem Fall *ceteris-paribus*-Aussagen wie „Eine Veränderung von X_1 um eine Einheit führt zu einer Veränderung von Y um β_1 Einheiten" überhaupt möglich sind. Zum Beispiel kann der Einfluss der Werbeausgaben auf Absatzzahlen zu Endogenitätsproblemen führen, da Entscheidungen über Werbeausgaben oftmals von den Absatzzahlen in den Vorperioden abhängig sind und damit nicht exogen im Modell sind. Eine Aussage wie „eine Veränderung der Werbeausgaben um 10 % führt zu einer Veränderung der Absatzzahlen um 3 %" wäre falsch, da die Veränderung der Absatzzahlen auch von den Absatzzahlen der Vorperiode abhängt genauso wie die Veränderung der Werbeausgaben.
- Die bedingte Varianz des Störterms muss konstant sein (sog. Störtermhomoskedastizität). Ein bekanntes Beispiel für die Verletzung dieser Bedingung ist die Beziehung zwischen Einkommen und Konsumausgaben, z. B. für Nahrungsmittel. Bei niedrigem Einkommen geben Konsument*innen einen bestimmten konstanten Betrag für Nahrungsmittel aus, weil sie sich nicht mehr leisten können. Mit steigenden Einkommen ergibt sich eine größere Varianz der Ausgaben für Nahrungsmittel, da die Konsument*innen manchmal auch teure Nahrungsmittel kaufen oder Essen gehen. Das heißt, der Störterm wird mit steigenden Werten der unabhängigen Variable größer.
- Die bedingten Störtermkovarianzen müssen gleich null sein (sog. Störtermunkorreliertheit). Das heißt, die Abweichung der Datenpunkte von der Regressionslinie zeigt

kein systematisches Muster. Diese Bedingung wird oftmals bei Zeitreihendaten verletzt. Die meisten Zeitreihendatenpunkte zeigen ein bestimmtes Muster über die Zeit hinweg und ein Datenpunkt ist nicht unabhängig vom vorausgehenden Datenpunkt. Das ist z. B. der Fall bei Konjunkturdaten: wenn die Wirtschaft in einem Jahr stark wächst, ist es sehr wahrscheinlich, dass sie auch im darauffolgenden Jahr noch positives Wachstum aufweist. In diesen Fällen sind die Störterme miteinander korreliert.
- Es darf keine perfekte Korrelation zwischen den erklärenden Variablen vorherrschen, da bei dieser so genannten vollkommenen Multikollinearität eine OLS-Schätzung unmöglich ist. Auch eine unvollkommene Multikollinearität, die durch hohe (von eins verschiedenen) Korrelationen gekennzeichnet ist, ist problematisch, da OLS in diesem Fall nicht präzise zwischen den Einflüssen der einzelnen Variablen unterscheiden kann und deswegen ungenaue Parameterschätzungen liefern kann.
- Die Störterme sollten möglichst normal verteilt sein.

Um Indizien für die Verletzung dieser Annahmen zu erlangen, kann eine Reihe statistischer Tests verwendet werden. Werden Probleme festgestellt, kann je nach Art des Problems die Modellspezifikation überarbeitet, auf robuste unterstützende Verfahren zurückgegriffen oder auf alternative Schätzverfahren (z. B. Instrumentenvariablenschätzung) ausgewichen werden. Deutet bereits die Theorie darauf hin, dass sich Annahmen des klassischen Regressionsmodells nicht als realistisch erweisen (z. B. die Korrelation der Störterme bei Zeitreihendaten), wird meist von Anfang an mit alternativen Schätzverfahren gearbeitet. Nachfolgend wird kurz illustriert, wie bei der Verletzung der jeweiligen Annahme vorzugehen ist (siehe ausführlich und weiterführend dazu auch Allison 1999 oder Gujarati 2003).

- Ist die Annahme der **Parameterlinearität** nicht erfüllt, kann durch Variablen- bzw. Modelltransformation (z. B. durch Logarithmieren) eine parameterlineare Form hergestellt werden. Es gibt mittlerweile auch Schätzverfahren für nonlineare Beziehungen (Nonlinear Least Squares).
- Mangelnde **Exogenität bzw. vorliegende Endogenität der erklärenden Variablen** kann mit dem sog. Hausman-Test aufgedeckt werden. Zur Lösung des Endogenitätsproblems kann man eine Instrumentenvariablenschätzung (IV-Schätzung) durchführen. Dabei werden sog. Instrumentenvariablen benötigt, die hochgradig mit den endogenen erklärenden Variablen korreliert sind (Instrument-Relevanz) und gleichzeitig nicht mit dem Störterm korreliert sind (Instrument-Exogenität). Bei geeigneter Güte des IV-Schätzers werden konsistente Parameterschätzungen erreicht. Die Güte der Instrumente kann dabei durch Regressionen der endogenen erklärenden Variablen auf alle Instrumente einschließlich der exogenen Variablen geprüft werden.
- Ob das Problem der **Heteroskedastizität** auftritt, d. h. nicht konstanter bedingter Varianz des stochastischen Störterms, kann ebenfalls geprüft werden (z. B. Breusch-Pagan- oder White-Test). Bei vorliegender Heteroskedastizität besteht die Möglichkeit, anstelle der dann von OLS falsch geschätzten Standardfehler heteroskedastizitätsrobuste

Standardfehler heranzuziehen. Alternativ ist in großen Stichproben auch die Anwendung von WLS (Weighted Least Squares) denkbar. Hier werden die Daten auf Basis der durch spezielle Testverfahren aufgedeckten Heteroskedastizitätsstruktur so transformiert, dass ein mit OLS schätzbares Modell entsteht, das keine Heteroskedastizität mehr aufweist.

- In Zeitreihenregressionen (d. h. Daten werden zu verschiedenen Zeitpunkten und wiederholt erhoben) ist man häufig mit dem Problem von **Störtermautokorrelation** konfrontiert, die mit verschiedenen Tests aufgedeckt werden kann (Durbin-Watson-Test, Breusch-Godfrey-Test). Auch hier hat man die Möglichkeit, autokorrelationsrobuste Standardfehler zu verwenden oder aber ein GLS(Generalised Least Squares)-Modell zu schätzen. Dieses Verfahren liefert korrekte Standardfehler und effizientere Schätzungen der Modellparameter, sofern die Autokorrelationsstruktur, die zur Modelltransformation verwendet wird, korrekt erkannt und im neuen Modell korrekt implementiert wurde.
- Vollkommene **Multikollinearität** dürfte in der sozialwissenschaftlichen Forschung kaum vorkommen, es kann aber zu hoher Multikollinearität kommen. Hohe Multikollinearität erkennt man oftmals an hohen paarweisen Korrelationen zwischen den unabhängigen Variablen und an hohen Bestimmtheitsmaßen in Regressionen, in denen jeweils eine exogene Variable durch alle anderen exogenen Variablen erklärt wird. Die Multikollinearität wird über den Variance Inflation Factor (VIF) bzw. die Tolerance gemessen. Hohe Multikollinearität vermeidet man durch Ausschluss von Variablen aus dem Regressionsmodel oder durch Zusammenfassung von Variablen zu Faktoren oder Indizes.
- Die **Annahme der Normalverteilung des Störterms** wird in der Praxis meist nicht intensiven Tests unterzogen, da man aufgrund des Zentralen Grenzwertsatzes bei hinreichend großen Stichproben zumindest approximativ eine Normalverteilung der geschätzten Parameter unterstellen kann.

7.6 Strukturgleichungsmodelle

Zur Überprüfung von Netzwerken von Hypothesen bzw. größerer Teile von Theorien, bedient man sich sogenannter *Strukturgleichungsmodelle*. Die alternative Bezeichnung als „causal model“ bzw. *„Kausalmodelle“* ist insofern etwas problematisch als – ähnlich wie bei der Regressionsanalyse – die Anwendungen häufig auf Querschnittsdaten beruhen, die keine Überprüfung von Kausalitäten im strengen Sinne der im Kap. 8 erläuterten Anforderungen erlauben: „Die Möglichkeit, Schlüsse über eine Kausalbeziehung zwischen zwei Variablen zu ziehen, hängt vom verwendeten Untersuchungsdesign ab, nicht von den statistischen Methoden, die zur Analyse der erhobenen Daten verwendet wurden“ (Jaccard und Becker 2002, S. 248). Nicht zuletzt ist es schwierig, alternative Erklärungsmöglichkeiten für eine gemeinsame Variation von „Gründen“ und „Effekten“ (siehe Abschn. 8.1) auszuschließen.

Die Grundidee von **Strukturgleichungsmodellen** (SGM) besteht darin, dass auf der Grundlage der in einem Datensatz ermittelten Varianzen und Kovarianzen von Indikatoren (beobachtbaren Variablen) Schlüsse im Hinblick auf Abhängigkeitsbeziehungen zwischen komplexen Konstrukten (latenten Variablen) gezogen werden. Die charakteristischen Merkmale von Strukturgleichungsmodellen sind darin zu sehen, dass eine größere Zahl miteinander verbundener Abhängigkeitsbeziehungen analysiert wird und gleichzeitig nicht direkt beobachtete Konzepte in diese Beziehungen einbezogen werden können, wobei Messfehler explizit berücksichtigt werden können. Im Prinzip können auch einfache Abhängigkeitsbeziehungen zwischen einer oder mehreren unabhängigen Variable(n) und einer abhängigen Variablen untersucht werden, wodurch letztendlich ein Regressionsmodel abgebildet wird. Gängiger aber ist die Untersuchung von komplexeren Beziehungen (z. B. Mediationen, siehe Abschn. 8.2) und Netzwerken von Variablen.

Es folgt zunächst eine Illustration des Aspekts der gleichzeitigen Analyse mehrerer Abhängigkeitsbeziehungen, wobei mögliche Messfehler hier nicht berücksichtigt sind. Das zugrunde liegende Modell ist das in der Wirtschaftsinformatik weit verbreitete Technology Acceptance Model (TAM) von Davis et al. (1989), mit dem die Akzeptanz und die Nutzung von vor allem computergestützten Technologien erklärt wird. Ein vereinfachtes Modell ist in Abb. 7.7 dargestellt. Dabei wird unterstellt, dass die Intention zur Nutzung einer Technologie von der Wahrnehmung der Nützlichkeit dieser Technology (H1) und von der Einfachheit der Nutzung (H2) abhängt. Die Einfachheit der Nutzung beeinflusst auch die wahrgenommene Nützlichkeit (H3). Schließlicht erhöht die Intention der Nutzung auch die tatsächliche Nutzung (H4). Es ist erkennbar, dass in diesem Modell mehrere Hypothesen bzw. ein Teil einer Theorie gleichzeitig betrachtet und (später) überprüft werden bzw. wird.

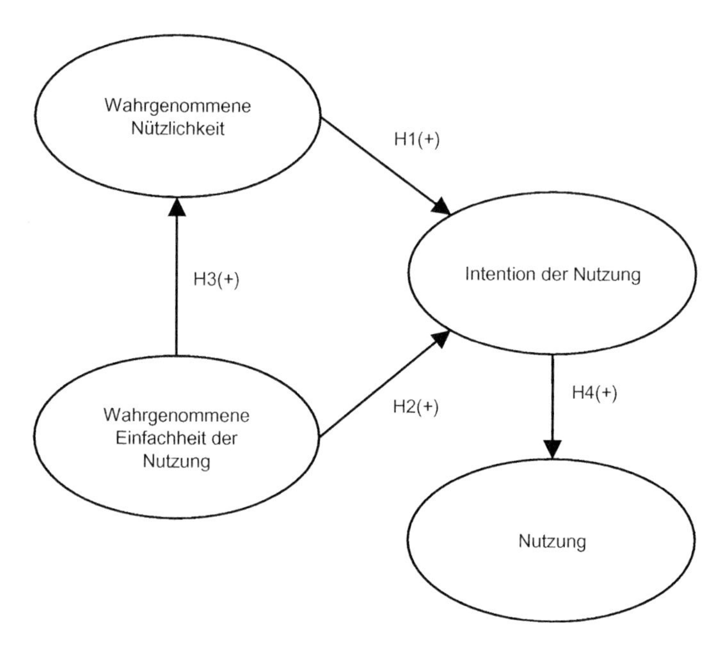

Abb. 7.7 Beispiel eines Strukturmodells. (Vereinfachtes Technology Acceptance Model von Davis et al. 1989)

Ein solches Modell wird als **Strukturmodell** bezeichnet. Es beschreibt Beziehungen zwischen den **latenten Variablen** (Konzepten). Diese Variablen können in der Regel nicht direkt beobachtet werden, aber mithilfe geeigneter **Messmodelle** geschätzt werden. Es geht also im nächsten Schritt um die Entwicklung und Anwendung dieser Messmodelle (ähnlich wie bei der Skalenentwicklung, siehe Abschn. 6.2), damit die Parameter des Modells geschätzt werden können. Dazu können im vorliegenden Beispiel für die unterschiedlichen latenten Variablen verschiedene **Indikatoren** verwendet werden. Beispielsweise lässt sich die wahrgenommene Nützlichkeit einer Technologie mit folgenden Indikatoren messen, wobei die Untersuchungsteilnehmenden zu den folgenden Aussagen angeben sollen, inwieweit sie diesen Aussagen zustimmen und zwar auf einer Ratingskala mit den Werten von 1 („stimme überhaupt nicht zu") bis 7 („stimme voll und ganz zu"):

- *Produktivität:* „Die Nutzung dieser Technologie fördert meine Produktivität."
- *Effektivität:* „Die Nutzung dieser Technologie fördert meine Effektivität."
- *Leistung:* „Die Nutzung dieser Technologie verbessert meine Leistung."

Entsprechend wird bei der Generierung und Auswahl von Indikatoren (alle sind **manifeste Variablen**) für die anderen latenten Variablen verfahren. Die (deutlich vereinfachte) Darstellung des Strukturmodells mit den entsprechenden Messmodellen findet sich in der Abb. 7.8.

Messfehler werden in solchen Modellen auf zweierlei Weise berücksichtigt: Jedem Indikator (z. B. „Produktivität" oder „Effektivität") ist ein Messfehler zugeordnet, der als nicht beobachtbar aufgefasst wird. Die Idee dahinter ist analog wie bei einem Regressionsmodell so zu verstehen, dass die latente Variable den Indikator erklärt, wobei der Messfehler wie ein Störterm in der Regressionsanalyse hinzuzufügen ist, denn die Erklärung ist nicht vollständig. Entsprechend wird auch den endogenen latenten

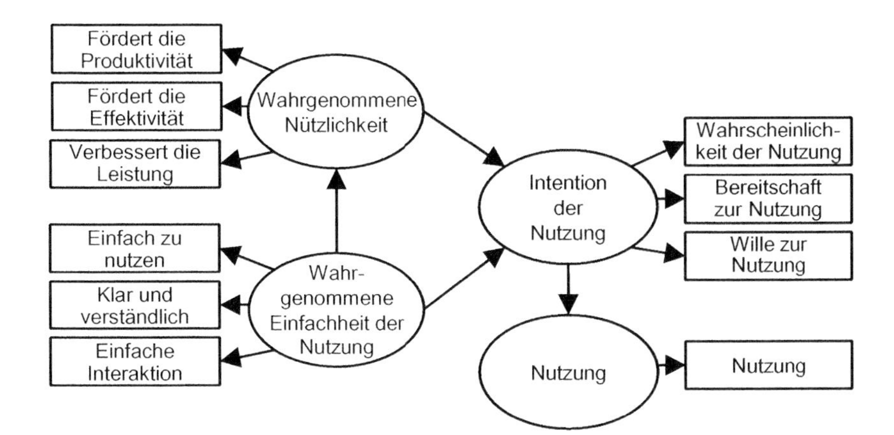

Abb. 7.8 Beispiel eines Struktur- und Messmodells. (Vereinfachtes Technology Acceptance Model von Davis et al. 1989 – hier ohne Berücksichtigung von Messfehlern)

Konstrukten (also Variablen, die im Modell durch andere Variable erklärt werden, z. B. „Intention der Nutzung") jeweils eine Residualgröße (ein Messfehler) zugeordnet, in der die durch die beeinflussenden Konstrukte (z. B. „Wahrgenommene Einfachheit der Nutzung") nicht erklärte Varianz abgebildet wird.

Die Messfehlerkonstruktion beruht auf der Idee, dass es sich bei den Indikatoren, die zur Schätzung der latenten Variablen verwendet werden, um so genannte **reflektive Indikatoren** handelt. Entsprechend sind die Pfeile im Modell so gerichtet, dass die latente Variable und der Messfehler einen Indikator erklären. Es wird also angenommen, dass die latente Variable (z. B. „Wahrgenommene Nützlichkeit") die unterschiedlichen Ausprägungen der Indikatoren („Produktivität", „Effektivität", „Leistung") verursacht, dass also die Indikatoren gewissermaßen Unterschiede bei den zugehörigen latenten Variablen reflektieren. Das ist eine durchaus plausible Annahme bei vielen sozialpsychologischen Phänomenen, wo man davon ausgeht, dass eine Beobachtung (z. B. eine verbale Äußerung) durch ein dahinterliegendes Konzept erklärbar ist: z. B. wird eine Äußerung wie „Ich mag die Marke Apple" durch die Einstellung zur Marke Apple „verursacht" und dadurch auch erklärt. Es gibt aber auch Konstrukte, bei denen die latente Variable durch die Indikatoren erklärt wird. Diese Indikatoren werden als **formative Indikatoren** bezeichnet.

Beispiel

Der Unterschied zwischen formativen und reflektiven Indikatoren lässt sich sehr anschaulich anhand des Beispiels der Trunkenheit und der Fahrtüchtigkeit erklären (siehe dazu Ringle et al. 2006, S. 83). Das Modell ist stark vereinfacht und weist keine Messfehler aus.

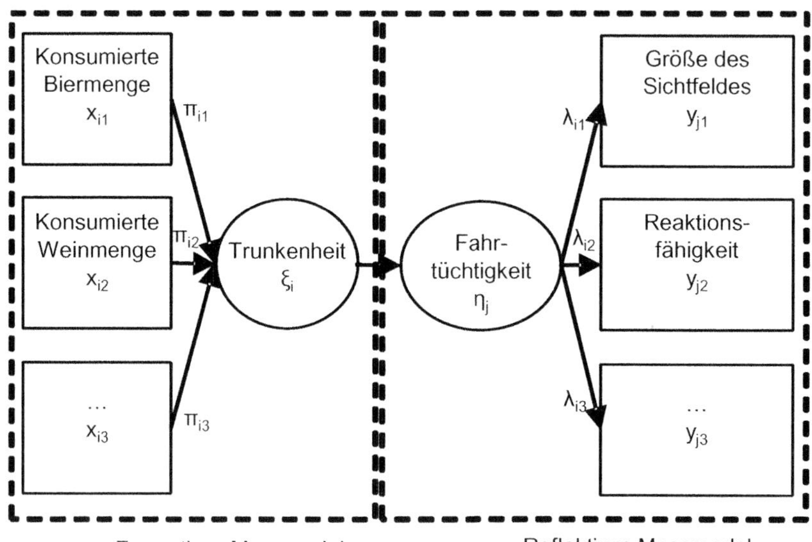

Die latente Variable „Trunkenheit" wird mittels der formativen Indikatoren der konsumierten Alkoholika, die die Verursacher der Trunkenheit sind, gemessen. Je mehr konsumiert wird, desto stärker die Trunkenheit. Hier zeigt sich auch, wie wichtig die Vollständigkeit des Messmodells ist. Wird z. B. nur die konsumierte Weinmenge gemessen, nicht aber die konsumierte Biermenge, kommt es zu einer Fehlspezifikation und falschen Messung. Anders als bei formativen gilt für reflektive Messmodelle, dass die latente Variable der Ursprung von Veränderungen der Indikatorenwerte ist. Dadurch sind alle einer latenten Variablen zugeordneten Indikatoren hoch korreliert, wodurch auch die Elimination eines einzelnen reflektiven Indikators in der Regel kein Problem darstellt. Im Beispiel hat die Verschlechterung der Fahrtüchtigkeit einen Einfluss sowohl auf die Größe des Sichtfeldes als auch auf die Reaktionsfähigkeit. ◀

Strukturgleichungsmodelle, insbesondere die darin enthaltenen Messmodelle, werden heute auch oft genutzt, um die **Konvergenz- und Diskriminanzvalidität von Messungen** von Konstrukten zu prüfen (siehe dazu Abschn. 6.3.3). Dabei werden einerseits die Übereinstimmung mehrerer Indikatoren für dasselbe Konstrukt (➔Konvergenzvalidität) und andererseits die Unterscheidungsfähigkeit von mehreren Konstrukten (➔Diskriminanzvalidität) geprüft.

Die Schätzung der Parameter solcher Modelle erfordert komplexe und anspruchsvolle Methoden, für die entsprechende Software verfügbar ist, was natürlich ein tief gehendes Verständnis der Methoden für eine sinnvolle Anwendung keineswegs überflüssig macht. Dabei ist zwischen kovarianzbasierten Techniken und varianzbasierten Verfahren zu unterscheiden. Das Ergebnis einer solchen Schätzung zeigt dann, ob sich die theoretisch vermuteten Beziehungen zwischen den verschiedenen Variablen bestätigen und wie stark diese Beziehungen sind. Für solche Aussagen muss mithilfe sogenannter Gütemaße beurteilt werden, inwieweit das Modell mit den erhobenen Daten übereinstimmt. Diese methodisch anspruchsvollen Fragen werden in der Literatur umfassend diskutiert. Für (relativ) leicht verständliche Darstellungen sei auf Hair et al. (2010) verwiesen.

Trotz aller theoretisch bestechenden Vorzüge der sogenannten Kausalanalyse gegenüber herkömmlichen Methoden gibt es auch *Kritik* an deren Anwendungen in der Forschungspraxis. Hermann Diller (2004) fasst unter dem schönen Titel „Das süße Gift der Kausalanalyse" einige wichtige Aspekte zusammen, die aber nicht alle nur auf Strukturgleichungsmodelle zutreffen. Er kritisiert zunächst eine „Konstruktüberflutung" durch Anwender*innen solcher Modelle, wodurch die weitere Entwicklung und Überprüfung existierender Theorien eher behindert wird. Weiterhin wird eine verbreitete Nachlässigkeit bei der Operationalisierung von Konstrukten beklagt. Als drittes Problem spricht Diller (2004) die verbreitete Messung von abhängigen und unabhängigen Variablen bei derselben Datenquelle (z. B. derselben Auskunftsperson) an. Dadurch erhält man manchmal Ergebnisse, die weniger auf den Zusammenhang der Variablen als auf die Bemühung der Auskunftspersonen um konsistentes Antwortverhalten zurückzuführen sind.

Eine wesentlich umfangreichere und detailliertere Diskussion von Problemen bei der Anwendung von Strukturgleichungsmodellen stammt von Albers und Hildebrandt (2006). Diese Autoren kritisieren u. a., dass häufig die zur Messung verwendeten Indikatoren eher nach formalen Kriterien (z. B. Konsistenz der Messwerte) als im Hinblick auf eine angemessene Wiedergabe des theoretisch interessierenden Konzepts ausgewählt werden. Daneben wird auch die mangelnde Sorgfalt hinsichtlich der Unterscheidung zwischen reflektiven und formativen Indikatoren kritisiert (Diamantopoulos und Winklhofer 2001), die wiederum gravierende Konsequenzen für die Aussagekraft von Ergebnissen haben kann. Letztlich sei hier an bereits genannte Einschränkung im Hinblick auf Kausal-Aussagen erinnert, die dadurch begründet ist, dass meist die zeitliche Abfolge von Ursachen und Wirkungen nicht berücksichtigt wird.

Literatur

Aguinis, H., Cascio, W. F., & Ramani, R. S. (2017). Science's reproducibility and replicability crisis: International business is not immune. *Journal of International Business Studies, 48,* 653–663.

Aguinis, H., Dalton, D. R., Bosco, F. A., Pierce, C. A., & Dalton, C. M. (2011). Meta-analytic choices and judgment calls: Implications for theory building and testing, obtained effect sizes, and scholarly impact. *Journal of Management, 37,* 5–38.

Albers, S., & Hildebrandt, L. (2006). Methodische Probleme bei der Erfolgsfaktorenforschung – Messfehler, formative versus reflektive Indikatoren und die Wahl des Strukturgleichungs-Modells. *Zeitschrift für betriebswirtschaftliche Forschung, 58,* 2–33.

Allison, P. D. (1999). *Multiple regression: A primer.* Thousand Oaks: Pine Forge Press.

Amrhein, V., & Greenland, S. (2017). Remove, rather than redefine, statistical significance. *Nature Human Behavior, 2,* 4.

Banks, G., O'Boyle, E., Pollack, J., White, C., Batchelor, J., Whelpley, C., Abston, K., Bennett, A., & Adkins, C. (2016). Questions about questionable research practices in the field of management: A guest commentary. *Journal of Management, 42,* 5–20.

Benjamin, D., et al. (2018). Redefine statistical significance. *Nature Human Behavior, 2,* 6–10.

Bettis, R. A., Ehtiraj, S., Gambardella, A., Helfat, C., & Mitchell, W. (2016). Creating repeatable cumulative knowledge in strategic management. *Strategic Management Journal, 37*(2), 257–261.

Bortz, J., & Döring, N. (2006). *Forschungsmethoden und Evaluation* (4. Aufl.). Berlin: Springer.

Bosco, F., Aguinis, H., Field, J., Pierce, C., & Dalton, D. (2016). HARKing's threat to organizational research: Evidence from primary and meta-analytic sources. *Personnel Psychology, 69,* 709–750.

Cohen, J. (1988). *Statistical power analysis for the behavioral sciences* (2. Aufl.). New York: Routledge.

Cohen, J. (1994). The earth is round (p <.05). *American Psychologist, 49,* 997–1003.

Cumming, G. (2012). *Understanding the new statistics – Effect sizes, confidence intervals, and meta-analysis.* New York: Routledge.

Davis, F., Bagozzi, R., & Warshaw, P. (1989). User acceptance of computer technology – A comparison of two theoretical models. *Management Science, 35,* 982–1003.

Diamantopoulos, A., & Winklhofer, H. (2001). Index construction with formative indicators: An alternative to scale development. *Journal of Marketing Research, 38,* 269–277.

Diller, H. (2004). Das süße Gift der Kausalanalyse. *Marketing ZFP, 26*(3), 177.
Eisend, M. (2015). Have we progressed marketing knowledge? A meta-meta-analysis of effect sizes in marketing research. *Journal of Marketing, 79,* 23–40.
Ellis, P. D. (2010). *The essential guide to effect sizes: An introduction to statistical power, meta-analysis and the interpretation of research results*. Cambridge: Cambridge University Press.
Fisher, R. A. (1925). *Statistical methods for research workers*. Edinburgh: Oliver and Boyd.
Franke, N. (2002). *Realtheorie des Marketing Gestalt und Erkenntnis*. Tübingen: Mohr Siebeck.
Gujarati, D. N. (2003). *Basic Econometrics*. Boston: McGraw Hil.
Haig, B. (2013). The philosophy of quantitative methods. In T. Little (Hrsg.), *The oxford handbook of quantitative methods* (S. 7–31). Oxford, New York: Oxford University Press.
Hair, J., Black, W., Babin, B., & Anderson, R. (2010). *Multivariate data analysis* (7. Aufl.). Upper Saddle River: Prentice Hall.
Hollenbeck, J., & Wright, P. (2017). Harking, sharking, and tharking: Making the case for post hoc analysis of scientific data. *Journal of Management, 43,* 5–18.
Homburg, C. (2007). Betriebswirtschaftslehre als empirische Wissenschaft – Bestandsaufnahme und Empfehlungen. In E. Gerum & G. Schreyögg (Hrsg.). *Zukunft der Betriebswirtschaftslehre, ZfbF-Sonderheft, 56,* 27–60.
Hunt, S. (2010). *Marketing theory – Foundations, controversy, strategy, resource-advantage theory*. Armonk: Routledge.
Jaccard, J., & Becker, M. (2002). *Statistics for the behavioral sciences* (4. Aufl.). Belmont: Wadsworth.
Kelley, K., & Preacher, K. J. (2012). On effect size. *Psychological Methods, 17,* 137–152.
Kerr, N. (1998). HARKing: Hypothesizing after the results are known. *Personality and Social Psychology Review, 2,* 196–217.
Kruskal, W. (1968). Tests of statistical significance. In D. Sills (Hrsg.), *International encyclopedia of the social sciences* (S. 238–250). New York: Macmillan.
Leung, K. (2011). Presenting post hoc hypotheses as a priori: Ethical and theoretical issues. *Management and Organization Review, 7,* 471–479.
Lipsey, M. W., & Wilson, D. T. (2001). *Practical meta-analysis*. Thousands Oaks: Sage.
Meehl, P. (1967). Theory-testing in psychology and physics: A methodological paradox. *Philosophy of Science, 34,* 103–115.
Nickerson, R. (2000). Null hypothesis significance testing: A review of an old and continuing controversy. *Psychological Methods, 5,* 241–301.
Neuman, W. (2011). *Social research methods – Qualitative and quantitative approaches* (7. Aufl.). Boston: Pearson.
Nunnally, J. (1960). The place of statistics in psychology. *Educational and Psychological Measurement, 20,* 641–650.
Peter, J. (1991). Philosophical tensions in consumer inquiry. In T. Robertson & H. Kassarjian (Hrsg.), *Handbook of consumer behavior* (S. 533–547). Englewood Cliffs: Prentice-Hall.
Ringle, C., Boysen, N., Wende, S., & Will, A. (2006). Messung von Kausalmodellen mit dem Partial-Least-Squares-Verfahren. *Wirtschaftswissenschaftliches Studium, 35,* 81–87.
Romeijn, J. (2017). Philosophy of statistics. *The Stanford Encyclopedia of Philosophy* (Spring 2017 Edition), Edward N. Zalta (ed.).
Sawyer, A., & Peter, J. (1983). The significance of statistical significance tests in marketing research. *Journal of Marketing Research, 20,* 122–133.
Selvin, H., & Stuart, A. (1966). Data-dredging procedures in survey analysis. *The American Statistician, 20*(3), 20–23.
Shugan, S. (2002). Marketing science, models, monopoly models, and why we need them. *Marketing Science, 21,* 223–228.

Trafimow, D., & Marks, M. (2015). Editorial . *Basic And Applied Social Psychology, 37,* 1–2.
Wasserstein, R., & Lazar, N. (2016). The ASA's statement on p-Values: Context, process, and purpose. *The American Statistician, 70,* 129–133.

Weiterführende Literatur

Ellis, P. D. (2010). The essential guide to effect sizes: An introduction to statistical power, meta-analysis and the interpretation of research results. Cambridge: Cambridge University Press.
Hair, J., Black, W., Babin, B., & Anderson, R. (2010). *Multivariate Data Analysis* (7ed.). Upper Saddle River NJ.
Jaccard, J., & Becker, M. (2002). *Statistics for the Behavioral Sciences* (4ed.). Belmont, CA: Wadsworth.

Test von Kausalbeziehungen 8

Zusammenfassung

Die Untersuchung von Kausalbeziehungen ist ein zentrales Anliegen der Wissenschaft. Für das Vorliegen von *Kausalität* ist eine Reihe von typischen Merkmalen und Bedingungen erforderlich. Man unterscheidet unterschiedliche *Arten von Kausalbeziehungen,* insbesondere direkte, indirekte und moderierte Kausalbeziehungen. Die Untersuchung von Kausalbeziehungen erfolgt typischerweise im Rahmen von *Experimenten.* Mit experimentellen Designs ist es möglich, die Bedingungen für das Vorliegen von Kausalität zu erfüllen. Als Gütekriterien für die Bewertung experimenteller Designs gelten die *interne Validität* und *externe Validität.* In bestimmten Situationen, in denen man wesentliche Prinzipien experimenteller Untersuchungen anwendet, ohne allen entsprechenden Anforderungen gerecht werden zu können, spricht man von *Quasi-Experimenten.* Ein weiteres Verfahren zu Untersuchung komplexer Kausalitäten ist die *Qualitative Comparative Analysis.*

8.1 Kennzeichnung und Relevanz von Kausalität

Es ist ein elementares Bedürfnis von Menschen, Dingen „auf den Grund" zu gehen, also die Ursachen z. B. für den Lauf der Gestirne oder die Gründe für ein glückliches Leben oder die Ursachen für wirtschaftliches Wachstum kennen zu lernen. Menschen suchen nach Erklärungen. Godfrey-Smith (2003, S. 194) bringt das auf den Punkt: „Etwas zu erklären bedeutet, die Ursachen dafür zu beschreiben." Deswegen sei hier auch auf die Ausführungen zu wissenschaftlichen Erklärungen im Abschn. 2.3.2 verwiesen. Es verwundert also nicht, dass Fragen der Kausalität, die Suche nach Ursachen und Wirkungen, seit langem viele Menschen – nicht zuletzt in der Wissenschaft – bewegen. Gleichwohl gibt es im wissenschaftstheoretischen und philosophischen Schrifttum unter-

M. Eisend und A. Kuß, *Grundlagen empirischer Forschung,*
https://doi.org/10.1007/978-3-658-32890-0_8

schiedliche Auffassungen und umfassende Diskussionen über Wesen und Kennzeichnung von Kausalität (siehe z. B. Godfrey-Smith 2003, S. 194 ff.).

Im vorangehenden 7. Kap. stand ja der Test von Hypothesen im Mittelpunkt, wobei im wissenschaftlichen Kontext vor allem der Test im Hinblick auf *Beziehungen* zwischen Variablen interessiert. Im vorliegenden Kapitel geht es also um eine besondere Art von Beziehungen, sogenannte **Kausalbeziehungen,** die eine besondere Aussagekraft haben und bei denen (deswegen) auch besondere Anforderungen an die Art der Beziehungen zwischen Variablen gestellt werden. Im ersten Abschnitt geht es zunächst um wesentliche Merkmale von **Kausalität;** anschließend werden Arten von Kausalbeziehungen skizziert. In den weiteren Teilen des Kapitels geht es hauptsächlich um grundlegende Ideen bei der Durchführung von Experimenten, der für die Untersuchung von Kausalzusammenhängen typischen Methode.

Mit der Frage „Was ist Kausalität?" beschäftigt man sich in der philosophischen Literatur seit bald 400 Jahren. Diese Diskussion kann und soll in einem betriebswirtschaftlichen Lehrbuch natürlich nicht nachvollzogen werden. Zusammenfassende Darstellungen bieten u. a. Humphreys (2000), Mumford und Anjum (2013) und Psillos (2002). Auch wer die Einzelheiten dieser Diskussion nicht nachvollziehen kann oder will, wird die Relevanz von Kausalität leicht anhand einiger Beispiele einschätzen können. Durch die folgenden Beispiele aus verschiedenen Bereichen von Wirtschaft, Gesellschaft und Naturwissenschaften/Technik sollte deutlich werden, „dass Kausalität ein mentales Modell ist, das uns hilft, über unsere Umwelt nachzudenken, unsere Gedanken zu ordnen, zukünftige Ereignisse vorherzusagen und sogar künftige Ereignisse zu beeinflussen" (Jaccard und Jacoby 2020, S. 154). Ausgehend von diesen Beispielen (vgl. Mumford und Anjum 2013, S. 1) sollen dann allgemeinere Merkmale von Kausalität charakterisiert werden.

1. **Gesellschaft:** Individuelle Verhaltensweisen und deren Konsequenzen; z. B. gelten nachlässige Erziehungsbemühungen von Eltern als eine mögliche Ursache für schlechte schulische Leistungen von Kindern. Wenn es hier keinen Kausalzusammenhang gäbe, könnte man nicht von (Mit-) Verantwortung der Eltern sprechen.
2. **Recht:** Menschliches Verhalten (z. B. im Straßenverkehr) kann zu physischen oder materiellen Schädigungen bei anderen Personen führen. Ohne eine Kausalbeziehung „Verhalten Schädigung" könnte es keine Feststellung von Schuld oder Ansprüchen geben.
3. **Technik:** Bei Unfällen, technischen Defekten etc. sucht man typischerweise nach den Ursachen (Unfallursachen, Einsturzursachen etc.) dafür, einerseits um die Verantwortlichkeit zu klären und eine Schadensregulierung daraus abzuleiten. Andererseits will man daraus lernen und entsprechende Risiken in Zukunft vermindern oder beseitigen. Dazu bedarf es oftmals der Analyse einer **„Kausalkette",** also der einzelnen Schritte zwischen einer *Ursache* und der letztlich daraus entstandenen *Folge bzw. Wirkung* (siehe Abschn. 8.2). So könnte der Einsturz einer Brücke (in laienhafter Vorstellung) durch folgende Kausalkette zustande gekommen sein: Stahlarmierung

der Betonbrücke schlecht gegen Nässe geschützt → Schnelle Verrostung tragender Teile → Instabilität der Brücke → Einsturz.

4. **Medizin:** In der medizinischen Forschung und Praxis gehört es zu den Selbstverständlichkeiten einer Diagnose, beim Auftreten von Krankheitssymptomen nach den entsprechenden *Ursachen* zu suchen, um eine Therapie zu entwickeln (z. B. erhöhter Blutdruck erhöht das Infarktrisiko).
5. **Gesamtwirtschaft:** Hier findet man in den Medien fast täglich Berichte und Analysen, in denen mehr oder weniger fundiert oder spekulativ nach Ursachen für aktuelle gesamtwirtschaftliche Entwicklungen gesucht wird, z. B. „Wachsende Binnen-Nachfrage *verursacht* konjunkturellen Aufschwung".
6. **Börsen:** Auch hier findet man laufende Berichterstattung in den Medien, deren wesentlicher Bestandteil Vermutungen (bzw. Hypothesen) über *Gründe* für aktuelle Kurs-Entwicklungen sind, z. B. „fallende Zinsen führen zu steigenden Aktienkursen".
7. **Management:** Bei der Leistungsbeurteilung von Manager*innen muss man eine Ursache-Wirkungs-Beziehung zwischen deren Maßnahmen und Entscheidungen auf der einen Seite und den resultierenden Wirkungen hinsichtlich der Ziel-/Erfolgsgrößen unterstellen.
8. **Marketing:** Als Beispiel für (unterstellte) Kausalzusammenhänge sei hier die Realisierung einer Verkaufsförderungsaktion (befristete Preissenkung und Sonderplatzierung im Handel) genannt. Wie könnte jemand den Einsatz von Ressourcen dafür verantworten, wenn er oder sie nicht einen Kausalzusammenhang zu einer kurzfristigen Absatzsteigerung (Kausalkette: Verkaufsförderungsaktion --> Anregung von Kund*innen zu Versuchskäufen, Markenwechsel, Bevorratung --> erhöhter Absatz) unterstellen würde?

Derartige Überlegungen zu Kausalitäten sind uns ganz selbstverständlich geworden. Welches sind nun typische Gemeinsamkeiten solcher (und natürlich auch anderer) Kausalzusammenhänge? Welche Merkmale sind charakteristisch für Kausalbeziehungen und dienen dann (folgerichtig) dazu, bei einer empirischen Untersuchung zu entscheiden, ob ein Kausalzusammenhang vorliegt oder nicht? Der erste Aspekt bezieht sich auf die **gemeinsame Variation von Grund und Effekt.** Man sieht in obigem Beispiel (4), dass vielleicht erhöhter Blutdruck mit einem erhöhten Infarktrisiko verbunden ist, und in Beispiel (8), dass verstärkte Verkaufsförderung mit höheren Verkaufszahlen einhergeht. In gedanklicher Verbindung zum ersten Merkmal steht die Möglichkeit zur **Intervention** bzw. **Manipulation** der (vermuteten) Ursache mit dem Ziel, die gewünschte (und ebenfalls vermutete) Wirkung zu erzielen. So könnte man in Beispiel (1) daran denken, das Verhalten von Eltern durch Schulung oder Kommunikation zu verändern, um dann besseren Schulerfolg der Kinder zu erreichen. Im Beispiel (4) beinhaltet der Begriff der Therapie ja schon den Versuch, Ursachen einer Erkrankung zu beseitigen. Auch für Beispiel (5) findet man in der Steuer- und Subventionspolitik von Regierungen und der Zinspolitik von Notenbanken immer wieder Beispiele. Allerdings gibt es auch Kausalbeziehungen, bei denen solche Interventionen nicht möglich sind

(s. u.). Drittes typisches Merkmal ist die **zeitliche Abfolge** in dem Sinne, dass die Veränderung des (vermuteten) Grundes dem (vermuteten) Effekt vorausgeht. Dabei kann es sich um einen zeitlichen Abstand im Sekundenbereich (z. B. bei einem Verkehrsunfall, der durch menschliches Fehlverhalten *verursacht* wurde; siehe Beispiel (2)) oder in der Größenordnung von Jahren handeln (z. B. bei der langfristigen Schädigung einer Brücke im Beispiel (3)). Viertens geht man von einem **Ausschluss alternativer Erklärungsmöglichkeiten** aus, dessen Sicherstellung ein wesentliches und oftmals komplexes Problem in der empirischen Forschung darstellt. So könnten im Beispiel (1) schlechte schulische Leistungen auch durch Lehrer*innen verursacht sein, im Beispiel (3) könnte die Brücke auch wegen schlechter Qualität des Betons eingestürzt sein und im Beispiel (8) könnten die Verkaufszahlen auch gestiegen sein, weil *allgemein* die Nachfrage im jeweiligen Markt gewachsen ist. Erst wenn man derartige (andere) mögliche Gründe für den beobachteten Effekt ausschließen kann, dann kann dieser Effekt ja nur durch den jeweils einzig verbliebenen Grund verursacht worden sein. Letztlich muss es einen **sinnvollen theoretischen Zusammenhang** zwischen Grund und Effekt geben. Auch wenn man im Beispiel (6) eine Gemeinsamkeit von Schwankungen der Außentemperatur und der DAX-Entwicklung feststellen könnte und eine Temperatursteigerung regelmäßig einer positiven Entwicklung der Kurse vorausginge und auch sonst keine möglichen Ursachen für die Kursschwankungen erkennbar wären, käme wohl kaum jemand auf die Idee, hier einen Kausalzusammenhang zu vermuten. Im vorliegenden Abschnitt sollen diese fünf Aspekte noch etwas genauer beleuchtet werden.

Hintergrundinformation

Karl Popper (2005, S. 84) kennzeichnet seine Sicht der Bedeutung theoretischer Grundlagen für experimentelle Untersuchungen:

„Der Experimentator wird durch den Theoretiker vor ganz bestimmte Fragen gestellt und sucht durch seine Experimente für diese Fragen und nur für sie eine Entscheidung zu erzwingen; alle anderen Fragen bemüht er sich dabei auszuschalten.“

Hinsichtlich eines Aspekts kann man bei den acht skizzierten Beispielen allerdings auch einen wesentlichen Unterschied entdecken. Bei einigen Beispielen bezieht sich der jeweilige Kausalzusammenhang auf bestimmte Einzelfälle, in anderen Beispielen hat man es mit eher allgemein gültigen Zusammenhängen zu tun. So findet man in den obigen Beispielen zur Rechtsprechung (2) typischerweise einzelfallbezogene Feststellungen zu Schuld und Verantwortung, in der Medizin (4) für einzelne Patient*innen erstellte Diagnosen und bei der Einschätzung der Leistungen von Manager*innen (7) individuelle Beurteilungen. Dagegen werden in den Beispielen (3), (6) und (8) Kausalbeziehungen verwendet, die über Einzelfälle hinaus allgemeinere Gültigkeit haben. Nancy Cartwright (2014) unterscheidet in diesem Sinne **singuläre** und **generelle Kausalbeziehungen.** Sicher ist in den auf die Entwicklung und Prüfung von Theorien (siehe Abschn. 2.1) ausgerichteten Wissenschaften das Interesse an generellen Kausalbeziehungen größer. Es sei aber vermerkt, dass in manchen Wissenschaften (z. B. in der Geschichtswissenschaft) die Fokussierung auf wichtige Einzelfälle eine große Rolle spielt (z. B. „Was waren die Ursachen des 1. Weltkrieges?“). Daneben kann die Analyse von Einzelfällen auch in anderen Disziplinen in frühen Stadien der Forschung hilfreich sein (siehe Abschn. 4.3.2). Im vorliegenden Kapitel stehen aber generelle Beziehungen im Mittelpunkt des Interesses, weil ja der Test von Kausalhypothesen (typischerweise durch Experimente, siehe Abschn. 8.3) auf generelle Kausalbeziehungen ausgerichtet ist.

Nun zum *ersten* Merkmal von Kausalbeziehungen, der **gemeinsamen Variation von Grund und Effekt.** Kausalbeziehungen kann man am ehesten beobachten, wenn Grund und Effekt gemeinsam variieren. Wenn man beispielsweise mehrfach beobachtet, dass Zinsen sinken und anschließend jeweils Wirtschaftswachstum eintritt, dann spricht das für einen entsprechenden (Kausal-)Zusammenhang. Wenn Zinsen und Wirtschaftswachstum konstant bleiben, dann wird kein Anhaltspunkt für einen Zusammenhang sichtbar. Wenn sich das Wachstum bei konstant bleibenden Zinsen verändert, dann spricht das eher gegen einen Zusammenhang. Eine Veränderung des Grundes führt also bei Kausalzusammenhängen zu einer Veränderung bzw. zu einem Unterschied beim Effekt (Psillos 2002, S. 6).

Wie kann man sich nun den Zusammenhang zwischen Grund und Effekt vorstellen? In Naturwissenschaften und Technik hat man es häufig mit deterministischen Beziehungen zu tun, d. h. der Effekt tritt immer (unter allen Bedingungen wie Ort, Situation, Zeitpunkt etc.) nach Auftreten des Grundes – häufig in exakt bestimmbarer Weise – ein; z. B. sinkt bei verringerter Temperatur der Widerstand eines Elektrokabels. Solche Art von Zusammenhängen findet man in den Sozialwissenschaften (einschl. der Betriebswirtschaftslehre) kaum. Hier sind eher Aussagen über Wahrscheinlichkeiten bzw. (bei hinreichend großer Fallzahl) Aussagen über (relative) Häufigkeiten oder Korrelationen typisch. Nancy Cartwright (2014, S. 312) fasst die grundlegende Idee einfach und klar zusammen: „Wenn ein ‚Grund‘ gegeben ist, dann sollte der ‚Effekt‘ stärker ausgeprägt sein als wenn er nicht gegeben ist. Das ist die Grundidee der Wahrscheinlichkeitstheorie der Kausalität“.

Diese Art der Feststellung von Zusammenhängen zwischen Grund und Effekt unterscheidet sich kaum von der Analyse von Beziehungen zwischen Variablen, die im Zusammenhang mit Hypothesentests im 7. Kap. erörtert wurden. Dem entsprechend ist den vorstehenden Ausführungen schon zu entnehmen, dass bei einem Kausalzusammenhang weitere Anforderungen (s. u.) erfüllt sein müssen. Gemeinsame Variation von Grund und Effekt ist also nur eine notwendige, keineswegs hinreichende Bedingung für einen Kausalzusammenhang. Dem entsprechend gilt der allgemein bekannte Grundsatz: **„Korrelation ≠ Kausalität“.** Im Hinblick auf Kausalität kann man aber bei nicht vorhandener Korrelation immerhin feststellen, dass dann auch kein Kausalzusammenhang vorliegen kann.

Der *zweite* Gesichtspunkt, die Möglichkeit zur **Intervention/Manipulation,** hat wichtige praktische und methodische Konsequenzen. Einerseits geht es um die Nutzung des Wissens um Kausalzusammenhänge für Gestaltungsaufgaben, z. B. in den eingangs dieses Abschnitts genannten Beispielen (3) Maßnahmen beim Bau einer Brücke, (4) Festlegung einer Therapie, (5) wirtschaftspolitische Intervention oder (8) Realisierung einer Verkaufsförderungsmaßnahme. Kausalbeziehungen sind also gewissermaßen „Rezepte“: Wenn man eine Kausalbeziehung kennt, dann kann man Ursachen so gestalten, dass man bestimmte Wirkungen erzielt bzw. verhindert (Psillos 2002, S. 6). Bei empirischen Untersuchungen zur Kausalität – in der Regel mit Experimenten – gehört die Manipulation von unabhängigen Variablen und die Beobachtung, ob sich die abhängigen Variablen in der erwarteten Weise verändern, zur „klassischen" Vorgehensweise (siehe Abschn. 8.3). Es gibt aber durchaus Kausalzusammenhänge, bei denen diese Art der Untersuchung nicht möglich ist. Beispielsweise können Historiker*innen zwar nach den Ursachen für ein bestimmtes Ereignis fragen, haben aber keine Möglichkeit zum Test ihrer Vermutungen mit Hilfe von Manipulationen; ähnliches gilt wohl auch für Astronom*innen. In den Sozialwissenschaften hat man es auch teilweise mit Situationen zu tun, in denen die Manipulation einer unabhängigen Variablen nicht möglich (zu großer Aufwand, hohes Risiko) oder ethisch nicht akzeptabel (z. B. wegen psychischer oder physischer Schädigung von Versuchspersonen) ist. In solchen Fällen versucht man oftmals, mit sogenannten Quasi-Experimenten (siehe Abschn. 8.3.3) zu vergleichbaren Ergebnissen zu kommen.

Hintergrundinformation

An dieser Stelle soll noch auf eine interessante Beziehung zu einem im Abschn. 3.2 angesprochenen grundlegenden Aspekt verschiedener wissenschaftstheoretischer Grundpositionen hingewiesen werden. Dort ging es um die Position des Realismus auf der einen und des Konstruktivismus auf der anderen Seite. Wenn man (in konstruktivistischer Sicht) nicht davon ausgeht, dass eine Realität existiert, die von Wahrnehmungen und Interpretationen des*der Betrachter*in unabhängig ist, dann hat die Durchführung von Experimenten kaum Sinn. Unter dieser Voraussetzung könnte die Manipulation realer Phänomene kaum Einfluss auf Konzepte und Theorien haben, die nur in den Köpfen von Wissenschaftler*innen existieren und mit der Realität wenig zu tun haben. Ian Hacking (1996, S. 432 ff.) hat darauf aufmerksam gemacht, dass die Manipulation von möglichen Ursachen und die Beobachtung der Wirkungen eben voraussetzt, dass die entsprechenden Gegenstände in der Realität existieren. „Wenn man eine Entität tätig beeinflusst, um an etwas anderem zu experimentieren, muss man an die Existenz jener Entität glauben" (Hacking 1996, S. 432).

Theodore Arabatzis (2008, S. 164) erläutert den Konflikt zwischen einer wissenschaftstheoretischen Position des Konstruktivismus und einer experimentellen Vorgehensweise:

„Der frühen und radikalsten Position des sozialen Konstruktivismus entsprechend sind die Einflüsse der Realität auf die Ergebnisse wissenschaftlicher Tätigkeit minimal. Daten werden ausgewählt oder sogar produziert in einem Prozess, der die sozialen Interaktionen in der relevanten wissenschaftlichen Gemeinschaft widerspiegelt. Deswegen sollte man nicht auf die reale Welt verweisen, um die Entstehung und Akzeptanz wissenschaftlicher Erkenntnis zu erklären."

Als *drittes* Merkmal für Kausalität war die zeitliche Abfolge **„Grund vor Effekt"** genannt worden. Die Einschätzung, welche Variable bei einer Kausalbeziehung der „Grund" ist und welche der Effekt, ist natürlich in der Regel durch substanzwissenschaftliche Überlegungen zu beantworten. Gleichwohl ist die Antwort nicht immer eindeutig. So könnte man sich vorstellen, dass bei einer positiven Korrelation zwischen Werbe-Aufwand und Profitabilität von Geschäftsfeldern sowohl der Werbe-Aufwand die Profitabilität beeinflusst als auch die Profitabilität (über die verfügbaren finanziellen Mittel) den Werbe-Aufwand. Hier kann die Analyse der zeitlichen Abfolge Aufschluss bringen. Grundsätzlich geht man davon aus, dass die vermutete Ursache vor der Wirkung auftritt. Wenn man also im Beispiel beobachtet hat, dass regelmäßig erst der Werbe-Aufwand stieg und später die Profitabilität, dann spricht das eben für eine Kausalbeziehung „Werbe-Aufwand Profitabilität". Das gilt auch für Fälle, in denen bestimmte erwartete Ereignisse (z. B. Änderungen von Steuern, Preisentwicklungen) antizipiert werden und darauf reagiert wird, weil in solchen Fällen die Reaktionen nicht durch diese (oftmals recht unbestimmten) zukünftigen Ereignisse, sondern durch die vorher existierenden Vermutungen darüber verursacht sind.

Die zentrale Idee beim *vierten* Merkmal **„Ausschluss alternativer Erklärungsmöglichkeiten"** ist recht plausibel: Wenn man eine bestimmte Ursache für einen Effekt vermutet und in der Lage ist, alle anderen möglichen Ursachen als Erklärung auszuschließen, dann bleibt ja nur noch die zuvor vermutete Ursache zur Erklärung üblich. Alternative Erklärungsmöglichkeiten können sowohl substanzwissenschaftlicher als auch methodischer Art sein. So könnten Gründe für eine gemessene Einstellungsänderung bei Konsument*innen vielleicht beim Einfluss von Kommunikation, bei einem Wertewandel oder bei neuen Erfahrungen liegen. Die gemessene Einstellungsänderung könnte aber auch auf einen (systematischen oder zufälligen) Messfehler zurückzuführen sein. Man wird in der Forschungspraxis sicher nicht alle denkbaren alternativen Erklärungsmöglichkeiten für ein Ergebnis ausschließen können. Aber das Untersuchungsdesign sollte so angelegt sein, dass zumindest die wichtigsten (einschließlich der methodisch begründeten) keine Rolle spielen können. In diesem Zusammenhang spielt in solchen Untersuchungsdesigns die Konstanthaltung von Einflussvariablen und vor allem die Verwendung von Versuchs- und Kontrollgruppen eine wesentliche Rolle (siehe Abschn. 8.3). Durch die Verwendung von Versuchs- (mit Wirkung des vermuteten „Grundes") und Kontrollgruppen (ohne Wirkung des vermuteten „Grundes") und die Interpretation der Ergebnisse im Vergleich beider Gruppen erreicht man, dass andere Einflussvariablen in beiden Gruppen in gleicher Weise wirken und die Differenz zwischen den Gruppen-Ergebnissen auf die Wirkung des „Grundes" zurückgeführt werden kann. Voraussetzung dafür ist allerdings, dass zwischen den beiden Gruppen keine systematischen Unterschiede existieren, was man meist durch Randomisierung der Gruppenzuordnung erreicht.

Eine Art von Kausalbeziehungen in Form der so genannten **„INUS-Bedingung"** berücksichtigt explizit die Möglichkeit, dass mehrere Ursachen und bestimmte Bedingungen für eine Wirkung gegeben sein können. Das dürfte vielen betriebswirtschaftlichen Fragestellungen eher entsprechen als eine simple Beziehung von nur je einer möglichen Ursache und Wirkung. „INUS" ist eine Abkürzung für ***I***nsufficient (nicht hinreichend) – ***N***ecessary (notwendig) – ***U***nnecessary (nicht notwendig) – ***S***ufficient (hinreichend) (siehe z. B. Bagozzi 1980, S. 16 ff.; Psillos 2002, S. 87 ff.). Was ist mit dieser (zunächst etwas kryptisch wirkenden) Bezeichnung gemeint? „Eine Ursache kann angesehen werden als ein nicht hinreichender, aber notwendiger Teil von Bedingungen, die selbst nicht notwendig, aber hinreichend für das Ergebnis sind" (Bagozzi 1980, S. 17). Da die zentrale Idee damit vielleicht immer noch nicht ganz leicht verständlich ist, hier ein Beispiel zu einer Kausalbeziehung „Werbebotschaften verändern Einstellungen":

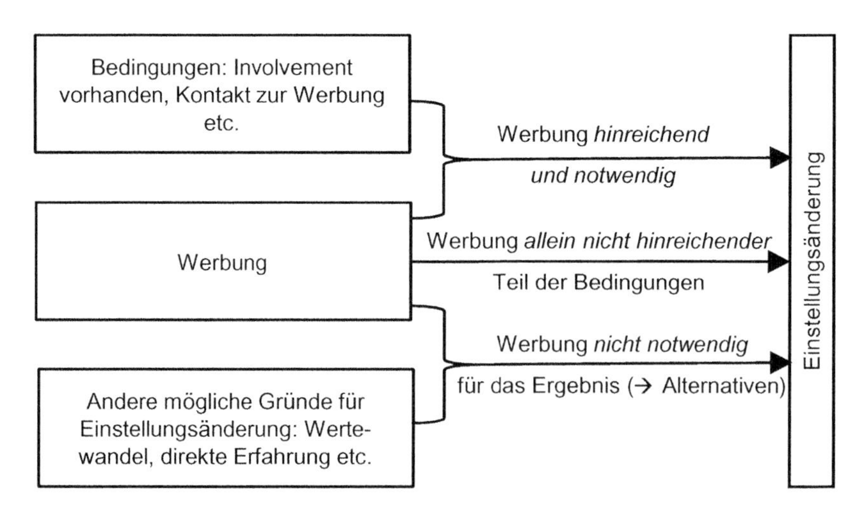

Abb. 8.1 Beispiel zu INUS-Bedingungen

- *„nicht notwendig für das Ergebnis":* Einstellungsänderungen können auch anders zustande kommen (z. B. durch direkte Erfahrungen), Werbung ist also *nicht notwendig* für Einstellungsänderungen.
- *„nicht hinreichender Teil der Bedingungen":* Werbebotschaften allein verändern noch keine Einstellungen (sind also *nicht hinreichend*), sondern nur unter den Bedingungen, dass sie den*die Empfänger*in auch erreichen, dass hinreichend hohes Involvement gegeben ist usw.
- *„hinreichend für das Ergebnis":* Wenn die Bedingungen (s. o.) eingehalten sind, dann entsteht die Einstellungsänderung als Wirkung der Werbung; die Werbung wäre also unter diesen Bedingungen *hinreichend.*
- *„notwendiger Teil von Bedingungen":* Wenn die Werbebotschaft gar nicht vorhanden wäre, dann würden sich unter den gegebenen Bedingungen die Einstellungen nicht ändern, die Werbung wäre also in diesem Kontext *notwendig* für die Einstellungsänderung.

In Abb. 8.1 wird das vorstehend skizzierte Beispiel einer INUS Bedingung grafisch verdeutlicht.

Beispiel

Ein weiteres Beispiel von Psillos (2004, S. 277) möge die etwas komplizierte INUS-Bedingung zusätzlich illustrieren:

„Wenn man sagt, dass Kurzschlüsse Hausbrände verursachen, dann meint man, dass der Kurzschluss eine INUS-Bedingung für Hausbrände ist. Er ist nicht hinreichend, weil er das Feuer nicht allein verursachen kann (andere Bedingungen wie

Sauerstoff, entflammbares Material etc. müssen gegeben sein). Der Kurzschluss ist nichtsdestoweniger ein notwendiger Teil, weil ohne ihn der Rest der Bedingungen nicht hinreichend für das Feuer wäre. Er ist nur ein Teil, nicht das Ganze einer hinreichenden Bedingung (zu der auch Sauerstoff, Vorhandensein entflammbaren Materials etc. gehören), aber die ganze hinreichende Bedingung ist nicht notwendig, weil auch andere Kombinationen von Bedingungen, z. B. ein*e Brandstifter*in mit Benzin, ein Feuer verursachen können." ◀

Nach diesem kleinen gedanklichen „Ausflug" nun zurück zu den Merkmalen von Kausalzusammenhängen, hier dem *fünften* Merkmal, dass der Zusammenhang **sinnvoll theoretisch fundiert** sein muss. Schon das Wort „kausal" legt ja nahe, dass es hier nicht um irgendwelche mehr oder weniger zufälligen Zusammenhänge gehen kann, sondern um systematische und wohlbegründete Beziehungen zwischen Variablen. In den Sozialwissenschaften ist es deshalb verbreitet, dazu eine „Kausalkette" zu entwickeln, mit der schrittweise die Beziehung zwischen Grund und Effekt dargelegt und begründet wird (Cartwright 2014). So könnte eine solche Kausalkette beim schon angesprochenen Zusammenhang zwischen Werbung und Einstellungsänderung (vereinfacht) etwa folgendermaßen aussehen: Werbung erscheint im Fernsehen Konsument*in schaut zu und nimmt die Botschaft auf Botschaft zeigt kognitive und/oder emotionale Wirkungen Veränderung bisheriger Einschätzungen und Bewertungen Einstellungsänderung. Ein gedankliches und empirisches Mittel, um solche Kausalketten zu analysieren, sind so genannte „Mediatoren", auf die im folgenden Abschn. 8.2 eingegangen wird.

Im Hinblick auf die Forderung nach theoretischer Begründung eines Kausalzusammenhanges ist allerdings zu bedenken, dass dadurch das Problem der *Theoriebeladenheit* (siehe Abschn. 3.3.) verschärft werden könnte (Arabatzis 2008). Entsprechende empirische Untersuchungen (Experimente) sind ja typischerweise auf *vorher* theoretisch begründete Hypothesen ausgerichtet und entsprechend gestaltet. Damit verbunden kann natürlich auch die Wahrnehmung und Interpretation von Ergebnissen durch die Forschenden sein, die ja in den meisten Fällen auch „Anhänger*innen" der jeweiligen Theorie sind und oft versuchen, diese zu bestätigen. Peter (1991) verweist auch darauf, dass in der Forschungspraxis (gelegentlich? häufig?) ein Untersuchungsdesign so lange Pretests und Veränderungen unterzogen wird, bis sich das angestrebte Ergebnis einstellt (siehe Abschn. 10.2.2).

Hintergrundinformation

David de Vaus (2001, S. 36) erläutert, warum eine theoretische Begründung für die Annahme einer Kausalbeziehung wesentlich ist:

„Die Behauptung von Kausalität muss sinnvoll sein. Wir sollten in der Lage sein, zu erläutern, wie X Einfluss auf Y ausübt, wenn wir auf eine Kausalbeziehung zwischen X und Y schließen wollen. Selbst wenn wir empirisch nicht zeigen können, wie X Einfluss auf Y hat, müssen wir eine plausible Erläuterung für den Zusammenhang geben können (plausibel im Sinne von anderer Forschung, aktueller Theorie etc.)."

Von den fünf in diesem Abschnitt diskutierten Merkmalen einer Kausalbeziehung, die für die Gestaltung experimenteller Untersuchungen maßgeblich sind (siehe Abschn. 8.3.1), betrifft nur eines, die gemeinsame Variation von Grund und Effekt, direkt die Methoden statistischer Analyse, weil es hier um die Feststellung von (signifikanten) Unterschieden und Veränderungen geht. Die zuletzt angesprochene Forderung nach einer theoretischen Grundlage liegt natürlich außerhalb des methodischen Bereichs. Die drei anderen Merkmale (Manipulation, zeitliche Abfolge Grund vor Effekt, Ausschluss alternativer Erklärungsmöglichkeiten) betreffen in erster Linie das Untersuchungsdesign. „Die Möglichkeit, einen Kausalzusammenhang zwischen zwei Variablen festzustellen, hängt vom jeweiligen Untersuchungsdesign ab, nicht von den statistischen Methoden, die zur Analyse der erhobenen Daten verwendet werden" (Jaccard und Becker 2002, S. 248). Empirische Methoden zur Überprüfung von Kausalbeziehungen sind typischerweise Experimente, denn bei Experimenten findet sich eine enge Korrespondenz zwischen den vorstehend umrissenen fünf Kriterien für eine Kausalbeziehung und den zentralen Elementen experimenteller Designs (siehe Abschn. 8.3).

8.2 Arten von Kausalbeziehungen

Die Überprüfung von Kausalhypothesen stellt besonders hohe Anforderungen an die methodische Vorgehensweise. Sie führen aber in Wissenschaft und Praxis zu besonders gehaltvollen Aussagen. Wenn ein*e Wissenschaftler*in z. B. festgestellt hat, dass eine bestimmte Kombination psychischer Merkmale die Ursache für ein bestimmtes Arbeitsverhalten ist, dann ist er*sie dem Ziel (zumindest in der Sichtweise des wissenschaftlichen Realismus), Realität zu verstehen und erklären zu können, ein gutes Stück nähergekommen. Wenn ein*e Produktmanager*in feststellt, dass bestimmte Qualitätsmängel die Ursache für sinkende Marktanteile eines Produkts sind, dann hat er*sie einen entscheidenden Ansatzpunkt gefunden, um das Problem sinkender Marktanteile zu lösen.

In Abb. 8.2 findet sich ein Überblick über unterschiedliche Arten von Beziehungen zwischen Variablen, die Kausalbeziehungen abbilden bzw. als solche fälschlicherweise interpretiert werden. Im Teil a sieht man eine einfache, direkte Kausalbeziehung, beispielsweise die Wirkung der Teilnahme an einer Weiterbildungsmaßnahme (Ursache) auf die Arbeitsleistung. Teil b zeigt eine indirekte Kausalbeziehung mit einer Mediatorvariablen (zur Erklärung siehe unten). Im Teil c erkennt man eine „moderierte" Kausalbeziehung, bei der die Wirkung von X auf Y durch eine dritte Variable V beeinflusst wird (zur Erklärung siehe unten). Letztlich zeigt Abbildungsteil d eine Beziehung, die eben keine Kausalbeziehung zwischen X und Y darstellt, weil eine gemeinsame Variation von X und Y durch eine dritte Variable W verursacht wird. Beispielsweise könnte die gemeinsame Variation von „Einkommen" und „Nutzung von Printmedien" durch eine dritte Variable „Bildung" beeinflusst sein. Hier ergibt sich die Gefahr, dass die Beziehung zwischen X und Y fälschlicherweise als Kausalbeziehung interpretiert werden könnte.

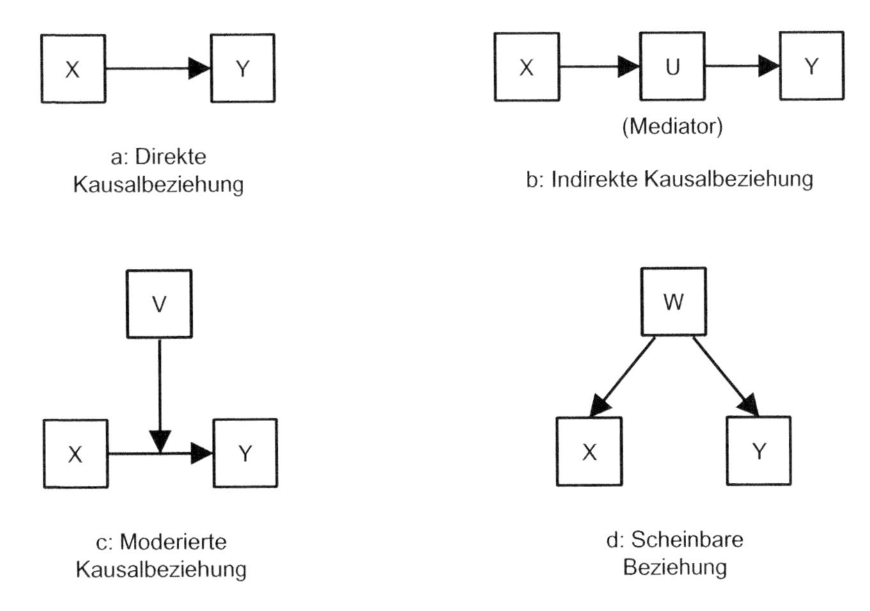

Abb. 8.2 Arten von (Kausal-)Beziehungen zwischen Variablen

Bei der moderierten Kausalbeziehung wird der Effekt einer unabhängigen Variablen auf eine abhängige Variable durch eine zweite unabhängige Variable, dem **Moderator,** moderiert. Der Einfluss der unabhängigen auf die abhängige Variable fällt also stärker oder schwächer aus bzw. kann die Richtung des Einflusses auch umkehren, je nach Wirkungsweise des Moderators. „Ein Moderator ist eine qualitative oder quantitative Variable, die die Richtung und/oder Stärke einer Beziehung zwischen einer unabhängigen und einer abhängigen Variablen beeinflusst" (Baron und Kenny 1986, S. 1174). Als Beispiel könnte man sich den oben genannten Zusammenhang zwischen Weiterbildungsmaßnahme (X) und Arbeitsleistung (Y) vorstellen, die durch die Motivation zur Weiterbildung moderiert wird: je mehr ein*e Arbeitnehmer*in motiviert ist, an einer Weiterbildungsmaßnahme teilzunehmen, desto stärker dürfte der Einfluss der Weiterbildungsmaßnahme auf den zukünftigen Arbeitserfolg sein.

Von Moderatoren abzugrenzen sind sogenannte **Mediatoren.** Diese bezeichnen indirekte Beziehungen zwischen Variablen. In der Abb. 8.3 ist ein entsprechendes Beispiel dargestellt, in dem man erkennt, dass die positive Wirkung des Anteils von Frauen im Vorstand eines Unternehmens auf die Reputation eines Unternehmens auch so betrachtet werden kann, dass ein indirekter Zusammenhang existiert, weil die Wirkung „über" die Variable (wahrgenommene) soziale Verantwortlichkeit des Unternehmens erfolgt. Eine direkte Beziehung in der einen Betrachtungsweise (bzw. Theorie) kann also durchaus eine indirekte Beziehung in einer anderen Betrachtungsweise (bzw. Theorie) sein.

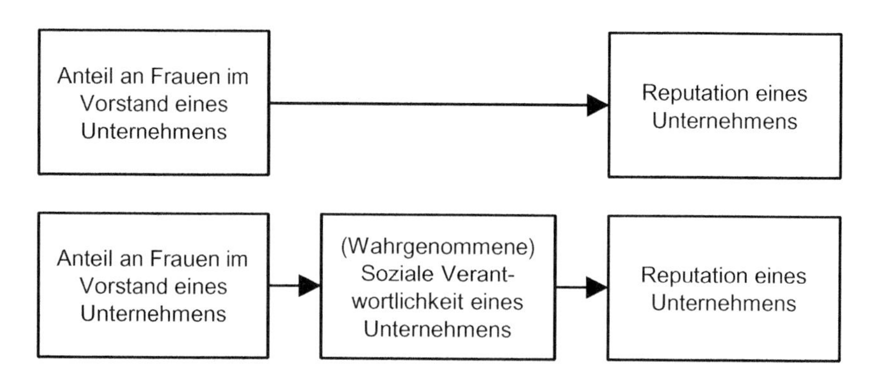

Abb. 8.3 Beispiel für einen Mediator bei einer indirekten Kausalbeziehung

8.3 Experimentelle Untersuchungen

8.3.1 Wesen und Anlage von Experimenten

Wegen der im Abschn. 8.1. erläuterten fünf Anforderungen an die Feststellung von Kausalzusammenhängen ist dafür ein bestimmtes Untersuchungsdesign typisch, das Experiment. Im Wesentlichen versteht man unter einem **Experiment** eine Vorgehensweise, bei der eine oder mehrere unabhängige Variablen derart *manipuliert* werden, dass die entsprechenden Auswirkungen auf eine abhängige Variable beobachtet werden können. Es geht also darum festzustellen, ob eine bestimmte (unabhängige) Variable tatsächlich der Grund (die Ursache) für eine *Veränderung* einer anderen (abhängigen) Variablen (Wirkung) ist.

Typisch für Experimente ist die gewissermaßen *isolierte* Betrachtung der interessierenden Variablen. Man will hier nicht eine Vielzahl von z. B. auf eine Entscheidung einwirkenden Faktoren und deren Interaktionen betrachten, sondern fokussiert die Untersuchung beispielsweise nur auf den Einfluss eines bestimmten Anreizes auf die Motivation von Mitarbeiter*innen. Deswegen findet man bei experimentellen Untersuchungen häufig eine gewisse Künstlichkeit der Untersuchungssituation, die durch Konstanthaltung bzw. Ausschluss von anderen Einflussfaktoren („Ausschluss alternativer Erklärungsmöglichkeiten") begründet ist. Vor diesem Hintergrund ist es auch leicht nachvollziehbar, dass man heute in wissenschaftlichen Publikationen, in denen Experimente zur Anwendung kommen, oftmals die Ergebnisse mehrerer einzelner Studien findet. Es werden dabei jeweils einzelne Aspekte isoliert betrachtet und die Ergebnisse zu einer umfassenderen Untersuchung eines Themas zusammengefasst.

Beispiel

Alan Chalmers (2013, S. 26) illustriert das für Experimente typische Bestreben der isolierten Betrachtung der relevanten Variablen an einem einfachen Beispiel:

„Viele Arten von Prozessen wirken in unserer Umwelt gleichzeitig und sie überlagern und beeinflussen sich wechselseitig in komplizierter Weise. Ein herabfallendes Blatt ist gleichzeitig der Schwerkraft, dem Luftwiderstand, der Kraft des Windes und ein wenig einem Verrottungsprozess ausgesetzt. Es ist nicht möglich, diese verschiedenen Prozesse zu verstehen, wenn man die typischen Abläufe in natürlicher Umgebung sorgfältig beobachtet. Die Beobachtung fallender Blätter führt nicht zu Galileos Fallgesetzen. Die Lehre, die daraus zu ziehen ist, ist ziemlich klar. Um Daten zu erhalten, die für die Identifizierung und Beschreibung der verschiedenen in der Natur ablaufenden Prozesse relevant sind, ist es im Allgemeinen notwendig zu intervenieren, um den untersuchten Prozess zu isolieren und die Wirkungen anderer Prozesse zu eliminieren. Kurz gesagt: Es ist notwendig, Experimente durchzuführen." ◄

Die zentralen Schlussweisen bei experimentellen Untersuchungen lassen sich am Musterbeispiel für ein „klassisches" experimentelles Design von de Vaus (2001, S. 48 f.) erläutern. Dieses Design ist durch folgende Merkmale gekennzeichnet:

- Eine Vormessung (--> Reihenfolge von Grund und Effekt)
- Zwei Gruppen: Versuchsgruppe und Kontrollgruppe (--> Ausschluss alternativer Erklärungsmöglichkeiten)
- Zufällige Zuordnung der Versuchspersonen zu den beiden Gruppen (--> Ausschluss alternativer Erklärungsmöglichkeiten)
- Eine „Intervention" („Manipulation")
- Eine Nachmessung (--> Reihenfolge von Grund und Effekt)

Ein solches Design wird durch die Tab. 8.1 illustriert. Man erkennt darin die Messzeitpunkte, die Aufteilung auf Gruppen und die Intervention. In beiden Gruppen erfolgt eine Vormessung bezüglich der Einstellung zu einer Marke, dann werden nur die Personen in der Versuchsgruppe mit Werbung für die Marke konfrontiert (Intervention oder Manipulation) und abschließend wird wieder die Einstellung zur Marke gemessen. Die Manipulation in diesem Beispiel lässt sich leicht durchführen, indem die Experimentalgruppe, aber nicht die Kontrollgruppe, mit Werbung konfrontiert wird. Manipulationen können vielfältig sein und unter anderem mentale Zustände, Emotionen oder Motivationen betreffen. Beispielsweise kann man unterschiedliche Motivationen in

Tab. 8.1 Beispiel zum „klassischen" experimentellen Design. (Nach de Vaus 2001, S. 49)

Zuordnung zu Gruppen: Per Zufall (Random)	Vor-Messung Zeitpunkt t1	Intervention (Manipulation der unabhängigen Variablen) Zeitpunkt t2	Nach-Messung Zeitpunkt t3
Versuchsgruppe	Einstellung zur Marke t1	*Kontakt* zur Werbung	Einstellung zur Marke t3
Kontrollgruppe	Einstellung zur Marke t1	*Kein Kontakt* zur Werbung	Einstellung zur Marke t3

Experimental- und Kontrollgruppe durch Anreize (z. B. in Aussicht gestellte Belohnung) schaffen. Mit **Manipulation Checks** überprüft man, ob die Manipulation auch gelungen ist (z. B. ob sich die Motivation von Experimental- und Kontrollgruppe tatsächlich unterscheidet). In dem Beispiel in Tab. 8.1 wird die Messung der Einstellung verbal durchgeführt. Alternativ kann eine Messung auch durch Beobachtung stattfinden. Wenn (nur) in der Versuchsgruppe eine deutliche Einstellungsänderung gemessen wird, dann würde man diese als verursacht durch den Kontakt zur Werbung ansehen. Sind bei einer solchen Schlussweise die oben skizzierten Bedingungen für einen Kausalzusammenhang gegeben?

Die Erfüllung der Bedingungen für eine Kausalbeziehung im genannten Beispiel ist erfüllt, sofern sich in einer empirischen Untersuchung entsprechende Messwerte ergeben. Das lässt sich folgendermaßen zeigen:

- *Gemeinsame Variation von Grund* (im Beispiel Kontakt zur Werbung) *und Effekt* (im Beispiel Einstellung zur Marke zum Zeitpunkt t3): Diese Voraussetzung ist eindeutig erfüllt, da ja die Intervention in Form des Kontakts zur Werbung nur in der Versuchsgruppe erfolgt. Der Kontakt zur Werbung variiert also zwischen den Gruppen und es kann gemessen werden, ob die abhängige Variable Einstellung zwischen den Gruppen entsprechend variiert.
- Eine *Intervention/Manipulation* zum Zeitpunkt t2 ist Bestandteil des experimentellen Designs.
- *Veränderung des Grundes* (im Beispiel: Kontakt zur Werbung) ***vor*** *Veränderung des Effekts* (im Beispiel: Einstellungsänderung): Auch die Einhaltung dieser Voraussetzung ist durch das experimentelle Design, mit dem ja die Zeitpunkte von Intervention und Nachmessung festgelegt sind, gewährleistet.
- *Ausschluss alternativer Erklärungsmöglichkeiten:* In realen Untersuchungen lassen sich wohl kaum sämtliche denkbaren alternativen Erklärungsmöglichkeiten ausschließen. Hier liegt sicher eine Schwachstelle von Experimenten. Man konzentriert sich deshalb auf besonders wichtige oder besonders häufig auftretende Aspekte einer Untersuchung. Zentrale Bedeutung hat dabei die Verwendung von (vergleichbaren!) **Versuchs- und Kontrollgruppen.** Da sich diese Gruppen im Idealfall bis auf den Einsatz der Intervention nicht unterscheiden (z. B. im Hinblick auf soziodemografische oder psychische Merkmale, bisherige Erfahrungen und Einstellungen) können unterschiedliche Ergebnisse bei der Nachmessung nur auf den „Grund" in Form der Intervention zurückgeführt werden. In den meisten Fällen geschieht die Zuordnung von Versuchspersonen zu Versuchs- und Kontrollgruppen nach dem Zufallsprinzip **(Randomisierung),** wodurch größere Unterschiede zwischen beiden Gruppen wenig wahrscheinlich sind. Im verwendeten Beispiel ist durch die zufällige Zuordnung der Personen zu Versuchs- und Kontrollgruppe (weitgehend) ausgeschlossen worden, dass sich diese Gruppen systematisch voneinander unterscheiden, was ja eine alternative Erklärung für Unterschiede bei der Nachmessung sein könnte. Aus diesem Grund wird in der Wissenschaft auch gerne mit

Studierenden als Proband*innen bei Experimenten gearbeitet, denn diese Gruppe gilt als weitgehend homogen im Hinblick auf viele demografische (z. B. Alter, Bildung, Einkommen) als auch psychografische (z. B. Offenheit für Innovationen) Merkmale, wodurch die Gefahr systematischer Unterschiede weiter reduziert wird. Wie in Abschn. 6.4 beschrieben, können Experimente mit Studierenden problematisch sein, wenn eine Generalisierung angestrebt wird, aber die Ergebnisse systematisch unterschiedlich von Ergebnissen in der Grundgesamtheit sind, beispielsweise, weil Studierende generell eine positivere Einstellung zu Werbung haben. Dann kann es in dem genannten Beispiel zu einem Effekt kommen, der in der Grundgesamtheit gar nicht auftritt oder schwächer ist. Aufgrund von Randomisierung ist auch keine Vormessung nötig, denn man kann ja davon ausgehen, dass die Einstellung zur Marke zum Zeitpunkt t_1 zufällig über beide Gruppen verteilt ist und daher im Schnitt in Experimental- und Kontrollgruppe in etwa gleich sein sollte. In der Regel konzentriert man sich bei der Interpretation der Untersuchungsergebnisse auf statistisch signifikante Unterschiede zwischen den Gruppen und schließt damit (wieder nur weitgehend) aus, dass zufällige (kleine) Gruppenunterschiede im Hinblick auf die Untersuchungshypothese interpretiert werden. Randomisierung als zufällige *Zuordnung* von Personen zu Experimental- oder Kontrollgruppe ist von der zufälligen *Auswahl* von Versuchspersonen (Zufallsauswahl) zu unterscheiden. Diese dient bei Experimenten dazu, externe Validität zu erreichen (Abschn. 8.3.2). Die oben schon erwähnten „alternativen Erklärungsmöglichkeiten", die durch die methodische Vorgehensweise bei einem Experiment begründet sind, werden im folgenden Abschn. 8.3.2 unter dem Stichwort „interne Validität" diskutiert. Die häufig recht komplexe Gestaltung von experimentellen Designs ist typischerweise auf den Ausschluss von mehreren alternativen Erklärungsmöglichkeiten gerichtet. Dazu sei hier auf die umfangreiche Spezial-Literatur verwiesen (z. B. Shadish et al. 2002; Koschate-Fischer und Schandelmeier 2014; Geuens und De Pelsmacker 2017; Spilski et al. 2018).

- *Theoretische Begründung des Zusammenhangs:* Die Frage, ob eine angemessene theoretische Begründung für einen untersuchten Zusammenhang vorliegt, kann natürlich durch die empirische Methodik nicht beantwortet werden, sondern nur durch eine substanzwissenschaftliche Betrachtung. Allerdings zwingt die Entwicklung eines experimentellen Designs dazu, gezielte Überlegungen hinsichtlich der Wirkungsweise von unabhängigen und abhängigen Variablen (also entsprechende theoretische Überlegungen) anzustellen. Im hier verwendeten Beispiel (Werbung --> Einstellungsänderung) ist die theoretische Begründung leicht nachvollziehbar.

Die Anwendungen experimenteller Designs sind in der Regel viel komplexer als in dem dargestellten Beispiel. Oftmals werden zwei oder drei unabhängige Variablen gleichzeitig untersucht einschließlich deren Interaktionen und es werden vielfältige Anstrengungen unternommen um die Anforderungen der Kausalität zu erfüllen. Experimente sind in der Medizin oder Psychologie seit langem weit verbreitete und anerkannte

Methoden. Entsprechend werden sie auch in Psychologie-nahen Bereichen der betriebswirtschaftlichen Forschung (v. a. Konsument*innenforschung) häufig eingesetzt. Seit einiger Zeit werden Experimente auch in der Ökonomie angewandt. Die sogenannte **experimentelle Ökonomik** ist eine Teildisziplin der Wirtschaftswissenschaften, die sich mit der experimentellen Bewertung ökonomischer Theorien beschäftigt (Durlauf und Blume 2009). Dabei werden u. a. psychologische Grundlagen individuellen Handelns (z. B. Emotionen) in ökonomisch relevanten Entscheidungssituationen (z. B. Auktionen, Entscheidungen unter Unsicherheit) überprüft. Die zu prüfenden Situationen werden unter Rückgriff auf Modelle der Entscheidungstheorie und Spieltheorie gestaltet. Ökonomische Experimente werden meist in Computerlaboren durchgeführt, in denen die Teilnehmenden unter kontrollierten Bedingungen mithilfe eines Computers Entscheidungen zu treffen haben. In Abhängigkeit vom Resultat ihrer Entscheidungen werden die Teilnehmenden dann in der Regel auch entlohnt, was ihre Motivation steigert. Da die Experimente oftmals sehr abstrakt sind und gleichzeitig das überprüfte Verhalten stark von ökonomischen Modelvorstellungen geprägt ist, stellt sich hier – wie aber auch bei vielen anderen Experimenten in anderen Sozial- und Verhaltenswissenschaften – die Frage nach deren Aussagekraft, Anwendbarkeit und Generalisierbarkeit. Das sind Fragen der externen Validität, die gemeinsam mit der internen Validität die zentralen Gütekriterien für Experimente sind.

8.3.2 Interne und externe Validität von Experimenten

Im Kap. 6 ist die Bedeutung von Reliabilität und Validität einer Untersuchung hinsichtlich der Aussagekraft ihrer Ergebnisse schon erläutert worden. Es stellt sich eben – wie schon erwähnt – das Problem, dass Ergebnisse, die eine Hypothese bestätigen oder nicht bestätigen, in der Aussagekraft hinsichtlich der überprüften Theorie eingeschränkt sind, wenn diese Ergebnisse durch Fehlerhaftigkeit der angewandten Methoden beeinflusst sind. In Bezug auf Experimente kommen zu den allgemeinen Überlegungen zur Validität von Untersuchungen zwei spezifische Aspekte hinzu: Die interne und die externe Validität. Der Gesichtspunkt der internen Validität ist implizit schon angesprochen worden. **Interne Validität** bezieht sich darauf, alternative – auf den Messvorgang zurückzuführende – Erklärungen für die beobachteten Zusammenhänge auszuschließen. Interne Validität ist also die „Validität von Schlüssen bezüglich der Kausalität einer Beziehung zwischen zwei Variablen" (Shadish et al. 2002, S. 508). Dabei steht die – für Kausalaussagen zentrale – Frage im Mittelpunkt, ob die Veränderung einer abhängigen Variable tatsächlich auf die vermutete Ursache, also die Veränderung einer unabhängigen Variable, zurückzuführen ist, oder ob Unzulänglichkeiten der Untersuchungsanlage und der Durchführung der Messungen dafür ausschlaggebend sein können. In der Abb. 8.4 ist dieser Aspekt und die Beziehung der gemessenen Variablen zu den theoretisch interessierenden Konzepten/Konstrukten (Konstruktvalidität, siehe Abschn. 6.3.3) dargestellt. Dabei stehen die kleinen Buchstaben (x, y) für die in der Untersuchung verwendeten Variablen,

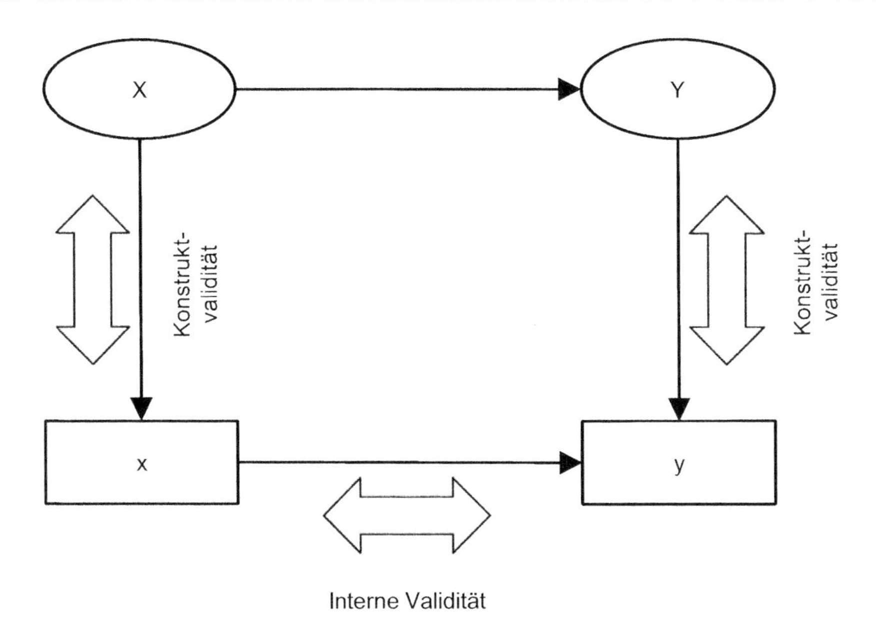

Abb. 8.4 Interne Validität und Konstruktvalidität bei Experimenten

die eine Operationalisierung der entsprechenden Konzepte/Konstrukte (große Buchstaben X, Y) sein sollen. Die Konstruktvalidität bezieht sich vor allem auf die Validität bei der Messung von Konzepten (wird gemessen, was gemessen werden soll?), bei der internen Validität geht es um die Frage, ob die Beziehung zwischen Konzepten valide abgebildet ist (ist die gemessene Beziehung tatsächlich gegeben?).

Die *interne* Validität eines Experiments wird hauptsächlich durch die im Folgenden genannten Probleme gefährdet (Shadish et al. 2002, S. 54 ff.). Im Grunde handelt es sich auch um alternative Erklärungsmöglichkeiten für Ergebnisse von Experimenten, die aber methodisch begründet sind und durch die Gestaltung des experimentellen Designs vermieden werden sollen.

- *Auswahl/Zuordnung.* Die Zuordnung zu Versuchs- und Kontrollgruppen stellt nicht sicher, dass beide Gruppen keine systematischen Unterschiede aufweisen. Aus einem Unterschied zwischen den Gruppen kann man also nicht unbedingt auf die Wirkung der unabhängigen Variablen schließen.
- *Historie.* Jedes Ereignis zwischen Vor- und Nachmessung kann einen ungewollten Einfluss auf die Proband*innen haben, etwa äußere Einflüsse, die nur auf einen Teil der Proband*innen wirken.
- *Reifung.* Proband*innen können sich durch Erfahrung, Ermüdung etc. zwischen zwei Messungen verändern. So könnte es sein, dass Versuchspersonen auf Stimuli im Lauf der Zeit schwächer reagieren und somit deren eigentlich vorhandener Effekt abgeschwächt wird oder verschwindet.

- *Veränderung der Messinstrumente.* Während einer Studie können sich die Eigenschaften der Messinstrumente, einschließlich der messenden Personen, ändern. Die Messungen können zum Beispiel durch zunehmende Erfahrung der messenden Personen genauer oder auch durch wachsende Langeweile während des Ablaufs des Experiments ungenauer werden.
- *„Regression zur Mitte".* Dieses statistische Artefakt kann Wirkungen überlagern, wenn man zum Beispiel Proband*innen mit besonders extremen Werten auswählt, die dann (als statistische Notwendigkeit) bei nachfolgender Messung im Vergleich dazu eher „gemäßigte" Werte zeigen.
- *Ausfall.* Wenn Proband*innen während der Studie ausfallen, kann dies an der Studie und deren Anforderungen selbst liegen. Die betroffenen Gruppen sind dann bei einer zweiten Messung kleiner, was wiederum bei einer ungewollten Selektion das Ergebnis beeinflussen kann.

Daneben stellt sich die Frage, inwieweit man die Ergebnisse einer Untersuchung *generalisieren* kann. Welche Aussagekraft hat z. B. eine Untersuchung, die bei deutschen Manager*innen durchgeführt wurde, für Manager*innen schlechthin? Was sagen die Ergebnisse eines Konsumverhaltensexperiments mit 100 amerikanischen Studierenden für Konsument*innen generell aus? Derartige Fragestellungen gelten der externen Validität von Experimenten. **Externe Validität** bezieht sich auf die **Generalisierbarkeit** (siehe dazu auch Abschn. 6.4) von Ergebnissen über verschiedene Personen, Situationen, Kontexte etc. Externe Validität ist also die „Validität von Schlüssen hinsichtlich des Bestands der Kausalbeziehung bei verschiedenen Personen, Situationen, und verschiedenen Messungen der Variablen" (Shadish et al. 2002, S. 507).

Hintergrundinformation

Campbell und Stanley (1963, S. 5) formulieren die zentralen Gesichtspunkte zur internen und externen Validität:

> „Grundlegend … ist die Unterscheidung zwischen interner Validität und externer Validität. Interne Validität ist die minimale Grundlage, ohne die jedes Experiment nicht interpretierbar ist: Haben tatsächlich die unabhängigen Faktoren bei diesem Experiment zu einem unterschiedlichen Ergebnis geführt? Externe Validität gilt der Frage nach der Generalisierbarkeit: Auf welche Personengruppen, Situationen, unabhängige Variablen und Messungen kann der Effekt generalisiert werden? Beide Arten von Kriterien sind offenkundig wichtig, obwohl sie häufig im Widerspruch stehen, weil Merkmale, die dem einen dienen, das andere gefährden können."

Hier sollen vier Aspekte externer Validität unterschieden werden:

- Lassen sich die Untersuchungsergebnisse von der typischerweise geringen Zahl untersuchter *Objekte* (z. B. Personen, Unternehmen) auf entsprechende *Grundgesamt-*

heiten übertragen? Derartige Fragen beantwortet man in der Regel mithilfe des Instrumentariums der Stichprobentheorie und Inferenzstatistik.
- Lassen sich die Untersuchungsergebnisse hinsichtlich entsprechender *Untersuchungsgegenstände* (z. B. Einstellung zu einem Produkt Einstellung zu einem Handelsunternehmen) verallgemeinern?
- Lassen sich die Ergebnisse auf andere *Kontexte* (z. B. anderes kulturelles Umfeld, andere Zeitpunkte) übertragen?
- Erhält man bei der Anwendung anderer *Untersuchungsmethoden* (z. B. andere Messverfahren) die gleichen Ergebnisse oder sind die Ergebnisse von der jeweiligen Methode abhängig?

Als Gefahrenquellen für die externe Validität von Experimenten gelten (Shadish et al. 2002):

- *Verzerrte Auswahl.* Die Auswahl von Teilnehmer*innen in einer Weise, die nicht repräsentativ für die zu untersuchende Grundgesamtheit ist, schwächt die Generalisierbarkeit der Ergebnisse.
- *Reaktivität des Experiments.* Die Manipulationen in einer kontrollierten Laborumgebung sind vielleicht in einer weniger kontrollierbaren realen Umgebung nicht vorzufinden.

Im Hinblick auf *praktische* Fragestellungen wird oftmals betont, dass die externe Validität unverzichtbar ist, weil es eben darum geht, von den Ergebnissen einer Untersuchung auf die Verhältnisse in den Kontexten (z. B. Märkten), für die die Entscheidungen getroffen werden, zu schließen (vgl. Calder et al. 1982). Hier zeigt sich auch, dass die Nutzung von Experimenten keineswegs auf die Prüfung von Kausalzusammenhängen in Theorien beschränkt ist. Gerade in der Praxis geht es oftmals um Fragestellungen vom Typ „Was wäre, wenn …?". Besondere Bedeutung für die externe Validität hinsichtlich praktischer Fragestellungen haben offenkundig die repräsentative Auswahl von Versuchspersonen (analog zur typischen Vorgehensweise bei repräsentativen Befragungen) und eine realitätsnahe („natürliche") Untersuchungssituation. Diese beiden Punkte stellen aber, wie oben dargestellt, oftmals Herausforderungen für die interne Validität dar, wo Homogenität der Versuchspersonen und künstliche Untersuchungssituationen bevorzugt werden, um die Störfaktoren klein zu halten. In der Literatur finden sich umfangreiche Ausführungen dazu, wie der Realitätsgehalt von Experimenten erhöht werden kann ohne dabei die Glaubwürdigkeit der Ergebnisse infrage zu stellen, d. h. wie man interne und externe Validität gleichzeitig gewährleisten kann (Geuens und De Pelsmacker 2017; Morales et al. 2017). Vorschläge dazu beziehen sich auf die Gestaltung realistischer Stimuli, die Verwendung von Verhaltensvariablen als abhängige Variable und die Zusammensetzung der Stichprobe. Da es einen „Trade-Off" zwischen interner und externer Validität von Experimenten gibt, ist es wohl letztendlich kaum möglich beide Ziele gleichzeitig und vollständig zu verwirklichen.

8.3.3 Quasi-Experimente

Typisch für die vorstehend gekennzeichneten experimentellen Designs sind der kontrollierte (bzw. manipulierte) Einsatz der unabhängigen Variable und die zufällige Zuordnung von Versuchspersonen zu Versuchs- und Kontrollgruppen mit dem Ziel, systematische Unterschiede zwischen diesen Gruppen, die die Wirkung der unabhängigen Variablen überlagern könnten, auszuschließen. Nun gibt es Untersuchungssituationen, in denen diese Bedingungen nicht realisiert werden können. Zwei Beispiele mögen dieses Problem illustrieren:

- Es soll untersucht werden, ob bei Menschen, deren Eltern Raucher*innen sind (bzw. waren), die Neigung, selbst Raucher*in zu werden, stärker entwickelt ist als bei anderen Menschen. Hier ist offenkundig, dass eine zufällige Zuordnung zu den beiden zu vergleichenden Gruppen („rauchende Eltern" und „nichtrauchende Eltern") nicht nur praktisch unmöglich ist, sondern auch ethisch höchst bedenklich wäre.
- Es soll untersucht werden, ob der Erwerb eines Eigenheims die Budgetaufteilung und das Konsumverhalten langfristig (10 Jahre und mehr) beeinflusst. Hier wird man kaum 10 Jahre Zeit haben, um das Konsumwahlverhalten bei Eigenheimkäufer*innen im Gegensatz zu Mieter*innen langfristig zu beobachten. Man müsste wohl eher bei jetzigen Wohnungseigentümer*innen und Mieter*innen rückschauend feststellen, welche Verhaltensunterschiede sich ergeben. Das wäre sicher keine zufällige Zuordnung, würde aber das Problem der Untersuchungsdauer lösen.

Campbell und Stanley (1963, S. 34) sprechen in Situationen, in denen man wesentliche Prinzipien experimenteller Untersuchungen anwendet, ohne allen entsprechenden Anforderungen gerecht werden zu können, von **Quasi-Experimenten.** Es gibt eine Reihe von Gründen für die Notwendigkeit und Durchführung von Quasi-Experimenten:

- Oftmals ist eine **randomisierte Zuteilung** von Proband*innen zu den Untersuchungsgruppen **nicht möglich,** z. B. wenn man die Auswirkungen von verschiedenen Vireninfektionen prüfen möchte.
- Häufig sprechen **ethische Gründe** auch gegen die experimentelle Manipulation, selbst wenn sie möglich wäre, wie z. B. bei der Überprüfung der Wirkung von illegalen Drogen.
- Die **Dauer des Experiments** ist zu lang, um ein klassisches experimentelles Design anwenden zu können, z. B. bei der Untersuchung der langfristigen Wirkung der Medien auf Werte einer Gesellschaft.

Quasi-Experimente sind also dadurch gekennzeichnet, dass eine randomisierte Zuteilung von Proband*innen zu den Untersuchungsgruppen nicht möglich ist; dass eine unabhängige Variable nicht manipuliert werden kann und dass keine Interventionen erfolgen, die die abhängige Variable der Untersuchung beeinflussen.

Hintergrundinformation
Campbell und Stanley (1963, S. 34) zu Quasi-Experimenten:

„Es gibt viele reale Situationen, in denen Forschende so etwas wie ein experimentelles Design bei ihrer Untersuchung anwenden können (z. B. beim „wann" und „bei wem" der Messungen), obwohl sie nicht die volle Kontrolle über den Einsatz der experimentellen Stimuli haben (das „wann" und „bei wem" des Einsatzes der Stimuli und dessen Randomisierung), was ein wirkliches Experiment ermöglicht."

Kerlinger und Lee (2000, S. 536) kennzeichnen die Gründe für die Durchführung von Quasi-Experimenten:

„Das wirkliche Experiment bedarf der Manipulation mindestens einer unabhängigen Variablen, der zufälligen Zuordnung der Ausprägungen der unabhängigen Variablen zu den Gruppen. Wenn eine oder mehrere dieser Voraussetzungen aus dem einen oder anderen Grund nicht gegeben ist, haben wir es mit einem „Kompromiss-Design" zu tun. Kompromiss-Designs sind bekannt als quasi-experimentelle Designs."

Da bei Quasi-Experimenten durch den notwendigen Verzicht auf die zufällige Zuordnung von Untersuchungsobjekten zu Versuchs- und Kontrollgruppen ein entsprechender konfundierender und verzerrender Effekt nicht ausgeschlossen werden kann, sind andere Wege zum Ausschluss alternativer Erklärungsmöglichkeiten notwendig. Shadish et al. (2002, S. 105) heben dazu u. a. die „Identifizierung und Analyse möglicher Bedrohungen der internen Validität" durch kritische Überprüfung infrage kommender alternativer Einflussfaktoren hervor, die typischerweise im Rahmen der Datenanalyse als zusätzliche **Kontrollvariablen** mit berücksichtigt werden. Will man beispielsweise prüfen, ob das (Nicht-)Rauchverhalten der Eltern Einfluss darauf hat, ob die Kinder Raucher*innen werden, so macht es Sinn, auch Variablen, die das soziale Umfeld beschreiben oder die Persönlichkeit der Kinder erfassen und alternative Erklärungsmöglichkeiten bieten, als Kontrollvariablen zu erheben und in die Analyse mit einzubeziehen. Andererseits haben Quasi-Experimente oftmals Vorteile im Hinblick auf die externe Validität, weil die verwendeten Daten in „natürlichen" Situationen gemessen wurden.

8.4 Komplexe Kausalität

Kausalhypothesen sowie die analytischen Verfahren zur Untersuchung von Kausalität gehen in der Regel von Kausalbeziehungen aus, die notwendige und hinreichende Bedingungen für eine Wirkung annehmen (z. B. „je mehr Investitionen, desto mehr Umsatz"). **Komplexe Kausalität** bedeutet, zwischen verschiedenen Formen der Kausalität zu unterscheiden, indem man zwischen Kombinationen von notwendigen und hinreichenden Bedingungen unterscheidet. Schneider und Eggert (2014) illustrieren **vier Formen der Kausalität** am Beispiel der Beziehung zwischen den beiden Konzepten Verpflichtung und Vertrauen in einer Geschäftsbeziehung, wobei die Forschung davon ausgeht, dass in einer Geschäftsbeziehung Vertrauen zu Verpflichtung führt, also Vertrauen eine Ursache, Verpflichtung die Wirkung ist:

- Eine Variable ist eine notwendige, aber keine hinreichende Bedingung für das Auftreten einer anderen Variablen. Das heißt Verpflichtung tritt auf, wenn Vertrauen auftritt, muss aber nicht, sodass Vertrauen auftreten kann, ohne dass es zu Verpflichtung führt.
- Eine Variable ist eine hinreichende, aber keine notwendige Bedingung für eine zweite Variable. Das heißt, Verpflichtung tritt auf, wenn Vertrauen auftritt, aber Verpflichtung kann auch auftreten, ohne dass Vertrauen vorliegt.
- Eine Variable kann ein Teil einer Kombination von hinreichenden Bedingungen sein, ohne selbst hinreichend oder notwendig zu sein. Vertrauen könnte Verpflichtung hinreichend erklären, aber nur in Verbindung mit anderen Faktoren, wie z. B. einem hohen Nutzen einer Beziehung. Vertrauen wäre dann eine sogenannte INUS-Bedingung (siehe dazu Abschn. 8.1).
- Eine Variable ist hinreichende und notwendige Bedingung für das Auftreten einer zweiten Variablen. Das heißt, Vertrauen führt immer zu Verpflichtung und Verpflichtung ohne Vertrauen tritt erst gar nicht auf.

Das typische Verfahren, das zur Analyse komplexer Kausalitäten verwendet wird, ist die **Qualitative Comparative Analysis (QCA),** was als „qualitativ vergleichende Analyse“ übersetzt wird. Die QCA ist eine Methode der Kausalanalyse konfigurationaler Daten in den Sozialwissenschaften. Sie wurde zunächst in der Soziologie und Politologie verwendet und hat mittlerweile auch in die Betriebswirtschaftslehre Einzug gehalten hat. Konfigurationale Daten heißt, dass alle Variablen gleich welchen Messniveaus in qualitative Daten umgewandelt werden, z. B. verschiedene Stufen des Vertrauens, was typischerweise als intervallskalierte Variable gemessen wird, werden umgewandelt in „Vertrauen vorhanden/nicht vorhanden“. Unterschieden wird weiterhin zwischen einem „Outcome“, das ist im Prinzip die Wirkung (hier: Vertrauen), sowie den „Conditions“, das sind die Ursachen und mögliche Moderatoren (hier: Verpflichtung, Nutzen einer Beziehung, etc.). Für jede Beobachtung (z. B. für jede*n Geschäftspartner*in) wird nun für die Conditions und den Outcome ein Wert zwischen 0 und 1 in eine Wahrheitstabelle eingetragen, der angibt, inwieweit die Beobachtung zu einer oder anderen Ausprägung der konfigurationalen Variablen neigt (z. B. wie wahrscheinlich das Vorhandensein von Vertrauen oder von Verpflichtung gegeben ist). Anschließend werden Algorithmen angewandt, mit dem Suchziel, minimal notwendige und hinreichende Bedingungen für das Vorliegen des Outcomes zu identifizieren: wenn beispielsweise bei allen Beobachtungen, bei denen Vertrauen (das Outcome) vorzufinden ist, auch immer Verpflichtung vorliegt, so ist Verpflichtung eine notwendige Bedingung für Vertrauen. Für die Details zu dieser Analyse sei auf die entsprechende Fachliteratur verwiesen (z. B. Ragin 2008; Schulze-Bentrop 2013). Das Ergebnis der Analyse gibt dann an, welche Bedingungen notwendig sind und welche hinreichend das Outcome erklären. Das kann eine einzige Bedingung sein, das können aber auch Kombinationen von Bedingungen sein.

Der Vorteil der QCA gegenüber anderen Verfahren der Kausalanalyse ist die Identifizierung von Ursachen für eine Wirkung. Wenn man allerdings untersuchen will, wie stark eine bestimmte Variable (Ursache) zur Erklärung einer anderen Variable (Wirkung) beiträgt, dann sind herkömmliche regressions-basierte Analysetechniken besser geeignet.

Literatur

Arabatzis, T. (2008). Experiment. In S. Psillos & M. Curd (Hrsg.), *The Routledge companion to philosophy of science* (S. 159–170). London: Routledge.

Bagozzi, R. (1980). *Causal models in marketing*. New York: Wiley.

Baron, R., & Kenny, D. (1986). The moderator-mediator variable distinction in social psychology research: Conceptual, strategic, and statistical considerations. *Journal of Personality and Social Psychology, 51,* 1173–1182.

Calder, B., Phillips, L., & Tybout, A. (1982). The concept of external validity. *Journal of Consumer Research, 9,* 240–244.

Campbell, D., & Stanley, J. (1963). *Experimental and quasi-experimental designs for research.* Chicago: Rand-McNally.

Cartwright, N. (2014). Causal inference. In N. Cartwright & E. Montuschi (Hrsg.), *Philosophy of social science* (S. 308–326). Oxford: Oxford University Press.

Chalmers, A. (2013). *What is this thing called science?* (4. Aufl.). Indianapolis: Hackett Publishing.

De Vaus, D. (2001). *Research design in social research*. London: Sage.

Durlauf, S. N., & Blume, L. E. (2009). *Behavioural and experimental economics.* Hampshire: Palgrave Macmillan.

Geuens, M., & Pelsmacker, P. D. (2017). Planning and conducting experimental advertising research and questionnaire design. *Journal of Advertising, 46,* 83–100.

Godfrey-Smith, P. (2003). *Theory and reality – An introduction to the philosophy of science.* Chicago: University of Chicago Press.

Hacking, I. (1996). *Einführung in die Philosophie der Naturwissenschaften*. Stuttgart: Reclam.

Humphreys, P. (2000). Causation. In W. Newton-Smith (Hrsg.), *A companion to the philosophy of science* (S. 31–40). Malden: Wiley.

Jaccard, J., & Becker, M. (2002). *Statistics for the behavioral sciences* (4. Aufl.). Belmont: Wadsworth.

Jaccard, J., & Jacoby, J. (2020). *Theory construction and model-building skills – A practical guide for social scientists* (2. Aufl.). New York: Guilford Press.

Kerlinger, F., & Lee, H. (2000). *Foundations of behavioral research* (4. Aufl.). Melbourne: Wadsworth.

Koschate-Fischer, N., & Schandelmeier, S. (2014). A guideline for designing experimental studies in marketing research and a critical discussion of selected problem areas. *Journal of Business Economics, 84,* 793–826.

Morales, A. C., Amir, O., & Lee, L. (2017). Keeping It Real in experimental research—Understanding when, where, and how to enhance realism and measure consumer behavior. *Journal of Consumer Research, 44,* 465–476.

Mumford, S., & Anjum, R. (2013). *Causation – A very short introduction*. Oxford: OUP Oxford.

Peter, J. (1991). Philosophical tensions in consumer inquiry. In T. Robertson & H. Kassarjian (Hrsg.), *Handbook of consumer behavior* (S. 533–547). Englewood Cliffs: Prentice-Hall.

Popper, K. (2005). *Logik der Forschung* (11. Aufl.). Tübingen: Mohr Siebeck.

Psillos, S. (2002). *Causation & explanation*. Durham: Acumen.

Psillos, S. (2004). Causality. In M. Horowitz (Hrsg.), *New dictionary of the history of ideas* (S. 272–280). New York: Scribner.

Ragin, C. (2008). *Redesigning social inquiry: Fuzzy sets and beyond.* Chicago: University of Chicago Press.

Schneider, M. R., & Eggert, A. (2014). Embracing complex causality with the QCA method: An invitation. *Journal of Business Market Management, 7,* 312–328.

Schulze-Bentrop, C. (2013). *Qualitative Comparative Analysis (QCA) and configurational thinking in management studies*. Frankfurt a. M.: Lang.

Shadish, W., Cook, T., & Campbell, D. (2002). *Experimental and quasi-experimental designs for generalized causal inference*. Boston: Houghton Mifflin.

Spilski, A., Gröppel-Klein, A., & Gierl, H. (2018). Avoiding pitfalls in experimental research in marketing. *Marketing ZFP, 40,* 58–91.

Weiterführende Literatur

Geuens, M., & Pelsmacker, P. D. (2017). Planning and conducting experimental advertising research and questionnaire design. *Journal of Advertising, 46,* 83–100.

Koschate-Fischer, N., & Schandelmeier, S. (2014). A guideline for designing experimental studies in marketing research and a critical discussion of selected problem areas. *Journal of Business Economics, 84,* 793–826.

Psillos, S. (2002). *Causation & explanation*. Durham: Acumen.

Shadish, W. R., Cook, T. D., & Campbell, D. T. (2002). *Experimental and Quasi-Experimental Designs for Generalized Causal Inference*. Boston, MA: Houghton Mifflin.

9 Empirische Forschung und Theorie-Entwicklung

Zusammenfassung

Theorie-Entwicklung, die sich nur an den Ergebnissen einzelner Studien, orientiert, ist problembehaftet. Die *Entwicklung von Theorien als umfassenden Prozess* zu verstehen, wird der Idee des wissenschaftlichen Realismus am ehesten gerecht und adressiert zentrale Kritikpunkte an einer an Einzelergebnissen ausgerichteten Forschungspraxis. Spezifische Methoden im Rahmen der als Prozess verstandenen Theorie-Entwicklung sind *Replikationsstudien* und *Metaanalysen.* Typische Schritte und Dimensionen des Prozesses der Theorie-Entwicklung sind die *Bestätigung bzw. Bezweiflung* einer Theorie, deren *Generalisierbarkeit* deren *Modifikation* oder die *Steigerung* ihres Informationsgehalts.

9.1 Theorie-Entwicklung als Prozess

Am Ende des 1. Kap. war „Theorie-Entwicklung" als der gesamte Prozess vom Theorie-Entwurf über entsprechende Tests und daraus folgende Modifikationen und Anreicherungen des Informationsgehalts einer Theorie gekennzeichnet worden. Bei der Darstellung des wissenschaftlichen Realismus (WR) im Abschn. 3.2 waren Aspekte der Theorie-Entwicklung in zwei Charakteristika implizit enthalten:

- „*Kritischer Realismus*" bezieht sich auf die nicht endende kritische Infragestellung bisher vorhandener Theorien.
- „*Induktiver Realismus*" als langfristiger/dauerhafter Erfolg (oder Misserfolg) einer Theorie oder einzelner Elemente einer Theorie führt zur Akzeptanz (oder Ablehnung) der Theorie bzw. zu entsprechenden Veränderungen der Theorie.

M. Eisend und A. Kuß, *Grundlagen empirischer Forschung*,
https://doi.org/10.1007/978-3-658-32890-0_9

Damit deutet sich schon ein Prozess an, innerhalb dessen Theorien entworfen, kritisch geprüft und auf dieser Basis akzeptiert oder verworfen, im Hinblick auf ihren Geltungsbereich analysiert, gegebenenfalls modifiziert und/oder durch zusätzlich gewonnene Informationen angereichert werden. Stärker fokussiert auf *einzelne* empirische Untersuchungen ist das „Grundmodell empirischer Forschung“, das im Abschn. 5.2 dargestellt wurde. Hier wurden Schritte des Forschungsprozesses in ihrem Zusammenhang dargestellt mit dem letzten Schritt der „Interpretation“, die ebenfalls typischerweise zur Unterstützung oder Schwächung, zur genaueren Einschätzung von deren Geltungsbereich sowie zu Veränderungen der Theorie führt (siehe dazu auch Abb. 1.10).

Seit einigen Jahren entwickelte bzw. verstärkte sich die Kritik an der bisher üblichen Methodologie der empirischen Forschung in den Sozialwissenschaften (einschließlich der Betriebswirtschaftslehre) und Alternativen dazu fanden zunehmend Beachtung. Der wohl zentrale Ansatz einer grundlegend veränderten Rolle der empirischen Forschung bei der (Weiter-) Entwicklung von Theorien besteht darin, dass nicht mehr einzelne oder wenige Untersuchungen als ausreichend und ausschlaggebend angesehen werden, um eine Theorie zu akzeptieren oder abzulehnen bzw. um Veränderungen an einer Theorie vorzunehmen. Inzwischen wird stärker berücksichtigt, dass empirische Ergebnisse (nicht zuletzt im sozialwissenschaftlichen Bereich) in erheblichem Maße fehlerbehaftet sein können (siehe dazu auch die Diskussion der Duhem-These im Abschn. 3.3). Hier sollen zunächst die zentralen Kritikpunkte an der Abhängigkeit der Theorie-Entwicklung von den Ergebnissen nur *einzelner* empirischer Untersuchungen wiedergegeben werden. Anschließend wird die neuere Sichtweise dargestellt, dass solche Einzelergebnisse nur einen *Beitrag* (Cumming 2014) zu einem umfassenderen *Prozess* der Theorie-Entwicklung liefern. Dabei wird dieser Prozess überblicksartig dargestellt und es werden wesentliche Elemente dieses Prozesses behandelt.

Welche *Kritikpunkte* an der bisher üblichen Forschungspraxis haben bei diesem methodologischen Wandel eine wesentliche Rolle gespielt?

- Ein erster Gesichtspunkt bezieht sich auf die (mangelnde) **Aussagekraft von *S*ignifikanz*t*ests** zur Prüfung von *N*ull-*H*ypothesen (NHST), die sich darauf beziehen, dass *kein* Zusammenhang zwischen interessierenden Variablen besteht. Die Ablehnung einer solchen Hypothese mit angemessener Sicherheitswahrscheinlichkeit führt zu dem (von Forschenden meist gewünschten) Schluss, dass eben doch ein Zusammenhang existiert, obwohl der Test die *Stärke* des Zusammenhangs kaum erkennen lässt. Man kann daraus eben nur entnehmen, dass anscheinend (irgend-) ein Zusammenhang existiert. Die Kritik daran reicht bis in die 1960er Jahre zurück (Meehl 1967; Nunnally 1960). Sie bezieht sich hauptsächlich darauf, dass solche Ergebnisse oftmals wenig informativ bis irreführend sein können (siehe Abschn. 7.2).
- In enger Verbindung mit der Ausrichtung auf NHST steht der Aspekt, dass in der Forschungspraxis gelegentlich besondere Bemühungen unternommen werden, um bei einer empirischen Untersuchung (teilweise nur scheinbar) statistisch signifikante Ergebnisse zu erzielen, weil diese eben oftmals die Voraussetzung für eine

Publikation in hochrangigen Zeitschriften sind. Dazu werden dann in manchen Fällen entsprechende Veränderungen an den Daten vorgenommen, z. B. durch Erweiterung der ursprünglich geplanten Stichprobengröße bis sich die gewünschten Resultate ergeben (siehe dazu Abschn. 10.2). Man spricht bei derartigem Vorgehen vom **„p-hunting"**, d. h. von Versuchen, p-Werte zu erzielen, die *scheinbar* eine statistische Signifikanz anzeigen und damit eine Publikation erleichtern (zu Einzelheiten siehe z. B. Simmons et al. 2011; Nelson et al. 2018). Wegen der angesprochenen Manipulationsmöglichkeiten können derartige Untersuchungsergebnisse also systematisch verfälscht sein.

- Vorstehend ist schon angesprochen worden, dass Untersuchungen mit signifikanten und eindeutigen Bestätigungen der Hypothesen deutlich bessere Publikationschancen haben als andere. Das hat zur Folge, dass eben Studien, bei denen ein größerer Teil der Hypothesen nicht (signifikant) bestätigt wurde, nur an weniger prominenter Stelle (z. B. in Arbeitspapieren) oder gar nicht publiziert werden. Das Gesamtbild der publizierten Studien zu einem Forschungsthema ist demzufolge oftmals systematisch verzerrt: In der Literatur finden sich eher die „starken" Ergebnisse; andererseits treten schwache oder nicht signifikante Ergebnisse deutlich weniger in Erscheinung. Man spricht dann von einem **„Publication Bias"** (siehe dazu auch die Ausführungen im Abschn. 9.2.2.
- In den letzten Jahren ist die Frage der **Replizierbarkeit** von Untersuchungsergebnissen stärker beachtet worden. Generell gilt die Möglichkeit zur Replikation bzw. der Reproduzierbarkeit von Ergebnissen von empirischen Untersuchungen als **wesentliches Kriterium für die Wissenschaftlichkeit** dieser Untersuchungen. So ist es in den Naturwissenschaften selbstverständlich, dass Ergebnisse replizierbar sein müssen, um Anerkennung zu finden. Dadurch erreicht man die Unabhängigkeit der Ergebnisse von einer bestimmten Untersuchungssituation und Untersuchungsmethode und auch einen gewissen Schutz gegen Ergebnisse, die durch den Forschungsprozess und die Forschenden verzerrt (oder gar verfälscht) wurden. Im Zusammenhang mit der Diskussion von Paradigmen und des Relativismus (siehe Kap. 3) war ja angesprochen worden, dass auch empirische Ergebnisse durch die Sichtweise der Forschenden (→ „theoriebeladen") und die angewandten Methoden systematisch verzerrt sein können. Durch Replikationen mit unterschiedlichen Methoden, die durch verschiedene Forschende (in verschiedenen Umwelten etc.) durchgeführt werden, wird die Unabhängigkeit von solchen Einflüssen eher gewährleistet. McCullough und Vinod (2003, S. 888) urteilen sehr hart hinsichtlich der Bedeutung der Replizierbarkeit von Studien: „Replikationen sind ein Eckpfeiler der Wissenschaft. Empirische Forschung, die nicht repliziert werden kann, ist keine Wissenschaft und man kann ihr nicht trauen, weder im Hinblick auf die Wissensakkumulation der Wissenschaft noch als Grundlage für Praxisentscheidungen." Obwohl Replizierbarkeit von Untersuchungen offensichtlich eine wichtige Voraussetzung für wissenschaftliche Akzeptanz ist, scheitern Replikationsversuche relativ häufig. So wurden in einem groß angelegten Replikationsprojekt einhundert Studien repliziert (Open Science Collaboration 2015),

die in führenden Psychologie-Zeitschriften publiziert worden waren. Nur 36 % der Studien zeigten einen Effekt, der konsistent mit dem Effekt der Originalstudie war. Die Inkonsistenz lag vor allem daran, dass die Effekte in den Replikationsstudien tendenziell schwächer waren als in den Originalstudien. Dieses Ergebnis deutet auf das Vorliegen eines Publication Bias hin (siehe dazu Abschn. 9.2.2). In den Naturwissenschaften sind die Ergebnisse zur Reproduzierbarkeit von Untersuchungsergebnissen ebenfalls ernüchternd (Baker 2016); auf entsprechende Ergebnisse für die Betriebswirtschaftslehre wird im Abschn. 9.2.1 kurz eingegangen. Vor diesem Hintergrund wird vielfach schon von einer „Replikationskrise" gesprochen (Fidler und Wilcox 2018). In einer solchen Situation gibt es gute Gründe, darüber nachzudenken, ob die bisher dominierende Forschungsmethodologie, die neuartige Studien gegenüber Replikationsstudien deutlich präferiert, angemessen ist.

Die „Replikationskrise" hat deutlich gemacht, dass die bisher üblichen Forschungsprozesse in Verbindung mit dem Verhalten Forschender und dem wissenschaftlichen Publikationssystem zu Problemen im Hinblick auf die Verlässlichkeit wissenschaftlicher Erkenntnisse führen können. Einige Anhaltspunkte für ein „Umsteuern" werden bereits erkennbar:

- So wird die Dominanz von NHST vermindert; einige Zeitschriften erwarten mittlerweile, dass neben Signifikanztests auch Effektstärken angegeben werden und die Zeitschrift *Basic and Applied Social Psychology* lehnt es inzwischen ab, Studienergebnisse, die auf der Anwendung von Signifikanztests beruhen, überhaupt zu veröffentlichen (Trafimov und Marks 2015).
- In Verbindung damit hat die Erreichung bestimmter p-Werte einen geringeren Stellenwert und das „p-hunting" verliert an Relevanz (Nelson et al. 2018). Dafür erhalten Effektstärken (siehe Abschn. 7.2.) ein größeres Gewicht.
- Einzelne Zeitschriften (z. B. *International Journal of Research in Marketing, Strategic Management Journal*) haben zusätzliche Publikationsmöglichkeiten für Replikationsstudien angeboten und damit Anreize für die Durchführung solcher Studien geschaffen. Darüber hinaus wird in stärkerem Maße bei der Publikation von Studien auch das zugehörige Material (z. B. Datensätze, Fragebögen) verfügbar gemacht, das eine Replikation der jeweiligen Studie ermöglicht bzw. erleichtert. Das Thema Forschungsdatenmanagement, bei dem es auch um die öffentliche Verfügbarmachung von Forschungsdaten geht, gewinnt nicht nur bei vielen wissenschaftlichen Zeitschriften an Bedeutung, sondern auch bei den großen Drittmittelgebenden (z. B. DFG und EU).

Einen entscheidenden Schritt stellt der Übergang von der Ausrichtung der Theorie-Entwicklung an den Ergebnissen einzelner Studien zu umfassenderen *Prozessen* der Theorie-Prüfung und –Entwicklung dar. Dabei geht es um die Zusammenfassung einschlägiger Ergebnisse aus einer größeren Zahl unterschiedlicher Studien, um die gezielte

Durchführung von Replikationsstudien und um die zusammenfassende Analyse und Interpretation möglichst aller vorliegenden Ergebnisse, nicht zuletzt mithilfe der Metaanalyse. Auf dieser Basis kann es dann eher zu einer Bestätigung oder eher zu einer Ablehnung der betreffenden Theorie kommen und Erkenntnisse zur Generalisierbarkeit der Theorie, zu deren Modifikation und zum Informationsgehalt können gewonnen werden. Es sei betont, dass es hier nicht um einen *einmaligen* Prozess geht, dessen Ergebnisse dann gewissermaßen „unantastbar" sind. Im Sinne von „Fallibilismus und kritischer Haltung" (siehe Abschn. 1.2) und der Grundsätze des wissenschaftlichen Realismus (Fehlbarkeit, Kritik; siehe Abschn. 3.2) wiederholt sich dieser Prozess bei neu vorliegenden Erkenntnissen.

In Abb. 9.1 ist der Prozess der Theorie-Entwicklung im Zusammenhang mit einschlägiger empirischer Forschung schematisch dargestellt. Am Anfang steht ein Theorie-Entwurf, der u. a. auf den im 4. Kap. skizzierten Wegen entstanden sein kann. Dieser Entwurf stellt am Beginn des Prozesses den aktuellen Stand der Theorie dar. Im nächsten Schritt geht es um den empirischen Test der Theorie, dessen Bedeutung am Beginn des Prozesses offenkundig ist und noch keiner (evidenzbasierten) Entscheidung bedarf. Das kann durch eine einzelne Untersuchung geschehen (wie in Kap. 5 dargestellt); nach den vorstehend umrissenen Problemen ist eher eine gewisse Anzahl unabhängig voneinander durchgeführter Untersuchungen angemessen, darunter auch gezielt zum Theorie-Test durchgeführte Replikationsstudien. Diese empirischen Untersuchungen laufen typischerweise in den in Abb. 9.1 dargestellten Schritten von Hypothesen bis zu Ergebnissen ab. Ergebnisse einer einzelnen Studie können direkt zu Interpretationen und entsprechenden Schritten bezüglich der Theorie-Entwicklung führen. Höheres Gewicht haben natürlich Zusammenfassungen einer größeren Zahl von Untersuchungsergebnissen, vor allem mit Hilfe von Metaanalysen. Die beiden hier genannten spezifischen Methoden bei der Theorie-Entwicklung – Replikationsstudien und Metaanalysen – werden im Abschn. 9.2 kurz dargestellt.

Die Interpretation von Untersuchungsergebnissen sollte dann zur Beantwortung einiger für die Theorie-Entwicklung bedeutsamer Fragen beitragen, die am Ende des 1. Kap. schon kurz angesprochen wurden und die für wesentliche Dimensionen (siehe dazu Abschn. 9.3) der Theorie-Entwicklung stehen:

- Kann eine Theorie als (approximativ und vorläufig) **wahr** angesehen werden? Sind die bisher erfolgten empirischen Tests hinreichend umfangreich und deren Ergebnisse konsistent oder müssen weitere Tests durchgeführt werden? Führen diese Ergebnisse insgesamt eher zu einer Bestätigung oder Bezweiflung der Theorie? (siehe Abschn. 9.3.1)
- Wie weit reicht der Geltungsbereich der Theorie, d. h. in welchem Maße ist die **Generalisierbarkeit** der Theorie empirisch belegt bzw. muss der Geltungsbereich eingeschränkt werden? (siehe Abschn. 9.3.2)

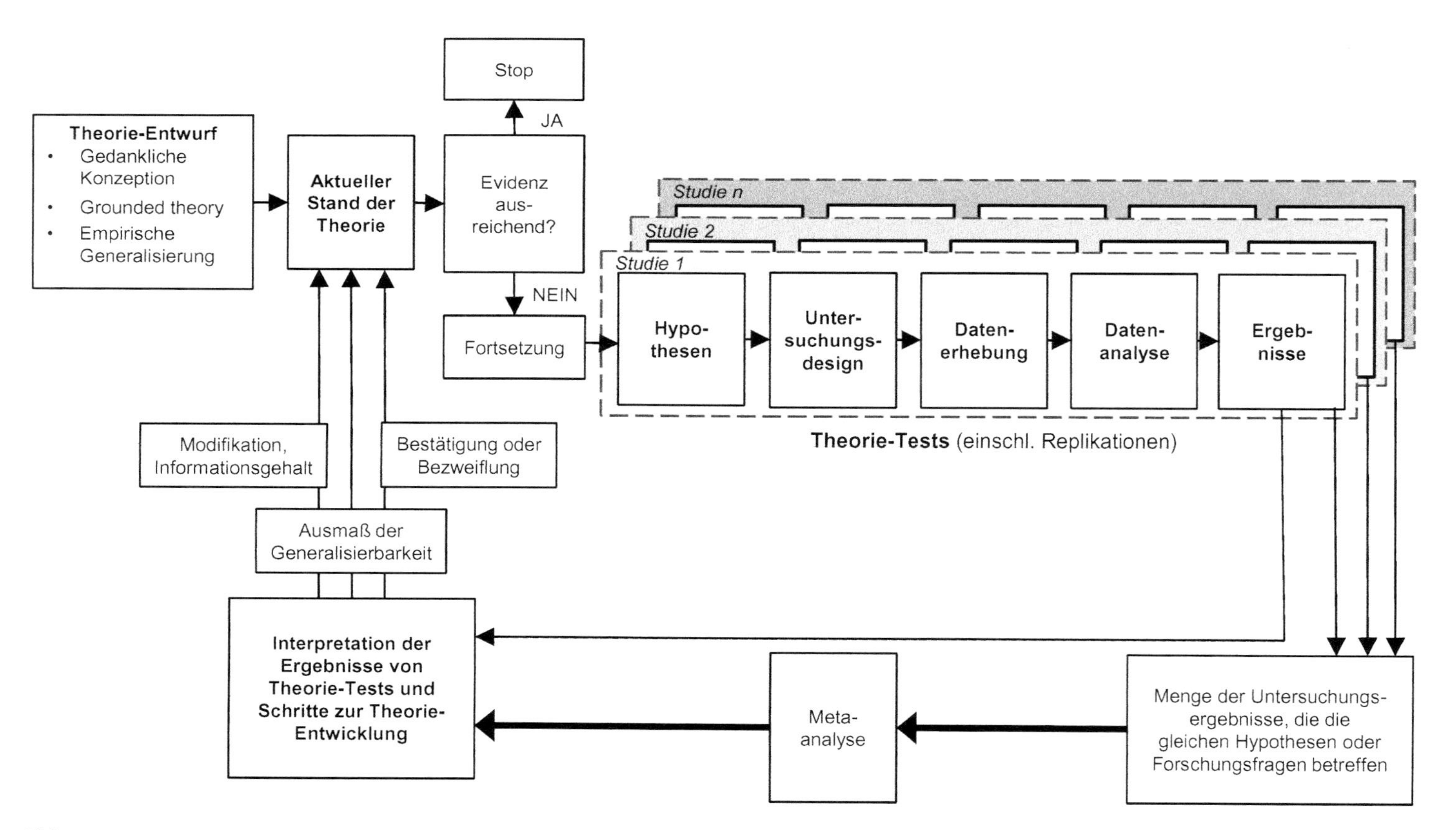

Abb. 9.1 Prozess der Theorieentwicklung und empirische Forschung

- Sollte die jeweilige Theorie durch Hinzufügung, Elimination oder Veränderung von Konzepten oder Beziehungen zwischen Konzepten.(→ z. B. Moderatoren, Mediatoren) **modifiziert** werden? (siehe Abschn. 9.3.3)
- Lässt sich der **Informationsgehalt** der Theorie hinsichtlich der Art und Stärke der Beziehungen zwischen Konzepten (z. B. linear/nicht linear; Effektstärken) erhöhen? (siehe Abschn. 9.3.4)

Diese möglichen Ergebnisse von Theorie-Tests sind in Abb. 9.1 eingetragen. Wenn sich dabei Veränderungen einer Theorie ergeben haben, dann ist eben ein neuer „Aktueller Stand der Theorie" der Ausgangspunkt für weitere Schritte der Theorie-Entwicklung. Es muss dann entschieden werden, ob weitere *gezielte* Studien für erforderlich gehalten werden, um verbliebene Fragen zu klären und/oder die empirische Basis für die Akzeptanz der Theorie zu verbreitern. Da diese Entscheidungen auf Basis des jeweiligen Erkenntnisstandes erfolgen, wird in Abb. 9.1 von *Evidenz* gesprochen. Diese können natürlich auch dazu führen, dass man in bestimmten Phasen der Theorie-Entwicklung weitere Forschung (vorübergehend) für nicht vordringlich hält (→ „Stop"). Am Rande sei darauf hingewiesen, dass die genannten vier Dimensionen auch Ansatzpunkte für Forschungsthemen bei Masterarbeiten, Dissertationen und Publikationen bieten. Für eine ausführlichere Darstellung dazu sei auf Jaccard und Jacoby (2020, S. 37–45) verwiesen.

Der Begriff „**evidenzbasiert**" kennzeichnet einen aktuellen Trend in einigen Forschungsbereichen, der in der Medizin geprägt wurde und auch dort am stärksten verankert ist. Die zentrale Idee evidenzbasierter Forschung (Lund et al. 2016) besteht darin, dass neue (empirische) Studien von einer umfassenden (möglichst vollständigen) und nachvollziehbaren Analyse vorliegender (publizierter und nicht publizierter) entsprechender Studien ausgehen sollen. Typisches Hilfsmittel ist dabei die Methode der Metaanalyse (siehe Abschn. 9.2.2). Auf dieser Basis sollen einerseits Forschungslücken identifiziert und andererseits „gesättigte" Bereiche mit ausreichenden vorliegenden Ergebnissen ermittelt werden. Im Sinne eines effizienten Einsatzes von Ressourcen können dann neue Studien *gezielt* auf offene Forschungsfragen mit hoher Priorität ausgerichtet werden.

Beispiel

Der Prozess der Theorie-Entwicklung kann am Beispiel des Phänomens der Verlustaversion dargestellt werden.

Theorie-Entwurf: Kahneman und Tversky (1979) haben das Konzept der "Verlustaversion" eingeführt, das davon ausgeht, dass Menschen Verlusten größeres Gewicht beimessen als Gewinnen, auch wenn Verluste und Gewinne größenmäßig gleich sind. Damit haben die Autoren die Annahmen des klassischen ökonomischen Nutzenmodells infrage gestellt. Die Autoren haben dazu sehr einfache Experimente durchgeführt, die die erhöhte Sensibilität von Entscheider*innen gegenüber Verlusten nachwiesen.

Bestätigung bzw. Bezweiflung: Das Phänomen der Verlustaversion wurde in vielen Studien bestätigt. Neumann und Böckenholt (2014) haben eine Metaanalyse durchgeführt und dazu 33 frühere Untersuchungen, die 109 Beobachtungswerte zur Verlustaversion bei der Produktauswahl liefern, zusammengefasst. Der durchschnittliche ermittelte Wert war signifikant, was die „Wahrheit" der Theorie durch die Vielzahl der Untersuchungsergebnisse bestätigt.

Generalisierbarkeit: Im Laufe der Jahre wurden viele Studien durchgeführt, durch die der Geltungsbereich der Theorie erweitert wurde. Beispielsweise war das Konzept zunächst nur auf Entscheidungen mit Risiken bezogen und wurde später auf risikolose Entscheidungen ausgedehnt (Tversky und Kahneman 1991). Weitere Studien haben die Idee auf verschiedene Bereiche wie Transport oder Gesundheitswesen angewendet.

Modifikation: In vielen Studien wurde die Theorie modifiziert. Dabei wurden verschiedene Variablen als potenzielle Moderatoren der Verlustaversion untersucht. Um beispielsweise den Wert eines Produkts zu bewerten, können Entscheider*innen entweder interne Referenzpunkte (d. h. vergangene Informationen in ihrem Gedächtnis) oder externe Referenzpunkte (d. h. aktuelle Informationen, die zum Zeitpunkt des Kaufs bereitgestellt wurden) verwenden. Wenn Entscheider*innen externe Referenzpunkte verwenden, zeigen sie eine größere Verlustaversion als diejenigen, die interne Referenzpunkte verwenden (Mazumdar und Papatla 2000). Neumann und Böckenholt (2014) haben in ihrer Metaanalyse unter anderem gezeigt, dass der Grad der Verlustaversion unter anderem von Produkt- und Entscheidereigenschaften abhängt (d. h. dass es „boundary conditions" bzw. Modifikationen gibt).

Informationsgehalt: Neumann und Böckenholt (2014) haben in ihrer Metaanalyse einen durchschnittlichen Kennwert von 1,5 ermittelt, der das Verhältnis der Reaktionen von Entscheider*innen gegenüber Verlusten im Vergleich zu Gewinnen beschreibt. Dieser Wert ermöglicht ein generelles Verständnis vom Ausmaß der Verlustaversion, variiert aber sehr stark zwischen den einzelnen Studien.

In der Zwischenzeit ist die Verlustaversion eine akzeptierte und wichtige Theorie, die ein wesentlicher Bestandteil der meisten Lehrbücher zum Verbraucherverhalten wurde (z. B. Hoyer et al. 2018). ◀

9.2 Spezifische Methoden bei der Theorie-Entwicklung

9.2.1 Replikationsstudien

Unter **Replikationsstudien** als einer Methode im Rahmen der Theorie-Entwicklung versteht man die Wiederholung einer wissenschaftlichen Studie mit dem Ziel, eine Reproduzierbarkeit der Ergebnisse zu zeigen bzw. infrage zu stellen. Dabei unterscheiden sich Replikationsstudien von der Originalstudie nicht im Untersuchungsgegenstand, oftmals aber hinsichtlich einiger Aspekte der Vorgehensweise. Durch (erfolgreiche) Replikationsstudien erreicht man eine gewisse Unabhängigkeit der Ergebnisse von Stichprobenfehlern, aber auch von Spezifika der Untersuchungsmethoden, den Einflüssen einzelner Personen und zumindest vom Untersuchungszeitpunkt. Hier sei an die im Abschn. 2.5 angesprochene Bedingung für induktive Schlussweisen – in dieser Perspektive von einzelnen Untersuchungsergebnissen auf generellere Aussagen – erinnert, die darin bestand, dass Beobachtungen unter verschiedenen Rahmenbedingungen zum gleichen Ergebnis führen sollen.

Hintergrundinformation

Helen Longino (2019, S. 6) kennzeichnet die grundlegende Bedeutung von Replikationsstudien:

„Gutachten (‚peer reviews') und Replikationen sind Methoden, die die ‚scientific community' (…) einsetzt, um den Anwender*innen wissenschaftlicher Forschung Sicherheit zu geben, dass Forschungsarbeiten vertrauenswürdig sind. (…) Ein Gesichtspunkt, der noch von Philosoph*innen beachtet werden muss, ist die Lücke zwischen dem Ideal der Replikation, das zur Bestätigung, Modifikation oder Zurückziehung führt, und der Realität. Dieses Ideal bildet den Hintergrund für die Annahme der Wirksamkeit von Strukturen der Belohnung und Sanktionierung. Nur wenn Forschende glauben, dass ihre Forschungsergebnisse durch Bemühungen zu deren Replikation überprüft werden, wird die Drohung mit Sanktionen gegen fehlerhafte oder betrügerische Forschung realistisch sein."

Hunter (2001) unterscheidet folgende **Arten von Replikationen:**

- *Statistische Replikationen* beziehen sich auf exakte Wiederholungen früherer Studien mit dem Ziel, die Genauigkeit von statistischen Ergebnissen auf Basis einer Reduktion des Stichprobenfehlers durch die damit erfolgte Vergrößerung der Stichprobe zu bestimmen.
- *Wissenschaftliche Replikationen* beziehen sich auf Studien, die äquivalente, aber nicht identische Methoden bei der Wiederholung früherer Studien anwenden.
- *Konzeptuelle Replikationen* sind Replikationsstudien mit bewussten Veränderungen gegenüber der Original-Studie. Die Veränderung erfolgt z. B. durch Einbeziehung zusätzlicher Variabler zum Zweck der Prüfung weiterer möglicher Einflussfaktoren bzw. durch sogenannte Moderatorvariablen, die den Geltungsbereich der bisherigen Befunde entweder einschränken oder generalisieren.

Hintergrundinformation

Kerlinger und Lee (2000, S. 365) zu Wesen und Bedeutung von Replikationsstudien:

„Wann immer möglich, sollte man Replikationsstudien durchführen. … Das Wort Replikation wird an Stelle von Wiederholung benutzt, weil bei einer Replikation, obwohl die ursprüngliche Beziehung erneut untersucht wird, bei der Untersuchung andere Teilnehmende beteiligt sind, etwas andere Bedingungen herrschen und sogar weniger, mehr oder andere Variable einbezogen werden."

Obwohl Replizierbarkeit von Untersuchungen offensichtlich eine wichtige Voraussetzung für wissenschaftliche Akzeptanz ist, scheitern Replikationsversuche häufig. Auch in der betriebswirtschaftlichen Forschung sind die **Erfolgsquoten von Replikationsstudien** ähnlich niedrig (z. B. Hubbard und Vetter 1996; Hubbard et al. 1998). Aus den gescheiterten Replikationsversuchen zu schließen, dass man den Ergebnissen der Wissenschaft nicht trauen könne, wäre aber etwas voreilig. Denn es gibt sehr verschiedene Gründe dafür, dass in einer Replikationsstudie andere Ergebnisse erzielt werden als in der ursprünglichen Studie (siehe Eisend et al. 2016; Lynch et al. 2015):

- Empirische Studien beruhen in der Regel auf Stichproben und ihre Ergebnisse unterliegen daher einem **Stichprobenfehler.** Dass eine Replikationsstudie auf der Basis einer bestimmten Stichprobe zu einem nicht-signifikanten Ergebnis kommt, kann also dem Zufall geschuldet sein. Das signifikante Ergebnis der Originalstudie kann dann immer noch das Ergebnis sein, das man bei mehrfach wiederholten Replikationsversuchen meist erhalten würde. Wie aber lässt sich auf der Basis von widersprüchlichen Ergebnissen (d. h. auf der Basis eines signifikanten Ergebnisses aus der Originalstudie und eines nicht-signifikanten Ergebnisses aus der Replikationsstudie) entscheiden, ob die Original- oder die Replikationsstudie das „wahre" Ergebnis liefert? Dazu können die beiden Ergebnisse zusammengefasst und integriert werden in Form einer Metaanalyse (Lynch et al. 2015, zur Metaanalyse siehe Abschn. 9.2.2). Wenn das integrierte Ergebnis signifikant ist, dann spricht das für eine Bestätigung des signifikanten Ergebnisses der Originalstudie.
- Manche Studien werden nicht genau repliziert, weil die **Dokumentation der methodischen Details** der Originalstudie oftmals nicht ausreicht, um eine Studie detailgenau zu wiederholen. Eine unzureichende Dokumentation liegt unter anderem auch daran, dass die Darstellung von Studien in vielen wissenschaftlichen Zeitschriften sehr komprimiert ist. Auch kleine Abweichungen vom ursprünglichen Studiendesign, z. B. die Tageszeit zu der eine experimentelle Studie durchgeführt wird, bei der Emotionen oder Leistungen der Teilnehmenden gemessen werden, können die Ergebnisse einer Studie beeinflussen.
- Gerade bei konzeptuellen Replikationen versucht man den Geltungsbereich von Studienergebnissen über den Kontext der Originalstudie hinaus zu erweitern (d. h. zu generalisieren), indem man die Originalstudie entsprechend anpasst oder erweitert. Das kann z. B. eine Untersuchung in einem anderen kulturellen Kontext sein, bei einer demografisch anders zusammengesetzten Personengruppe oder mithilfe anderer Stimuli als in der Originalstudie. Wenn die Ergebnisse der Replikationsstudie von der Originalstudie abweichen, dann kann das an der **Kontingenz der Ergebnisse** liegen. Das heißt, die Ergebnisse der Originalstudie sind nur im Kontext der Originalstudie gültig (z. B. in den USA) nicht aber im Kontext der konzeptuellen Replikation (z. B. in Asien).
- Letztendlich besteht natürlich die Möglichkeit, dass die Ergebnisse der Originalstudie schlampig erhoben oder ausgewertet wurden oder dass die Forschenden die Ergebnisse sogar manipuliert oder gefälscht haben. **Fehler der Forschenden** oder **Fälschungen** führen dazu, dass das Vertrauen in Ergebnisse der Wissenschaft eingeschränkt wird. Sie stellen auch ein erhebliches ethisches Problem für die Wissenschaft dar, worauf in Kap. 10 noch genauer eingegangen wird.

Trotz der Bedeutung von Replikationsstudien für den wissenschaftlichen Erkenntnisprozess werden **nur relativ wenige Replikationsstudien publiziert.** So geben Evanschitzky et al. (2007) die Replikationsrate in den Jahren 1990 bis 2004 in führenden Marketing-Zeitschriften (Journal of Marketing, Journal of Marketing Research, Journal of

Consumer Research) mit 1,2 % an. D. h. dass nur 1,2 % aller Studien, die in diesem Zeitraum in diesen drei Zeitschriften veröffentlicht wurden, Replikationsstudien (im weitesten Sinne) darstellen. Im Vergleich dazu lag der Anteil an Replikationsstudien im Zeitraum von 1974 bis 1989 noch bei 2,3 %, d. h. die Replikationsrate hat sich über die Zeit halbiert.

Woran liegt es, dass so wenige Replikationen publiziert werden, obwohl ihre Bedeutung für die Wissenschaft so zentral ist? Hunter (2001) hebt als mögliche Ursache für das geringe Interesse an Replikationen bei den Forschenden und auch bei den Fachzeitschriften zwei Gesichtspunkte hervor und nennt auch die entsprechenden Gegenargumente:

- Vorwurf zu *„geringer Kreativität"* bei Replikationsstudien; Gegenargumente: Für solide Forschung ist eine entsprechend solide Wissensbasis notwendig; Kreativität ist nicht das einzige Kriterium für die Qualität von Forschung.
- Vorwurf zu *geringen Erkenntniszuwachses;* Gegenargument: Eine einzelne Studie mit den systematischen Problemen und Zufälligkeiten ihrer Ergebnisse ist eine zu schwache Wissensbasis. Dazu sei hier auch auf das im Abschn. 9.3.1 erläuterte induktiv-realistische Modell der Theorieprüfung verwiesen.

Wenn aber die Publikationschancen für Replikationsstudien gering sind, entfällt für die meisten Wissenschaftler*innen der entscheidende Anreiz für entsprechende Bemühungen. Hinzu kommt, dass eine Replikationsstudie, die ein möglicherweise viel beachtetes Ergebnis in einer anderen Studie infrage stellt, auch als offensiv oder gar als persönlicher Angriff auf die Autor*innen der Originalstudie verstanden werden kann. Daraus lässt sich möglicherweise auch erklären, dass die Bereitschaft von Forschenden ihren Kolleg*innen zu helfen, eine ihrer Studien zu replizieren, eher gering ist (Reid et al. 1982; Wicherts et al. 2006).

9.2.2 Metaanalyse

Ein besonders umfassender und methodisch weit entwickelter Ansatz der Ergebnisintegration und Generalisierungen, die für die Theorie-Entwicklung gebraucht werden, sind **Metaanalysen**. Man versteht darunter „quantitative Methoden der Zusammenfassung und Integration einer Vielzahl empirischer Befunde zu einem bestimmten Problem oder Phänomen" (Franke 2002, S. 233). Besonders prägnant und kennzeichnend ist die Kurz-Bezeichnung „Analyse von Analysen". Man geht dabei so vor, dass man möglichst viele (im Idealfall alle) einschlägigen empirischen Ergebnisse zu einer bestimmten Fragestellung oder Hypothese zusammenfasst und unter Berücksichtigung der unterschiedlichen Stichprobengrößen gewissermaßen ein „gemeinsames" Ergebnis berechnet. Dazu muss zunächst das Ergebnis aller Untersuchungen einheitlich dargestellt werden. Dies geschieht anhand von sogenannten **Effektstärken.** Wie in Abschn. 7.2 erklärt, sind Effektstärken eine quantitative Erfassung der Größe eines Phänomens mit dem man eine bestimmte Forschungsfrage adressiert (Kelley und Preacher 2012). Gängige Effektstärkenmaße sind Korrelationskoeffizienten, standardisierte Mittelwertdifferenzen oder Odds Ratios.

Hintergrundinformation

Lehmann et al. (1998, S. 746) zur Relevanz von Metaanalysen für die empirische Forschung:

„Einer der fruchtbarsten Untersuchungsansätze ist es herauszufinden, was aus früheren Studien zu lernen ist. Beispielsweise kann eine Werbeagentur, die in 237 Fällen die Wirkung einer Intensivierung der Werbung untersucht hat, mehr aus der Zusammenfassung der 237 Untersuchungen lernen als aus der Durchführung der 238. Untersuchung. Der Prozess der Zusammenfassung der Informationen aus früheren Studien wird bezeichnet als empirische Generalisierung und/oder Metaanalyse (d. h. Analyse früherer Analysen). Die zentrale Idee besteht darin, dass wir aus anderen (vergangenen) Situationen lernen können."

Mit der Metaanalyse werden Ergebnisse nicht nur integriert, sondern auch deren Unterschiedlichkeit und Variabilität **(„Heterogenität")** untersucht. Sind die Ergebnisse von verschiedenen Studien recht einheitlich („homogen"), dann kann man das in der Metaanalyse integrierte Gesamtergebnis als einen generalisierenden Befund auffassen, der zur Generalisierung der zugrunde liegenden Theorie beiträgt und in Forschung und Praxis entsprechend weiterverwendet werden kann (siehe zur Generalisierbarkeit einer Theorie Abschn. 9.3.2). Sind die einzelnen Ergebnisse sehr unterschiedlich („heterogen"), dann kann diese Unterschiedlichkeit im Rahmen der Metaanalyse untersucht und (teilweise) erklärt werden. Dies geschieht durch sogenannte Moderatorvariablen, deren Zusammenhang mit der Effektstärke untersucht wird (siehe Abb. 9.2).

Eine gängige Moderatorvariable ist z. B. das Untersuchungsdesign, anhand dessen unterschieden wird, ob das Untersuchungsergebnis in einem kontrollierten Laborexperiment ermittelt wurde oder in einer Feldstudie. Wenn man nun die gesamten Ergebnisse auf zwei Gruppen aufteilt (Ergebnisse aus Laborexperimenten und Ergebnisse aus Feldstudien), dann kann man die Ergebnisse aus den beiden Gruppen vergleichen. Ergibt sich ein signifikanter Unterschied, dann kann man davon ausgehen, dass sich die Gesamtergebnisse nicht über verschiedene Untersuchungsdesigns hinweg verallgemeinern lassen, sondern unterschieden werden müssen. Ergibt sich kein signifikanter Unterschied, lassen sich die Untersuchungsergebnisse über verschiedene Untersuchungsdesigns hinweg verallgemeinern. Durch die Verwendung von Moderatorvariablen lässt sich also die Heterogenität von Untersuchungsergebnissen reduzieren und möglicherweise sogar weitgehend aufklären. Die Unterschiedlichkeit der verwendeten Untersuchungen in einer Metaanalyse ist also kein Nachteil, sondern

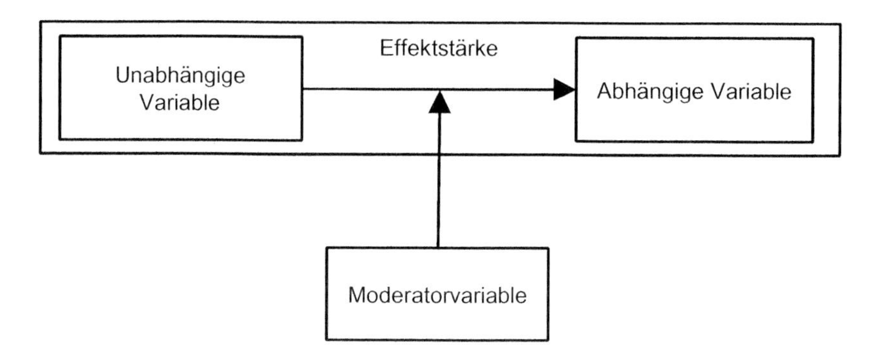

Abb. 9.2 Grundidee der Metaanalyse

eher ein Vorteil, weil auf diese Weise geklärt werden kann, ob das Gesamtergebnis unabhängig von den Spezifika einzelner Untersuchungen ist oder aber der Einfluss der Unterschiedlichkeit der Untersuchungen geprüft werden sollte.

Moderatorvariablen beziehen sich auf verschiedene Dimensionen der Generalisierung. In Abhängigkeit davon, ob der Moderator zu Homogenität oder Heterogenität der Ergebnisse innerhalb einer bestimmten Dimension führt, können die Ergebnisse entweder generalisiert werden (z. B. wenn die Ergebnisse nicht von der Untersuchungsmethode abhängen, können sie über Untersuchungsmethoden hinweg generalisiert werden) oder aber sie müssen unterschieden werden (z. B. wenn die Ergebnisse von der Untersuchungsmethode abhängen, dann können sie nicht über Untersuchungsmethoden hinweg generalisiert werden). Abb. 9.3 stellt dar, wie die Untersuchung von Homogenität und Heterogenität im Rahmen der Metaanalyse zur Generalisierung von Ergebnissen über verschiedene Dimensionen hinweg beiträgt.

Mithilfe von Metaanalysen lässt sich auch der sogenannte **Publication Bias** untersuchen. Dabei geht es um das empirisch häufig bestätigte Phänomen, dass nicht-signifikante Ergebnisse weniger häufig in Untersuchungen berichtet werden als signifikante Ergebnisse, denn nicht signifikante Resultate haben eine geringere Publikationswahrscheinlichkeit (einige Studien zum Publication Bias sind z. B. Ferguson und Brannick 2012; Keppes et al. 2012; Renkewitz et al. 2011). Deshalb neigen Forschende dazu, nicht-signifikante Ergebnisse erst gar nicht zu berichten (siehe zur ethischen Problematik Abschn. 10.2). Falls sie es doch tun, so haben diese nicht-signifikanten Ergebnisse eine geringere Wahrscheinlichkeit, erfolgreich den Begutachtungsprozess von Fachzeitschriften zu überstehen. Als Konsequenz aus dem Publication Bias ergibt sich, dass die Ergebnisse in veröffentlichten Studien verzerrt sind, d. h. dass sie in der Regel „zu stark" erscheinen, weil die „schwachen" Ergebnisse erst gar nicht veröffentlicht werden. Damit aber werden empirische Generalisierungen, bei denen es ja vor allem um die Größe eines Effekts geht, hinterfragbar.

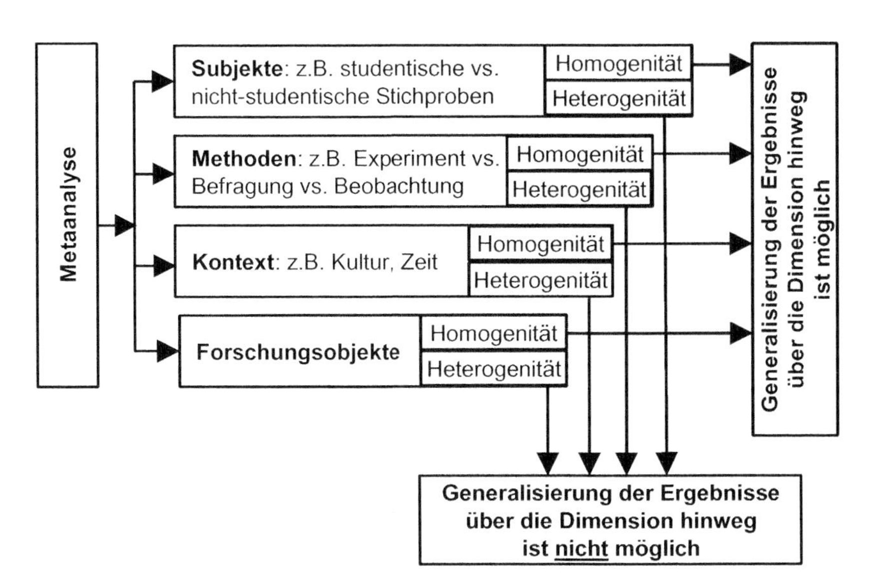

Abb. 9.3 Metaanalyse und die Generalisierung über verschiedene Dimensionen hinweg

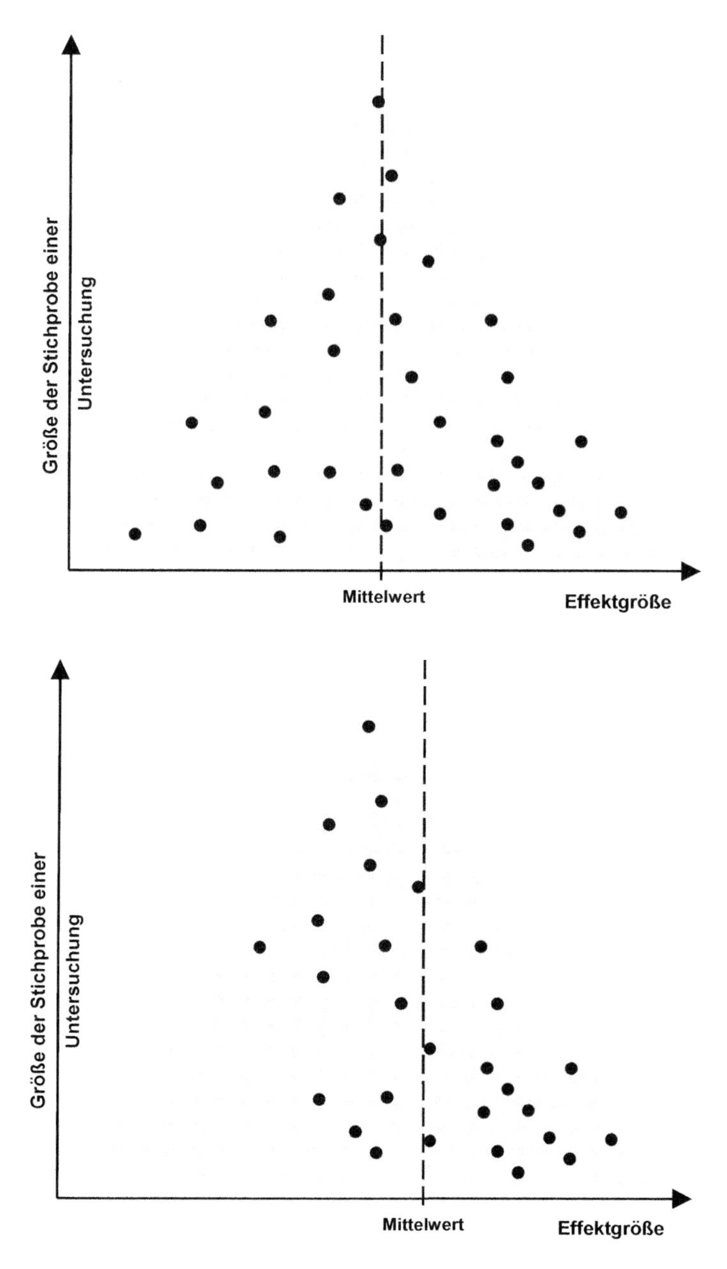

Abb. 9.4 Illustration des Publication Bias

Die Daten in einer Metaanalyse können im Hinblick auf den Publication Bias untersucht werden und dieser kann dann sogar korrigiert werden. Die Vorgehensweise dabei veranschaulicht die Abb. 9.4. In der sogenannten **„Trichtergrafik"** werden die Größe des Effekts und die Stichprobengröße der Untersuchung, aus der der Effekt stammt, gegeneinander abgetragen. Bei sehr kleinen Stichproben hat man sehr große Stichprobenfehler, daher ist die Varianz der Effektstärkenwerte (z. B. Korrelationen) um den Mittelwert herum recht stark. Die obere Trichtergrafik stellt ein Ergebnis einer Metaanalyse dar, bei der Effektstärkenwerte entsprechend ihrer Stichprobengröße erwartungsgemäß um den Mittelwert streuen. Die Verteilung sieht aus wie ein Dreieck oder ein Trichter (daher auch die Bezeichnung „Trichtergrafik"). In der unteren Trichtergrafik fehlen kleine Effektstärkenwerte, die auf kleinen Stichproben beruhen. Diese werden häufiger nicht signifikant als große Effektstärkenwerte oder Effektstärkenwerte, die auf großen Stichproben beruhen (siehe dazu Abschn. 7.2). In der unteren Trichtergrafik erkennt man also einen Publication Bias: die empirische Verteilung der Effektstärkenwerte weicht von der erwarteten, theoretischen Verteilung in der oberen Trichtergrafik ab. Die Abweichung ist systematisch, da ja gerade nicht signifikante Ergebnisse fehlen. Der eingezeichnete Mittelwert verdeutlicht auch, dass bei Vorliegen eines Publication Bias der in einer Metaanalyse ermittelte integrierte (d. h. gemittelte) Effekt nach oben verzerrt ist.

Aufgrund dieser Trichtergrafik lässt sich nicht nur feststellen, ob ein Publication Bias vorliegt. Mittlerweile gibt es ein umfangreiches Methodenarsenal (sehr ausführlich dokumentiert bei Rothstein et al. 2005), mit dem einen nach oben verzerrten Mittelwert (wie in der unteren Grafik in Abb. 9.4 dargestellt) korrigieren kann.

Bisher wurde die Metaanalyse hauptsächlich retrospektiv angewendet in dem Sinne, dass nur die bis zu einem Zeitpunkt vorliegenden Studienergebnisse zu einem Thema zusammengefasst wurden. Inzwischen wird in der Literatur vereinzelt schon vom „**metaanalytischen Denken**" gesprochen. Was ist damit gemeint? Es geht darum, dass die Forschenden nicht nur auf ihre eigene Untersuchung konzentriert sein sollen. Vielmehr wird die einzelne Untersuchung eher als *Beitrag* zu einem umfassenderen Forschungsprozess mit einer Vielzahl von (auch zukünftigen) Studien angesehen (Cumming 2012, 2015). Voraussetzung dafür ist sicher, dass die einbezogenen Studien mit den Details publiziert worden sind, die für die (spätere) Durchführung einer Metaanalyse benötigt werden (Cumming 2012, S. 194 f.). In dieser Perspektive sollen Autor*innen einer Studie bei einer Publikation also künftige Metaanalysen schon antizipieren und alle Angaben, die für eine Metaanalyse benötigt werden, zur Verfügung stellen.

Eine besonders informative Art der Darstellung von Ergebnissen einer Metaanalyse ist die sogenannte „**kumulative Metaanalyse**". Dabei handelt es sich um „eine Serie von Metaanalysen, bei der Studien zur Analyse in einer vorherbestimmten Reihenfolge hinzugefügt werden und Veränderungen der mittleren Effektstärken und ihrer Varianz verfolgt werden können" (Leimu und Koricheva 2004, S. 1961). Eine gängige dabei verwendete Reihenfolge bezieht sich auf das Publikationsjahr der jeweiligen Studie. Wenn man bei einer solchen kumulativen Metaanalyse feststellt, dass sich von einem bestimmten Zeitpunkt an die jeweiligen Werte nicht mehr stark verändern, dann deutet das darauf hin, dass zusätzliche Studien hier wenig Informationsgewinn bringen würden. Im Sinne einer evidenzbasierten Forschung (siehe Abschn. 9.1) würde der Schwerpunkt künftiger Forschung dann wohl woanders liegen.

9.3 Dimensionen der Theorie-Entwicklung

9.3.1 Bestätigung oder Bezweiflung einer Theorie

Für die zentrale Frage der empirischen Bestätigung oder Bezweiflung einer Theorie (--> Wahrheit der Theorie ?) auf Basis des WR liegt ein ausgearbeitetes Modell vor, konzipiert von Shelby Hunt (2011, 2012). Dieses „induktiv-realistische Modell" ist wesentlich detaillierter ausgeführt als das diesem Kapitel zugrunde liegende allgemeinere Modell, das in Abb. 9.1 dargestellt ist. Insbesondere werden die einzelnen Schritte der Gegenüberstellung von Theorie und Empirie beleuchtet. Dagegen werden die Gesichtspunkte der Modifikation, der Anreicherung des Informationsgehalts und die Frage der Generalisierbarkeit einer Theorie nicht detailliert behandelt. Zunächst folgt eine kurze Charakterisierung des Modells, weiterhin wird das Modell in Abb. 9.5 dargestellt und es folgen entsprechende Erläuterungen.

Die Bezeichnung „induktiv-realistisches Modell" gibt schon einigen Aufschluss über dessen zentrale Merkmale (siehe vor allem Hunt 2015). Was bedeuten nun die einzelnen Bestandteile dieses Namens?

„induktiv": Dieser Begriff bezieht sich auf die Schlussweise, die dem Modell zugrunde liegt und lässt sich anhand eines Zitats von Ernan McMullin (1984, S. 26) gut nachvollziehen: „Der grundlegende Anspruch des wissenschaftlichen Realis-

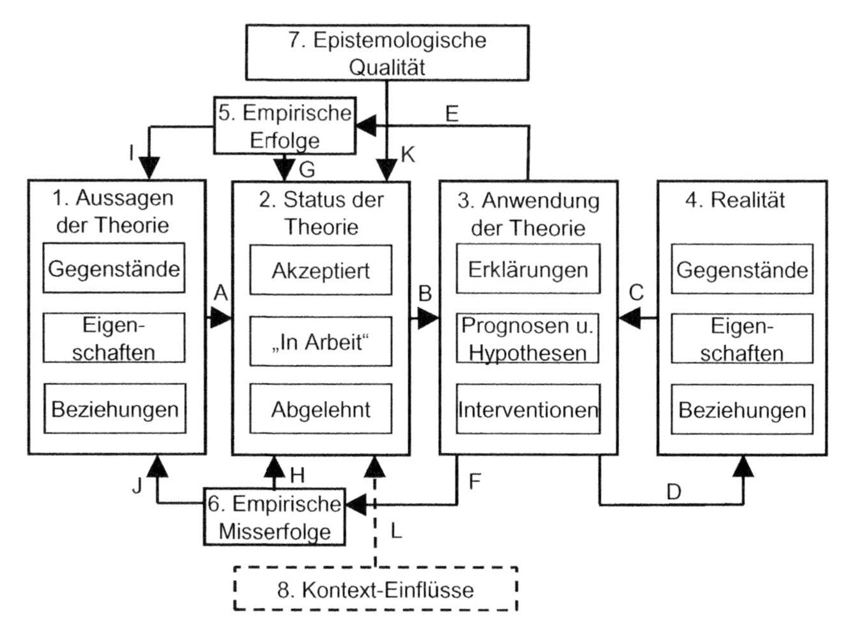

Abb. 9.5 Induktiv-realistisches Modell der Theorieprüfung. (Quelle: Hunt 2012, S. 9; mit kleinen Veränderungen)

mus besteht darin, dass der langfristige Erfolg einer wissenschaftlichen Theorie Grund zu der Annahme gibt, dass etwas wie die Gegenstände und Strukturen, die von der Theorie unterstellt werden, tatsächlich existiert" (siehe Abschn. 3.2). Hier erkennt man deutlich die Merkmale einer induktiven Schlussweise (siehe dazu Abschn. 2.5), weil eben der „langfristige Erfolg einer Theorie" als Basis für die Annahme von deren (weitgehender) Richtigkeit dient. Analog wird bei der Anwendung des Modells von empirischen Erfolgen und Misserfolgen auf die Akzeptanz bzw. Ablehnung einer Theorie geschlossen.

„realistisch": Dieser Begriff ruft in Erinnerung, dass Aussagen über eine Realität gemacht werden, die unabhängig von deren Wahrnehmung und Interpretation durch Wissenschaftler*innen existiert (siehe Abschn. 3.2).

„Modell": Es handelt sich um ein Modell in dem Sinne, dass der Prozess der Theorieprüfung in *vereinfachter* Form dargestellt wird (siehe Abschn. 2.1).

Hier nun die Erläuterungen zu dem Modell von Hunt (2012). Man erkennt zunächst die vier Boxen 1 bis 4, die für eine Theorie, den Status der Theorie, Anwendungen der Theorie und die Realität (im Original „External World", was aber nach persönlicher Auskunft von Shelby Hunt weitgehend synonym mit Realität gebraucht wird) stehen. Box 4 enthält (reale) „Gegenstände" (z. B. Unternehmen, Marken), „Eigenschaften" (z. B. Eigenschaften der Unternehmen und Marken) und „Beziehungen" zwischen Gegenständen, ihren Eigenschaften und untereinander. Da sich Theorie und Realität möglichst weitgehend entsprechen sollen, überrascht es nicht, dass der Inhalt von Box 1 mit dem von Box 4 korrespondiert. Box 1 enthält die den Gegenständen mit ihren Eigenschaften aus Box 4 entsprechenden gedanklichen Konzepte und als „Beziehungen" die theoretischen Vermutungen über Zusammenhänge. Wenn hinreichende Übereinstimmung von Theorie und Realität vorliegt, spricht man von (approximativer) Wahrheit (Hunt 2010, S. 287) der Theorie (siehe Abschn. 3.2).

Box 3 („Anwendung der Theorie") enthält ganz andere Elemente. Es sind dies die drei hauptsächlichen Anwendungsmöglichkeiten von Theorien auf reale Phänomene:

- **Erklärungen** (siehe Abschn. 2.3.2). Dabei geht es um Fragen nach dem „Warum" für das Auftreten bestimmter realer Phänomene (Beispiel: „Warum führt ein hoher relativer Marktanteil zu Kostenvorteilen?").
- **Prognosen und Hypothesen.** Hier geht es einerseits um die Nutzung von (theoretischem) Wissen über Wenn-Dann-Beziehungen für Aussagen über zukünftige Phänomene bei Vorliegen bestimmter Bedingungen (Beispiel: „Wenn die Arbeitszufriedenheit steigt, dann müsste die Fluktuation von Mitarbeiter*innen sinken."). Andererseits sind Hypothesen ja (theoretisch basierte) Vermutungen über Ausprägungen und Zusammenhänge von Phänomenen unter bestimmten Bedingungen und sind in diesem Sinne *Prognosen* für den Fall, dass diese Bedingungen gegeben sind.
- **Interventionen** beziehen sich auf Maßnahmen – häufig getroffen auf Basis theoretischer Erkenntnisse oder Erfahrungen –, die die Realität beeinflussen bzw.

verändern. Beispielsweise kann das Wissen um die Bedeutung von Mitarbeiter weiterbildungsmaßnahmen dazu führen, dass ein*e Manager*in entscheidet, die Arbeitsleistung der Mitarbeiter*innen (in der Realität) durch mehr Angebot an Weiterbildungsmaßnahmen positiv zu beeinflussen.

Box 2 („Status der Theorie") kennzeichnet unterschiedliche Einschätzungen einer Theorie in der jeweiligen „scientific community". Die Kategorie *„akzeptiert"* bedeutet, dass eine Theorie angemessen bewährt ist und als die beste verfügbare Theorie für das entsprechende Gebiet angesehen wird, was natürlich weitere Tests nicht ausschließt (Fallibilismus, siehe Abschn. 1.2). Eine solche Theorie ist am ehesten die Grundlage für die in Box 3 angesprochenen Erklärungen, Prognosen und (praktischen) Interventionen. Die Kategorie *„In Arbeit"* bezieht sich auf Theorien, die noch nicht voll etabliert sind und noch weiterentwickelt und getestet werden. Es dürfte nicht weiter überraschen, dass *„abgelehnte"* Theorien allenfalls in Ausnahmefällen noch verwendet werden.

Die Boxen 5 und 6 zeigen die Häufigkeiten bzw. Anteile von erfolgreichen und nicht erfolgreichen Anwendungen einer Theorie. Je nach Ergebnis führt das (viele „Erfolge") bei wissenschaftlichen Realist*innen zu der Stärkung der Annahme *(Pfeil G)*, dass entsprechende Gegenstände, Eigenschaften und Strukturen in der Realität tatsächlich existieren oder (bei zu vielen „Misserfolgen") zur Verstärkung von Zweifeln hinsichtlich der Wahrheit der Theorie *(Pfeil H)*.

Nun zu den anderen im Modell enthaltenen Beziehungen, die durch Pfeile dargestellt sind:

- *Pfeil A* stellt dar, dass im Lauf der Zeit Theorien überprüft werden, sich mehr oder weniger bewähren und dem entsprechend (vorläufig) Akzeptanz finden oder eher abgelehnt werden.
- *Pfeil B* steht für die Nutzungen von Theorien zur Erklärung, Prognose und Intervention bzw. für Hypothesentests bei Theorien „in Arbeit".
- *Pfeil C* symbolisiert die „Rückmeldungen" aus der Realität auf Versuche zur Erklärung, Prognose oder Intervention und stellt sich direkt als Erfolg oder Misserfolg dar.
- *Pfeil D* zeigt, dass sich insbesondere Interventionen (z. B. eine Preissenkung auf Basis einer Prognose mithilfe einer Preis-Absatz-Funktion) direkt auf die Realität (also Märkte, Wettbewerber etc.) auswirken.
- *Pfeile E und F* zeigen, dass die Anwendungen einer Theorie als Erfolg (z. B. eine zutreffende Prognose) oder Misserfolg (z. B. eine Intervention, die nicht das erwartete Ergebnis hat) in die weitere Beurteilung dieser Theorie einfließen.
- *Pfeile G und H* stellen die Auswirkungen von Erfolgen oder Misserfolgen auf die zu- oder abnehmende Akzeptanz einer Theorie dar.
- *Pfeile I und J* stehen für die Auswirkungen von Erfolgen und Misserfolgen auf die weitere Gestaltung einer Theorie durch Modifikationen, Verfeinerungen, Ergänzungen etc.

In dessen aktuellster Fassung hat Shelby Hunt (2012) seinem induktiv-realistischen Modell noch zwei Boxen und entsprechende Pfeile hinzugefügt, die mit der empirischen Bewährung einer Theorie nichts zu tun haben, durch die aber wesentliche Ergebnisse der wissenschaftstheoretischen Diskussion der vergangenen Jahrzehnte in das Modell integriert wurden. Box 7 mit der vielleicht etwas fremd klingenden Bezeichnung „epistemologische Qualität" und Pfeil K beziehen sich darauf, dass das Ausmaß der Akzeptanz einer Theorie nicht nur von deren empirischer Bewährung abhängt, sondern auch von anderen Qualitätsmerkmalen (z. B. logische Korrektheit, Präzision, Informationsgehalt). Ähnlich irritierend wirkt auf den ersten Blick die Bezeichnung „Kontext-Einflüsse" für Box 8 mit Pfeil L. Damit knüpft Hunt an schon angesprochene Argumente zur Relevanz des sozialen/historischen Kontexts oder von Theoriebeladenheit (siehe Abschn. 3.3) an. Durch die gestrichelten Linien deutet er an, dass er darin nicht einen Beitrag zur wissenschaftlichen Erkenntnisgewinnung sieht, sondern eher das Gegenteil. Weitere Einflussfaktoren in diesem Sinne sind unethisches Verhalten von Wissenschaftler*innen (z. B. Datenmanipulation, Nachlässigkeit, siehe Kap. 10) sowie politische oder gesellschaftliche Normen und Einflüsse von Geldgebenden der Forschung.

Beispiel

Auf der Basis des induktiv-realistischen Modells von Hunt (2012) sei die Vorgehens- und Schlussweise am Beispiel des wohlbekannten Zusammenhanges von Einstellungen und Verhalten illustriert. Es wird zunächst davon ausgegangen, dass (die „Gegenstände") Einstellungen und Verhaltensabsichten mit den „Eigenschaften" negativ/positiv bzw. schwache oder starke Verhaltensabsicht sowie der entsprechende Zusammenhang (→ „Beziehungen") in der Realität (→ Box 4) existieren könnte, von Forschenden wahrgenommen wird und zur Theoriebildung führt. Wenn nun eine solche Theorie existiert (→ Box 1), dann kann diese genutzt werden (→ Box 3), um Erklärungen zu finden, Prognosen zu entwickeln und Interventionen vorzubereiten. Hier einige Beispiele dazu:

- Unterschiedliches Anlageverhalten verschiedener Personen wird durch unterschiedlich ausgeprägte Einstellungen z. B. gegenüber Finanzprodukten *erklärt.*
- Auf der Basis einer positiven Veränderung von Einstellungen wird eine korrespondierende Entwicklung des Anlageverhaltens *prognostiziert* bzw. in einer empirischen Untersuchung wird eine entsprechende *Hypothese* getestet.
- Anlageberater*innen benutzen den theoretisch unterstellten Zusammenhang von Einstellungen und Anlageverhalten als gedankliche Grundlage für eine *Intervention* (z. B. verstärkte Kommunikation) zur Veränderung von Einstellungen mit der entsprechenden Wirkung auf Anlageverhalten. Es zeigt sich im Anschluss (Pfeil C), ob die Anwendungen der Theorie erfolgreich waren:

- *Erklärung:* Hatten die Personen, die sich für eine bestimmte Anlagemöglichkeit entschieden haben, tatsächlich positivere Einstellungen?
- *Prognose bzw. Hypothese:* Ist der Anteil der Anleger*innen nach der positiven Entwicklung der Einstellungen tatsächlich gestiegen? Hat sich in der Untersuchung die Hypothese bestätigt?
- *Intervention:* Führte die Verstärkung der Kommunikation über positive Einstellungsänderungen tatsächlich zu erhöhtem Anlageverhalten?

In Abhängigkeit von den Anteilen der „Erfolge" und „Misserfolge" der Theorie steigt oder fällt die Akzeptanz dieser Theorie oder die Neigung, sie zu modifizieren oder ganz abzulehnen (Box 2).

Welche Rolle können dabei die Boxen 7 und 8 spielen? Box 7 bezieht sich auf Kriterien wie logische Konsistenz, Einfachheit oder Informationsgehalt der Einstellungstheorie. Ein Beispiel für die Wirkung von Box 8 könnte sein, dass die Einstellungstheorie nicht mehr infrage gestellt wird, weil deren Akzeptanz bisher schon sehr gefestigt ist. ◀

Wesentlich für den bisherigen Status einer Theorie ist also die *Relation* von „Erfolgen" und „Misserfolgen" bei der Theorieprüfung. In den Fällen mit deutlichem Übergewicht der einen oder anderen Art von Ergebnissen (bei insgesamt hinreichend großer Zahl von empirischen Tests) resultiert daraus in der Regel „Theorie akzeptiert" bzw. „Theorie abgelehnt". In Situationen, in denen erst (zu) wenige Tests erfolgt sind oder kein deutliches Übergewicht von „Erfolgen" oder „Misserfolgen" erkennbar ist, wäre weitere empirische Forschung die angemessene Reaktion („Theorie in Arbeit"). Durch das induktiv-realistische Modell wird somit deutlich, dass der *Prozess* zunehmender (oder abnehmender) empirischer Bestätigung in der Perspektive des wissenschaftlichen Realismus für den Grad der Akzeptanz einer Theorie zentrale Bedeutung hat. Deswegen spielt der im Abschn. 9.2.2 erörterte Ansatz zur Kumulation empirischer Ergebnisse (Metaanalyse) eine wichtige Rolle.

9.3.2 Generalisierbarkeit einer Theorie

In Verbindung mit den anderen hier skizzierten Dimensionen der Theorie-Entwicklung stellt sich die Frage nach dem Geltungsbereich bzw. nach den Anwendungsbedingungen von Theorien. Gilt eine Theorie z. B. unabhängig von ökonomischen oder kulturellen Rahmenbedingungen oder gilt die Theorie nur, wenn bestimmte Bedingungen gegeben sind?

Eine Theorie sollte normalerweise möglichst weitgehend verallgemeinerbar bzw. generalisierbar sein. Eine generalisierbare Theorie ist im Idealfall anwendbar auf verschiedene Untersuchungseinheiten (z. B. auf verschiedene Personen oder Organisationen), auf verschiedene Untersuchungsgegenstände (z. B. unterschiedliche

Marken, unterschiedliche Investitionsentscheidungen), in verschiedenen Kontexten (z. B. in verschiedenen Ländern) und auch bestätigt bei der Verwendung verschiedener Untersuchungsmethoden (z. B. Experimente, Befragungen). Eine Theorie, die nur bei bestimmten Untersuchungseinheiten und -gegenständen, in bestimmten Kontexten und bei der Anwendung bestimmter Untersuchungsmethoden zutrifft, ist offensichtlich weniger wertvoll als eine stark generalisierbare Theorie. Das soll aber nicht heißen, dass eine Theorie, die für unterschiedliche Untersuchungseinheiten etc. unterschiedliche Erklärungen und Voraussagen liefert, nicht nützlich sein kann. Vielmehr liefert eine eingeschränkte Generalisierbarkeit einen Hinweis darauf, dass die Theorie „in Arbeit" ist und evtl. modifiziert werden könnte. Im Bereich von Anwendungen in der Praxis ist oftmals das Interesse an einer Generalisierbarkeit relativ gering, weil es hier ausreichend sein kann, Aussagen nur über die jeweils relevanten Märkte, Produktionsprozesse, Managementprobleme etc. der eigenen Branche zu machen.

Der Aspekt der Generalisierbarkeit von Theorien und empirischen Ergebnissen ist in diesem Buch schon an einigen Stellen angesprochen worden. Dabei ging es im Abschn. 8.3.2 um externe Validität, also um die Übertragbarkeit von Untersuchungsergebnissen auf andere Personen, Situationen etc.; im Abschn. 9.2.2 stand im Zusammenhang der Metaanalyse die Voraussetzung der Homogenität von Ergebnissen in verschiedenen Dimensionen (Versuchspersonen, angewandte Untersuchungsmethoden, Kontexte, Untersuchungsgegenstände) als Voraussetzung für Generalisierungen hinsichtlich der jeweiligen Dimension im Mittelpunkt.

In einer bestimmten Perspektive ist die Generalisierbarkeit gewissermaßen das Gegenstück zur in diesem Buch schon mehrfach erwähnten Operationalisierung, die für den empirischen Test theoretischer Aussagen eine zentrale Rolle spielt. Das liegt daran, dass es für die Überprüfung von Theorien in der Realität notwendig ist, den abstrakten theoretischen Konzepten durch den Einsatz entsprechender Methoden konkrete Messungen zuzuordnen und die Ergebnisse dieser Messungen im Hinblick auf die verwendeten Hypothesen zu analysieren. Der Prozess der Operationalisierung ist also gleichzeitig ein Prozess der Konkretisierung und damit der Einengung des (theoretischen) Untersuchungsgegenstandes. Beispielsweise wird auf diesem Weg aus einer theoretischen und damit eher allgemeinen Frage nach dem Zusammenhang von Produktqualität und wirtschaftlichem Erfolg z. B. eine konkrete Untersuchungsfrage zur Korrelation zwischen der Qualitätswahrnehmung und der Zahlungsbereitschaft von Konsument*innen bei bestimmten Produkten. Darüber hinaus wird die entsprechende Untersuchung zu einem bestimmten Zeitpunkt, in einem bestimmten Umfeld, mit bestimmten Methoden etc. durchgeführt. Es stellt sich die Frage, welche Aussagekraft eine solche spezifische Untersuchung für die allgemeinere Fragestellung hat, die am Anfang stand. Es schließt sich also die Frage der Generalisierbarkeit der Ergebnisse an. Dabei ist der Gedanke naheliegend, dass man im Hinblick auf diese Frage eben mehrere möglichst unterschiedlich spezifische Untersuchungen durchführt, um einschätzen zu können, wo die Grenzen der Anwendbarkeit einer Theorie liegen.

Im vorliegenden Abschnitt geht es also um den Geltungsbereich von Theorien, hier um die Bestimmung der Rahmenbedingungen, unter denen die jeweilige Theorie Geltung beansprucht. In der internationalen Literatur spricht man dabei von „boundary conditions"; im Folgenden soll dafür der deutschsprachige Begriff „Rahmenbedingungen" verwendet werden.

David Whetten (1989, S. 492) kennzeichnet ein breites Spektrum von Rahmenbedingungen mit den Stichworten „wer, wo, wann", deren Gehalt hier kurz charakterisiert sei:

Wer? Für welche Personen, Gruppen, Organisationen etc. gelten die Aussagen einer Theorie?

Wo? Unter welchen Gegebenheiten (kulturelles Umfeld, Marktsituation, Unternehmensgröße etc.) gelten die Aussagen einer Theorie?

Wann? Zu welcher Zeit (Phase eines Entwicklungsprozesses, Beginn des Einflusses neuer Technologien etc.) gelten die Aussagen einer Theorie?

Hintergrundinformation

Whetten (1989, S. 492) definiert die Rahmenbedingungen (boundary conditions) einer Theorie folgendermaßen:

„Wer, wo, wann. Diese Bedingungen bezeichnen Begrenzungen für die Aussagen einer Theorie. Solche zeit- und kontextbezogenen Faktoren legen die Grenzen der Generalisierbarkeit fest und bestimmen damit den Anwendungsbereich einer Theorie."

Busse et al. (2017, S. 380) legen den Fokus stärker auf die Wirkung (Funktion) der Einhaltung von Rahmenbedingungen auf die Genauigkeit der Vorhersagen, die eine Theorie macht:

„Der Einfluss der Rahmenbedingungen einer bestimmten Theorie kennzeichnet die Genauigkeit der theoretischen Vorhersagen für jeden Kontext. Insofern beschreiben sie die Generalisierbarkeit einer Theorie bei verschiedenen Kontexten."

Die Rahmenbedingungen einer Theorie können von Beginn an als Bestandteil der Theorie formuliert werden (Beispiel: „...in einem freien Markt ohne staatlichen Einfluss...") oder können erst im Lauf der Anwendung der Theorie (z. B. bei empirischen Studien) in Erscheinung treten und explizit gemacht werden, um den Bereich, für den die Theorie gelten soll, genauer festzulegen (Jaccard und Jacoby 2020, S. 438). Das kann sich sowohl auf Einschränkungen als auch auf Erweiterungen der Generalisierbarkeit der Theorie beziehen (Busse et al. 2017). Generell wird wohl eher ein Zuwachs an Generalisierbarkeit angestrebt, weil damit – durch einen größeren Anwendungsbereich einer Theorie – ein Erkenntniszuwachs und gleichzeitig dessen Vereinfachung (eine einzelne Theorie für zahlreiche zu erklärende Phänomene) erreicht wird.

Hintergrundinformation

Whetten (1989, S. 492) illustriert die Relevanz der Feststellung von Rahmenbedingungen einer Theorie:

„Forschende, die die Wirkungen von Zeit und Kontext auf Menschen oder Ereignisse untersuchen, stellen bohrende Fragen wie die folgenden: Gelten die Ergebnisse auch für Japan? Für die Gruppe der Industrie-Arbeiter*innen? Oder auch im Zeitablauf? Unglücklicherweise kümmern sich nur wenige Theoretiker*innen um die Begrenzungen durch die Rahmenbedingungen ihrer Ergebnisse. Bei den Bemühungen um Verständnis sozialer Phänomene neigen sie dazu, nur vertraute Umfelder zu einem bestimmten Zeitpunkt zu betrachten."

Die Generalisierbarkeit einer Theorie ist nicht zuletzt dann fragwürdig, wenn die Theorie weitgehend unter gleichen oder sehr ähnlichen Bedingungen getestet wurde. Um eine Theorie tatsächlich generalisieren zu können, muss diese auch in unterschiedlichen Kontexten, bei verschiedenen Auskunfts- oder Versuchspersonen etc. geprüft werden. Die im obigen Zitat von David Whetten angesprochene (zu) enge Fokussierung theoretischer und empirischer Forschung ist nicht zuletzt daran erkennbar, dass die weitaus meisten betriebswirtschaftlichen Studien in westlichen industrialisierten Ländern (mit entsprechenden ökonomischen und sozialen Bedingungen) durchgeführt werden. Es bleibt damit weitgehend unklar, ob die jeweilige Theorie auch für Länder mit hohem Anteil von Analphabeten, für landwirtschaftliche Kleinstbetriebe oder für Volkswirtschaften mit überwiegend staatlicher Lenkung (usw., usw.) Aussagekraft hat. Die Studien von Arnett (2008) und Henrich et al. (2010) stellen eindrucksvolle Beispiele für dieses Problem dar. Möglicherweise ist die bisher geringe Beachtung von Rahmenbedingungen auch dadurch zu erklären, dass man sich früher in den Wirtschaftswissenschaften stärker am Leitbild des „homo oeconomicus" orientierte, der/die sich – unabhängig von irgendwelchen Rahmenbedingungen – vollständig informiert und rational ausschließlich auf die Maximierung seines Nutzens bzw. Erfolges konzentrierte.

Jeffrey Arnett (2008) hat für die Jahre 2003 bis 2007 in sechs international führenden psychologischen Zeitschriften u. a. untersucht, aus welchen Ländern die jeweiligen Auskunfts-/Versuchspersonen stammten. Es zeigte sich, dass in 68 % der Studien Stichproben aus den USA verwendet wurden, obwohl die US-Bevölkerung nur etwa 5 % der Weltbevölkerung ausmacht. Eine speziellere Analyse für das „Journal of Personality and Social Psychology" ergab, dass sich in 67 % bis 80 % der publizierten Studien die Stichproben nur aus Studierenden der Psychologie zusammensetzten. Wenn man beide Aspekte zusammenführt, dann kann man – deutlich zugespitzt – sagen, dass sich ein großer Teil des entsprechenden Wissens hauptsächlich auf empirischen Untersuchungen bei amerikanischen Psychologie-Studierenden stützt. Zu entsprechenden Ergebnissen kam die deutlich breiter angelegte und stark beachtete Untersuchung von Henrich et al. (2010). Im Mittelpunkt stehen dabei zahlreiche Studien aus Psychologie und ökonomischer Verhaltensforschung, die hauptsächlich in „WEIRD-Gesellschaften" (Western, Educated, Industrialized, Rich, Democratic) stattfinden. Da der englischsprachige Begriff „weird" eigentlich „fremd, seltsam, merkwürdig" bedeutet, wird dadurch angedeutet, dass diese Gesellschaften in globaler Sichtweise eher exotisch als typisch sind. Henrich et al. (2010) schätzen auf Basis einschlägiger Daten, dass etwa 96 % aller für psychologische Untersuchungen verwendeten Stichproben aus einer Grundgesamtheit von nur 12 % der weltweiten Gesamtpopulation gezogen sind.

Beispiel

Hier folgen einige wenige Beispiele für das Problem, dass erhebliche Teile der entsprechenden Populationen auch bei betriebswirtschaftlichen Untersuchungen allenfalls teilweise erfasst werden. Dabei wird von der Definition eines Betriebes von Wöhe et al. (2016, S. 30) ausgegangen: „Als Betrieb bezeichnet man eine planvoll organisierte Wirtschaftseinheit, in der Produktionsfaktoren kombiniert werden, um Güter und Dienstleistungen herzustellen und abzusetzen." Vor diesem Hintergrund entstehen erhebliche Zweifel, ob Betriebe oder betriebliche Probleme in der Literatur umfassend genug behandelt und empirisch untersucht werden.

Beispiele für also entsprechende Fragen:

- Wie werden in kleinen Familienbetrieben Probleme der Personalplanung, Mitarbeiter*innenmotivation, des Arbeitsentgelts behandelt?
- Welche Wachstumsstrategien gibt es für zentralafrikanische Kleinbauer*innen?
- Welche Erkenntnisse bringt die Konsumforschung hinsichtlich des Konsumverhaltens nordkoreanischer Fabrikarbeiter*innen? ◀

9.3.3 Modifikation einer Theorie

Als „Modifikation" wird hier die Veränderung einer Theorie, die „in Arbeit" ist, durch Hinzufügung oder Elimination von Konzepten und Beziehungen verstanden; dazu gehört auch das Hinzufügen oder die Elimination von Moderatoren und Mediatoren (siehe Abschn. 8.2). Wenn sich zum Beispiel bei einer Vielzahl von Untersuchungen zeigt, dass ein theoretisch vermuteter Zusammenhang kaum auftritt bzw. nicht über verschiedene Dimensionen hinweg generalisieren lässt (siehe Abschn. 9.3.2), dann wird man das zum Anlass nehmen, die entsprechenden Variablen bzw. die vermuteten Beziehungen zu überdenken. Abb. 9.6 zeigt die verschiedenen Möglichkeiten, wie eine Theorie modifiziert werden kann. Auf der linken Seite sieht man die ursprüngliche Theorie als ein Modell von Variablen und deren Beziehung dargestellt, die rechte Seite zeigt die verschiedenen Veränderungen auf.

- Zum einen können bestimmte Variablenbeziehungen gestrichen werden oder neue Beziehungen hinzugefügt werden. Neue Variablenbeziehungen können neue unabhängige Variablen oder abhängige Variablen in einem Theoriemodell sein, es können aber auch Variablen sein, die einen indirekten Zusammenhang zwischen zwei Variablen spezifizieren, also Mediatorvariablen (siehe Abschn. 8.2). Beispielsweise

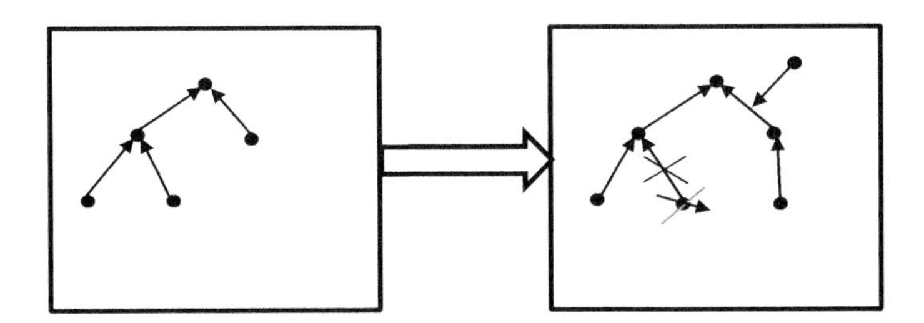

Abb. 9.6 Modifikation einer Theorie

kann der bereits angesprochene Zusammenhang zwischen Einstellungen und Verhalten genauer beschrieben werden, wenn die Variable Verhaltensabsicht als Mediator eingefügt wird.

- Bestehende Beziehungen können verbessert werden (d. h. deren Erklärungskraft und damit deren Informationsgehalt kann erhöht werden), indem die entsprechenden Variablen präziser definiert bzw. umdefiniert werden.
- Durch das Hinzufügen (oder die Streichung) von Moderatoren kann die Stärke des Zusammenhangs zwischen zwei Variablen spezifiziert werden (siehe Abschn. 8.2). Gerade wenn eine Beziehung nicht generalisierbar ist, können Moderatoren helfen, Bedingungen zu schaffen, unter denen die Beziehung dann doch generalisierbar ist. Beispielsweise könnte eine Beziehung zwischen Einstellung und Verhalten in bestimmten Kulturen auftreten, in anderen Kulturen aber nicht. Durch das Hinzufügen des Moderators „Kultur" kann die Theorie so modifiziert werden, dass sie eher generalisierbar ist und einfacher bestätigt werden kann.

9.3.4 Informationsgehalt einer Theorie

Theorien sind im Abschn. 2.1 dadurch charakterisiert worden, dass sie Aussagen über Beziehungen von Konzepten im Hinblick auf einen bestimmten Untersuchungsgegenstand (z. B. Entstehung von Kund*innenbindungen) machen. Viele Details dieser Beziehungen sind bei der Theoriebildung aber noch nicht hinreichend genau bekannt. Beispielsweise ist unklar, wie stark eine Beziehung ist, ob sie linearer Art ist, etc. Kenntnisse über diese Details steigern den Informationsgehalt einer Theorie: je genauer die Beziehung zwischen Variablen beschrieben werden kann, desto besser ist die Erklärungs- und Prognosekraft einer Theorie (Auginis et al. 2011) und umso konkreter kann sie bestätigt werden. Um Aussagen zum Informationsgehalt einer Theorie machen zu können, bedarf es zahlreicher detaillierter Untersuchungen. Im Hinblick auf den gegebenen theoretischen Rahmen und im Hinblick auf die Vorgehensweise ähnelt derartige Forschung der von Thomas Kuhn (1970) gekennzeichneten und umfassend diskutierten „normal science“. Die Ergebnisse der zahlreichen Untersuchungen können durch empirische Generalisierungen zusammengefasst werden (Leone und Schultz 1980, siehe auch Abschn. 4.3.4). Diese Generalisierungen erlauben dann, Aussagen über typische Wertebereiche von Korrelationen, Regressionskoeffizienten etc. Sie gelten oft als Gradmesser für den Erkenntnisstand bezüglich bestimmter Beziehungen zwischen Konzepten und der entsprechenden Theorien (Hanssens 2015). So wurden auf der Basis von umfangreichen Metaanalysen eine durchschnittliche Preis-Absatz-Elastizität von -2.62 ermittelt (Bijmolt et al. 2005), für die Werbeelastizität (d. h. für die prozentuale Veränderung des Absatzes bei einer prozentualen Veränderung der Werbeausgaben) ein durchschnittlicher Wert von .12 (Sethuraman et al. 2011). Offensichtlich stehen derartige empirische Generalisierungen nicht nur für den Informationsgehalt einer Theorie oder Konzeptbeziehung, sie haben gerade in der betriebswirtschaftlichen Forschung auch hohe praktische Relevanz.

Abb. 9.7 zeigt drei wesentliche Aspekte, durch die der Informationsgehalt einer Theorie beeinflusst wird. Im ersten Fall wird die Variablenbeziehung durch die Größe des Effekts (siehe Abschn. 7.2) spezifiziert. Dadurch lässt sich genau angeben, welche Änderung der Werte von X zu welcher Änderung der Werte von Y führt (z. B. lässt sich anhand der durchschnittlichen Werbeelastizität erkennen, um wieviel Werbeausgaben zu erhöhen sind um eine bestimmte Steigerung der Verkaufszahlen zu erreichen). Im zweiten Fall wird die Beziehung von zwei Variablen durch die spezifische Form der Beziehung spezifiziert, also ob sie z. B. linear oder nicht linear ist und, falls sie nicht linear ist, welcher Funktion die Beziehung zwischen den beiden Variablen folgt. Es gibt eine Reihe von Beispielen in der Forschung, die zeigen, dass bestimmte nonlineare Funktionsverläufe zwischen zwei Konzepten deren Beziehung besser abbilden als eine lineare Funktion, wie z. B. die Beziehung zwischen Einstellungen und Ver-

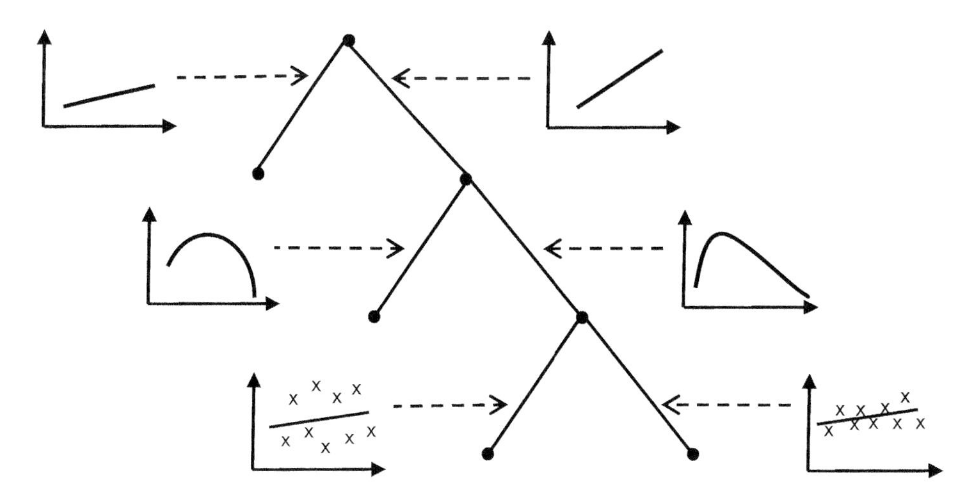

Abb. 9.7 Informationsgehalt einer Theorie

halten: manchmal haben nur starke Einstellungen einen Verhaltenseffekt, weshalb eine non-lineare Funktion die Beziehung besser abbilden kann (van Doorn et al. 2007). Im dritten Fall wird angegeben, wie groß die erklärte Varianz der Beziehung zwischen zwei Variablen ist (siehe Abschn. 7.2).

Literatur

Aguinis, H., Dalton, D. R., Bosco, F. A., Pierce, C. A., & Dalton, C. M. (2011). Meta-analytic choices and judgment calls: Implications for theory building and testing, obtained effect sizes, and scholarly impact. *Journal of Management, 37,* 5–38.

Arnett, J. (2008). The neglected 95%: Why American psychology needs to become less American. *American Psychologist, 63,* 602–614.

Baker, M. (2016). Is there a reproducibility crisis? *Nature, 533,* 452–454.

Bijmolt, T. M., van Heerde, H. J., & Pieters, R. G. M. (2005). New empirical generalizations on the determinants of price elasticity. *Journal of Marketing Research, 42,* 141–156.

Busse, C., Kach, A. P., & Wagner, S. M. (2017). Boundary conditions: What they are, how to explore them, why we need them, and when to consider them. *Organizational Research Methods, 20,* 574–609.

Cumming, G. (2012). *Understanding the New Statistics – Effect Sizes, Confidence Intervals, and Meta-Analysis.* New York, London: Routledge.

Cumming, G. (2014). The new statistics: Why and how. *Psychological Science, 25,* 7–29.

Eisend, M., Franke, G. R., & Leigh, J. H. (2016). Reinquiries in advertising research. *Journal of Advertising, 45,* 1–3.

Evanschitzky, H., Baumgarth, C., Hubbard, R., & Armstrong, J. S. (2009). Replication research's disturbing trend. *Journal of Business Research, 60,* 411–415.

Ferguson, C. J., & Brannick, M. T. (2012). Publication bias in psychological science: Prevalence, methods for identifying and controlling, and implications for the use of meta-analysis. *Psychological Methods, 17,* 120–128.

Fidler, F. & Wilcox, J. (2018). Reproducibility of scientific results. *The Stanford Encyclopedia of Philosophy* , Edward N. Zalta (ed.),

Franke, N. (2002). *Realtheorie des Marketing. Gestalt und Erkenntnis.* Tübingen: Mohr Siebeck.

Hanssens, D. M. (Hrsg.). (2015). *Empirical generalizations about marketing impact* (2. Aufl.). Cambridge, MA: Marketing Science Institute.

Henrich, J., Heine, S. J., & Norenzayan, A. (2010). The weirdest people in the world? *Behavioral and Brain Sciences, 33,* 61–83.

Hoyer, W. D., MacInnis, D. J., & Pieters, R. (2018). *Consumer Behavior* (7. Aufl.). Boston: Cengage.

Hubbard, R., & Vetter, D. E. (1996). An empirical comparison of published replication research in accounting, finance, management and marketing. *Journal of Business Research, 35,* 153–164.

Hubbard, R., Vetter, D. E., & Little, E. L. (1998). Replication in strategic management: Scientific testing for validity, generalizability, and usefulness. *Strategic Management Journal, 19,* 243–254.

Hunt, S. (2010). *Marketing Theory – Foundations, Controversy, Strategy, Resource-Advantage Theory.* Armonk: Sharpe.

Hunt, S. (2011). Theory status, inductive realism, and approximative truth: no miracles, no charades. *International Studies in the Philosophy of Science, 25,* 159–178.

Hunt, S. D. (2012). Explaining empirically successful marketing theories: The inductive realist model, approximate truth, and market orientation. *Academy of Marketing Science Review, 2,* 5–18.

Hunt, S. (2015). Explicating the inductive realist model of theory generation. *AMS Review, 5,* 20–27.

Hunter, J. E. (2001). The desperate need for replications. *Journal of Consumer Research, 28,* 149–158.

Jaccard, J., & Jacoby, J. (2020). *Theory Construction and Model-Building Skills* (2. Aufl.). New York, London: Guilford.

Kahneman, D., & Tversky, A. (1979). Prospect theory: An analysis of decision under risk. *Econometrica, 47,* 263–291.

Kelley, K., & Preacher, K. J. (2012). On effect size. *Psychological Methods, 17,* 137–152.

Kepes, S., Banks, G. C., McDaniel, M., & Whetzel, D. L. (2012). Publication bias in the organizational sciences. *Organizational Research Methods, 15,* 624–662.

Kerlinger, F., & Lee, H. (2000). *Foundations of behavioral research* (4. Aufl.). Melbourne: Harcourt College Publishers.

Kuhn, T. (1970). *The Structure of Scientific Revolutions* (2. Aufl.). Chicago: University of Chicago Press.

Lehmann, D. R., Gupta, S., & Steckel, J. (1998). *Marketing research.* Boston: Addison-Wesley.

Leimu, R., & Koricheva, J. (2004). Cumulative meta-analysis: a new tool for detection of temporal trends and publication in ecology. *Proceedings of the Royal Society B, 271,* 1961–1966.

Leone, R. P., & Schultz, R. L. (1980). A study of marketing generalizations. *Journal of Marketing, 44,* 10–18.

Longino, H. (2019). The social dimensions of scientific knowledge. *The Stanford Encyclopedia of Philosophy* , Edward N. Zalta (ed.),

Lund, H., et al. (2016). Towards evidence based research. *British Medical Journal, 355,* 1–5.

Lynch, J. G., Jr., Bradlow, E. T., Huber, J. C., & Lehmann, D. R. (2015). Reflections on the replication corner: In praise of conceptual replications. *International Journal of Research in Marketing, 32,* 333–342.

Mazumdar, T., & Papatla, P. (2000). An investigation of reference price segments. *Journal of Marketing Research, 37,* 246–258.

McCullough, B. D., & Vinod, H. (2003). Verifying the solution from a nonlinear solver. *American Economic Review, 93,* 873–892.

McMullin, E. (1984). A Case for Scientific Realism. In: Leplin, J. (Hrsg.) *41–82.*, Berkeley, Los Angeles, London: University of California Press

Meehl, P. (1967). Theory-Testing in Psychology and Physics: A Methodological Paradox. *Philosophy of Science, 34,* 103–115.

Nelson, L., Simmons, J., & Simonsohn, U. (2018). Psychology's renaissance. *Annual Review of Psychology, 69,* 511–534.

Neumann, N., & Böckenholt, U. (2014). A meta-analysis of loss aversion in product choice. *Journal of Retailing, 90,* 182–197.

Nunnally, J. (1960). The place of statistics in psychology. *Educational and Psychological Measurement, 20,* 641–650.

Open Science Collaboration. (2015). Estimating the reproducibility of psychological science. *Science, 349,* 943.

Reid, L. N., Rotfeld, H. J., & Wimmer, R. D. (1982). How researchers respond to replications requests. *Journal of Consumer Research, 9,* 216–218.

Renkewitz, F., Fuchs, H. M., & Fiedler, S. (2011). Is there evidence of publication bias in JDM research? *Judgment and Decision Making, 6,* 870–881.

Rothstein, H. R., Sutton, A. J., & Borenstein, M. (Hrsg.). (2009). *Publication bias in meta-analysis. Prevention, assessment and adjustments*. Chichester: Wiley.

Sethuraman, R., Tellis, G. J., & Briesch, R. A. (2011). How well does advertising work? Generalizations from meta-analysis of brand advertising elasticities. *Journal of Marketing Research, 48,* 457–471.

Simmons, J., Nelson, L., & Simonsohn, U. (2011). False-Positive Psychology: Undisclosed Flexibility in Data Collection and Analysis Allows Presenting Anything as Significant. *Psychological Science, 22,* 1359–1366.

Trafimow, D., & Marks, M. (2015). Editorial. *Basic and Applied Social Psychology, 37,* 1–2.

Tversky, A., & Kahneman, D. (1991). Loss Aversion in Riskless Choice: A Reference-Dependent Model. *Quarterly Journal of Economics, 106,* 1039–1061.

Van Doorn, J., Verhoef, P. C., & Bijmolt, T. H. A. (2007). The importance of non-linear relationships between attitude and behaviour in policy research. *Journal of Consumer Policy, 30,* 75–90.

Weick, K. (1995). What Theory is Not, Theorizing Is. *Administrative Science Quarterly, 40,* 385–390.

Whetten, D. (1989). What constitutes a theoretical contribution? *Academy of Management Review, 14,* 490–495.

Wicherts, J. M., Borsboom, D., Kats, J., & Molenaar, D. (2006). The poor availability of psychological research data for reanalysis. *American Psychologist, 61,* 726–728.

Wiltsche, H. (2013). *Einführung in die Wissenschaftstheorie*. Göttingen: Vandenhoeck & Ruprecht.

Wöhe, G., Döring, U., & Brösel, G. (2016). *Einführung in die Allgemeine Betriebswirtschaftslehre* (26. Aufl.). München: Vahlen.

Weiterführende Literatur

Busse, C, Kach, A. P., Wagner, S. M. (2017). *Boundary Conditions: What They Are, How to Explore Them, Why We Need Them, and When to Consider Them, Organizational Research Methods*, 20, 574–609.

Cumming, G. (2012). *Understanding the New Statistics – Effect Sizes, Confidence Intervals, and Meta-Analysis*. New York, London: Routledge.

Eisend, M. (2020). *Metaanalyse* (2. Aufl.). München: Rainer Hampp.

Fidler, F. & Wilcox, J. (2018). *Reproducibility of Scientific Results. The Stanford Encyclopedia of Philosophy*, Edward N. Zalta (ed.).

Hunter, J. E. (2001). *The Desperate Need for Replications. Journal of Consumer Research*, 28, 149-158.

Open Science Collaboration (2015). *Estimating the Reproducibility of Psychological Science. Science*, 349, 943.

10 Forschungsethik und Forschungspraxis

Zusammenfassung

Von Zeit zu Zeit erregen Wissenschafts-Skandale, die durch unethisches Verhalten von Wissenschaftler*innen– z. B. Plagiate bei Promotionen oder Fälschung von Daten – verursacht sind, erhebliches Aufsehen auch in der breiteren Öffentlichkeit. Damit verbunden ist oft eine Beeinträchtigung des Vertrauens gegenüber der Wissenschaft. Für die verantwortlichen Wissenschaftler*innen ergeben sich typischerweise harte Konsequenzen, z. B. die Aberkennung akademischer Titel oder die Beendigung der beruflichen Karriere.

Im vorliegenden Kapitel werden zunächst Grundsätze und Relevanz der Forschungsethik dargestellt. Auch Nachlässigkeiten und kleinere Unkorrektheiten im Forschungsprozess können ethisch problematisch sein, weil dadurch die Korrektheit von Forschungsergebnissen beeinträchtigt wird, mit möglicherweise beachtlichen Konsequenzen für weitere Forschung und Anwendungen. Deswegen werden im zweiten Teil dieses Kapitels entsprechende Einzelprobleme, die in der empirischen Forschung häufig auftreten, dargestellt und diskutiert.

10.1 Grundprobleme der Forschungsethik

Etwa seit Mitte des 20. Jahrhunderts hat das Interesse der Fach-Öffentlichkeit und auch der breiteren Öffentlichkeit an Fragen der Ethik im Bereich der Wissenschaft beträchtlich zugenommen. Auslöser dafür waren Experimente zunächst hauptsächlich in einigen Naturwissenschaften, die mit schrecklichen Folgen für die Teilnehmer*innen verbunden waren. Gleich nach Ende des 2. Weltkrieges wurde bekannt, welche grauenhaften „Experimente“ an Insassen deutscher Konzentrationslager vorgenommen worden waren.

M. Eisend und A. Kuß, *Grundlagen empirischer Forschung*,
https://doi.org/10.1007/978-3-658-32890-0_10

Klar menschenverachtend war auch die so genannte „Tuskegee-Studie“ in den USA, bei der hunderte von Versuchspersonen (eher Opfer) ohne deren Wissen oder gar Einverständnis mit Syphilis infiziert wurden, um die Langzeit-Entwicklung dieser schlimmen Krankheit beobachten zu können. In den 1960er Jahren gab es in den Sozialwissenschaften den aufsehenerregenden Fall des bis heute berühmten Milgram-Experiments (Milgram 1963), bei dem Versuchspersonen extremem psychischen Stress ausgesetzt wurden, von dem sich viele auch über Jahre nicht erholten. Mit Forschung zur Entwicklung von Atomwaffen oder zur Gen-Manipulation verbinden sich grundlegende ethische Fragestellungen nach der Zulässigkeit solcher Forschung. Für einen kurzen Überblick sei auf Resnik (2016) und für eine umfangreiche philosophische Diskussion dazu sei auf Lenk (1991) verwiesen.

Es ist kaum vorstellbar, dass die betriebswirtschaftliche Forschung derartig schlimme Irrwege gehen könnte. Insofern sind die ethischen Probleme hier von anderer Dimension als in den oben genannten (extremen) Beispielen. Immerhin liest man in seriösen Zeitungen gelegentlich Berichte über „Wissenschaftsskandale“, bei denen es oftmals um komplett gefälschte Forschungsergebnisse oder Plagiate geht. Das sind natürlich ganz gravierende Fälle, in denen es völlig klar ist, dass so etwas ethisch (und meist auch rechtlich) absolut unakzeptabel ist. In der Praxis der empirischen betriebswirtschaftlichen Forschung stellen sich in verschiedenen Phasen des Forschungsprozesses häufig ethische Fragen, die weniger gravierend und auch weniger eindeutig sind; manchmal sind es nur Nachlässigkeiten, die für den Erkenntnisprozess aber beachtliche Folgen haben können. Gerade in den letzten etwa zehn bis zwanzig Jahren ist – nicht zuletzt durch einige Problemfälle – die Sensibilität für derartige ethische Aspekte deutlich gewachsen. Deswegen sollen im vorliegenden Abschnitt zunächst zentrale Gesichtspunkte der Forschungsethik kurz umrissen werden. Im folgenden Abschn. 10.2 werden dann bei typischen Phasen des empirischen Forschungsprozesses häufig auftretende Fragen der Forschungsethik charakterisiert und diskutiert.

Zunächst zum *Spannungsfeld,* in dem sich ethische Fragen für Forscher*innen stellen. Einerseits zweifelt kaum jemand an der Notwendigkeit ethischer Grundsätze für wissenschaftliche Forschung. Auf der anderen Seite ist der Druck auf Wissenschaftler*innen in den letzten Jahren so stark gewachsen (siehe z. B. Honig et al. 2014), dass vereinzelt die Gefahr der Verletzung ethischer Prinzipien gewachsen ist:

- Für eine wissenschaftliche Karriere, auch wenn es nur darum geht, überhaupt in der Wissenschaft verbleiben zu können, sind heute herausragende Publikationserfolge in den international führenden Zeitschriften des jeweiligen Fachgebiets erforderlich.
- Bei diesen wenigen führenden Zeitschriften, in denen früher hauptsächlich Wissenschaftler*innen aus den USA und wenigen europäischen Ländern publizierten, hat sich der Wettbewerb um Publikationsmöglichkeiten stark verschärft, weil immer mehr Autor*innen aus der ganzen Welt versuchen, ihre Beiträge dort unterzubringen.
- Zwischen den Zeitschriften besteht ein harter Wettbewerb im Hinblick auf Reputation und Aufmerksamkeit (gemessen vor allem durch die Zahl von Zitationen publizierter

Artikel), der dazu führt, dass Herausgeber*innen und Gutachter*innen am ehesten besonders eindeutige und aufsehenerregende Forschungsergebnisse zur Publikation annehmen.

- In einigen Ländern ist in den vergangenen Jahren noch der hochschulpolitische Druckfaktor „Drittmitteleinwerbung" hinzugekommen (siehe z. B. www.hochschulwatch.de). In der Regel legen Drittmittelgeber aus Interessenverbänden, Unternehmen, politischen Institutionen etc. eben darauf Wert, dass die jeweiligen Projekte in begrenzter Zeit zu klaren (bzw. als klar erscheinenden, s. u.) Ergebnissen – nach Möglichkeit mit der gewünschten Tendenz – führen. Anderenfalls könnten die Erfolgschancen der entsprechenden Antragsteller bei künftigen Drittmittelanträgen sinken.

Nur vereinzelt gibt es kritische Stimmen, die auch auf die Schattenseiten eines Wissenschaftssystems aufmerksam machen, das zu einseitig auf dem Wettbewerb von Individuen um Publikationsmöglichkeiten, Forschungsmittel, Aufmerksamkeit und beruflichen Erfolg beruht (siehe z. B. Anderson et al. 2007). Dagegen versteht man die Aufgabe der Wissenschaft auch bzw. eher in der *langfristig* (über Generationen) *angelegten kollektiven* Suche nach Wahrheit. Zur Wissenschaft gehören der *Zweifel* an bisherigen Erkenntnissen und Fortschritt beim Ersatz bisherigen Wissens durch neues, besseres Wissen (siehe Abschn. 1.2 und 3.2). Hat der Zweifel in einem Wissenschaftssystem, das auf individuellen Erfolg angelegt ist, noch einen angemessenen Platz? „Ist es eine gute Sache, dass sich die Wissenschaft auf einem Marktplatz befindet, dass sie bestrebt ist zu wachsen, um Geld für sich einzuwerben, weil Geld das Signal des Marktes für Relevanz ist (…)?" (Hampe 2013, S. 6551).

Hintergrundinformation

Daniele Fanelli hat in mehreren Studien Veränderungen des Publikationsverhaltens und mögliche Ursachen untersucht. In einer dieser Untersuchungen (Fanelli 2012, S. 891) stellte er fest, dass der Anteil publizierter *nicht signifikanter* Ergebnisse, die also im Hinblick auf die Bestätigung einer Hypothese „negativ" sind, im Zeitablauf deutlich rückläufig ist:

„Über die Besorgnis, dass wachsender Wettbewerb um Forschungsmittel und Zitationen die Wissenschaft verzerrt, wird viel diskutiert, aber es gibt dafür noch keine direkte Bestätigung. Von den vermuteten Problemen ist vermutlich das einer Verschlimmerung des ‚Positivitäts-Bias' das am meisten beunruhigende. Ein System, das negative Ergebnisse benachteiligt, erzeugt nicht nur ein falsches Bild in der Literatur, sondern behindert riskante Forschungsprojekte und schafft Anreize für Forscher*innen, ihre Daten zu manipulieren und zu verfälschen. In dieser Untersuchung werden 4600 Artikel analysiert, die in allen Disziplinen zwischen 1990 und 2007 veröffentlicht wurden. Es wurde die Häufigkeit von Artikeln ermittelt, die über die Bestätigung einer Hypothese berichteten. Insgesamt hat sich der Anteil positiver Ergebnisse von 1990 bis 2007 um 22 % gesteigert, mit signifikanten Unterschieden zwischen verschiedenen Disziplinen und Ländern."

Einer der Gründe für die Bevorzugung „positiver" Ergebnisse mag darin liegen, dass diese häufiger zitiert werden. Eine entsprechende Untersuchung von Fanelli (2013, S. 701) bestätigte diese Vermutung:

„Meist wird angenommen, dass negative Ergebnisse für Leser*innen sowie für Zitationen weniger attraktiv sind. Das würde erklären, warum Zeitschriften in den meisten Disziplinen dazu neigen, zu viele positive und statistisch signifikante Ergebnisse zu publizieren. Diese Untersuchung bestätigte diese Annahme indem die Zitationshäufigkeiten von Artikeln, die eine Hypothese testeten, für ‚positive' (...) und ‚negative' (...) Ergebnisse gezählt wurden. Unter Berücksichtigung verschiedener Einflussfaktoren wurden positive Ergebnisse um 32 % häufiger zitiert als negative".

In einer weiteren Untersuchung bestätigte Fanelli (2010) die Vermutung, dass starker Publikationsdruck auch die Forschungsergebnisse beeinflusst. Eine Analyse von 1316 wissenschaftlichen Publikationen, deren Autor*innen aus unterschiedlichen US-Bundesstaaten kamen, zeigte, dass bei Papers von Autor*innen aus Staaten mit relativ hohem Publikationsdruck der Anteil positiver Ergebnisse (bestätigte Hypothesen) höher war als bei anderen Autor*innen.

Nun ist es so, dass sich empirische Untersuchungsergebnisse nicht immer völlig glatt und eindeutig einstellen:

- Zahlreiche Messprobleme können die Ergebnisse beeinträchtigen.
- Im sozialwissenschaftlichen Bereich sind das Zusammenwirken einer Vielzahl von Variablen besonders komplex und starke Wirkungen einzelner Variabler weniger häufig.
- Innovative Projekte haben eben ein höheres „Ergebnisrisiko" als das Fortschreiten auf bekannten Pfaden.

In dieser Spannungssituation mit dem Anspruch, einerseits schnell zu klaren und originellen Forschungsergebnissen zu gelangen, und den Schwierigkeiten des Forschungsprozesses auf der anderen Seite, kann es in manchen Fällen – mehr oder weniger bewusst – dazu kommen, dass der Forschungsprozess selbst im Hinblick auf „erwünschte" Ergebnisse beeinflusst wird **(„verification bias")**. Das wird dadurch erleichtert, dass Einzelheiten des Forschungsprozesses (z. B. die Auswahl von Versuchspersonen, die Durchführung von Messungen, die Aufbereitung von Daten) für Außenstehende (z. B. Gutachter*innen, Leser*innen der Publikation) nur begrenzt überprüfbar sind.

Hintergrundinformation

In einem der größten Fälschungsskandale der Sozialwissenschaften, in dessen Mittelpunkt der niederländische Sozialpsychologe Diederik Stapel stand, haben mehrere Ausschüsse der Universität Tilburg die zahlreichen Fälschungen und die dabei angewandten Methoden untersucht und die Ergebnisse in einem umfassenden Bericht zusammengefasst (Levelt et al. 2012, S. 48). Darin findet sich auch die folgende Charakterisierung des so genannten „verification bias":

„Eine der elementarsten Regeln wissenschaftlicher Forschung besteht darin, dass eine Untersuchung so angelegt sein muss, dass Fakten, die den Forschungshypothesen widersprechen, zumindest die gleiche Chance aufzutreten haben wie Fakten, die die Hypothesen bestätigen. Verletzungen dieses grundlegenden Prinzips, wie z. B. die Wiederholung eines Experiments bis es zu den gewünschten Ergebnissen führt oder der Ausschluss unerwünschter Versuchspersonen oder Ergebnisse, führen unvermeidlich zur Bestätigung der Hypothesen des*der Forscher*in und immunisieren die Hypothesen gegen die Fakten".

Es sei hervorgehoben, dass Ethik sich keineswegs nur auf die Fälle einer gezielten Fälschung von Ergebnissen oder Plagiate bezieht (siehe z. B. Martinson et al. 2005). Im Forschungsprozess gibt es vielmehr zahlreiche Situationen – von der Untersuchungsfragestellung bis zur Publikation -, die kleinere oder größere ethische Probleme mit sich bringen, z. B. bei der Elimination bestimmter Daten („Ausreißer"), bei unvollständiger bzw. selektiver Darstellung von Ergebnissen oder bei unkorrekten Angaben zu den Anteilen mehrerer Autor*innen an einer Publikation (siehe Abschn. 10.2). Dabei ist auch zu bedenken, dass die großen Wissenschaftsskandale mit komplett gefälschten Untersuchungen oder umfassenden Plagiaten (erfreulicherweise) wohl eher selten auftreten. Immerhin haben aber nach einer entsprechenden Meta-Analyse (Zusammenfassung von 18 Umfragen unter Forschenden) von Daniele Fanelli (2009) ca. 2 % der befragten Forscher*innen angegeben, dass sie schon mindestens einmal Daten erfunden, gefälscht oder manipuliert haben. Gleichzeitig gibt es Anhaltspunkte für eine deutlich weitere Verbreitung „kleinerer" Unkorrektheiten im Forschungsprozess. Tab. 10.1 enthält entsprechende Ergebnisse einer Befragung von über 2000 Psycholog*innen an US-Universitäten, in der diese angaben, ob sie bestimmte fragwürdige Vorgehensweisen in ihrer Forschungspraxis schon angewandt haben bzw. inwieweit sie derartige Praktiken für gerechtfertigt halten.

Warum ist **Forschungsethik** im Wissenschaftssystem so bedeutsam geworden? Dabei denkt man vielleicht zuerst an allgemeine ethische Grundsätze in einer Gesellschaft, die natürlich auch für Wissenschaftler*innen und für das Wissenschaftssystem gelten, nämlich die Ablehnung von Lügen, Betrug, Schädigung anderer etc. Im Bereich der Wissenschaft kommen einige spezifische Gesichtspunkte hinzu:

- Zunächst ist Wissenschaft zu Recht frei und *keiner externen Kontrolle* unterworfen, d. h. die Korrektheit von Abläufen und Ergebnissen muss *intern* gesichert werden, vor allem durch ethischen Grundsätzen entsprechendes Verhalten von Wissenschaftler*innen. In vielen Bereichen wäre eine externe Kontrolle auch schwierig, weil es an Einblick in die Forschungsprozesse und spezieller Expertise mangelt.
- Zentrale Aufgabe der Wissenschaft ist die *Suche nach Wahrheit* und die Vermeidung von Fehlern dabei (Resnik 2008). Wie könnte man dem gerecht werden, wenn der Forschungsprozess durch Nachlässigkeiten und gezielte Manipulationen wesentlich beeinflusst wird?
- Weiterhin ist daran zu denken, dass zahlreiche Forschungsgebiete – z. B. in den Lebenswissenschaften – weitreichende *Konsequenzen* für viele Menschen und die Gesellschaft insgesamt haben. Nachlässig zustande gekommene oder gar gefälschte Ergebnisse wären in dieser Hinsicht natürlich völlig inakzeptabel.
- Wissenschaft beruht auf dem Austausch von Ergebnissen und wäre unmöglich, wenn sich aktuelle Forschung nicht auf frühere Ergebnisse stützen könnte. Insofern sind *Vertrauen und Verlässlichkeit* im Wissenschaftssystem unabdingbar.

Tab. 10.1 Zur Verbreitung fragwürdiger Forschungspraktiken. (Quelle: John et al. 2012, S. 525)

Kennzeichnung fragwürdiger Forschungspraktiken *)	Anteil Befragter, die die jeweilige Vorgehensweise schon praktiziert haben (in %)	Index für die Rechtfertigung der jeweiligen Vorgehensweise **)
Auslassung abhängiger Variabler der Untersuchung	63.4	1.84
Entscheidung über weitere Datensammlung, nachdem man festgestellt hat, ob die bisherigen Ergebnisse signifikant sind	55.9	1.79
Unvollständige Angaben zu den Untersuchungsbedingungen in der Veröffentlichung	27.7	1.77
Beenden der Datenerhebung früher als geplant, weil man das gewünschte Ergebnis schon gefunden hat	15.6	1.76
„Abrunden" von p-Werten in einer Veröffentlichung (z. B. Angaben, dass ein gefundener p-Wert von 0,054 kleiner als 0,05 sei)	22.0	1.68
Selektive Wiedergabe nur von Studien, die „funktioniert" haben, in einer Veröffentlichung	45.8	1.66
Entscheidung über die Entfernung von Daten aus dem Datensatz, erst nachdem man die Wirkung auf die Ergebnisse geprüft hat	38.2	1.61
Darstellung eines unerwarteten Ergebnisses, als ob es von Anfang an erwartet worden wäre	27.0	1.50
Angaben, dass die Ergebnisse von demografischen Einflüssen unabhängig seien, obwohl man nicht sicher ist (oder sogar das Gegenteil bekannt ist)	3.0	1.32
Fälschung von Daten	0.6	0.16

*) Einzelheiten zu Problemen solcher Forschungspraktiken werden im Abschn. 10.2 erläutert,
**) Mit einer Skala mit den Antwortmöglichkeiten 0 = „Nein"; 1 = „Möglicherweise"; 2 = „Ja" wurde gemessen, ob die jeweilige Vorgehensweise gerechtfertigt ist. Der Index stellt den Mittelwert aus diesen Angaben dar

- Letztlich geht es auch um die *Existenz des Wissenschaftssystems* selbst, das weitgehend von der Gesellschaft finanziert wird (öffentliche Haushalte, Stiftungen etc.). Schlampige Forschung, gefälschte Ergebnisse und unethische Praktiken würden natürlich zu Recht dazu führen, dass diese Finanzierung zumindest infrage gestellt wird. Immerhin zeigt das „Wissenschaftsbarometer 2019", eine repräsentative Befragung der deutschen Bevölkerung im Jahre 2019 (www.wissenschaft-im-dialog.de), dass 6 % bis 21 % der Befragten Wissenschaftler*innen „eher nicht vertrauen" bzw. „nicht vertrauen".

Hintergrundinformation

Der deutsche „Wissenschaftsrat" kennzeichnet in seinen „Empfehlungen zu wissenschaftlicher Integrität" (2015, S. 7) die Bedeutung der Einhaltung ethischer Grundsätze für die Wissenschaft:

„In allen Gesellschafts- und Arbeitsbereichen werden Redlichkeit, Verantwortungsbewusstsein und Wahrhaftigkeit als Grundwerte vorausgesetzt. Weshalb muss sich die Wissenschaft in besonderer Weise dieses ethischen Grundgerüstes versichern und dessen Stabilität fortwährend überprüfen? Tatsächlich sind Fehlverhalten, Betrugsfälle und Nachlässigkeiten, die in anderen Lebensbereichen geschehen können, auch in der Wissenschaft möglich. Dennoch hat die Wissenschaft eine besondere ethische Verantwortung, die sie zu beständiger Selbstbeobachtung zwingt. Ihr Anspruch auf Autonomie, im Sinne der Freiheit von Personen und Institutionen in der Wissenschaft, verstärkt diese Verantwortung."

In Abb. 10.1 werden wesentliche Aspekte, die das Spannungsfeld ausmachen, in dem sich Wissenschaftler und Wissenschaftlerinnen hinsichtlich ethischen Verhaltens befinden, zusammengefasst.

Welches sind nun wesentliche ethische Prinzipien für wissenschaftliche Forschung? Resnik (2008, S. 153 ff.; 1998, S. 53 ff.) entwickelt dazu einige Grundsätze, die relativ konkret auf die jeweilige Forschungspraxis anwendbar sind. Die wichtigsten dieser wissenschaftsspezifischen Grundsätze werden hier wiedergegeben und jeweils kurz erläutert:

- **Ehrlichkeit:** Wissenschaftler*innen müssen sich bei der Forschung und bei Publikationen ehrlich verhalten, ebenso bei ihrer Zusammenarbeit mit Kolleg*innen, Drittmittelgebern, Aufsichtsbehörden und der Öffentlichkeit.
  Dieser ziemlich allgemeine Punkt betrifft natürlich fast alle ethischen Anforderungen an Forschung und ist auf den gesamten Forschungsprozess und die Publikation seiner Ergebnisse anwendbar.
- **Sorgfalt:** Wissenschaftler*innen sollen Irrtümer und Fehler bei ihrer Forschung minimieren.
  Sorgfalt ist eine wesentliche Voraussetzung, um dem Zweck der Forschung, der Suche nach gehaltvollen und wahren Aussagen, zu dienen. Daneben wird natürlich bei der Verwendung von Ergebnissen für weitere Forschung oder für praktische Anwendungen unterstellt, dass diese mit größtmöglicher Sorgfalt zustande gekommen sind.

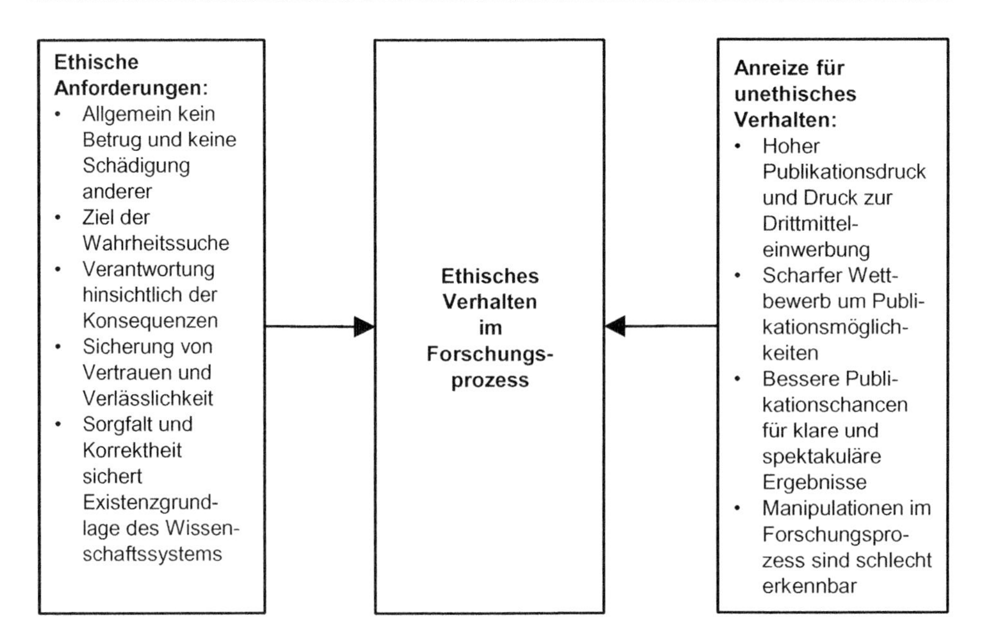

Abb. 10.1 Anforderungen an ethisch korrektes Verhalten und Anreize für ethisch problematisches Verhalten

- **Objektivität:** Wissenschaftler*innen sollen sich in der Forschung und bei der Publikation um Objektivität bemühen, ebenso bei ihrer Zusammenarbeit mit Kolleg*innen, Drittmittelgebern, Aufsichtsbehörden und der Öffentlichkeit.
  Forscher*innen sind manchmal bestimmten Interessen (z. B. Erwartungen von Drittmittelgebern) ausgesetzt, was zu Druck im Hinblick auf bestimmte – erwünschte – Ergebnisse führen kann. Objektivität betrifft aber nicht nur den Forschungsprozess im engeren Sinne. Hier ist auch an Gutachtertätigkeiten (z. B. im Review-Prozess für Zeitschriften oder bei Rechtsstreitigkeiten) zu denken (siehe z. B. Wandschneider 1991).
- **Offenheit:** Wissenschaftler*innen sollen Daten, Ergebnisse, Ideen, Methoden, Hilfsmittel, Techniken und Ressourcen teilen und austauschen.
  Hier geht es um den bedeutsamen Aspekt, dass sich Wissenschaft nur entwickeln kann, wenn der Zugang zu bisherigen Erkenntnissen möglichst umfassend gesichert ist. Der Offenheit sind in der Praxis bei militärischer oder kommerzieller Forschung (z. B. Marktforschung, Pharma-Forschung) allerdings oftmals Grenzen gesetzt.
- **Wissenschaftsfreiheit:** Wissenschaftler*innen sollen ihre Forschung frei von politischer oder religiöser Beeinflussung oder Zensur durchführen.
  Freiheit ist seit Jahrhunderten ein zentraler „Erfolgsfaktor" wissenschaftlicher Forschung. Religiös oder ideologisch geprägte Forschung hätte niemals zu den gewaltigen Fortschritten der Vergangenheit führen können. In den westlichen Ländern

ist die Freiheit der Wissenschaft heute sehr weitgehend gewährleistet; gleichwohl mag es gewisse Einschränkungen geben, weil die Vergabe von Forschungsgeldern zum erheblichen Teil nach den Interessen der jeweiligen Geldgeber erfolgt.

- **Faire Angaben zu Leistungen anderer:** Wissenschaftler*innen müssen Leistungen und Beiträge von anderen ausweisen, aber nur, wenn diese Beiträge tatsächlich erbracht wurden.
  Solche Fairness ist die Voraussetzung für wissenschaftliche Kooperation, nicht zuletzt weil die Anerkennung erbrachter Leistungen für die berufliche Existenz von Wissenschaftler*innen zentrale Bedeutung hat. Plagiate als nicht gekennzeichnete Übernahmen von Leistungen anderer Wissenschaftler*innen sind ein extremes Beispiel für einen Verstoß gegen diesen Grundsatz. Auch die Nennung von Autor*innen, die keinen nennenswerten Anteil an der betreffenden Forschung hatten, bei einer Publikation widerspricht dem Grundsatz. Hier können auch Machtverhältnisse im Wissenschaftssystem eine Rolle spielen. „Vor einigen Jahrzehnten war es in Deutschland nicht ungewöhnlich, dass ein Professor einen Artikel publizierte, der von einem Assistenten geschrieben worden war" (Albers 2014, S. 1153).
- **Respekt gegenüber Versuchspersonen:** Wissenschaftler*innen sollen die Rechte von Versuchspersonen respektieren und diese vor Schädigung und Ausnutzung schützen.
  Adäquates Verhalten Versuchspersonen gegenüber ist seit langem auch in den Sozialwissenschaften ein relevantes Problem, das inzwischen zu einigen entsprechenden Grundsätzen geführt hat. Zum Standard ist das „informierte Einverständnis" geworden, das den Versuchspersonen eine freiwillige Entscheidung über die Untersuchungsteilnahme auf Basis angemessener Information ermöglicht. In den Sozialwissenschaften sind auch Schutz der Versuchspersonen vor gesundheitlichen oder psychischen Schädigungen sowie die Vertraulichkeit der erhobenen Daten zur Selbstverständlichkeit geworden (siehe auch Abschn. 10.2.3).

Außerdem bezieht Resnik (2008, S. 154, 156) noch die folgenden ethischen Grundsätze, die aber weniger spezifisch für die Forschungspraxis (aber natürlich nicht unwichtig) sind, in seine Zusammenstellung ein:

- Respekt gegenüber Kolleg*innen, Studierenden etc.
- Respekt gegenüber fremdem (geistigen) Eigentum
- Respekt gegenüber Gesetzen und enzsprechenden Regelungen
- Sparsame Nutzung von Ressourcen
- Soziale Verantwortlichkeit

In der Tab. 10.2 werden Stellungnahmen und Grundsätze zur Forschungsethik einiger für Forschende relevanter Wissenschaftsorganisationen zur weitergehenden Information aufgeführt.

Tab. 10.2 Stellungnahmen und Grundsätze relevanter Organisationen zur Forschungsethik

Organisation	Titel	Internet-Adresse
Academy of Management	„Academy of Management Code of Ethics“	www.aom.org/ethics/
Akademien der Wissenschaft Schweiz	“Wissenschaftliche Integrität – Grundsätze und Verfahrensregeln”	www.akademien-schweiz.ch
ALL European Academies ALLEA	“Europäischer Verhaltenskodex für Integrität in der Forschung”	www.allea.org
American Accounting Association	“Policies on Publication Ethics”	www.aaahq.org
American Association for Public Opinion Research AAPOR	„AAPOR Code of Professional Ethics and Practices“	www.aapor.org
American Marketing Association	“Statement of Ethics”	www.ama.org
American Psychological Association	„Ethical Principles of Psychologists and Code of Conduct“	www.apa.org
Deutsche Forschungsgemeinschaft DFG	“Leitlinien zur Sicherung guter wissenschaftlicher Praxis”	www.dfg.de
Österreichische Agentur für wissenschaftliche Integrität ÖAWI	“Richtlinien der Österreichischen Agentur für wissenschaftliche Integrität zur guten wissenschaftlichen Praxis”	www.oeawi.at
Rat für Sozial- und Wirtschaftswissenschaften	“Forschungsethische Grundsätze und Prüfverfahren in den Sozial- und Wirtschaftswissenschaften”	www.ratswd.de
Verband der Hochschullehrer für Betriebswirtschaft VHB	“Gute fachliche Praktiken”	www.vhbonline.org
Verein für Socialpolitik	“Ethikkodex”	www.socialpolitik.org
Wissenschaftsrat	“Empfehlungen zur wissenschaftlichen Integrität”	www.wissenschaftsrat.de

Hintergrundinformation

Der frühere DFG-Präsident Ernst-Ludwig Winnacker (2015, S. 23) umreißt die Folgen, die Betrug im Wissenschaftssystem für die Betrüger*innen haben:

„Natürlich wird es immer Menschen geben, die Spieler sind, die lassen es drauf ankommen. Dann ist ihre Karriere eben beendet, und sie gründen eine Firma, leben vom Geld ihrer Eltern oder ihres Ehepartners. Eine Rückkehr ins wissenschaftliche System, bei dem es ja auf Vertrauen ankommt, wird jedenfalls kaum noch möglich sein. Das muss jeder wissen, der betrügt.“

Im folgenden Abschnitt sollen ethische Probleme im Forschungsprozess etwas konkreter dargestellt, illustriert und diskutiert werden. Dabei wird (grob) den typischen Schritten des Forschungsprozesses gefolgt.

10.2 Ethische Fragen im Forschungsprozess

10.2.1 Untersuchungsthemen und Forschungsfragen

Am Beginn jeder empirischen Untersuchung steht die Festlegung des zu untersuchenden Themenbereichs und der entsprechenden Forschungsfragen. Dabei entstehen natürlich noch keine ethischen Probleme hinsichtlich der Forschungsmethoden, wohl aber können sich Fragen hinsichtlich der ethischen Verantwortbarkeit bestimmter Untersuchungsziele stellen. Das sei zunächst durch ein Beispiel illustriert. Man denke nur an eine Untersuchung im Rahmen der Markt- und Konsumforschung, die dazu dient, für Kinder im Alter von 5 bis 8 Jahren Beeinflussungstechniken zu entwickeln, um deren Konsum von (kariesfördernden) Süßigkeiten zu erhöhen (siehe z. B. SAGE 2012). Dürfen verantwortungsbewusste Wissenschaftler*innen daran mitwirken, dass relativ schutzlose Kinder zu gesundheitsschädlichem Verhalten „verführt“ werden? Diese Frage wird wohl meist mit „nein“ beantwortet. Wie sieht es aber bei weniger eindeutigen Fällen aus? Wo liegen die Grenzen?

Beispiel

In den Jahren 2014/2015 erlebte die American Psychological Association (www.apa.org) heftige Auseinandersetzungen über Forschungsethik, weil diese Organisation in die Entwicklung „innovativer“ Verhör- und Foltermethoden (z. B. Waterboarding, vorgetäuschte Exekutionen) durch Psycholog*innen im Auftrag amerikanischer Geheimdienste bzw. des US-Militärs verwickelt war. Psychologische Forschung zur Entwicklung solcher Methoden wird wohl kaum jemand ethisch rechtfertigen wollen. Beachtlich ist es, dass die Motive für die Zusammenarbeit mit dem Verteidigungsministerium ausgesprochen opportunistischen Charakter hatten, weil der militärische Bereich ein großer und wichtiger Arbeitgeber für Psycholog*innen ist (siehe „Hoffman-Report“; www.apa.org/independent-review). ◀

Nun ist es so, dass sich in der betriebswirtschaftlichen Forschung ethische Fragen in der Regel nicht mit der Schärfe stellen wie in manchen anderen Disziplinen (siehe Abschn. 10.1). Man denke nur an die sehr ernsthaften Diskussionen zur menschlichen Genforschung, zur Genveränderung von Pflanzen in der Landwirtschaft und zu Folgen der Atomforschung. Gleichwohl kann es auch in der Betriebswirtschaftslehre Themen geben, bei denen man sich zumindest Fragen zur ethischen Rechtfertigung entsprechender Forschung stellen sollte. Hier einige (hypothetische) Beispiele:

- Gestaltung von Arbeitsverhältnissen (Befristung, Entlohnungs- und Anreizsysteme), die einseitig auf Benachteiligung von Arbeitnehmer*innen ausgerichtet sind
- Markteintrittsstrategien im internationalen Marketing, die ärmere Länder beim technischen oder medizinischen Fortschritt benachteiligen
- Entwicklung von Strategien zur Irreführung bei der Preiswahrnehmung
- Beratung und Beeinflussung staatlicher Regulierung einseitig im Interesse sehr vermögender Steuerzahler*innen

Häufig wird nicht nur die Vermeidung unethischen Verhaltens, sondern explizit soziales Verantwortungsbewusstsein gefordert. Resnik (2008, S. 156) formuliert diesen Grundsatz in folgender Weise: „Wissenschaftler*innen engagieren sich für Aktivitäten, durch die die soziale Situation verbessert wird, z. B. bei der Gesundheit, öffentlicher Sicherheit, im Bildungswesen, in der Landwirtschaft, beim Verkehrssystem. Wissenschaftler*innen sollen sich deshalb bemühen, Schäden für Individuen und die Gesellschaft zu vermeiden." Dieser Grundsatz kann wirksam werden, wenn es z. B. um wissenschaftliche Stellungnahmen zu öffentlichen Angelegenheiten geht oder um Warnungen vor Gefährdungen durch ökonomische Entwicklungen (z. B. Einfluss von Werbung auf Ernährungsverhalten). Resnik (2008) nennt drei Argumente, die die Forderung nach sozial verantwortlichem Verhalten von Wissenschaftlern und Wissenschaftlerinnen begründen:

1. Moralische Verpflichtungen, die allgemein – also auch für Wissenschaftler*innen – gelten
2. Wissenschaftler*innen erhalten von der Öffentlichkeit so viel Unterstützung, dass sie auch etwas an die Gesellschaft zurückgeben sollten
3. Sozial verantwortliche Wissenschaft erleichtert es, von der Gesellschaft weitere Unterstützung zu erhalten

Forschung und Lehre an Universitäten wird weitgehend durch öffentliche Mittel finanziert. Insofern ist es naheliegend, dass dabei nicht nur die Perspektive von Unternehmen eine Rolle spielen sollte, sondern auch Interessen von Arbeitnehmer*innen und Konsument*innen. Inzwischen haben einige Organisationen der Wissenschaft Grundsätze sozialer Verantwortlichkeit für sich formuliert. Als Beispiel seien hier die Leitziele der Universität Bremen genannt (s. u.). Als weiteres Beispiel sei hier die Association for Consumer Research genannt, die eine besondere Sektion „Transformative Consumer Research" (TCR) mit dem Fokus auf "Anregung, Unterstützung und Publikation von Forschung zum Nutzen von Konsumentenwohlfahrt und Lebensqualität" (www.acrwebsite.org) hat.

Beispiel

Ein Beispiel für positive Bestimmung von Forschungszielen und für den Ausschluss bestimmter Forschungsgebiete (z. B. Rüstungsforschung) bietet die Universität Bremen (seit 2012 eine der deutschen „Exzellenz-Universitäten") mit ihren „Leitzielen", aus denen die folgenden Festlegungen entnommen sind:

„Lehrende und Lernende der Universität Bremen orientieren sich an den Grundwerten der Demokratie, Menschenrechte und sozialen Gerechtigkeit, die in vielen Bereichen auch Gegenstand von Forschung und Lehre sind. Sie werden sich auch künftig mit den Folgen der Wissenschaft in Wirtschaft, Politik und Kultur und mit den Möglichkeiten einer sozial- und umweltverträglichen Nutzung von Forschungsergebnissen (z. B. vorausschauende Technologie- und Wirtschaftspolitik, keine Rüstungsforschung) befassen. Die Universität Bremen fühlt sich dem Frieden verpflichtet und verfolgt nur zivile Zwecke." (Quelle: www.uni-bremen.de/universitaet/profil/leitbild.html). ◀

Für die betriebswirtschaftliche Forschung sind Verbindungen zu Unternehmen und deren Verbänden natürlich naheliegend und sinnvoll. In Einzelfällen kann es aber über die Vergabe von Drittmitteln, Beratungs- und Gutachtertätigkeiten, von Unternehmen bezahlte Doktorand*innen etc. Versuche geben, die besondere Autorität der Wissenschaft (siehe dazu Abschn. 1.1) für Interessen einzelner Unternehmen oder Lobby-Gruppen zu nutzen und die Ergebnisse wissenschaftlicher Forschung entsprechend zu beeinflussen. Auch das Problem möglicher Einseitigkeit honorierter Gutachten gehört inzwischen zum wissenschaftlichen, juristischen und politischen Alltag. Das für wissenschaftliche Arbeit charakteristische Bemühen um Objektivität kann eben beeinträchtigt werden, wenn die Erstellung eines Gutachtens für einen bestimmten Auftraggeber mit beachtlichen Honoraren verbunden ist. Sollten **Interessenkonflikte** durch Einflüsse von Geldgebern etc. möglich sein, so ist zumindest deren Offenlegung bei einer Publikation notwendig, was inzwischen auch von vielen wissenschaftlichen Zeitschriften verlangt wird.

Hintergrundinformation

Der „Verein für Socialpolitik" gibt in seinem Ethikkodex (www.socialpolitik.de) u. a. folgende Empfehlungen:

- „In wissenschaftlichen Arbeiten (einschließlich Diskussionspapieren) sind alle in Anspruch genommenen Finanzierungsquellen, Infrastruktureinrichtungen und sonstigen externen Unterstützungen in Form einer Fußnote oder einer ausführlichen Dokumentation auf der Webseite des Autors anzugeben.
- In wissenschaftlichen Arbeiten sind Sachverhalte zu benennen, die auch nur potentiell zu Interessenskonflikten oder Befangenheit des/der Autor*in führen könnten. Diese Regel soll nach Möglichkeit auch bei Veröffentlichungen in den Nicht-Fach-Medien angewandt werden."

Als wichtiges Entscheidungskriterium in solchen Fällen kann der von Schurz (2014, S. 42) formulierte Grundsatz gelten, dass bei wissenschaftlicher Erkenntnisgewinnung der *Begründungszusammenhang* frei von (wissenschafts-) externen Einflüssen sein soll (siehe Abschn. 1.1). Dagegen wird man beim *Entdeckungs- und Verwertungszusammenhang* Einflüsse verschiedener Interessentengruppen (einschl. der Privatwirtschaft) nicht vermeiden können bzw. wollen.

10.2.2 Untersuchungsanlage

Im Mittelpunkt dieser Phase stehen die Festlegung eines Untersuchungsdesigns und die Entwicklung der Messinstrumente. Dabei gibt es regelmäßig eine Vielzahl von Optionen, die die Ergebnisse maßgeblich beeinflussen können. Daraus kann natürlich eine Versuchung im Hinblick auf die Erzielung möglichst spektakulärer und klarer Ergebnisse mit guten Publikationschancen entstehen (siehe Abschn. 10.1). Als Beispiel für den starken Einfluss der Untersuchungsmethodik auf Ergebnisse sei hier auf die besonders häufig verwendete Befragungsmethode bei der Datensammlung verwiesen. Eine Vielzahl von entsprechenden Studien hat gezeigt, dass selbst scheinbar geringfügige Änderungen von Frageformulierungen oder Fragebogenaufbau zu gravierenden Ergebnisunterschieden führen können (siehe z. B. Schwarz 1999). Entsprechendes gilt in leicht nachvollziehbarer Weise auch für den Bereich der Stichprobenziehung. Im vorliegenden Abschnitt sollen aus der unübersehbaren Fülle derartiger Probleme einige umrissen werden, die in der Forschungspraxis verbreitet Bedeutung haben.

Sicherung der Validität von Messungen

Das Problem der Validität empirischer Untersuchungen ist im Rahmen dieses Buches schon recht ausführlich diskutiert (siehe Abschn. 6.3) und an verschiedenen Stellen immer wieder angesprochen worden. Das illustriert die zentrale Bedeutung dieses Gesichtspunkts. Welche Aussagekraft sollte eine Untersuchung haben, bei der Daten verwendet werden, die die theoretisch interessierenden Konzepte (siehe Abschn. 2.1) allenfalls unzureichend widerspiegeln? Hinsichtlich der mangelnden Aussagekraft fehlerbehafteter Daten bei der Prüfung von Theorien sei auch auf die Diskussion von „Fehler-Unterbestimmtheit" im Abschn. 3.3 verwiesen.

Vor diesem Hintergrund ist heute ein gewisses Maß an Belegen für die Validität einer Untersuchung Voraussetzung für deren Publikation in einer angesehenen Zeitschrift. Wenn man **Validierung** als (schrittweisen) Ausschluss alternativer Erklärungsmöglichkeiten für die gefundenen Ergebnisse versteht (Jacoby 2013, S. 218), dann deutet das schon darauf hin, dass es hier um einen Prozess geht, in dem nach und nach durch verschiedene Tests immer mehr Sicherheit im Hinblick auf Validität erreicht wird. Nicht alle diese Tests spiegeln sich in entsprechenden Maßzahlen wider; manche beziehen sich eher auf logische Überlegungen (z. B. in Bezug auf Inhaltsvalidität). Außerdem gibt es keinen festgelegten „Kanon" von Validitätstests, der bei jeder Untersuchung „abgearbeitet" werden muss.

Beispiel

Ein Beispiel für missbräuchliche Verwendung von Validitätstests bezieht sich auf die Maßzahl „Cronbach's α", die für die interne Konsistenz einer Multi-Item-Skala steht, und damit Aussagen über die Reliabilität (als notwendige Voraussetzung der Validität) einer solchen Skala erlaubt. Hier gibt es vereinzelt Fälle, in denen bei der Skalenentwicklung so verfahren wird, dass die verwendeten Items sehr, sehr ähnlich (bzw. fast identisch) sind. Das widerspricht zwar etablierten Grundsätzen der Skalenentwicklung, nach denen die Items *unterschiedliche* Facetten des gemessenen Konzepts widerspiegeln sollen (siehe z. B. Churchill 1979), begünstigt aber hohe α-Werte und fördert damit die Publikationsmöglichkeit einer Studie. Eine solche Vorgehensweise wäre ethisch zumindest problematisch, weil eben das oberste Erkenntnisziel der Wissenschaft, die Suche nach *wahren* und gehaltvollen Aussagen (Schurz 2014, S. 19; siehe auch Abschn. 1.2), bewusst missachtet wird, nur um die Publikationschancen zu verbessern. ◀

Im Hinblick auf die Validierung von Messinstrumenten gelten für eine verantwortungsvolle Forschungspraxis zumindest folgende Grundsätze:

- Wegen der zentralen Bedeutung der Validität von Untersuchungsmethoden sollte *vor* der Anwendung dieser Methoden in einer Untersuchung eine möglichst umfassende und kritische Überprüfung (gegebenenfalls auch Anpassung) dieser Methoden erfolgen (siehe auch Kap. 6). Eine in der Forschungspraxis inzwischen verbreitete Möglichkeit besteht in der Verwendung (standardisierter) Messinstrumente, deren Eignung schon in anderen Untersuchungen belegt wurde.
- Die Ergebnisse der Validitätsprüfung der dann tatsächlich verwendeten Methoden sollten in einer Publikation *umfassend* dokumentiert werden und nicht auf eine Auswahl günstiger Ergebnisse beschränkt bleiben. Nach aktuellem Stand kann eine solche Dokumentation aus Platzgründen auch (teilweise) über das Internet erfolgen.

Missbräuchliche Nutzung von Pretests

Die Durchführung von (meist mehreren) Pretests vor allem zur Überprüfung und Verbesserung der verwendeten Messmethoden (z. B. Fragebögen) gilt heute als Standard in der empirischen Forschung. Allerdings gibt es dabei auch Missbrauchsmöglichkeiten insofern, als Pretests und entsprechende Veränderungen bei der Datenerhebung so lange vorgenommen werden können, bis die gewünschten Ergebnisse herauskommen (wieder eine Variante des „verification bias"). Peter (1991, S. 544) kommt diesbezüglich zu einer recht skeptischen Einschätzung: „In einigen Bereichen sozialwissenschaftlicher Forschung ist es gängige Praxis, dass nicht darüber berichtet wird, wie viele Pretests durchgeführt wurden, bis das gewünschte Ergebnis erzielt wurde." In enger Verbindung damit steht die unkorrekte Praxis, die Ergebnisse von Pretests in die Publikation einzubeziehen, je nachdem, ob diese Ergebnisse „passen" oder nicht (Laurent 2013).

Mangelnde Ergebnisoffenheit bei qualitativen Untersuchungen
In der Perspektive des vorliegenden Buches sind qualitative Untersuchungen vor allen Dingen für den *Theorie-Entwurf* relevant (siehe Abschn. 4.3.3) und die entwickelten Theorien sind später Gegenstand von Theorietests (siehe Kap. 5 und 9). In einigen Zweigen der betriebswirtschaftlichen Forschung werden Ergebnisse qualitativer Untersuchungen als eigenständige Forschungsbeiträge angesehen und publiziert. Nun sind qualitative Methoden durch große Offenheit und weitgehende Freiheiten im Forschungsprozess gekennzeichnet, damit sie den kreativen Prozess der Theoriebildung unterstützen können (siehe z. B. Creswell 2009; Yin 2011). Wenn aber vor Beginn des qualitativen Forschungsprozesses bei den Forschenden schon mehr oder weniger festgelegte Vorstellungen zu den (angestrebten) Ergebnissen existieren, dann muss man damit rechnen, dass die Freiheiten des Forschungsprozesses es relativ leicht machen, zu den gewünschten Ergebnissen zu kommen. Wenn Forscher*innen durch frühere theoretische Festlegungen, durch Weltanschauungen oder durch Ausrichtung auf die Interessenlage von Drittmittelgebern nicht mehr ergebnisoffen an ein qualitatives Forschungsprojekt herangehen, dann muss man systematisch verzerrte Ergebnisse befürchten, deren Ursachen für Außenstehende kaum erkennbar sind.

10.2.3 Untersuchungsdurchführung

Der „Untersuchungsdurchführung" wird hier vor allem der Prozess der Datenerhebung (z. B. Durchführung von Interviews) bis zum Vorliegen eines (noch unbearbeiteten) Datensatzes zugerechnet. Zentrale Bedeutung hat dabei die faire und sorgsame Behandlung von Auskunfts- und Versuchspersonen. Dieser Aspekt hat natürlich in der medizinischen oder pharmakologischen Forschung besondere Bedeutung, stellt aber auch für betriebswirtschaftliche Studien keineswegs ein Randproblem dar. Daneben ist in dieser Phase die korrekte Realisierung der Stichprobenziehung für die Untersuchungsergebnisse bedeutsam.

Schutz der Auskunfts- bzw. Versuchspersonen
Für die Teilnehmer*innen an empirischen Untersuchungen, die z. B. Fragebögen ausfüllen oder an Labor-Experimenten teilnehmen, können unterschiedliche Arten von Belastungen entstehen, insbesondere Zeitaufwand und Stress, sowie mögliche Nachteile durch Preisgabe persönlicher Daten. In der Methoden-Literatur (siehe z. B. Shadish et al. 2002, S. 279 ff.; Groves et al. 2009, S. 375 ff.; Döring und Bortz 2016, S. 123 ff.) besteht Einigkeit, dass Belastungen und Risiken für die Untersuchungsteilnehmer*innen minimiert werden sollen.

Ein Meilenstein bei der Entwicklung und Realisierung ethisch akzeptabler Standards für die Durchführung empirischer Untersuchungen mit Menschen war der **„Belmont Report"** (www.hhs.gov/ohrp/regulations-and-policy/belmont-report/index.html), benannt nach dem Tagungsort (Belmont Conference Center in der Nähe von Baltimore), wo im Jahre 1978 von der „National Commission for the Protection of Human Subjects of Biomedical and Behavioral Research" entsprechende Grundsätze und Richtlinien festgelegt wurden. Hintergrund dafür waren Erfahrungen aus der Nazi-Zeit und aus der Nachkriegszeit mit skrupellos durchgeführten Experimenten an Menschen, die zu schweren Schädigungen bei den Versuchspersonen führten. Nun sind empirische Untersuchungen in der BWL-Forschung nicht mit solchen Risiken verbunden, gleichwohl beziehen sich die entwickelten Prinzipien auch auf Studien, bei denen allenfalls relativ geringe Nachteile für die Teilnehmer*innen entstehen können. Als „grundlegende ethische Prinzipen" werden im Belmont Report genannt:

- Respekt gegenüber Versuchspersonen
- Wohlwollen gegenüber Personen
- Gerechtigkeit

Den drei ethischen Prinzipien sind im Belmont Report drei konkretere Aspekte zugeordnet worden:

1. **Informiertes Einverständnis:** Einverständnis der Teilnehmer*innen mit der Studie auf Basis angemessener Informationen über Untersuchungsziele, mögliche Belastungen sowie Datenschutz. Den Untersuchungsteilnehmer*innen die Entscheidung über ihre Teilnahme zu überlassen, entspricht also dem geforderten Respekt für Personen.
2. **Abschätzung von Risiken und Nutzen:** Dieser Aspekt korrespondiert mit dem Prinzip des Wohlwollens, weil eben der (möglichst große) Nutzen einer Studie den damit verbundenen (möglichst geringen) Belastungen der Teilnehmer*innen gegenübergestellt werden muss. Diese Relation und deren Verbesserungsmöglichkeiten sollen Gegenstand entsprechender Überlegungen im Vorfeld der Untersuchung sein.
3. **Auswahl der Teilnehmer*innen:** Hier geht es um die gerechte Auswahl der Untersuchungspersonen. Diese Frage dürfte in der BWL eher selten eine Rolle spielen, könnte aber vielleicht relevant sein, wenn mit einer Untersuchung finanzielle Vorteile verbunden sind oder wenn es um neue vorteilhafte Arbeitsbedingungen geht. Am ehesten dürfte dieser Aspekt eine Bedeutung haben, wenn es in den Lebenswissenschaften um die Frage geht, wer eine neuartige und vielversprechende Therapie erhält (Versuchsgruppe) und wer nicht (Kontrollgruppe).

Bei betriebswirtschaftlichen Untersuchungen spielen in ethischer Hinsicht nicht alle drei Aspekte eine gleichgewichtige Rolle, dafür gibt es andere Gesichtspunkte, die heute zum Standard gehören:

- Begrenzung von Untersuchungsdauer und Anzahl erhobener Daten auf das notwendige Minimum

- Sicherung der Anonymität der Auskunfts- bzw. Versuchspersonen und Vertraulichkeit der von diesen gegebenen Informationen
- Freiwilligkeit der Untersuchungsteilnahme ohne Druck
- „Informiertes Einverständnis" (s. o.) – Einverständnis der Teilnehmer*innen mit der Studie auf Basis angemessener Informationen über Untersuchungsziele, mögliche Belastungen und Risiken sowie Datenschutz
- Minimierung der Irreführung von Teilnehmer*innen, mindestens Aufklärung über erfolgte Täuschungen im Verlauf der Untersuchung

Beispiel

Über ein Beispiel für eine ethisch höchst problematische Belastung von Versuchspersonen berichtet Heinz Schuler (1991, S. 332 f.) im Zusammenhang mit einer Replikation des sehr bekannten (und schon erwähnten) „Milgram-Experiments" zur Beobachtung der Unterordnung von Menschen gegenüber Autoritäten. Eine Versuchsperson berichtete in einem anschließenden Interview über ihre Eindrücke und Erfahrungen während des Experiments:

„Ich finde es grausam, so Menschen zu quälen, so ein Experiment zu machen. … Ich finde das schändlich, ich konnte nicht mehr, ich bin in ärztlicher Behandlung, meine Nerven sind nicht die besten … ich bekomme Valium … ich hatte richtige Depressionen. (…) Es ist furchtbar gewesen … Das Geschrei ging mir durch Mark und Bein. Ich könnte keinen Menschen so quälen … Ich habe mir nicht vorgestellt, dass ich so etwas machen muss. Ich glaube, das verfolgt mich noch tagelang." ◀

Zur Realisierung und Sicherung der Einhaltung ethischer Prinzipien bei Untersuchungen mit Menschen sind seit 1974 an US-amerikanischen Universitäten und anderen wissenschaftlichen Institutionen „**Institutional Review Boards** (IRBs)" eingerichtet worden, die der Durchführung entsprechender Studien zustimmen müssen. In zahlreichen anderen Ländern gibt es inzwischen vergleichbare Institutionen.

Manipulation von Stichprobengröße und Stichprobenausschöpfung

Wegen der Freiwilligkeit der Mitarbeit von Auskunfts- bzw. Versuchspersonen ist in sozialwissenschaftlichen Untersuchungen eine vollständige Stichprobenausschöpfung praktisch nicht erreichbar. Gerade im akademischen Bereich (z. B. bei Doktorand*innen) hat man typischerweise nur sehr begrenzte Ressourcen, die dieses Problem verschärfen, weil eben oft keine großen Anreize für die Untersuchungsteilnahme oder häufig wiederholte Kontaktversuche möglich sind. So zeigte eine Untersuchung von Collier und Bienstock (2007), dass auch bei Studien, die in international führenden Marketing-Zeitschriften publiziert wurden, die Stichproben meist nur zu einem Grad von unter 50 % ausgeschöpft worden waren. Nun kann eine geringe Stichprobenausschöpfung aufgrund systematischer Unterschiede zwischen Teilnehmenden und Nichtteilnehmenden natürlich zu wesentlich verfälschten Untersuchungsergebnissen führen. Hier – im Zusammenhang mit Forschungsethik – soll es um die kritische Betrachtung von Praktiken gehen, bei denen die Stichprobegröße bzw. die Stichprobenausschöpfung manipuliert werden, um die *gewünschten* Ergebnisse zu erzielen.

- Bekanntlich können auch ein schwacher Zusammenhang zwischen zwei Variablen oder ein geringer Unterschied zwischen verschiedenen Gruppen *statistisch* signifikant sein, wenn die Stichprobe hinreichend groß ist (siehe Kap. 7). Eine Taktik, um bestimmte Ergebnisse zu erreichen, besteht dann darin, die Stichprobe entsprechend zu vergrößern oder den Datensatz mit anderen Datensätzen zusammenzufassen (Levelt et al. 2012; Laurent 2013) bis sich das für eine Publikation nötige Signifikanzniveau ergibt.
- Auch durch den bewussten Verzicht auf weitere Stichprobenausschöpfung kann man Ergebnisse manipulieren. Laurent (2013, S. 327) formuliert – natürlich mit angemessener Distanzierung – eine entsprechende „Regel": „Prüfe nach jeder weiteren Beobachtung, ob das Ergebnis signifikant ist (bei 5 %) und beende gegebenenfalls sofort die Datensammlung, weil zu befürchten ist, dass das Ergebnis nach weiteren Beobachtungen nicht mehr signifikant ist."

Vor diesem Hintergrund wird gefordert, dass die Stichprobengröße vor Beginn der Datensammlung festgelegt wird. „Die Autor*innen müssen die Vorgehensweise bei der Datensammlung festlegen, bevor diese beginnt und die Vorgehensweise im Artikel darstellen." (Simmons et al. 2011, S. 1362).

Hintergrundinformation

Der Verband der Hochschullehrer für Betriebswirtschaft (VHB) gibt in seinen Empfehlungen für „Gute fachliche Praktiken GfP" aus dem Jahr 2014 (S. 32) folgende Hinweise zur Dokumentation von Befragungsdaten:

„Handelt es sich um selbst gesammelte Umfragedaten, gibt man an, was die Grundgesamtheit ist, wie das Sampling erfolgte, zu welchen Zeitpunkten welche Teile der Daten erhoben worden sind, wie die Antwortrate war sowie (wenn bekannt) die Verteilung von Befragten-Charakteristika in der Grundgesamtheit und im Sample zum Vergleich."

VHB (2014, S. 33):" Gerade mit Experimenten kann man vieles zeigen, was man möchte. Insofern sind Experimente genauso detailliert und gewissenhaft zu dokumentieren, wie es in den Naturwissenschaften mit den Laborbüchern üblich ist, wo nur handschriftliche Aufzeichnungen erlaubt sind, weil man diese später nicht verändern kann. Dies betrifft vor allem den exakten Zeitraum, in welchem ein Experiment mit wie vielen Probanden durchgeführt worden ist, um besser abschätzen zu können, ob Ergebnisse durch späteres Hinzufügen von Probanden signifikant geworden sind. Wichtig ist auch, dass man über alle Experimente berichtet, auch wenn einige nicht zu den erwarteten Ergebnissen geführt haben."

10.2.4 Datenaufbereitung und Datenanalyse

In der Regel ist nach der Datenerhebung eine Phase der Datenaufbereitung erforderlich, um z. B. fehlerhafte Datensätze oder Ausreißer zu identifizieren. Solche Eingriffe in den Datensatz können problematisch sein und Manipulationen im Hinblick auf erwünschte Ergebnisse ermöglichen. Auch die statistische Datenanalyse ist nicht so „objektiv“ und unabhängig, wie es manchmal erscheinen mag. Inzwischen belegen auch empirische Studien (Wicherts et al. 2016; Botvinik-Nezer et al. 2020) die „Freiheitsgrade“, die Forscher*innen (nicht nur) bei der Durchführung der Datenanalyse haben. Ein ganz einfaches Beispiel bezieht sich auf die Festlegung von Signifikanzniveaus ($p=0{,}01$ oder $p=0{,}05$ oder $p=0{,}1$), die die Art und Anzahl „signifikanter“ Ergebnisse wesentlich bestimmt. Eine Analyse von p-Werten in führenden Management-Zeitschriften zeigte eine besondere Häufung von Werten knapp unter den üblichen Schwellen von 0,05 bzw. 0,1, was darauf hindeuten könnte, dass Daten so weit „bearbeitet“ wurden, bis gerade diese Signifikanzniveaus erreicht wurden (siehe Albers 2014). Eine empirische Analyse in der Soziologie zeigte, dass deutlich *mehr* p-Werte knapp *unter* als knapp über der 5 %-Schwelle lagen (Gerber und Malhotra 2008), obwohl man eigentlich eine etwa gleichmäßige Aufteilung erwarten müsste. In der Studie von Banks et al. (2016) gaben immerhin 11 % der Befragten an, dass sie schon p-Werte manipuliert haben. Hier wird auch eine Beziehung zu dem im Abschn. 9.2.2 angesprochenen „Publication Bias“ erkennbar: Einerseits wird versucht, nach Möglichkeit signifikante Ergebnisse zu erhalten, um die Publikationschancen einer Studie zu verbessern; andererseits wird auf diese Weise der entsprechende wissenschaftliche Erkenntnisstand systematisch verfälscht. In diesem Zusammenhang sei auch an die bereits im Abschn. 10.1 zitierte Studie von Fanelli (2012) erinnert.

Hintergrundinformation

Ray Fung (2010) von der Harvard University fasst Ergebnisse seiner Untersuchung zu angegebenen Signifikanzniveaus in führenden Management-Zeitschriften kurz zusammen:

„Forscher*innen ‚korrigieren‘ möglicherweise ihre Daten, um p-Werte zu erreichen, die für eine Publikation als notwendig erachtet werden. Wir untersuchten eine Zufallsstichprobe von Artikeln aus führenden Management-Zeitschriften und verglichen deren Hypothesen und p-Werte mit einer simulierten Verteilung von Ergebnissen, die auftreten sollten, wenn es keine Datenmanipulation gibt. … Die Verteilung der p-Werte (in den Artikeln; Anm. d. Verf.) zeigte verdächtige und statistisch signifikante Häufungen knapp unter den üblichen Signifikanzniveaus von 0,05 und 0,1. In keinem einzigen Paper führte mehr als die Hälfte der Tests von Hypothesen zu nicht signifikanten Ergebnissen …“.

Datenmanipulation

Natürlich bestehen keine Zweifel, dass die **Erfindung oder Fälschung von Daten** völlig indiskutabel sind und in der Regel (bei Entdeckung) zu harten Sanktionen führen, oft zum Verlust der beruflichen Position im Wissenschaftssystem. Albers (2014) schildert entsprechende Fälle. Auch hier gibt es wieder eine „Grauzone“ von Verhaltensweisen, bei denen Daten nicht gefälscht werden, bei denen aber Manipulationen am Datensatz vorgenommen werden, die teilweise berechtigt und sinnvoll, teilweise aber auch problematisch sein können.

Einerseits ist natürlich die unverfälschte Wiedergabe der in einer Untersuchung erfassten Beobachtungen die Grundlage für aussagekräftige empirische Ergebnisse. Andererseits kann es auch zweckmäßig bis notwendig sein, einzelne Datensätze zu eliminieren oder zu bearbeiten, weil ansonsten die *Ergebnisse* verfälscht würden. So werden z. B. Korrelationskoeffizienten oder Kleinste-Quadrate-Schätzungen durch einzelne Fälle mit weit außerhalb des üblichen Bereichs liegenden Werten, eben so genannten „**Ausreißern**“, in häufig irreführender Weise beeinflusst (siehe z. B. Fox 1984, S. 166 f.). Allerdings eröffnet die Elimination von Daten auch Spielräume, Beobachtungen aus der Analyse auszuklammern, die hinsichtlich der erhofften Ergebnisse „stören“ (zu einer ausführlichen Diskussion des Problems: siehe Laurent 2013). Immerhin gaben bei einer Befragung von 344 Management-Forscher*innen durch Banks et al. (2016) 29 % der Befragten an, dass sie schon Fälle aus Untersuchungen eliminiert hatten, um „bessere“ Signifikanzwerte zu erreichen.

Hintergrundinformation

Gilles Laurent (2013, S. 326) formuliert einen allgemeinen Grundsatz für die Elimination von Ausreißern:

„In der Praxis sollten Forscher*innen, wann immer sie Beobachtungen eliminieren, einen Anhang bereitstellen, in dem sie die Gründe für diese Elimination genau darstellen und ebenso die Verteilung der Beobachtungen vor und nach der Elimination.“

Der Verband der Hochschullehrer für Betriebswirtschaft (VHB) gibt in seinen Empfehlungen für „Gute fachliche Praktiken GfP“ aus dem Jahr 2014 (S. 32) folgende Hinweise zur Dokumentation der Bearbeitung von Daten:

„Die gesammelten Rohdaten werden in der Regel aufbereitet, um zur Analyse verwendet werden zu können. Dieser Prozess ist genau zu dokumentieren, damit man die Ergebnisse reproduzieren kann. Z.B. sollte berichtet werden, wie man mit Missing Values und Ausreißern umgegangen ist. Sind Datensätze gelöscht worden, weil sie z. B. Fehler enthalten, so ist dies genauestens zu berichten.“

„HARKing“

Der in der Zwischen-Überschrift genannte Begriff „HARKing“ („**H**ypothezing **A**fter the **R**esults are **K**nown“; Kerr 1998) bezeichnet ebenso wie die Bezeichnung „fishing through a correlation matrix“ (Peter 1991, S. 544) ein Verhalten, bei dem der/die Forscher*in eine Vielzahl von Korrelationskoeffizienten, Signifikanztests etc. berechnet (natürlich *nachdem* die Untersuchungsdaten bereits vorliegen) und sich dann bei solchen *scheinbar* signifikanten Ergebnissen nachträglich „passende“ Hypothesen einfallen lässt, die eine Publikation „anreichern“ sollen. Damit wird natürlich eine tatsächlich nichtexistierende theoretische Grundlage für diese Ergebnisse nur *vorgetäuscht.* In der schon erwähnten Studie von Banks et al. (2016) haben etwa 50 %(!) der befragten

Forschenden ein solches Verhalten eingeräumt. Hinsichtlich der sehr begrenzten Aussagekraft auf diese Weise zustande gekommener Ergebnisse sei auf die entsprechenden Ausführungen im Abschn. 7.4 verwiesen.

Andererseits ist auch zu bedenken, dass unvorhergesehene Ergebnisse nicht einfach unter den Tisch fallen sollten. Es spricht nichts gegen eine Interpretation oder Diskussion, aber der Anschein einer theoretisch entwickelten und *danach* statistisch „erfolgreich" getesteten Hypothese wäre eben irreführend.

Anpassung von Signifikanzniveaus und angewandter statistischer Methoden

Eine weitere Methode, um empirische Ergebnisse zu erzielen, die die theoretisch entwickelten Hypothesen (scheinbar) bestätigen, ist die entsprechende Veränderung des Signifikanzniveaus. So mag ein Korrelationskoeffizient oder ein statistischer Test bei einem Signifikanzniveau von $p=0{,}05$ nicht zu einem signifikanten Ergebnis führen, wohl aber bei $p=0{,}1$. Teilweise findet man auch die Praxis, Tests mit mehreren Signifikanzniveaus (z. B. $p=0{,}01$ bzw. 0,05 bzw. 0,1) durchzuführen. Damit erhöht man natürlich den Anteil von Ergebnissen, die „irgendwie" statistisch signifikant sind.

Eine ähnliche Vorgehensweise ist die Verwendung unterschiedlicher statistischer Tests für einen bestimmten Zusammenhang zwischen Variablen (Laurent 2013). Da unterschiedliche Tests auch unterschiedliche Eigenschaften haben, sind die Ergebnisse meist nicht identisch und bei Missachtung ethischer Prinzipien kann häufig – ganz dem „verification bias" entsprechend – wenigstens über ein „passendes" Ergebnis berichtet werden.

Aufbewahrung von Daten

Im Hinblick auf die Nachprüfbarkeit von Untersuchungsergebnissen wird heute zunehmend gefordert, dass die zugrunde liegenden Daten und Unterlagen über einen längeren Zeitraum aufbewahrt und bei Bedarf zugänglich gemacht werden. Dieser Gesichtspunkt ist nicht nur im Hinblick auf die Möglichkeit, unlauteres Verhalten von Forschenden aufdecken zu können, von Bedeutung, sondern auch hinsichtlich der Durchführung von Replikationsstudien und Metaanalysen. Deren wesentliche Bedeutung für den Prozess wissenschaftlicher Erkenntnisgewinnung ist im Kap. 9 dargestellt worden.

Die Aufbewahrung von Daten zur Sicherung des Zugangs dazu über eine gewisse Zeit ist nicht nur die Aufgabe der Autor*innen, sondern wird inzwischen auch von manchen wissenschaftlichen Zeitschriften (z. B. „Marketing Science" und „Management Science") realisiert und damit verbunden, dass diese Daten anderen Forscher*innen für Replikationen zur Verfügung stehen. Der VHB (2014, S. 33 f.) reflektiert in „Gute fachliche Praktiken" recht ausführlich die Vor- und Nachteile der Archivierung und Veröffentlichung von Daten. Dabei spielt die Frage, ob Wissenschaftler*innen damit auf einen „Wettbewerbsvorteil" verzichten, eine erhebliche Rolle. Im Sinne einer Wissenschaft, die einem kollektiven Erkenntnisgewinn dienen soll, dürfte der individuelle Wettbewerbs- und Karrierevorteil durch exklusiv zu nutzende Daten wohl nicht der einzige relevante Aspekt sein.

Beispiel

Hier die Ankündigung der (hoch angesehenen; VHB Ranking A+) Zeitschrift „Marketing Science" (pubsonline.informs.org/journal/mksc), dass bei Publikationen die Daten eingereicht werden müssen:

„‚Marketing Science' kündigt ein neues Verfahren bei Replikationen und Veröffentlichungen an (….). Allgemein gesagt wird nach diesem Verfahren verlangt, dass bei der Annahme eines Artikels durch ‚Marketing Science' die Autor*innen des Artikels die Daten und Schätzverfahren, die in dem Artikel verwendet wurden, einreichen müssen. Die Zeitschrift bietet auf ihrer Website diese Dateien Forscher*innen an, die daran interessiert sind, die Ergebnisse des akzeptierten Artikels zu replizieren." ◀

10.2.5 Interpretation und Darstellung von Ergebnissen

Zwischen Datenanalyse und Publikation steht die Interpretation und Darstellung der Untersuchungsergebnisse, obwohl diese Schritte sicher überlappend sind. Dabei steht in forschungsethischer Sicht ein Problembereich im Mittelpunkt: Die Auslassung von Ergebnissen, die sich nicht in das theoretische Gesamtbild einfügen und/oder im Widerspruch zu anderen Ergebnissen stehen, bzw. die Auswahl von „passenden" Ergebnissen. Damit werden die Untersuchungsergebnisse unvollständig dargestellt und in vielen Fällen verfälscht.

Laurent (2013, S. 326) spricht in diesem Zusammenhang von „hidden experiments" bzw. „best of" Taktik und meint damit die Auslassung von Ergebnissen, die nicht die zentralen Aussagen einer Publikation bestätigen. Danach gibt es Anhaltspunkte dafür, dass in manchen Publikationen nur über etwa die Hälfte der ursprünglich durchgeführten Teil-Studien berichtet wird. In der Untersuchung von Banks et al. (2016) gaben etwa 50 % der befragten Management-Forschenden an, dass sie in Abhängigkeit von Signifikanzwerten über Hypothesenprüfungen berichten (oder eben nicht). Das mag vereinzelt den Wünschen von Gutachter*innen entsprechen, die ja beim Weg zur Publikation gewissermaßen die „Gatekeeper" sind und entsprechende Macht ausüben können. Es werden manchmal klare Ergebnisse und möglichst kurze Artikel gewünscht und Teil-Ergebnisse, die nicht so gut ins Bild passen, sollen lieber weggelassen werden. Das ist aber mit Einschränkungen bei der Suche nach wissenschaftlicher Wahrheit verbunden, die Laurent (2013, S. 326 f.) folgendermaßen charakterisiert: „Wenn ein Effekt so schwach ist, dass er nur in vier von acht Experimenten signifikant ist, dann ist das informativ und es sollte darüber berichtet werden. Wenn der Effekt nur bei bestimmten Manipulationen, Messinstrumenten, Grundgesamtheiten, experimentellen Bedingungen etc. auftritt, dann ist das auch informativ und sollte dargestellt werden."

Vor diesem Hintergrund ist es wichtig, in einem Bericht bzw. einer Veröffentlichung die wesentlichen Schritte bei einer Untersuchung – von der Entwicklung von Messinstrumenten und der Stichprobenziehung bis zur statistischen Analyse – umfassend zu dokumentieren. Damit ermöglicht man es Lesern und Gutachtern, die Entstehung der Untersuchungsergebnisse nachzuvollziehen und kritisch zu reflektieren. Dabei gibt es sicher gewisse Grenzen, die durch die Knappheit des Raums für Publikationen und die Geduld von Leser*innen bestimmt sind, die aber durch das Angebot von entsprechenden Informationen im Internet oder in Anhängen größerer Veröffentlichungen überwunden werden können.

„P-Hacking"

Seit Mitte der 2010er Jahre spielt der Begriff „p-hacking" in der Diskussion um Forschungsethik und Aussagekraft empirischer Untersuchungen eine wesentliche Rolle. Dieser Begriff fasst einige – schon angesprochene – Missbräuche der Spielräume, die Forscher*innen bei der Analyse und Interpretation von Untersuchungsergebnissen haben, zusammen. Die entsprechende Kritik bezieht sich darauf, dass diese Spielräume („researcher degrees of freedom", Wicherts et al. 2016) zu oft genutzt werden, um Ergebnisse (p-Werte; siehe Abschn. 7.1) als signifikant erscheinen zu lassen und damit die Chancen für eine Publikationsmöglichkeit zu erhöhen. Als Ansatzpunkte dafür werden vor allem genannt (Simonsohn et al., S. 534):

- Entscheidungen über die Vergrößerung einer Stichprobe, um eine deutlichere Signifikanz zu erreichen.
- Eliminierung von (angeblichen) „Ausreißern" aus dem Datensatz.
- Entscheidung über die Teil-Ergebnisse, die in die Studie einbezogen werden sollen bzw. über die – z. B. wegen mangelnder Signifikanz – überhaupt nicht berichtet wird.

Die genannten Autor*innen äußern in verschiedenen Publikationen die Sorge, dass in großer Zahl „fälschlich positive" Ergebnisse, also Ergebnisse, die erst nach derartigen Manipulationen den Anschein der signifikanten Bestätigung einer Hypothese erwecken, das Bild des Forschungsstandes zu einer Fragestellung deutlich verzerren können. „In vielen Fällen wird ein*e Forscher*in eher Belege dafür finden, dass ein Effekt existiert, als richtigerweise dafür, dass dieser nicht existiert." (Simmons et al. 2011, S. 1359). Nelson et al. (2018) schlagen insbesondere zwei *Gegenmaßnahmen* vor:

- Weitgehende *Offenlegung* zahlreicher Details zur Durchführung einer Studie durch die Autor*innen (siehe folgende Hintergrundinformation).
- Anmeldung und *Registrierung* einer Untersuchung mit allen relevanten Informationen zur Stichprobe, zu Hypothesen, zu den zu messenden Variablen etc. *vor Beginn* der Untersuchung. Dadurch soll verhindert werden, dass – gewissermaßen „im Lichte der erhobenen Daten" – nachträglich Hypothesen verändert, Daten manipuliert oder Ergebnisse nur selektiv publiziert werden.

Hintergrundinformation

Simmons et al. (2011 S. 1362 f.) empfehlen vor dem Hintergrund von verschiedenen Möglichkeiten zur Manipulation von Daten und Ergebnissen („p-hacking") folgende Angaben bei der Publikation einer Studie:

1. „Die Autor*innen müssen bereits vor dem Beginn der Datenerhebung festlegen, wann diese enden soll, und dieses Vorgehen im Artikel berichten.
2. Die Autor*innen müssen zumindest 20 Beobachtungen für jede Teilgruppe erheben oder – wenn nicht – überzeugend begründen, dass die Datenerhebung zu hohe Kosten verursacht hätte.
3. Die Autor*innen müssen alle Variablen auflisten, die in der Studie erhoben worden sind.
4. Die Autor*innen müssen über alle experimentellen Bedingungen berichten, einschließlich der Manipulationen, die nicht erfolgreich waren.
5. Wenn Messwerte eliminiert worden sind, dann muss berichtet werden, wie die statistischen Ergebnisse wären, wenn diese Messwerte einbezogen worden wären.
6. Wenn die Analyse eine Kovariate enthält, müssen die Autor*innen die statistischen Ergebnisse der Analyse ohne diese Kovariate angeben."

10.2.6 Publikationen

Im Abschn. 10.1 ist schon auf die große und wohl weiter wachsende Bedeutung von Publikationen im Wissenschaftssystem hingewiesen worden. Diese sind ausschlaggebend für die Möglichkeit zum Einstieg in eine wissenschaftliche Laufbahn und für die weitere Entwicklung der Karriere; sie beeinflussen wesentlich die Erfolgschancen bei der Beantragung von Drittmitteln und sind in einigen Fällen auch die Grundlage für akademische Ehrungen. Die zentralen Maßstäbe in dieser Hinsicht sind die *Zahl* von Publikationen eines*r Wissenschaftler*in und die *Qualität* (Innovationsgrad, Substanz, Relevanz etc.) der Publikationen, die häufig (vereinfachend) anhand des Ansehens (Ranking, Reputation, „impact factor" als Indikator für die Zitationshäufigkeit) der entsprechenden Zeitschriften eingeschätzt wird, in denen die jeweilige Publikation veröffentlicht ist. Vor diesem Hintergrund wird es leicht nachvollziehbar, dass Wissenschaftler*innen große Anstrengungen unternehmen und im harten Wettbewerb stehen, um entsprechende Publikationserfolge zu erreichen. Dabei kann es – gewissermaßen „im Eifer des Gefechts" – zu Verhaltensweisen und Praktiken kommen, die in ethischer Sicht problematisch sind. Im Folgenden werden in der Perspektive der Zielgruppe dieses Buches (Doktorand*innen, fortgeschrittene Studierende), also potenzieller Autor*innen, einige Gesichtspunkte angesprochen. Im Hinblick auf Probleme des Wissenschaftssystems bei der Gestaltung und Überwachung des Publikationsprozesses sei auf Albers (2014) und Honig et al. (2014) verwiesen.

Opportunistisches Zitier-Verhalten

fJede wissenschaftliche Publikation in der betriebswirtschaftlichen Forschung basiert auf einer angemessenen Auswertung der für den jeweiligen Untersuchungsgegenstand relevanten Literatur, bei empirischen Arbeiten insbesondere zur Entwicklung der theoretischen Basis und zur Darstellung und Begründung der methodischen Vorgehensweise. Diese Literaturauswertung und das entsprechende Verzeichnis dienen dazu, das aktuelle Projekt und seine Ergebnisse in die Entwicklung des Forschungsgebiets einzuordnen, die Leistungen anderer Wissenschaftler*innen angemessen zu würdigen (siehe Abschn. 10.1), die eigenen Überlegungen und die gewählte Vorgehensweise zu begründen und den Leser*innen der Publikation den Zugang zu weiterer einschlägiger Literatur zu erleichtern. Vor diesem Hintergrund soll sich das Literaturverzeichnis natürlich auf Quellen konzentrieren, die für den Inhalt der Publikation wesentlich und gewissermaßen repräsentativ sind. Anscheinend gibt es gelegentlich Abweichungen davon mit dem Ziel, die Publikationschancen zu erhöhen, indem zusätzlich Quellen zitiert werden, die bei Herausgeber*innen sowie bei Gutachter*innen der Zeitschrift, bei der der Artikel eingereicht wird, auf ein „spezielles Wohlwollen" stoßen. Hier seien zwei entsprechende Praktiken angesprochen:

- Einfügung von Zitaten aus Veröffentlichungen, die von Mitgliedern des „editorial boards" der zur Einreichung vorgesehenen Zeitschrift stammen, deren fachliche Ausrichtung begründen könnte, dass sie als Gutachter*innen für den eingereichten Artikel infrage kommen.
- Einfügung von Zitaten aus Artikeln in der Zeitschrift, bei der ein Paper zur Publikation eingereicht wird, die aber für die Argumentation in dem Paper nicht wesentlich sind. Damit signalisiert der*die Autor*in seine/ihre Wertschätzung dieser Zeitschrift und könnte das Wohlwollen von Herausgeber*innen sowie Gutachter*innen gegenüber seinem Paper steigern. Unabhängig davon dürfte es nicht selten vorkommen, dass bei der Einreichung eines Artikels bei einer thematisch stark spezialisierten Zeitschrift (z. B. „Journal of Product Innovation Management") wegen der thematischen Bezüge diese Zeitschrift relativ häufig (sachlich begründet!) zitiert wird.

In beiden skizzierten Fällen würden die jeweiligen Autor*innen die Leser*innen täuschen, um in opportunistischer Weise die Publikationschancen ihres Artikels zu erhöhen.

Ebenfalls opportunistischen Zielen dienen so genannte „Zitierkartelle", bei denen man sich in einer Gruppe von Wissenschaftler*innen (z. B. Vertreter*innen einer bestimmten Forschungsrichtung) überproportional stark wechselseitig zitiert und damit gegenseitig den Bekanntheitsgrad in der Fachwelt steigert und Zitations-Indices in die Höhe treibt. Hier sind auch übermäßig viele Selbst-Zitate zu nennen. Andere wichtige Quellen werden dann vielleicht nicht angemessen berücksichtigt und die entsprechenden Informationen den Leser*innen vorenthalten.

Hintergrundinformation

Der VHB (2014, S. 9) zu „Zitierkartellen":

„Gutem wissenschaftlichem Brauch entspricht es, Zitate und zitierte Autoren so auszuwählen, dass zutreffend deutlich wird, wie sich ein Wissensbestand entwickelt hat und auf wen bestimmte Erkenntnisse zurückzuführen sind. Dieser Grundsatz wird nicht immer befolgt. Wo sich „Schulen" einer fachlichen Ausrichtung gebildet haben, also bestimmte Gruppierungen von Fachvertretern, besteht nicht selten die Neigung, fast nur noch Angehörige des betreffenden Netzwerkes zu zitieren (und zwar wechselseitig). Dies ist gemeint, wenn von *Zitierkartellen* die Rede ist." (….)

„Gute fachliche Praxis verlangt eine uneingeschränkte und offene Auseinandersetzung mit den wesentlichen Forschungsleistungen zu einer Thematik."

Plagiate

In jüngerer Zeit haben Plagiate in Dissertationen prominenter deutscher Politiker*innen auch in der breiteren Öffentlichkeit großes Aufsehen erregt. Das lag einerseits an der Prominenz der Missetäter*innen und andererseits daran, dass das mehr oder minder heimliche Abschreiben ohne adäquate Quellenangabe nach sehr breit geteilter Auffassung ein völlig unakzeptables Verhalten (nicht nur in der Wissenschaft) ist. Im Wesentlichen geht es dabei darum, dass in solchen Fällen die Verwendung von Ideen, Ergebnissen und Aussagen anderer in einer Veröffentlichung nicht angemessen kenntlich gemacht wird.

Die scharfe Ablehnung von Plagiaten in der „scientific community" ist vor allem durch die gravierende Verletzung der Grundsätze von Vertrauen, Verlässlichkeit, Ehrlichkeit und Fairness (siehe Abschn. 10.1) begründet.

Hintergrundinformation

Der VHB (2014, S. 6) zu Plagiaten:

„Ein Plagiat bedeutet den Diebstahl geistigen Eigentums. Es liegt vor, wenn die Übernahme von Daten, Ideen, besonderen Gedanken, Untersuchungen und Methoden anderer Urheber nicht in geeigneter Weise ausgewiesen wird." (…..)

„….. ist das Plagiieren unter keinen Umständen mit den Grundsätzen guter wissenschaftlicher Praxis vereinbar und ist daher nicht zu tolerieren. Es ist ein Vergehen, das auch rechtliche Konsequenzen haben kann."

„Slicing" bzw. „Salami-Taktik"

Der schon erwähnte Publikationsdruck bei Wissenschaftler*innen kann auch dazu führen, dass man versucht, aus einer größeren Untersuchung mehrere bzw. möglichst viele Publikationen zu generieren. In der Literatur wird hinsichtlich der Aufteilung der Ergebnisse eines Projekts auf eine größere Zahl enger fokussierter Publikationen etwas ironisch von „der größtmöglichen Zahl publizierbarer Einheiten" (Albers 2014, S. 1155) gesprochen. Allerdings kann auch der knappe Raum in den führenden Zeitschriften ursächlich für möglichst kurze Publikationen sein, in denen umfangreiche Studien nicht mehr umfassend dargestellt werden können. In solchen Fällen müssen aber alle Ergebnisse originär sein und man darf keine Ergebnisse „doppelt verkaufen".

Worin bestehen nun ethische Probleme in diesem Zusammenhang? Zunächst stellt sich die Frage, ob Herausgeber*innen sowie Gutachter*innen und dann auch die Leser*innen einer Zeitschrift wissen, dass zu verschiedenen Teilaspekten des Projekts mehrere Publikationen erscheinen bzw. erschienen sind. Wenn nicht, dann entsteht ein verzerrter Eindruck von den Beiträgen des*der Autor*in im Hinblick auf Umfang und Substanz. Man muss deswegen heutzutage bei jeder Einreichung eines Artikels angeben, ob Ergebnisse aus dem jeweiligen Datensatz schon an anderer Stelle veröffentlicht wurden. Weiterhin führt eine missbräuchliche Anwendung der Salami-Taktik zu einer Verschwendung des knappen Platzes in wissenschaftlichen Zeitschriften und damit zur Einschränkung von Publikationsmöglichkeiten anderer Studien.

Angemessene Nennung der Autor*innen

Im Hinblick auf die schon erläuterte Relevanz von Publikationen für eine wissenschaftliche Karriere sind natürlich auch die Angaben zur Autorenschaft höchst bedeutsam. Damit wird veröffentlicht, wer für die publizierte Studie verantwortlich ist und auch die entsprechenden wissenschaftlichen Leistungen erbracht hat. Die üblichen Regeln für die Nennung von Autor*innen sind allgemein anerkannt und klar:

- Die Wissenschaftler*innen (und nur diese), die einen wesentlichen Beitrag geleistet haben, sind als Autor*innen zu nennen. Personen ohne einen Beitrag sollen nicht als Autor*in genannt werden. Wenn sich der Beitrag von Personen auf kleinere administrative oder technische Hilfsarbeiten beschränkt, so kann das in einer Fußnote anerkannt werden. Manchmal werden bei Veröffentlichungen Co-Autor*innen genannt, die keinen *direkten* und wesentlichen Beitrag geleistet bzw. unmittelbar im Projekt gearbeitet haben. Das kann gerechtfertigt sein, wenn diese Personen wesentliche Beiträge geleistet haben, um das betreffende Projekt überhaupt zu ermöglichen. Beispielsweise könnte man an Wissenschaftler*innen denken, die für ein größeres Projekt die intellektuellen und administrativen Leistungen für einen erfolgreichen Drittmittel-Antrag erbracht haben (und damit Teil-Projekte mit konzipiert haben), aber nicht an jedem Teil-Projekt voll mitgearbeitet haben. *Allein* die Vorgesetzten-Position an einer wissenschaftlichen Institution oder der Betreuer-Status bei einer Promotion rechtfertigt dagegen nicht die Beanspruchung einer Mit-Autorenschaft bei einer Publikation.
- Normalerweise spiegelt die Reihenfolge der Autor*innen-Nennung die Anteile der Autor*innen an der Publikation wider. Wenn alle Autor*innen in etwa gleichem Ausmaß beigetragen haben, so sind eine alphabetische Reihenfolge der Namen und eine entsprechende Anmerkung üblich. Die hierarchische Stellung spielt für die Reihenfolge der Autor*innen-Nennung keine Rolle.
- Für das so genannte „Ghostwritertum" gibt es keine Rechtfertigung. Hier geht es darum, dass Wissenschaftler*innen Abhängigkeiten anderer ausnutzen, um deren Arbeiten unter ihrem Namen zu publizieren. Dabei handelt es sich um Plagiate (s. o.),

da der*die „Autor*in“, der/die bei der Veröffentlichung genannt wird, eine fremde geistige Leistung als die eigene ausgibt. Entsprechend äußert sich der VHB (2014, S. 22): „.... stellt eine sog. „Ehrenautorenschaft“, d. h. als Ko-Autor*in zu fungieren, ohne an der Veröffentlichung in irgendeiner Weise mitzuwirken, wissenschaftliches Fehlverhalten dar.“

Literatur

Academy of Management. (2006). *Code of Ethics*. aom.org.

Albers, S. (2014). Preventing unethical publication behavior of quantitative empirical research by changing editorial policies. *Journal of Business Economics, 84,* 1151–1165.

Anderson, M., Ronning, E., De Vries, R., & Martinson, B. (2007). The perverse effect of competition on scientists' work and relationship. *Science and Engineering Ethics, 13,* 437–461.

Banks, G., O'Boyle, E., Pollack, J., White, C., Batchelor, J., Whelpley, C., Abston, K., Bennett, A., & Adkins, C. (2016). Questions about questionable research practices in the field of management: A guest commentary. *Journal of Management, 42,* 5–20.

Botvinik-Nezer, R. et al. (2020). Variability in the analysis of a single neuroimaging dataset by many teams. *Nature* 582, June 2020, 84–88.

Churchill, G. (1979). A paradigm for developing better measures of marketing constructs. *Journal of Marketing Research, 16,* 64–73.

Collier, J., & Bienstock, C. (2007). An analysis of how nonresponse error is assessed in academic marketing research. *Marketing Theory, 7,* 163–183.

Colquitt, J. (2012). Plagiarism policies and screening at AMJ. *Academy of Management Journal, 55,* 749–751.

Creswell, J. (2009). *Research design – Qualitative, quantitative, and mixed methods approaches* (3. Aufl.). Los Angeles u.a.O.: Sage.

Döring, N., & Bortz, J. (2016). *Forschungsmethoden und Evaluation in den Sozial- und Humanwissenschaften* (5. Aufl.). Berlin: Springer.

Fanelli, D. (2009). How many scientists fabricate and falsify research? A systematic review and meta-analysis of survey data. *PLoS ONE, 4*(5), e5738. https://doi.org/10.1371/journal.pone.0005738.

Fanelli, D. (2010). Do pressures to publish increase scientists' bias? An empirical support from us states data. *PLoS One*. 2010;5(4), e10271.

Fanelli, D. (2012). Negative results are disappearing from most disciplines and countries. *Scientometrics, 90,* 891–904.

Fanelli, D. (2013). Positive results receive more citations, but only in some disciplines. *Scientometrics, 94,* 701–709.

Fox, J. (1984). *Linear statistical models & related methods*. New York u.a.O.: Wiley.

Fung, R. (2010). *Data anomalies within the management literature*. Working paper Harvard University, available at SSRN: https://ssrn.com/abstract=1554684.

Gerber, A., & Malhotra, N. (2008). Publication bias in empirical sociological research – Do arbitrary significance levels distort published results? *Sociological Methods & Research, 37,* 3–30.

Groves, R., Fowler, F., Couper, M., Lepkowski, J., Singer, E., & Tourangeau, R. (2009). *Survey Methodology* (2. Aufl.). Hoboke: Wiley.

Hampe, M. (2013). Science on the market: What does competition do to research?. *Angewandte Chemie – International Edition, 52,* 6550–6551.

Honig, B., Lampel, J., Siegel, D., & Drnevich, P. (2013). Ethics in the production and dissemination of management research: Institutional failure or individual fallibility? *Journal of Management Studies, 51,* 118–142.

Jacoby, J. (2013). *Trademark surveys – Designing, Implementing, and evaluating surveys.* Chicago: American Bar Association.

John, L., Loewenstein, G., & Prelec, D. (2012). Measuring the prevalence of questionable research practices with incentives for truth telling. *Psychological Science, 23,* 524–532.

Kerr, N. (1998). HARKing: Hypothesizing after the results are known. *Personality and Social Psychology Review, 2,* 196–217.

Laurent, G. (2013). Respect the data! *International Journal of Research in Marketing, 30,* 323–334.

Lenk, H. (Hrsg.). (1991). *Wissenschaft und Ethik.* Stuttgart: Reclam.

Leung, K. (2011). Presenting post hoc hypotheses as a priori: Ethical and theoretical issues. *Management and Organization Review, 7,* 471–479.

Levelt Committee, Noort Committee, & Drenh Committee. (2012). *Flawed Science: The fraudulent research practices of social psychologist Diederik Stapel,* Tilburg University (www.tilburguniversity.edu/upload/3ff904d7-547b-40ae-85fe-bea38e05a34a_Final%20report%20Flawed%20Science.pdf)

Martinson, B., Anderson, M., & de Vries, R. (2005). Scientists behaving badly. *Nature, 435,* 737–738.

Milgram, S. (1963). Behavioral study of obedience. *Journal of abnormal and social psychology, 67,* 371–378.

Nelson, L., Simmons, J., & Simonsohn, U. (2018). Psychology's renaissance. *Annual Review of Psychology, 69,* 511–534.

Peter, J. (1991). Philosophical tensions in consumer inquiry. In T. Robertson & H. Kassarjian (Hrsg.), *Handbook of consumer behavior* (S. 533–547). Englewood Cliffs: Prentice-Hall.

Resnik, D. (1998). *The ethics of science.* London: Routledge.

Resnik, D. (2008). Ethics of science. In S. Psillos & M. Curd (Hrsg.), *The routledge companion to philosophy of science* (S. 149–158). London: Routledge.

Resnik, D. (2016). Ethics in science. In P. Humphreys (Hrsg.), *The oxford handbook of philosophy of science* (S. 252–273). New York: Oxford University Press.

Editors, S. A. G. E. (Hrsg.). (2012). *SAGE brief guide to marketing ethics.* Los Angeles u.a.O.: Sage.

Schuler, H. (1991). Ethische Probleme der (sozial)psychologischen Forschung. In H. Lenk (Hrsg.), *Wissenschaft und Ethik* (S. 331–355). Stuttgart: Reclam.

Schurz, G. (2014). *Philosophy of science – A unified approach.* New York: Routledge.

Schwarz, N. (1999). Self-reports – How questions shape the answers. *American Psychologist, 54,* 93–105.

Shadish, W., Cook, T., & Campbell, D. (2002). *Experimental and quasi-experimental designs.* Boston: Houghton Mifflin.

Simmons, J., Nelson, J., & Simonsohn, U. (2011). False-positive psychology: Undisclosed Flexibility in data collection and analysis allows presenting anything as significant. *Psychological Science, 22*(11), 1359–1366.

Simonsohn, U., Nelson, L., & Simmons, J. (2014). P-curve: A key to the file-drawer. *Journal of Experimental Psychology: General, 143,* 534–547.

Verband der Hochschullehrer für Betriebswirtschaft (VHB): Gute fachliche Praktiken (GfPs), www.vhbonline.org

Wandschneider, D. (1991). Das Gutachtendilemma – Über das Unethische partikularer Wahrheit. In H. Lenk (Hrsg.), *Wissenschaft und Ethik* (S. 248–267). Stuttgart: Reclam.

Wicherts, J. et al. (2016). Degrees of freedom in planning, running, analyzing, and reporting psychological studies: A checklist to avoid p-hacking. *Frontiers in Psychology*, 25 November 2016 | https://doi.org/https://doi.org/10.3389/fpsyg.2016.01832

Wissenschaftsrat (2015). *Empfehlungen zu wissenschaftlicher Integrität* (www.wissenschaftsrat.de).

Yin, R. (2011). *Qualitative research from start to finish*. New York: Guilford.

Weiterführende Literatur

Laurent, G. (2013). Respect the data! *International Journal of Research in Marketing, 30,* 323–334.

Resnik, D. (1998). *The Ethics of Science*. London: Routledge.

Shadish, W., Cook, T., & Campbell, D. (2002). *Experimental and Quasi-Experimental Designs*. Boston: Houghton Mifflin.

Stichwortverzeichnis

M. Eisend und A. Kuß, *Grundlagen empirischer Forschung*,
https://doi.org/10.1007/978-3-658-32890-0